河南省“十二五”普通高等教育规划教材

大学文科数学

祁传达　王　娟　何俊杰　陈越奋　编

科学出版社

北　京

内 容 简 介

本书贯彻导引的思想，结合文科生对高等数学的可接受性，力求让广大文科大学生接触到更为广泛、更具有实用价值的数学知识. 全书分三部分，包括微积分、线性代数、概率论与数理统计，共含13章. 内容丰富，条理清楚，重点突出，难点分散，注重数学思想的介绍，力求做到深入浅出.

本书可作为哲学、法学、教育学、文学、历史、艺术等各专业普通高等教育本科生的数学教材.

图书在版编目(CIP)数据

大学文科数学/祁传达等编. —北京：科学出版社，2014.7
河南省"十二五"普通高等教育规划教材
ISBN 978-7-03-041317-8

Ⅰ. ①大… Ⅱ. ①祁… Ⅲ. ①高等数学-高等学校-教材 Ⅳ. ①O13

中国版本图书馆CIP数据核字(2014)第143807号

责任编辑：张中兴 胡海霞 / 责任校对：李 影
责任印制：徐晓晨 / 封面设计：迷底书装

科学出版社出版
北京东黄城根北街16号
邮政编码：100717
http://www.sciencep.com
北京中石油彩色印刷有限责任公司 印刷
科学出版社发行 各地新华书店经销
*
2014年7月第 一 版 开本：B5(720×1000)
2018年7月第四次印刷 印张：17 1/2
字数：352 000

定价：36.00元

(如有印装质量问题，我社负责调换)

前　言

数学是研究客观世界数量关系和空间形式的科学．现代科学技术的发展又赋予了数学更丰富的内涵和更广泛的外延．数学既是工具又是思维模式；既是知识又是素养；既是科学又是文化．数学素养、数学文化以及逻辑思维能力是现代大学生应具备的基本素质．因此，不仅把数学作为大学理工科生的必修课程，而且为文科生开设数学课程的必要性也已在高等院校形成了共识．

在大学文科专业中，大多数学生不喜欢数学．这或许是由于数学教学总是循着定义、定理、证明或计算这样一种教学套路，使数学教学变成了解题教学，甚至成为解难题的教学．文科生从中学开始就对这样一种死板的教学失去了兴趣，从而对数学产生了畏难、甚至厌恶的情绪.

目前，大学文科数学教材版本不少，但大多是由部分“985”“211”高校的教师根据本校课程定位和学生数学基础编写的. 对于大多数普通高等院校文科生，迫切需要一本难易适度、能够重新激发他们对数学学习兴趣的教材，使他们能在快乐的学习中提高数学文化素养、提升理性思维能力. 为此，我们在编写此书时遵循了以下编写思路.

(1)精心挑选教材内容. 体现现代数学连续性、离散性、随机性的微积分、线性代数和概率统计是大学文科数学的核心知识. 本书在兼顾知识的逻辑完整性和学生的可接受性的基础上，从微积分、线性代数和概率统计中选择了基本的、有用的、有趣的知识作为主要教学内容.

(2)重新激发学习兴趣. 在中学阶段，数学的“枯燥”“难”给文科生留下的深刻印象，也是他们一般不喜欢数学的主要原因. 要激发学生对数学的学习兴趣和求知欲望，必须让数学变得“好看”“好吃”“好消化”. 本书通过展示灿烂的数学文化吸引学生的注意力，呈现优美的数学韵律以及灵活而广泛的实际应用来增添学习的趣味性，选取难易适中、数量适度的课后习题帮助学生及时消化所学的内容.

(3)提高数学文化素养和能力. 对文科生来说，在以后的实际工作中真正需要的有时往往不是数学知识，而是在学习数学知识的过程中形成的数学素养和思维能力. 本书在深入浅出地介绍数学知识的同时，重视展现博大精深的数学文化，展示高度抽象的数学符号所蕴含的丰富哲理，从而提高学生的直觉感知能力、观察分析能力、归纳推理能力、抽象概括能力等数学思维能力.

本书由祁传达担任主编,并负责制定编写提纲和最后统稿.微积分部分由王娟编写,线性代数部分由何俊杰编写,概率论与数理统计部分由陈越奋编写.

本书的编写得到了科学出版社和河南省普通高等教育教材建设指导委员会的大力支持和帮助,在此表示衷心的感谢!

由于编者水平有限,书中疏漏和不足之处在所难免,恳请各位专家、同行和广大读者批评指正.

编　者

2014 年 3 月

目　　录

前言

第一部分　微　积　分

第 1 章　函数与极限 …… 2
1.1　函数及其性质 …… 2
1.1.1　函数的概念 …… 2
1.1.2　函数的几种特性 …… 4
1.1.3　函数的运算 …… 6
1.1.4　初等函数 …… 7
1.2　数列的极限 …… 12
1.2.1　数列的概念 …… 12
1.2.2　数列极限的定义 …… 12
1.2.3　收敛数列的性质 …… 14
1.3　函数的极限 …… 16
1.3.1　邻域 …… 17
1.3.2　函数极限的概念 …… 17
1.3.3　函数极限的性质 …… 19
1.3.4　两个重要的极限 …… 20
1.3.5　无穷小量与无穷大量 …… 22
1.4　函数的连续性 …… 25
1.4.1　函数的连续性 …… 25
1.4.2　函数的间断点 …… 26
1.4.3　初等函数的连续性 …… 27
1.4.4　闭区间上连续函数的性质 …… 28
习题 1 …… 30
中外数学家简介【1】 …… 31
第 2 章　导数与微分 …… 34
2.1　导数的概念 …… 34
2.1.1　引例 …… 34
2.1.2　导数的定义 …… 35
2.1.3　函数的可导性与连续性之间的关系 …… 37

2.2 导数的计算…… 38
2.2.1 部分基本初等函数的导数公式 …… 38
2.2.2 导数的四则运算法则 …… 39
2.2.3 复合函数的求导法则 …… 40
2.2.4 基本初等函数的求导公式 …… 41
2.2.5 隐函数的导数 …… 41
2.2.6 高阶导数 …… 42
2.3 函数的微分…… 43
2.3.1 微分的定义 …… 43
2.3.2 函数可微的条件 …… 44
2.3.3 基本初等函数的微分公式与微分运算法则 …… 44
2.3.4 微分在近似计算中的应用 …… 46
习题 2 …… 46
中外数学家简介【2】…… 47
第 3 章 导数的应用 …… 50
3.1 微分中值定理…… 50
3.1.1 罗尔定理 …… 50
3.1.2 拉格朗日中值定理…… 51
3.1.3 柯西中值定理 …… 52
3.2 洛必达法则…… 53
3.2.1 $\frac{0}{0}$型与$\frac{\infty}{\infty}$型未定式 …… 53
3.2.2 其他类型的未定式($0\cdot\infty,\infty-\infty,1^{\infty},0^{0},\infty^{0}$) …… 55
3.3 函数的单调性及函数的极值、最大值、最小值…… 56
3.3.1 函数的单调性 …… 57
3.3.2 函数的极值 …… 57
3.3.3 函数的最大值与最小值 …… 60
习题 3 …… 61
中外数学家简介【3】…… 62
第 4 章 不定积分 …… 65
4.1 不定积分的概念和性质…… 65
4.1.1 原函数的概念 …… 65
4.1.2 不定积分的概念 …… 66
4.1.3 不定积分的几何意义 …… 67
4.1.4 不定积分的性质 …… 67

4.1.5　基本积分公式 …… 68
4.2　不定积分的计算 …… 69
4.2.1　第一换元法(凑微分法) …… 69
4.2.2　第二换元法 …… 70
4.2.3　分部积分法 …… 72
习题 4 …… 74
中外数学家简介【4】 …… 74
第 5 章　定积分 …… 77
5.1　定积分的概念和性质 …… 77
5.1.1　引例 …… 77
5.1.2　定积分的定义 …… 79
5.1.3　定积分的几何意义 …… 81
5.2　定积分的性质 …… 82
5.3　定积分的计算 …… 84
5.3.1　微积分基本公式 …… 84
5.3.2　定积分的换元积分法 …… 87
5.3.3　定积分的分部积分法 …… 88
5.3.4　无穷区间上的广义积分 …… 89
5.4　定积分的应用 …… 91
5.4.1　定积分的微元法 …… 91
5.4.2　几何上的应用 …… 92
5.4.3　物理上的应用 …… 96
习题 5 …… 98
中外数学家简介【5】 …… 99
第 6 章　微分方程简介 …… 101
6.1　常微分方程的基本概念 …… 101
6.2　可分离变量的常微分方程 …… 103
6.3　一阶线性微分方程 …… 104
习题 6 …… 106
中外数学家简介【6】 …… 107
微积分发展简史 …… 110

第二部分　线性代数

第 7 章　行列式 …… 114
7.1　n 阶行列式 …… 114

7.1.1 二阶和三阶行列式 …… 114
7.1.2 排列及其逆序数 …… 118
7.1.3 n阶行列式的定义 …… 120
7.1.4 n阶行列式的等价定义 …… 122
7.2 行列式的性质与计算 …… 123
7.2.1 行列式的性质 …… 123
7.2.2 行列式的计算 …… 126
7.3 克拉默法则 …… 128
7.3.1 行列式按行(列)展开 …… 128
7.3.2 克拉默法则 …… 132
习题 7 …… 135
第 8 章 矩阵 …… 137
8.1 矩阵的概念 …… 137
8.1.1 引例 …… 137
8.1.2 矩阵的定义 …… 140
8.1.3 几类特殊的矩阵 …… 142
8.2 矩阵的运算 …… 145
8.2.1 矩阵加法 …… 145
8.2.2 数量乘积 …… 147
8.2.3 矩阵乘法 …… 150
8.2.4 方阵的幂 …… 156
8.2.5 矩阵的转置 …… 159
8.2.6 方阵的行列式 …… 160
8.3 矩阵的逆 …… 161
8.3.1 可逆矩阵的概念 …… 161
8.3.2 矩阵可逆的判定 …… 164
8.3.3 可逆矩阵的性质 …… 167
习题 8 …… 169
第 9 章 线性方程组 …… 171
9.1 消元法 …… 171
9.1.1 线性方程组的有关概念 …… 171
9.1.2 消元法 …… 173
9.2 矩阵的初等行变换 …… 176
9.2.1 矩阵的初等行变换 …… 176
9.2.2 行阶梯形矩阵 …… 177

9.2.3　行最简形矩阵 …… 179
9.2.4　消元法求解线性方程组的矩阵表示 …… 181
9.2.5　用初等行变换求矩阵的逆矩阵 …… 183
习题 9 …… 185

第三部分　概率论与数理统计

第 10 章　随机事件及概率 …… 188
10.1　随机事件及其运算 …… 188
10.1.1　随机试验 …… 188
10.1.2　样本空间 …… 188
10.1.3　随机事件 …… 189
10.1.4　事件间的关系 …… 189
10.1.5　事件间的运算 …… 190
10.1.6　事件的运算法则 …… 192
10.2　随机事件的概率 …… 193
10.2.1　频率 …… 193
10.2.2　概率的统计定义 …… 194
10.2.3　概率的公理化定义及其性质 …… 195
10.3　条件概率 …… 197
10.3.1　条件概率的定义 …… 197
10.3.2　乘法定理 …… 198
10.3.3　全概率公式 …… 199
10.3.4　贝叶斯公式 …… 201
10.4　事件的独立性与独立试验概型 …… 202
10.4.1　事件的独立性 …… 202
10.4.2　独立试验概型 …… 205
习题 10 …… 206
第 11 章　随机变量及其分布 …… 209
11.1　随机变量与分布函数 …… 209
11.2　离散型随机变量及其分布律 …… 211
11.2.1　离散型随机变量和概率分布 …… 211
11.2.2　常用离散型随机变量的分布 …… 214
11.3　连续型随机变量及其分布 …… 219
11.3.1　连续型随机变量和密度函数 …… 219
11.3.2　常用连续型随机变量的分布 …… 221

习题 11 …… 227
第 12 章 随机变量的数字特征 …… 230
12.1 数学期望 …… 230
12.1.1 数学期望的定义 …… 230
12.1.2 数学期望的性质 …… 232
12.2 方差 …… 233
12.2.1 方差的定义 …… 233
12.2.2 方差的性质 …… 234
习题 12 …… 236
第 13 章 数理统计的基本方法 …… 238
13.1 总体与样本 …… 238
13.1.1 总体与样本的定义 …… 238
13.1.2 样本函数与统计量 …… 239
13.1.3 抽样分布 …… 241
13.2 参数的点估计 …… 247
13.2.1 矩估计法 …… 248
13.2.2 最大似然估计法 …… 249
13.2.3 估计量评选标准 …… 252
13.3 参数的区间估计 …… 254
习题 13 …… 263
参考文献 …… 265
附表 …… 266

第一部分　微　积　分

微积分学(calculus)在自然科学、经济学和工程技术领域有广泛的应用，是现代大学教育的重要组成部分.微积分是在代数学、三角学和解析几何学的基础上建立起来的，包括微分学、积分学两大分支.微分学包括求导数的运算，是一套关于变化率的理论，它使得函数、速度、加速度和曲线的斜率等均可用一套通用的符号进行演绎.积分学包括求积分的运算，为定义和计算面积、体积等提供一套通用的方法.微积分基本定理指出，微分和积分互为逆运算，这也是两种理论被统一成微积分的原因.我们可以以两者中任意一者为起点来讨论微积分，但是在教学中一般会先引入微分学.在更深的数学领域中，微积分学通常被称为分析学，并被定义为研究函数的科学.

本部分包括函数与极限、导数与微分、导数的应用、不定积分、定积分及其应用以及微分方程简介 6 章内容.

第 1 章　函数与极限

初等数学研究的主要是常量及其运算，而高等数学研究的主要是变量及变量之间的依赖关系，函数正是这种依赖关系的体现，极限方法是研究变量之间依赖关系的基本方法. 本章将在复习高中所学的函数与极限概念的基础上，进一步介绍两个重要极限、无穷小与无穷大的概念以及函数连续性.

1.1　函数及其性质

1.1.1　函数的概念

在自然界中，某一现象中的各种变量之间，通常并不都是独立变化的，它们之间存在着依赖关系，我们观察下面几个例子.

例如，某种商品的销售单价为 p 元，则其销售额 L 与销售量 x 之间存在这样的依赖关系：$L = px$.

又如，圆的面积 S 和半径 r 之间存在这样的依赖关系：$S = \pi r^2$.

不考虑上面两个例子中量的实际意义，它们都给出了两个变量之间的相互依赖关系，这种关系是一种对应法则，根据这一法则，当其中一个变量在其变化范围内任意取定一个数值时，另一个变量就有确定的值与之对应. 两个变量间的这种对应关系就是函数概念的实质.

定义 1.1　设有两个变量 x,y, D 是一个数集. 对任意的 $x \in D$ ，存在一定规律 f，使得 y 有唯一确定的值与之对应，则 y 称为 x 的**函数**. 记作 $y=f(x), x\in D$. 其中 x 称为**自变量**，y 称为**因变量**. 数集 D 称为函数的**定义域**，函数 y 的取值范围 $V = \{y \mid y = f(x), x \in D\}$ 称为函数的**值域**.

在函数 $y = f(x)$ 中，当 x 取定 x_0 ($x_0 \in D$) 时，则称 $f(x_0)$ 为 $y = f(x)$ 在 x_0 处的函数值，即

$$f(x_0) = f(x) \mid_{x=x_0} .$$

有时，函数的值域也记作 $f(D)$ ，即

$$f(D) = \{y \mid y = f(x), x \in D\} .$$

函数的定义域通常按以下两种情形来确定.

一种是对有实际背景的函数，根据实际背景中变量的实际意义确定. 例如，在

自由落体运动中,设物体下落的时间为 t,下落的距离为 s,开始下落的时刻 $t=0$,落地的时刻 $t=T$,则 s 与 t 之间的函数关系是

$$s=\frac{1}{2}gt^2,\quad t\in[0,T].$$

这个函数的定义域就是区间 $[0,T]$.

另一种是对抽象地用算式表达的函数,通常约定这种函数的定义域是使得算式有意义的一切实数组成的集合,这种定义域称为函数的自然定义域. 在这种约定之下,一般的用算式表达的函数可用"$y=f(x)$"表达,而不必再显式地表示出"$x\in D$". 例如,函数 $y=\sqrt{1-x^2}$ 的定义域是闭区间 $[-1,1]$,函数 $y=\frac{1}{\sqrt{1-x^2}}$ 的定义域是开区间 $(-1,1)$.

例 1.1　确定函数 $f(x)=\sqrt{3+2x-x^2}+\ln(x-2)$ 的定义域,并求 $f(3)$ 和 $f(t^2)$.

解　该函数的定义域应为满足不等式组

$$\begin{cases}3+2x-x^2\geqslant 0,\\ x-2>0\end{cases}$$

的 x 值的全体. 解此不等式组,得 $2<x\leqslant 3$. 故该函数的定义域为

$$D=\{x\in\mathbf{R}\mid 2<x\leqslant 3\}=(2,3],$$

且

$$f(3)=\sqrt{3+2\times 3-3^2}+\ln(3-2)=\ln 1=0,$$

$$f(t^2)=\sqrt{3+2t^2-t^4}+\ln(t^2-2).$$

函数的定义域 D 和对应法则 f 称为函数的两个要素,而函数的值域一般称为派生要素,由定义域和对应法则确定. 如果两个函数的定义域相同,对应法则也相同,那么这两个函数就是相同的,否则就是不同的.

例 1.2　判断以下函数是否是同一函数,为什么?

(1) $y=\ln x^2$ 与 $y=2\ln x$,　　(2) $w=\sqrt{u}$ 与 $y=\sqrt{x}$.

解　(1)两函数的定义域不同:

$$y=\ln x^2,x\in\{x\mid x\neq 0\};\quad y=2\ln x,x\in\{x\mid x>0\},$$

因此,它们不是相同的函数.

(2)虽然两函数的自变量和因变量的符号不相同,但两函数的对应法则和定义域均相同,因此是同一函数.

表示函数的主要方法有三种:表格法、图形法、解析法(公式法),这在中学里大家已经熟悉. 其中,用图形法表示函数是基于函数图形的概念,即坐标平面上的点集

$$\{(x,y)\mid y=f(x),x\in D\},$$

称为函数 $y=f(x), x\in D$ 的图形.

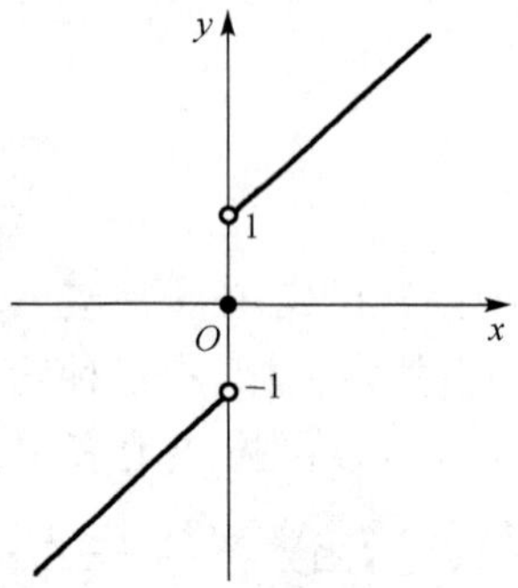

图 1-1　例 1.3 的函数图像

例 1.3　若函数 $f(x)$ 在定义域不同的区间上用不同解析式来表示,则称函数 $f(x)$ 为**分段函数**. 如

$$f(x)=\begin{cases}x-1, & x<0,\\ 0, & x=0,\\ x+1, & x>0.\end{cases}$$

其图像如图 1-1 所示.

1.1.2　函数的几种特性

1. 有界性

设函数 $y=f(x)$ 在集合 D 上有定义,如果存在一个正数 M,对于所有的 $x\in D$ 恒有

$$|f(x)|\leqslant M,$$

则称函数 $f(x)$ 在 D 上是**有界的**. 如果不存在这样的正数 M,则称函数 $f(x)$ 在 D 上是无界的. 这就是说,如果对于任何正数 M,总存在 $x_1\in I$,使 $|f(x_1)|>M$,那么函数 $f(x)$ 在 I 内**无界**.

例如,函数 $f(x)=\sin x$ 在 $(-\infty,+\infty)$ 内是有界的,因为无论 x 取任何实数,$|\sin x|\leqslant 1$ 都能成立. 这里 $M=1$(当然也可取大于 1 的任何数作为 M,而 $|\sin x|\leqslant M$ 成立). 函数 $f(x)=\dfrac{1}{x}$ 在区间 $(0,1)$ 内无界,因为不存在这样的正数 M,使 $\left|\dfrac{1}{x}\right|\leqslant M$ 对于 $(0,1)$ 内的一切 x 都成立. 事实上,对于任意取定的正数 M(不妨设 $M>1$),则 $\dfrac{1}{2M}\in(0,1)$,当 $x_1=\dfrac{1}{2M}$ 时,$\left|\dfrac{1}{x_1}\right|=2M>M$. 但是 $f(x)=\dfrac{1}{x}$ 在区间 $(1,2)$ 内是有界的,如可取 $M=1$,而使 $\left|\dfrac{1}{x}\right|\leqslant 1$ 对于区间 $(1,2)$ 内的一切 x 值都成立.

2. 单调性

设函数 $y=f(x)$ 在区间 I 内有定义,如果对于 I 内的任意两点 x_1 和 x_2,当 $x_1<x_2$ 时,有

$$f(x_1)<f(x_2),$$

则称函数 $y=f(x)$ 在区间 I 内是**单调增加的**,区间 I 称为函数 $f(x)$ 的单调增区间;如果对于 I 内的任意两点 x_1 和 x_2,当 $x_1<x_2$ 时,有

$$f(x_1)>f(x_2),$$

则称函数 $y=f(x)$ 在区间 I 内是**单调减少的**,区间 I 称为函数 $f(x)$ 的单调减区间.

例如,函数 $f(x)=x^2$ 在区间 $[0,+\infty)$ 内是单调增加的,在区间 $(-\infty,0]$ 内是单调减少的;在区间 $(-\infty,+\infty)$ 内函数 $f(x)=x^2$ 不是单调的.

如果函数 $y=f(x)$ 在区间 I 内是增函数(或是减函数),则称函数 $f(x)$ 在区间 I 内是**单调函数**,区间 I 称为函数 $f(x)$ 的单调区间. 函数在区间 I 内的单调增加或单调减少的性质,称为**函数的单调性**.

显然单调增加函数的图像是沿 x 轴正向逐渐上升的,如图 1-2(a)所示;单调减少函数的图像是沿 x 轴正向逐渐下降的,如图 1-2(b)所示.

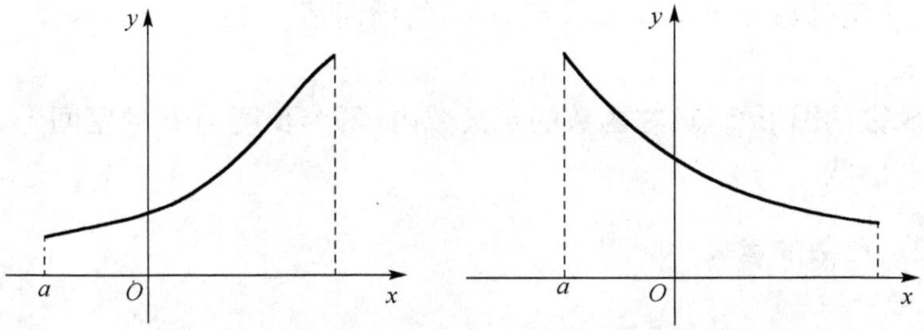

(a) 单调增函数的图像　　(b) 单调减函数的图像

图 1-2　单调函数的图像

3. 奇偶性

设函数 $y=f(x)$ 在集合 D 上有定义,如果对于任意的 $x\in D$,恒有

$$f(-x)=f(x),$$

则称函数 $f(x)$ 为**偶函数**;如果对于任意的 $x\in D$,恒有

$$f(-x)=-f(x),$$

则称函数 $f(x)$ 为**奇函数**.

例如,$f(x)=x^2$ 是偶函数,因为 $f(-x)=(-x)^2=x^2=f(x)$. 而 $f(x)=x^3$ 是奇函数,因为 $f(-x)=(-x)^3=-x^3=-f(x)$.

奇函数图像关于原点对称,偶函数图像关于 y 轴对称. 如图 1-3(a),(b)所示.

4. 周期性

对于函数 $y=f(x)$,如果存在正数 T,使得

$$f(x)=f(x+T)$$

恒成立,则称 $f(x)$ 为**周期函数**,称 T 为**函数周期**. 显然 nT(n 是整数)也为函数

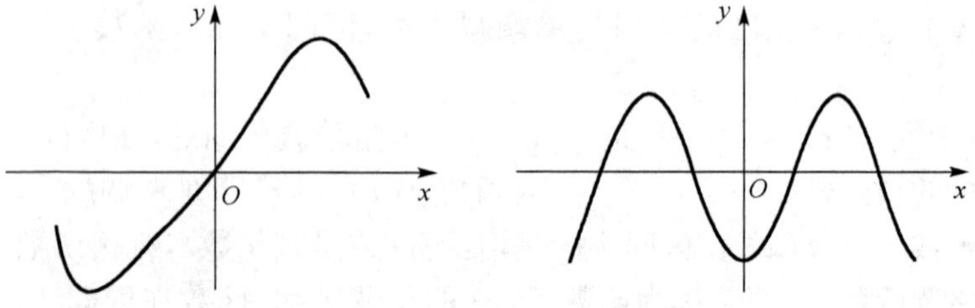

(a) 奇函数图像关于原点对称　　(b) 偶函数图像关于y轴对称

图 1-3　奇偶函数的图像

$f(x)$ 的周期,一般提到的周期均指最小正周期 T.

例如,三角函数 $y=\sin x$ 和 $y=\cos x$ 的周期都为 2π; $y=\tan x$, $y=\cot x$ 的周期都是 π.

周期函数的图形特点:在函数的定义域内,每个长度为 l 的区间上,函数的图形有相同的形状.

1.1.3　函数的运算

1. 函数的四则运算

设函数 $f(x)$,$g(x)$ 的定义域依次为 D_1,D_2 , $D=D_1\cap D_2\neq\varnothing$,则可以定义这两个函数的下列运算:

和(差) $f\pm g$: $(f\pm g)(x)=f(x)\pm g(x), x\in D$;

积　$f\cdot g$: $(f\cdot g)(x)=f(x)g(x), x\in D$;

商　$\dfrac{f}{g}$: $\left(\dfrac{f}{g}\right)(x)=\dfrac{f(x)}{g(x)},\quad x\in D\backslash\{x\mid g(x)=0\}$.

2. 复合函数

设函数 $y=f(u)$ 的定义域为 D_1 ,函数 $u=g(x)$ 在 D 上有定义且 $g(D)\subset D_1$,则由下式确定的函数

$$y=f(g(x)),\quad x\in D,$$

称为由函数 $u=g(x)$ 和函数 $y=f(u)$ 构成的**复合函数**,它的定义域为 D,变量 u 称为**中间变量**.

例如, $y=f(u)=\arcsin u$ 的定义域为 $[-1,1]$, $u=g(x)=2\sqrt{1-x^2}$ 在 $D=\left[-1,-\dfrac{\sqrt{3}}{2}\right]\cup\left[\dfrac{\sqrt{3}}{2},1\right]$ 上有定义,且 $g(D)\subset[-1,1]$,则 g 与 f 可构成复合函数

$$y=\arcsin 2\sqrt{1-x^2}, \quad x\in D;$$

但函数 $y=\arcsin u$ 和函数 $u=2+x^2$ 不能构成复合函数，这是因为对任意 $x\in\mathbf{R}$，$u=2+x^2$ 均不在 $y=\arcsin u$ 的定义域 $[-1,1]$ 内.

3. 反函数

在研究变量之间的函数关系时，有时函数和自变量的地位会相互转换，于是就出现了反函数的概念.

设函数 $y=f(x)$，定义域为 D，值域为 V. 如果对于 V 中的每一个 y 值，都可由 $y=f(x)$ 确定唯一的 x 值与之对应，则得到一个定义在 V 上的以 y 为自变量，x 为因变量的新函数，称为 $y=f(x)$ 的**反函数**，记为 $x=f^{-1}(y)$，并称 $y=f(x)$ 为直接函数. 为了表述方便，通常将 $x=f^{-1}(y)$ 改写为 $y=f^{-1}(x)$.

一个函数若有反函数，则有恒等式 $f^{-1}(f(x))\equiv x, x\in D$. 相应地有 $f(f^{-1}(y))\equiv y, y\in V$.

例如，直接函数 $y=f(x)=\frac{3}{4}x+3, x\in\mathbf{R}$ 的反函数为

$$x=f^{-1}(y)=\frac{4}{3}(y-3), \quad y\in\mathbf{R},$$

并且有

$$f^{-1}(f(x))=\frac{4}{3}\left[\left(\frac{3}{4}x+3\right)-3\right]\equiv x, \quad f(f^{-1}(y))=\frac{3}{4}\left[\frac{4}{3}(y-3)\right]+3\equiv y.$$

应当说明的是函数 $y=f(x)$ 与它的反函数 $x=f^{-1}(y)$ 具有相同的图形. 而直接函数 $y=f(x)$ 与反函数 $y=f^{-1}(x)$ 的图形是关于直线 $y=x$ 对称的.

1.1.4　初等函数

中学时，我们已经接触了以下五类函数.

1. 幂函数

函数 $y=x^{\mu}$（μ 为常数，$\mu\in\mathbf{R}$）称为**幂函数**.

幂函数 $y=x^{\mu}$ 的定义域随 μ 的取值而变化. 例如，当 $\mu=2$ 时，$y=x^2$ 和 $\mu=\frac{1}{3}$ 时 $y=x^{\frac{1}{3}}$ 的定义域都是 $(-\infty,+\infty)$；而 $\mu=-1$ 时，$y=x^{-1}$ 的定义域是 $(-\infty,0)\cup(0,+\infty)$；当 $\mu=\frac{1}{2}$ 时，$y=x^{\frac{1}{2}}=\sqrt{x}$ 的定义域是 $[0,+\infty)$；当时，$y=x^{-\frac{1}{2}}=\frac{1}{\sqrt{x}}$ 的定义域是 $(0,+\infty)$. 但不论 μ 取什么值，幂函数在 $(0,+\infty)$ 内总有定义.

幂函数 $y=x^{\mu}$ 中，$\mu=1,2,3,\frac{1}{2},-1$ 时是最常见的幂函数. $y=x^{\mu}$ 的图像随 μ 值的不同而不同，但不论 μ 取何值，其图像都过点 $(1,1)$，如图 1-4 所示.

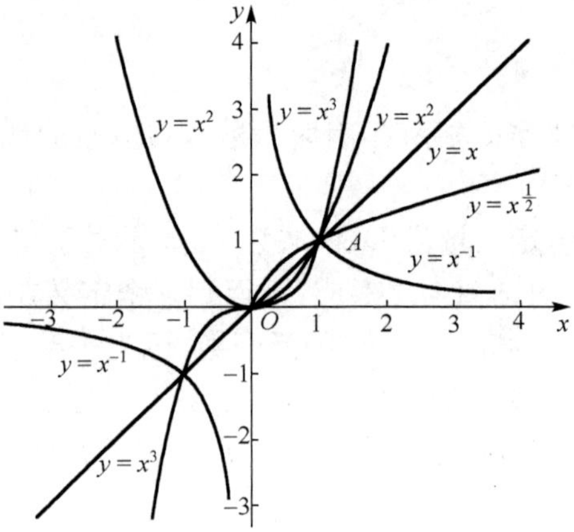

图 1-4　幂函数的图像

2. 指数函数

函数 $y=a^{x}(a>0,a\neq 1,a$ 为常数$)$称为**指数函数**. 其定义域是实数集 $\mathbf{R}$，即是区间 $(-\infty,+\infty)$.

因为无论 x 取任何实数值，总有 $a^{x}>0$，又 $a^{0}=1$，所以指数函数的图形总在 x 轴的上方，且通过点 $(0,1)$.

若 $a>1$，指数函数 a^{x} 是单调增加的；

若 $0<a<1$，指数函数 a^{x} 是单调减少的.

由于 $y=\left(\frac{1}{a}\right)^{x}=a^{-x}$，所以 $y=a^{x}$ 的图形与 $y=\left(\frac{1}{a}\right)^{x}$ 的图形是关于 y 轴对称的. 如图 1-5(a)所示.

3. 对数函数

指数函数 $y=a^{x}$ 的反函数称为**对数函数**. 记作

$$y=\log_{a}x \quad (a>0,a\neq 1,a \text{ 为常数}),$$

它的定义域是正实数集 $\mathbf{R}^{+}$，即区间 $(0,+\infty)$，值域是 $\mathbf{R}$.

对数函数的图形，可以从它所对应的指数函数 $y=a^{x}$ 的图形按反函数作图法的一般规则作出，也就是关于直线 $y=x$ 作对称于曲线 $y=a^{x}$ 的图形，就得 $y=\log_{a}x$ 的图形. $y=\log_{a}x$ 的图形总在 y 轴右方，且通过点 $(1,0)$. 如图 1-5(b)所示.

若 $a>1$，对数函数 $\log_{a}x$ 是单调增加的，在开区间 $(0,1)$ 内函数值为负，而在

区间 $(1,+\infty)$ 内函数值为正.

若 $0<a<1$,对数函数 $\log_a x$ 是单调减少的,在开区间 $(0,1)$ 内函数值为正,而在区间 $(1,+\infty)$ 内函数值为负.

工程问题中常常遇到以常数 e 为底的对数函数 $y=\log_e x$ 称为**自然对数函数**,简记作 $y=\ln x$.

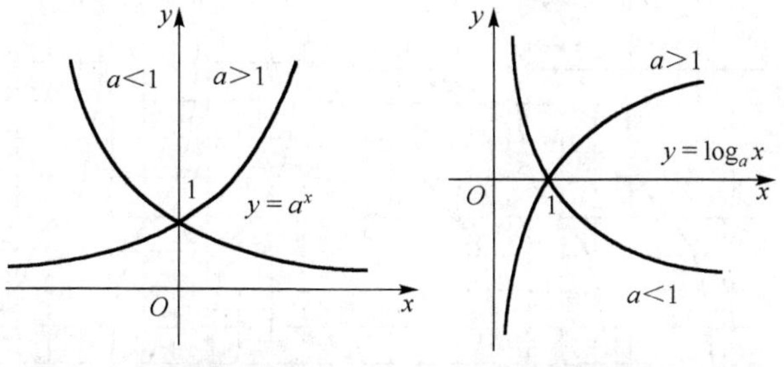

(a) 指数函数　　　　　　　　(b) 对数函数

图 1-5　指数函数和对数函数的图像

4. 三角函数

我们把角的正弦、余弦、正切、余切、正割、余割分别称为角的正弦函数、余弦函数、正切函数、余切函数、正割函数、余割函数,统称为**三角函数**. 分别表示为

$$y=\sin x,\quad y=\cos x,\quad y=\tan x,\quad y=\cot x,\quad y=\sec x,\quad y=\csc x\ ,$$

其中自变量以弧度来表示.

正弦函数 $y=\sin x$ 和余弦函数 $y=\cos x$ 都是以 2π 为周期的周期函数,它们的定义域都是区间 $(-\infty,+\infty)$,值域都是闭区间 $[-1,1]$. 正弦函数是奇函数,余弦函数是偶函数. 正弦函数和余弦函数的图像如图 1-6(a)和(b)所示.

正切函数 $y=\tan x$ 的定义域为

$$D=\left\{x \mid x\in\mathbf{R},x\neq(2n+1)\frac{\pi}{2},n\in\mathbf{Z}\right\}.$$

余切函数 $y=\cot x$ 的定义域为

$$D=\{x \mid x\in\mathbf{R},x\neq n\pi,n\in\mathbf{Z}\}.$$

正切函数 $y=\tan x$ 和余切函数 $y=\cot x$ 的值域都是区间 $(-\infty,+\infty)$,都是以 π 为周期的周期函数,也都是奇函数. 正切函数和余切函数的图像如图 1-6(c)和(d)所示.

5. 反三角函数

反三角函数是三角函数的反函数.

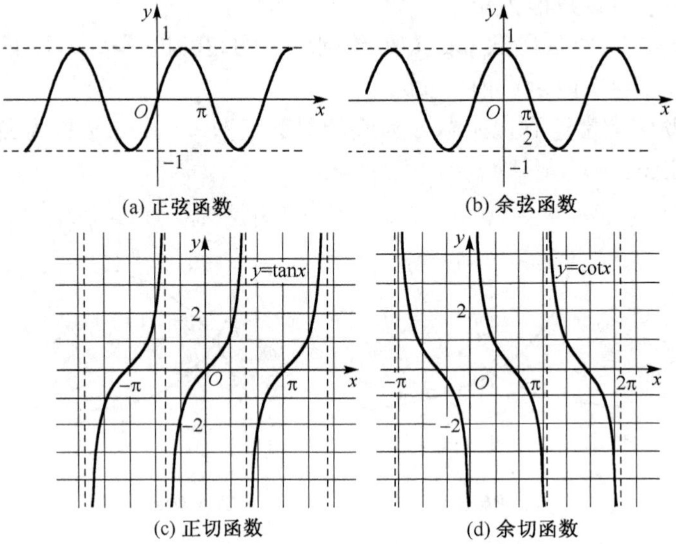

(a) 正弦函数　(b) 余弦函数

(c) 正切函数　(d) 余切函数

图 1-6　三角函数的图像

正弦函数 $y = \sin x$ 在区间 $\left[-\frac{\pi}{2}, \frac{\pi}{2}\right]$ 上的反函数称为反正弦函数，记作 $y = \arcsin x$. 反正弦函数的定义域是 $[-1, 1]$，值域是 $\left[-\frac{\pi}{2}, \frac{\pi}{2}\right]$，它在闭区间 $[-1, 1]$ 上单调增加.

余弦函数 $y = \cos x$ 在区间 $[0, \pi]$ 上的反函数称为反余弦函数，记作 $y = \arccos x$. 反余弦函数的定义域是 $[-1, 1]$，值域是 $[0, \pi]$，它在闭区间 $[-1, 1]$ 上单调减少.

正切函数 $y = \tan x$ 在区间 $\left(-\frac{\pi}{2}, \frac{\pi}{2}\right)$ 内的反函数称为反正切函数，记作 $y = \arctan x$. 反正切函数的定义域是 $(-\infty, +\infty)$，值域是 $\left(-\frac{\pi}{2}, \frac{\pi}{2}\right)$，它在 $(-\infty, +\infty)$ 内单调增加.

余切函数 $y = \cot x$ 在区间 $(0, \pi)$ 内的反函数称为反余切函数，记作 $y = \operatorname{arccot} x$. 反余切函数的定义域是 $(-\infty, +\infty)$，值域是 $(0, \pi)$，它在 $(-\infty, +\infty)$ 内单调减少.

反正弦函数、反余弦函数、反正切函数、反余切函数，统称为**反三角函数**.

反三角函数的图形都可由相应的三角函数按反函数作图法的一般规则作出，如图 1-7 所示.

幂函数、指数函数、对数函数、三角函数和反三角函数等五类函数统称为**基本初等函数**.

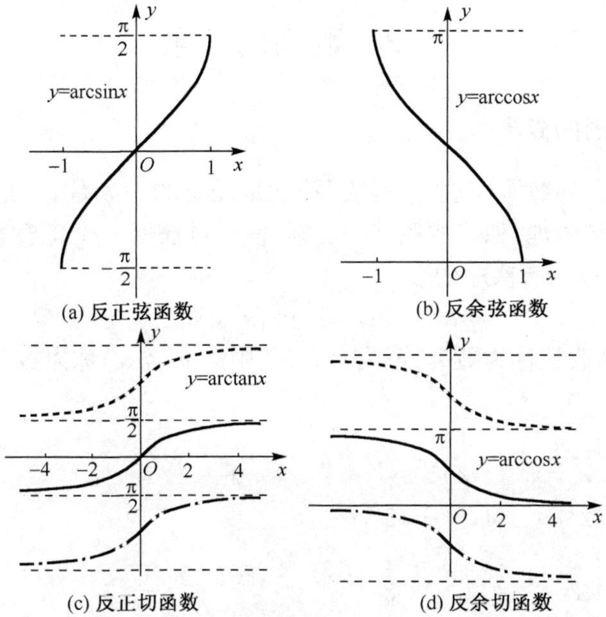

图 1-7　反三角函数的图像

由常数和基本初等函数经过有限次的四则运算和有限次的函数复合所构成并可用一个式子表示的函数,称为**初等函数**.

例如

$$y = \sqrt{1-x^2}, \quad y = \sin^2 x, \quad y = \sqrt{\cot\frac{x}{2}}$$

等都是初等函数.

许多情况下,分段函数不是初等函数,因为在定义域上不能用一个式子表示.例如,符号函数

$$y = \operatorname{sgn} x = \begin{cases} -1, & x < 0, \\ 0, & x = 0, \\ 1, & x > 0 \end{cases}$$

不是初等函数.但是绝对值函数

$$y = |x| = \begin{cases} x, & x \geqslant 0, \\ -x, & x < 0 \end{cases}$$

是初等函数,因为 $y = |x| = \sqrt{x^2}$.它也可看作由 $y = \sqrt{u}$, $u = x^2$ 复合而成.

1.2 数列的极限

1.2.1 数列的概念

数列就是"一列数",但这"一列数"并不是任意的一列数,而是有一定的规律,有一定次序性.具体地,如果按照某一法则,使得对任何一个正整数 n 有一个确定的数 x_n,则得到一列有次序的数

$$x_1, x_2, x_3, \cdots, x_n, \cdots,$$

这一列有次序的数就称为**数列**,记为 $\{x_n\}$,其中第 n 项 x_n 称为**数列的一般项**.

例如,

$$\left\{\frac{n}{n+1}\right\}: \frac{1}{2}, \frac{2}{3}, \frac{3}{4}, \cdots, \frac{n}{n+1}, \cdots;$$

$$\{2^n\}: 2, 4, 8, \cdots, 2^n, \cdots;$$

$$\left\{\frac{1}{2^n}\right\}: \frac{1}{2}, \frac{1}{4}, \frac{1}{8}, \cdots, \frac{1}{2^n}, \cdots;$$

$$\{(-1)^{n+1}\}: 1, -1, 1, \cdots, (-1)^{n+1}, \cdots;$$

$$\left\{\frac{n+(-1)^{n-1}}{n}\right\}: 2, \frac{1}{2}, \frac{4}{3}, \cdots, \frac{n+(-1)^{n-1}}{n}, \cdots$$

等都是数列,它们的一般项依次为 $\frac{n}{n+1}, 2^n, \frac{1}{2^n}, (-1)^{n+1}, \frac{n+(-1)^{n-1}}{n}$.

从几何的角度,数列 $\{x_n\}$ 可以看作数轴上的一个动点,它依次取数轴上的点 $x_1, x_2, x_3, \cdots, x_n, \cdots$.

从函数的角度,数列 $\{x_n\}$ 可以看作自变量为正整数 n 的函数 $x_n=f(n)$,它的定义域是全体正整数 $\mathbf{N}^+$,即

$$x_n = f(n), \quad x \in \mathbf{Z}^+.$$

1.2.2 数列极限的定义

对于这个问题,先看一个例子:我国古代哲学家庄周所著的《庄子·天下篇》引用过一句话:"一尺之棰,日取其半,万世不竭."把每天截下的部分的长度列出如下(单位为尺):

第 1 天截下 $\frac{1}{2}$;

第 2 天截下 $\frac{1}{2} \cdot \frac{1}{2} = \frac{1}{2^2}$;

第 3 天截下 $\frac{1}{2} \cdot \frac{1}{2^2} = \frac{1}{2^3}$;

……

第 n 天截下 $\frac{1}{2}\cdot\frac{1}{2^{n-1}}=\frac{1}{2^n}$；

……

得到一个数列：$\frac{1}{2},\frac{1}{2^2},\frac{1}{2^3},\cdots,\frac{1}{2^n},\cdots$.

不难看出，数列 $\left\{\frac{1}{2^n}\right\}$ 的通项 $\frac{1}{2^n}$ 随着 n 的无限增大而无限地接近于零.

一般地，对于数列 $\{x_n\}$，当项数 n 无限增大时，数列的相应项 x_n 无限逼近常数 a，则称 a 是数列 $\{x_n\}$ 的**极限**，记为 $\lim\limits_{n\to\infty}x_n=a$ 或 $x_n\to a(n\to\infty)$，并称数列 $\{x_n\}$ **收敛于** a. 若数列 $\{x_n\}$ 没有极限，则称数列 $\{x_n\}$ 是**发散**的.

据此可以说，数列 $\left\{\frac{1}{2^n}\right\}$ 是收敛数列，0 是它的极限.

数列 $\{n^2\}$，$\{1+(-1)^{n+1}\}$ 都是发散的数列.

需要提出的是，上面关于“收敛数列”的说法并不是严格的定义，而仅是一种“描述性”的说法，如何用数学语言把它精确地定义下来. 还有待进一步分析. 以 $\left\{1+\frac{1}{n}\right\}$ 为例，可观察出该数列具以下特性.

随着 n 的无限增大，$a_n=1+\frac{1}{n}$ 无限地接近于 1 → 随着 n 的无限增大，$1+\frac{1}{n}$ 与 1 的距离无限减少 → 随着 n 的无限增大，$\left|1+\frac{1}{n}-1\right|$ 无限减少 → $\left|1+\frac{1}{n}-1\right|$ 会任意小，只要 n 充分大.

例如：要使 $\left|1+\frac{1}{n}-1\right|<0.1$，只要 $n>10$ 即可；

要使 $|1+\frac{1}{n}-1|<0.01$，只要 $n>100$ 即可；

……

任给无论多么小的正数 ε，都会存在数列的一项 a_N，从该项之后 $(n>N)$，$\left|\left(1+\frac{1}{n}\right)-1\right|<\varepsilon$. 即 $\forall\varepsilon>0,\exists N$，当 $n>N$ 时，$\left|\left(1+\frac{1}{n}\right)-1\right|<\varepsilon$.

这样，就可以用数学语言给出极限的精确定义.

定义 1.2　如果数列 $\{x_n\}$ 与常数 a 有下列关系：对于任意给定的正数 ε（不论它多么小），总存在正整数 N，使得对于 $n>N$ 时的一切 x_n，不等式

$$|x_n-a|<\varepsilon$$

都成立，则称常数 a 是数列 $\{x_n\}$ 的**极限**，或者称**数列** $\{x_n\}$ **收敛于** a，记为

$$\lim_{n\to\infty}x_n=a \text{ 或 } x_n\to a\ (n\to\infty).$$

如果数列没有极限,就说数列是**发散**的.

例 1.4　证明 $\lim\limits_{n\to\infty}\dfrac{n+(-1)^{n-1}}{n}=1$.

分析　由于

$$|x_n-1|=\left|\frac{n+(-1)^{n-1}}{n}-1\right|=\frac{1}{n},$$

对于$\forall\varepsilon>0$,要使$|x_n-1|<\varepsilon$,只要$\dfrac{1}{n}<\varepsilon$,即$n>\dfrac{1}{\varepsilon}$.

证明　因为$\forall\varepsilon>0$,$\exists N=\left[\dfrac{1}{\varepsilon}\right]\in\mathbf{Z}^+$,当$n>N$时,有

$$|x_n-1|=\left|\frac{n+(-1)^{n-1}}{n}-1\right|=\frac{1}{n}<\varepsilon,$$

所以

$$\lim_{n\to\infty}\frac{n+(-1)^{n-1}}{n}=1.$$

例 1.5　设$|q|<1$,证明等比数列

$$1,q,q^2,\cdots,q^{n-1},\cdots$$

的极限是 0 .

分析　对于任意给定的$\varepsilon>0$,要使

$$|x_n-0|=|q^{n-1}-0|=|q|^{n-1}<\varepsilon,$$

只要$n>\log_{|q|}\varepsilon+1$就可以了,故可取$N=[\log_{|q|}\varepsilon+1]$.

证明　因为对于任意给定的$\varepsilon>0$,存在$N=[\log_{|q|}\varepsilon+1]$,当$n>N$时,有

$$|q^{n-1}-0|=|q|^{n-1}<\varepsilon,$$

所以

$$\lim_{n\to\infty}q^{n-1}=0.$$

1.2.3　收敛数列的性质

性质 1(极限唯一性)　若数列$\{x_n\}$收敛,则它的极限唯一.

证明　假设同时有$\lim\limits_{n\to\infty}x_n=a$及$\lim\limits_{n\to\infty}x_n=b$,且$a<b$.按极限的定义,对于$\varepsilon=\dfrac{b-a}{2}>0$,存在充分大的正整数$N$,使当$n>N$时,同时有

$$|x_n-a|<\varepsilon=\frac{b-a}{2},\quad |x_n-b|<\varepsilon=\frac{b-a}{2},$$

因此同时有

$$x_n<\frac{b+a}{2}\text{ 及 }x_n>\frac{b+a}{2},$$

这是不可能的.所以只能有$a=b$.因此极限值必唯一.

对于数列$\{x_n\}$，如果存在着正数M，使得对一切x_n都满足不等式$|x_n|\leqslant M$，则称数列$\{x_n\}$是**有界的**；如果这样的正数M不存在，就说数列$\{x_n\}$是**无界的**.

性质2(收敛数列的有界性)　如果数列$\{x_n\}$收敛，那么数列$\{x_n\}$一定有界.

证明　设数列$\{x_n\}$收敛，且收敛于a，根据数列极限的定义，对于$\varepsilon=1$，存在正整数N，使得对于$n>N$时的一切x_n，不等式

$$|x_n-a|<\varepsilon=1$$

都成立.于是当$n>N$时，

$$|x_n|=|(x_n-a)+a|\leqslant|x_n-a|+|a|<1+|a|.$$

取$M=\max\{|x_1|,|x_2|,\cdots,|x_N|,1+|a|\}$，那么数列$\{x_n\}$中的一切$x_n$都满足不等式$|x_n|\leqslant M$.这就证明了数列$\{x_n\}$是有界的.

性质3(收敛数列的保号性)　如果数列$\{x_n\}$收敛于a，且$a>0$(或$a<0$)，那么存在正整数N，当$n>N$时，有$x_n>0$(或$x_n<0$).

证明　只证$a>0$的情形.由数列极限的定义，对$\varepsilon=\dfrac{a}{2}>0$，$\exists N\in\mathbf{N}^+$，当$n>N$时，有

$$|x_n-a|<\frac{a}{2},$$

从而

$$x_n>a-\frac{a}{2}=\frac{a}{2}>0.$$

推论　如果数列$\{x_n\}$从某项起有$x_n\geqslant0$(或$x_n\leqslant0$)，且数列$\{x_n\}$收敛于a，那么$a\geqslant0$(或$a\leqslant0$).

证明　只证$x_n\geqslant0$的情形.设数列$\{x_n\}$从N_1项起，即当$n>N_1$时有$x_n\geqslant0$.现在用反证法证明，设$a<0$，则由性质3知，$\exists N_2\in\mathbf{N}^+$，当$n>N_2$时，有$x_n<0$.取$N=\max\{N_1,N_2\}$，当$n>N$时，按假定有$x_n\geqslant0$，按性质3有$x_n<0$，这引起矛盾.所以必有$a\geqslant0$.

在数列$\{x_n\}$中任意抽取无限多项并保持这些项在原数列中的先后次序，这样得到的一个数列称为原数列$\{x_n\}$的**子数列**.

例如，数列$\{x_n\}$：

$$1,-1,1,-1,\cdots,(-1)^{n+1},\cdots$$

的一子数列为

$$\{x_{2n}\}:-1,-1,-1,\cdots,(-1)^{2n+1},\cdots$$

性质4(收敛数列与其子数列间的关系)　如果数列$\{x_n\}$收敛于a，那么它的任一子数列也收敛，且极限也是a.

证明　设数列$\{x_{n_k}\}$是数列$\{x_n\}$的任一子数列.因为数列$\{x_n\}$收敛于a，所以$\forall\varepsilon>0$，$\exists N\in\mathbf{N}^+$，当$n>N$时，有$|x_n-a|<\varepsilon$.取$K=N$，则当$k>K$时，$n_k\geqslant k>K=$

N. 于是$|x_{n_k}-a|<\varepsilon$.这就证明了 $\lim\limits_{k\to\infty}x_{n_k}=a$.

根据性质 4,若数列$\{x_n\}$有一个子列发散,或有两个子列收敛而极限不相等,则数列$\{x_n\}$一定发散. 例如,数列 $\{(-1)^n\}$,其偶数项组成的子列 $\{(-1)^{2n}\}$ 收敛于 1,而奇数项组成的子列 $\{(-1)^{2n-1}\}$ 收敛于-1,从而 $\{(-1)^n\}$ 发散. 再如数列 $\left\{\sin\dfrac{n\pi}{2}\right\}$,它的奇数项组成的子列 $\left\{\sin\dfrac{2n-1}{2}\pi\right\}$,即为$\{(-1)^{k-1}\}$,由于这个子列发散,故数列 $\left\{\sin\dfrac{n\pi}{2}\right\}$ 发散.

性质 5(四则运算法则) 若 $\{a_n\}$,$\{b_n\}$ 都收敛,则 $\{a_n+b_n\}$,$\{a_n-b_n\}$,$\{a_nb_n\}$ 也都收敛,且

$$\lim_{n\to\infty}a_n\pm b_n=\lim_{n\to\infty}a_n\pm\lim_{n\to\infty}b_n\ ,\quad \lim_{n\to\infty}a_nb_n=\lim_{n\to\infty}a_n\cdot\lim_{n\to\infty}b_n\ .$$

特别地,$\lim\limits_{n\to\infty}c\,a_n=c\lim\limits_{n\to\infty}a_n$,其中,c 为常数. 如再有 $\lim\limits_{n\to\infty}b_n\neq 0$,则 $\left\{\dfrac{a_n}{b_n}\right\}$ 也收敛,且

$$\lim_{n\to\infty}\frac{a_n}{b_n}=\frac{\lim\limits_{n\to\infty}a_n}{\lim\limits_{n\to\infty}b_n}\ .$$

性质 6(两边夹定理或迫敛性) 设有三个数列 $\{a_n\}$,$\{b_n\}$,$\{c_n\}$,如 $\exists N$,当 $n>N$ 时有

$$a_n\leqslant c_n\leqslant b_n$$

且

$$\lim_{n\to\infty}a_n=\lim_{n\to\infty}b_n=l\ ,$$

则 $\lim\limits_{n\to\infty}c_n=l$.

证明 由$\lim\limits_{n\to\infty}a_n=\lim\limits_{n\to\infty}b_n=l$. 得,$\forall\varepsilon>0$,$\exists N_1,N_2>0$,当 $n>N_1$ 时,$|a_n-l|<\varepsilon$;当 $n>N_2$ 时,$|b_n-l|<\varepsilon$,取 $N_0=\max\{N,N_1,N_2\}$,则当 $n>N_0$ 时以上两式与已知条件中的不等式同时成立,故有,当 $n>N_0$ 时

$$l-\varepsilon<a_n\leqslant c_n\leqslant b_n<l+\varepsilon\ ,$$

说明 $|c_n-l|<\varepsilon$,即 $\lim\limits_{n\to\infty}c_n=l$.

推论 若$\exists N>0$,当 $n>N$. 时有 $a_n\leqslant b_n\leqslant l$(或 $l\leqslant b_n\leqslant a_n$)且$\lim\limits_{n\to\infty}a_n=l$,则$\lim\limits_{n\to\infty}b_n=l$.

该条性质不仅提供了一个判定数列收敛的方法,而且也给出了一个求极限的方法.

1.3 函数的极限

通过数列极限的学习应有一种基本的观念:"极限是研究变量的变化趋势的."或说:"极限是研究变量的变化过程,并通过变化的过程来把握变化的结果."例如,数列 $\{a_n\}$ 这种变量即是研究当 $n\to+\infty$ 时,$\{a_n\}$ 的变化趋势.

从函数角度看,数列 $\{a_n\}$ 可视为一种特殊的函数 f,其定义域为 $\mathbf{Z}^+$,值域是 $\{a_n\}$,即

$$f(n)=a_n,\quad n\in\mathbf{Z}^+.$$

研究数列 $\{a_n\}$ 的极限,即是研究当自变量 $n\to+\infty$ 时,函数 $f(n)$ 的变化趋势.

此处函数 $f(n)$ 的自变量 n 只能取正整数! 因此自变量的可能变化趋势只有一种,即 $n\to+\infty$. 但是,如果代替正整数变量 n 而考虑一般的变量为 $x\in\mathbf{R}$,那么情况又如何呢? 具体地说,此时自变量 x 可能的变化趋势是否仅限于 $x\to+\infty$ 一种呢?

一般地,研究函数的极限时,可考虑自变量 $x\to+\infty$ 时, $f(x)$ 的变化趋势;除此之外,也可考虑自变量 $x\to-\infty$ 时, $f(x)$ 的变化趋势;还可考虑自变量 $x\to\infty$ 时, $f(x)$ 的变化趋势;还可考虑自变量 $x\to a$ 时, $f(x)$ 的变化趋势, $\cdots$.

由此可见,函数的极限较之数列的极限要复杂得多,其根源在于自变量性质的变化. 但同时我们将看到,这种复杂仅仅表现在极限定义的叙述有所不同. 而在各类极限的性质、运算、证明方法上都类似于数列的极限.

为了讨论的方便,我们首先引入邻域的概念.

1.3.1　邻域

以点 a 为中心的任何开区间称为点 a 的**邻域**,记作 $U(a)$.

设 δ 是一正数,则称开区间 $(a-\delta,a+\delta)$ 为点 a 的 **δ 邻域**,记作 $U(a;\delta)$,即

$$U(a,\delta)=\{x\,|\,a-\delta<x<a+\delta\}=\{x\,|\,|x-a|<\delta\},$$

其中点 a 称为邻域的中心, δ 称为邻域的半径.

还可以定义去心邻域 $U^\circ(a)$ 和 $U^\circ(a;\delta)$,如

$$U^\circ(a;\delta)=\{x\,|\,0<|x-a|<\delta\}.$$

1.3.2　函数极限的概念

1. $x\to+\infty$ 时函数的极限

设函数定义在 $[a,+\infty)$ 上,类似于数列情形,我们研究当自变量 $x\to+\infty$ 时,对应的函数值能否无限地接近于某个定数 A. 这种情形能否出现呢? 回答是可能出现,但不是对所有的函数都具此性质.

例如, $f(x)=\dfrac{1}{x}$, x 无限增大时, $f(x)$ 无限地接近于 0; $g(x)=\arctan x$, x 无限增大时, $f(x)$ 无限地接近于 $\dfrac{\pi}{2}$; $h(x)=x$, x 无限增大时, $f(x)$ 与任何数都不能无限地接近. 正因为如此,所以才有必要考虑 $x\to+\infty$ 时, $f(x)$ 的变化趋势. 像 $f(x)$, $g(x)$ 这样,当 $x\to+\infty$ 时,对应函数值无限地接近于某个定数 A 的函数称

为“当 $x\to+\infty$ 时有极限 A”.

定义 1.3 设 f 为定义在 $[a,+\infty)$ 上的函数,A 为实数. 若对任给的 $\varepsilon>0$,存在正数 $M(\geqslant a)$,使得当 $x>M$ 时有 $|f(x)-A|<\varepsilon$,则称函数 f 当 $x\to+\infty$ 时以 A 为**极限**. 记作

$$\lim_{x\to+\infty}f(x)=A \text{ 或 } f(x)\to A\ (x\to+\infty).$$

定义中 ε 的作用与数列极限中 ε 的作用相同,衡量 $f(x)$ 与 A 的接近程度,正数 M 的作用与数列极限定义中 N 相类似,表明 x 充分大的程度;但这里所考虑的是比 M 大的所有实数 x,而不仅仅是正整数 n.

同理,可以定义函数 f 当 $x\to-\infty$ 或 $x\to\infty$ 时的极限:

$\lim\limits_{x\to-\infty}f(x)=A\Leftrightarrow\forall\varepsilon>0,\exists M>0$, 当 $x<-M$ 时, $|f(x)-A|<\varepsilon$,

$\lim\limits_{x\to\infty}f(x)=A\Leftrightarrow\forall\varepsilon>0,\exists M>0$, 当 $|x|>M$ 时, $|f(x)-A|<\varepsilon$.

2. $x\to x_0$ 时函数的极限

上面讨论的函数 f 当 $x\to+\infty$ 时的极限,是假定 f 为定义在 $[a,+\infty)$ 上的函数,考虑 $x\to+\infty$ 时 $f(x)$ 是否趋于某个定数 A.

下面假定 f 为定义在点 x_0 的某个空心邻域 $U^\circ(x_0)$ 内的函数. 现在讨论当 $x\to x_0(x\neq x_0)$ 时,对应的函数值能否趋于某个定数 A 数列.

先看下面几个例子:

设 $f(x)=1(x\neq0)$,则 $f(x)$ 是定义在 $U^\circ(0)$ 上的函数,当 $x\to0$ 时, $f(x)\to1$.

再如 $f(x)=\dfrac{x^2-4}{x-2}$ 是定义在 $U^\circ(2)$ 上的函数,当 $x\to2$ 时, $f(x)\to4$.

但是, $f(x)=\dfrac{1}{x}$ 定义在 $U^\circ(0)$ 上的函数,当 $x\to0$ 时, $f(x)$ 却无法趋近于某个确定的数.

由上述例子可见,对有些函数,当 $x\to x_0(x\neq x_0)$ 时,对应的函数值 $f(x)$ 能趋于某个定数 A;但对有些函数却无此性质. 所以有必要来研究当 $x\to x_0(x\neq x_0)$ 时, $f(x)$ 的变化趋势.

称上述的第一类函数 $f(x)$ 为当 $x\to x_0$ 时以 A 为极限,记作 $\lim\limits_{x\to x_0}f(x)=A$.

类似于数列极限的定义,我们可以给出这类函数极限的精确定义.

定义 1.4 设函数 $f(x)$ 在点 x_0 的某个空心邻域 $U^\circ(x_0;\delta')$ 内有定义,A 为定数,若对任给的 $\forall\varepsilon>0,\exists\delta(<\delta')>0$,使得当 $0<|x-x_0|<\delta$ 时有 $|f(x)-A|<\varepsilon$,则称函数 f 当 x 趋于 x_0 时以 A 为**极限**(或称 A 为 $x\to x_0$ 时 $f(x)$ 的极限),记作

$$\lim_{x\to x_0}f(x)=A \text{ 或 } f(x)\to A\ (x\to x_0).$$

在定义1.4中，只要求函数 f 在 x_0 的某空心邻域内有定义，而一般不要求 f 在 x_0 处的函数值是否存在，或者取什么样的值. 这是因为，对于函数极限我们所研究的是当 x 趋于 x_0 的过程中函数的变化趋势，与函数在该处的函数值无关. 所以可以不考虑 f 在点 a 的函数值是否存在，或取何值，因而限定" $0<|x-x_0|$ ".

3. 单侧极限

有些函数在其定义域上某些点左侧与右侧的解析式不同，如

$$f_1(x)=\begin{cases}x^2, & x\geqslant 0,\\ x, & x<0\end{cases}$$

或函数在某些点仅在其一侧有定义，如

$$f_2(x)=\sqrt{x},\quad x\geqslant 0.$$

这时，如何讨论这类函数在上述各点处的极限呢？此时，不能再用前面的定义(讨论方法)，而要从这些点的某一侧来讨论. 如讨论 $f_1(x)$ 在 $x\to 0$ 时的极限. 要在 $x=0$ 的左右两侧分别讨论，即当 $x>0$ 而趋于0时，应按 $f_1(x)=x^2$ 来考察函数值的变化趋势；当 $x<0$ 而趋于0时，应按 $f_1(x)=x$ 来考察函数值的变化趋势；而对 $f_2(x)$，只能在点 $x=0$ 的右侧，即 $x>0$ 而趋于0时来考察. 为此，引进"单侧极限"的概念.

定义1.5　设函数 f 在 $(x_0,x_0+\delta')$ 内有定义，A 为定数. 若对任给的 $\varepsilon>0$，总是 $\exists\delta>0(\delta<\delta')$，使得当 $x_0<x<x_0+\delta$ 时有 $|f(x)-A|<\varepsilon$，则称数 A 为函数 f 当 x 趋于 x_0 时的**右极限**，记作

$$\lim_{x\to x_0^+}f(x)=A \text{ 或 } f(x)\to A(x\to x_0^+) \text{ 或 } f(x_0+0)=A.$$

类似可给出**左极限**：

$$\lim_{x\to x_0^-}f(x)=A \text{ 或 } f(x)\to A(x\to x_0^-) \text{ 或 } f(x_0-0)=A.$$

右极限与左极限统称为**单侧极限**.

1.3.3　函数极限的性质

到此为止，我们一共引进了下述六种类型的函数极限：

$$\lim_{x\to+\infty}f(x),\quad \lim_{x\to-\infty}f(x),\quad \lim_{x\to\infty}f(x),\quad \lim_{x\to x_0}f(x),\quad \lim_{x\to x_0^+}f(x),\quad \lim_{x\to x_0^-}f(x).$$

它们具有与数列极限相类似的一些性质，下面以 $\lim\limits_{x\to x_0}f(x)$ 为代表来叙述并证明这些性质. 至于其他类型极限的性质及其证明，只要作相应的修改即可.

性质1(唯一性)　如果 $\lim\limits_{x\to x_0}f(x)$ 存在，则必定唯一.

性质2(局部有界性)　若 $\lim\limits_{x\to x_0}f(x)$ 存在，则 f 在 x_0 的某空心邻域内有界. 即

存在常数 $M>0$ 和 δ，使得当 $0<|x-x_0|<\delta$ 时，有 $|f(x)|\leqslant M$.

性质 3（局部保号性）　如果 $f(x)\to A(x\to x_0)$，而且 $A>0$（或 $A<0$），那么存在常数 $\delta>0$，使当 $0<|x-x_0|<\delta$ 时，有 $f(x)>0$（或 $f(x)<0$）.

性质 4（迫敛性）　设 $\lim\limits_{x\to x_0}f(x)=\lim\limits_{x\to x_0}h(x)=A$，且在某 $U^\circ(x_0;\delta')$ 内有 $f(x)\leqslant g(x)\leqslant h(x)$，则 $\lim\limits_{x\to x_0}h(x)=A$.

性质 5（四则运算法则）　若 $\lim\limits_{x\to x_0}f(x)$ 和 $\lim\limits_{x\to x_0}g(x)$ 都存在，则函数 $f\pm g, fg$ 当 $x\to x_0$ 时极限也存在，且

$$\lim_{x\to x_0}[f(x)\pm g(x)]=\lim_{x\to x_0}f(x)\pm\lim_{x\to x_0}g(x);$$

$$\lim_{x\to x_0}[f(x)\cdot g(x)]=\lim_{x\to x_0}f(x)\cdot\lim_{x\to x_0}g(x).$$

又若 $\lim\limits_{x\to x_0}g(x)\neq 0$，则 $\dfrac{f}{g}$ 当 $x\to x_0$ 时极限也存在，且有

$$\lim_{x\to x_0}\frac{f(x)}{g(x)}=\frac{\lim\limits_{x\to x_0}f(x)}{\lim\limits_{x\to x_0}g(x)}.$$

1.3.4　两个重要的极限

1. $\lim\limits_{x\to 0}\dfrac{\sin x}{x}=1$

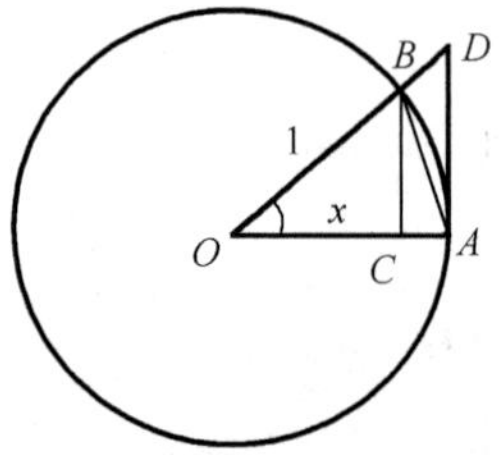

图 1-8

首先注意到，函数 $\dfrac{\sin x}{x}$ 对于一切 $x\neq 0$ 都有定义，如图 1-8 所示，图中的圆为单位圆，且

$$BC\perp OA,\quad DA\perp OA.$$

圆心角 $\angle AOB=x\left(0<x<\dfrac{\pi}{2}\right)$. 显然

$$\sin x=CB,\quad x=\widehat{AB},\quad \tan x=AD.$$

因为

$$S_{\triangle AOB}<S_{\text{扇形}AOB}<S_{\triangle AOD},$$

所以

$$\frac{1}{2}\sin x<\frac{1}{2}x<\frac{1}{2}\tan x,$$

即

$$\sin x<x<\tan x.$$

不等号各边都除以 $\sin x$，就有

$$1<\frac{x}{\sin x}<\frac{1}{\cos x}$$

或

$$\cos x < \frac{\sin x}{x} < 1 .$$

注意此不等式当 $-\frac{\pi}{2} < x < 0$ 时也成立.而 $\lim\limits_{x\to 0}\cos x = 1$，根据准则 I′，

$$\lim_{x\to 0}\frac{\sin x}{x} = 1 .$$

例 1.6　求 $\lim\limits_{x\to 0}\frac{\tan x}{x}$.

解　$\lim\limits_{x\to 0}\frac{\tan x}{x} = \lim\limits_{x\to 0}\frac{\sin x}{x}\cdot\frac{1}{\cos x} = \lim\limits_{x\to 0}\frac{\sin x}{x}\cdot\lim\limits_{x\to 0}\frac{1}{\cos x} = 1 .$

例 1.7　求 $\lim\limits_{x\to 0}\frac{1-\cos x}{x^2}$.

解　$$\lim_{x\to 0}\frac{1-\cos x}{x^2} = \lim_{x\to 0}\frac{2\sin^2\frac{x}{2}}{x^2} = \frac{1}{2}\lim_{x\to 0}\frac{\sin^2\frac{x}{2}}{\left(\frac{x}{2}\right)^2} = \frac{1}{2}\lim_{x\to 0}\left(\frac{\sin\frac{x}{2}}{\frac{x}{2}}\right)^2$$

$$= \frac{1}{2}\cdot 1^2 = \frac{1}{2}.$$

2. $\lim\limits_{x\to\infty}\left(1+\frac{1}{x}\right)^x = \mathrm{e}$

如果数列 $\{x_n\}$ 满足条件

$$x_1 \leqslant x_2 \leqslant x_3 \leqslant \cdots \leqslant x_n \leqslant x_{n+1} \leqslant \cdots,$$

就称数列 $\{x_n\}$ 是**单调增加的**；如果数列 $\{x_n\}$ 满足条件

$$x_1 \geqslant x_2 \geqslant x_3 \geqslant \cdots \geqslant x_n \geqslant x_{n+1} \geqslant \cdots,$$

就称数列 $\{x_n\}$ 是**单调减少的**.单调增加和单调减少数列统称为**单调数列**.

不加证明地给出一个极限存在的条件：单调有界数列必有极限.

据此，可以证明极限 $\lim\limits_{n\to\infty}\left(1+\frac{1}{n}\right)^n$ 存在.

设 $x_n = \left(1+\frac{1}{n}\right)^n$，现证明数列 $\{x_n\}$ 是单调有界的.

$$x_n = \left(1+\frac{1}{n}\right)^n = 1 + \frac{n}{1!}\cdot\frac{1}{n} + \frac{n(n-1)}{2!}\cdot\frac{1}{n^2} + \frac{n(n-1)(n-2)}{3!}\cdot\frac{1}{n^3}$$

$$+ \cdots + \frac{n(n-1)\cdots(n-n+1)}{n!}\cdot\frac{1}{n^n}$$

$$= 1 + 1 + \frac{1}{2!}\left(1-\frac{1}{n}\right) + \frac{1}{3!}\left(1-\frac{1}{n}\right)\left(1-\frac{2}{n}\right)$$

$$+ \cdots + \frac{1}{n!}\left(1-\frac{1}{n}\right)\left(1-\frac{2}{n}\right)\cdots\left(1-\frac{n-1}{n}\right),$$

$$x_{n+1}=1+1+\frac{1}{2!}\left(1-\frac{1}{n+1}\right)+\frac{1}{3!}\left(1-\frac{1}{n+1}\right)\left(1-\frac{2}{n+1}\right)$$
$$+\cdots+\frac{1}{n!}\left(1-\frac{1}{n+1}\right)\left(1-\frac{2}{n+1}\right)\cdots\left(1-\frac{n-1}{n+1}\right)$$
$$+\frac{1}{(n+1)!}\left(1-\frac{1}{n+1}\right)\left(1-\frac{2}{n+1}\right)\cdots\left(1-\frac{n}{n+1}\right).$$

比较 x_n,x_{n+1} 的展开式,可以看出除前两项外,x_n 的每一项都小于 x_{n+1} 的对应项,并且 x_{n+1} 还多了最后一项,其值大于 0,因此

$$x_n<x_{n+1},$$

这就是说数列 $\{x_n\}$ 是单调增加的.

这个数列同时还是有界的.因为 x_n 的展开式中各项括号内的数用较大的数 1 代替,得

$$x_n<1+1+\frac{1}{2!}+\frac{1}{3!}+\cdots+\frac{1}{n!}<1+1+\frac{1}{2}+\frac{1}{2^2}+\cdots+\frac{1}{2^{n-1}}$$
$$=1+\frac{1-\frac{1}{2^n}}{1-\frac{1}{2}}=3-\frac{1}{2^{n-1}}<3.$$

所以,数列 $\{x_n\}$ 必有极限.这个极限我们用 e 来表示.即

$$\lim_{n\to\infty}\left(1+\frac{1}{n}\right)^n=\mathrm{e}.$$

例 1.8 求 $\lim\limits_{x\to\infty}\left(1-\frac{1}{x}\right)^x$.

解 令 $t=-x$,则 $x\to\infty$ 时,$t\to\infty$.于是

$$\lim_{x\to\infty}\left(1-\frac{1}{x}\right)^x=\lim_{t\to\infty}\left(1+\frac{1}{t}\right)^{-t}=\lim_{t\to\infty}\frac{1}{\left(1+\frac{1}{t}\right)^t}=\frac{1}{\mathrm{e}}$$

或

$$\lim_{x\to\infty}\left(1-\frac{1}{x}\right)^x=\lim_{x\to\infty}\left(1+\frac{1}{-x}\right)^{-x(-1)}=\left[\lim_{x\to\infty}\left(1+\frac{1}{-x}\right)^{-x}\right]^{-1}=\mathrm{e}^{-1}.$$

1.3.5 无穷小量与无穷大量

1. 无穷小量

在学习数列极限时,有一类数列非常引人瞩目,它们具有如下特征:$\lim\limits_{n\to\infty}a_n=0$,我们称为无穷小数列. 通过前面几节对函数极限的学习. 可以发现,在一般函数极限中也有类似的情形. 例如

$$\lim_{x\to 0}\sin x = 0,\quad \lim_{x\to 0}x^2 = 0,\cdots,$$

我们给这类函数一个统一的名称——无穷小量.

定义 1.6　设 f 在 x_0 的某空心邻域内有定义. 若 $\lim\limits_{x\to x_0}f(x)=0$，则称 f 为当 $x\to x_0$ 时的**无穷小量**.

类似地可以定义当 $x\to x_0^+$，$x\to x_0^-$，$x\to+\infty$，$x\to-\infty$，$x\to\infty$ 时的无穷小量.

例如，$x^k(k=1,2,\cdots)$，$\sin x$，$1-\cos x$ 都是当 $x\to 0$ 时的无穷小量；$\sqrt{1-x}$ 是当 $x\to 1^-$ 时的无穷小量；$\dfrac{1}{x^2}$，$\dfrac{\sin x}{x}$ 是 $x\to\infty$ 时的无穷小量.

对于无穷小量，有如下两条性质.

性质 1　两个(相同类型的)无穷小量之和、差、积仍为无穷小量.

性质 2　无穷小量与有界量的乘积为无穷小量.

设当 $x\to x_0$ 时，$f(x)$，$g(x)$ 均为无穷小量.

(1)若 $\lim\limits_{x\to x_0}\dfrac{f(x)}{g(x)}=0$，则称 $x\to x_0$ 时 $f(x)$ 为 $g(x)$ 的高阶无穷小量，或称 $g(x)$ 为 $f(x)$ 的低阶无穷小量，记作

$$f(x)=o(g(x))\ (x\to x_0).$$

例如，因为 $\lim\limits_{x\to 0}\dfrac{x^{k+1}}{x^k}=0$，$\lim\limits_{x\to 0}\dfrac{1-\cos x}{\sin x}=\lim\limits_{x\to 0}\tan\dfrac{x}{2}=0$，所以

$$x^{k+1}=o(x^k)(x\to 0),\quad 1-\cos x=o(\sin x)\quad (x\to 0).$$

(2)若存在正数 K 和 L，使得在 x_0 的某空心邻域内有 $K\leqslant\left|\dfrac{f(x)}{g(x)}\right|\leqslant L$，则称 $f(x)$ 与 $g(x)$ 为当 $x\to x_0$ 时的同阶无穷小量.

(3)若 $\lim\limits_{x\to x_0}\dfrac{f(x)}{g(x)}=1$，则称 $f(x)$ 与 $g(x)$ 是当 $x\to x_0$ 时的等价无穷小量，记作

$$f(x)\sim g(x)\ (x\to x_0).$$

例如，由于

$$\lim_{x\to 0}\frac{\sin x}{x}=1,\quad \lim_{x\to 0}\frac{\tan x}{x}=\lim_{x\to 0}\frac{\sin x}{x\cos x}=\lim_{x\to 0}\frac{\sin x}{x}\cdot\lim_{x\to 0}\frac{1}{\cos x}=1,$$

所以

$$\sin x\sim x(x\to 0),\quad \tan x\sim x(x\to 0);$$

而

$$\lim_{x\to 0}\frac{1-\cos x}{x^2}=\lim_{x\to 0}\frac{2\left(\sin\frac{x}{2}\right)^2}{x^2}=\lim_{x\to 0}\frac{1}{2}\left(\frac{\sin\frac{x}{2}}{\frac{x}{2}}\right)^2=\frac{1}{2},$$

所以

$$1-\cos x \sim \frac{x^2}{2}(x \to 0).$$

对于“等价无穷小量”有下面的重要的结论，它在求极限问题中有重要作用，称为求极限的“等价量法”.

定理 1.1 设函数 $f(x),g(x),h(x)$ 在 x_0 的某空心邻域内有定义，且有 $f(x) \sim g(x)(x \to x_0)$，则

(1)若 $\lim\limits_{x\to x_0} f(x)h(x)$ 存在，则

$$\lim_{x\to x_0} g(x)h(x) = \lim_{x\to x_0} f(x)h(x);$$

(2)若 $\lim\limits_{x\to x_0} \frac{h(x)}{f(x)}$ 存在，则

$$\lim_{x\to x_0} \frac{h(x)}{g(x)} = \lim_{x\to x_0} \frac{h(x)}{f(x)}.$$

例 1.9 求 $\lim\limits_{x\to 0} \frac{\tan x}{\sin 4x}$.

解 由于

$$\tan x \sim x(x \to 0), \quad \sin 4x \sim 4x(x \to 0),$$

故

$$\lim_{x\to 0} \frac{\tan x}{\sin 4x} = \lim_{x\to 0} \frac{x}{4x} = \frac{1}{4}.$$

在利用等价无穷小量代换求极限时，应注意，只有对所求极限式中相乘或相除的因式才能用等价无穷小量来替代，而对极限式中相加或相减的部分则不能随意替代.

2. 无穷大量

既然有“无穷小量”，与之对应的也应有“无穷大量”，那么什么是“无穷大量”呢?

定义 1.7 设 f 在 x_0 的某空心邻域内有定义. 若 $x \to x_0$ 时，$|f(x)|$ 无限增大，则称 $f(x)$ 是 $x \to x_0$ 下的**无穷大量**，记作 $\lim\limits_{x\to x_0} f(x) = \infty$.

类似可以定义当 $x \to x_0^+, x \to x_0^-, x \to +\infty, x \to -\infty, x \to \infty$ 时的无穷大量.

例如，$\frac{1}{x^2}$ 当 $x \to 0$ 时是无穷大量；$a^x(a > 1)$ 当 $x \to +\infty$ 时是无穷大量.

对于无穷小量和无穷大量，有如下的关系.

定理 1.2 设 $f(x)$ 在 x_0 的某空心邻域内有定义且不等于 0，则

(1)若 $f(x)$ 为当 $x \to x_0$ 时的无穷小量，则 $\frac{1}{f(x)}$ 为 $x \to x_0$ 时的无穷大量；

(2)若 $g(x)$ 为当 $x \to x_0$ 时的无穷大量，则 $\frac{1}{g(x)}$ 为 $x \to x_0$ 时的无穷小量.

1.4　函数的连续性

1.4.1　函数的连续性

我们常说曲线是连续的,或说温度的变化是连续的,这都反映了函数的一个重要特性——连续性.连续是一个很直观的现象.通常我们说一条曲线是连续的,因为它没有断开,那么什么叫"断开"呢?你若说,不连续就是断开的,这样从逻辑的角度看,出现了循环定义的现象,也就是说什么也没有定义,因此有必要给"连续"一个严格的定义.

直观上来说,连续的函数就是当输入值的变化足够小的时候,输出值的变化也会随之足够小的函数.如果输入值的某种微小的变化会产生输出值的一个突然的跳跃甚至无法定义,则这个函数被称为是不连续的函数.现代数学给出了连续的严格定义.

定义 1.8　设函数 $y=f(x)$ 在点 x_0 的某一邻域内有定义,如果函数 $f(x)$ 当 $x\to x_0$ 时的极限存在,且等于它在点 x_0 处的函数值 $f(x_0)$,即 $\lim\limits_{x\to x_0}f(x)=f(x_0)$,那么就称函数 $y=f(x)$ 在点 x_0 **连续**.

对函数 $y=f(x)$,当自变量从 x_0 变到 x,称 $\Delta x=x-x_0$ 叫自变量 x 的增量,而 $\Delta y=f(x)-f(x_0)=f(x_0+\Delta x)-f(x_0)$ 叫函数值 y 的增量.

显然 $\lim\limits_{x\to x_0}f(x)=f(x_0)$ 等价于

$$\lim_{\Delta x\to 0}\Delta y=\lim_{\Delta x\to 0}[f(x_0+\Delta x)-f(x_0)]=0.$$

因此函数 $y=f(x)$ 在点 x_0 点连续就是说,当自变量的增量 $\Delta x\to 0$ 时,函数值的增量 $\Delta y=f(x_0+\Delta x)-f(x_0)$ 也趋于零.

下面给出左连续及右连续的概念.

如果 $\lim\limits_{x\to x_0^-}f(x)=f(x_0-0)$ 存在且等于 $f(x_0)$,即 $f(x_0-0)=f(x_0)$,就说函数 $f(x)$ 在点 x_0 **左连续**.如果 $\lim\limits_{x\to x_0^+}f(x)=f(x_0+0)$ 存在且等于 $f(x_0)$,即 $f(x_0+0)=f(x_0)$,就说函数 $f(x)$ 在点 x_0 **右连续**.

在区间上每一点都连续的函数,称为在该区间上的**连续函数**,或者说函数在该区间上连续.如果区间包括端点,那么函数在右端点连续是指左连续,在左端点连续是指右连续.

例如,函数 $f(x)=\sin x$ 对 $\forall x_0\in(-\infty,+\infty)$,都有

$$\lim_{x\to x_0}f(x)=\sin x_0=f(x_0),$$

即 $f(x)=\sin x$ 在 $(-\infty,+\infty)$ 上每一点都连续,所以函数 $\sin x$ 在 $(-\infty,+\infty)$ 内连续.同理,函数 $\cos x$ 在 $(-\infty,+\infty)$ 内也连续.

连续函数的图形是一条连续而不间断的曲线.

1.4.2 函数的间断点

设函数 $f(x)$ 在点 x_0 的某去心邻域内有定义. 在此前提下,如果函数 $f(x)$ 有下列三种情形之一:

(1)在 $x = x_0$ 没有定义;

(2)虽在 $x = x_0$ 有定义,但 $\lim\limits_{x \to x_0} f(x)$ 不存在;

(3)虽在 $x = x_0$ 有定义,且 $\lim\limits_{x \to x_0} f(x)$ 存在,但 $\lim\limits_{x \to x_0} f(x) \neq f(x_0)$.

则函数 $f(x)$ 在点 x_0 为**不连续**,而点 x_0 称为函数 $f(x)$ 的**不连续点**或**间断点**.

下面观察下述几个函数的曲线在 $x = 1$ 或 0 点的情况,给出间断点的分类,如图 1-9 所示.

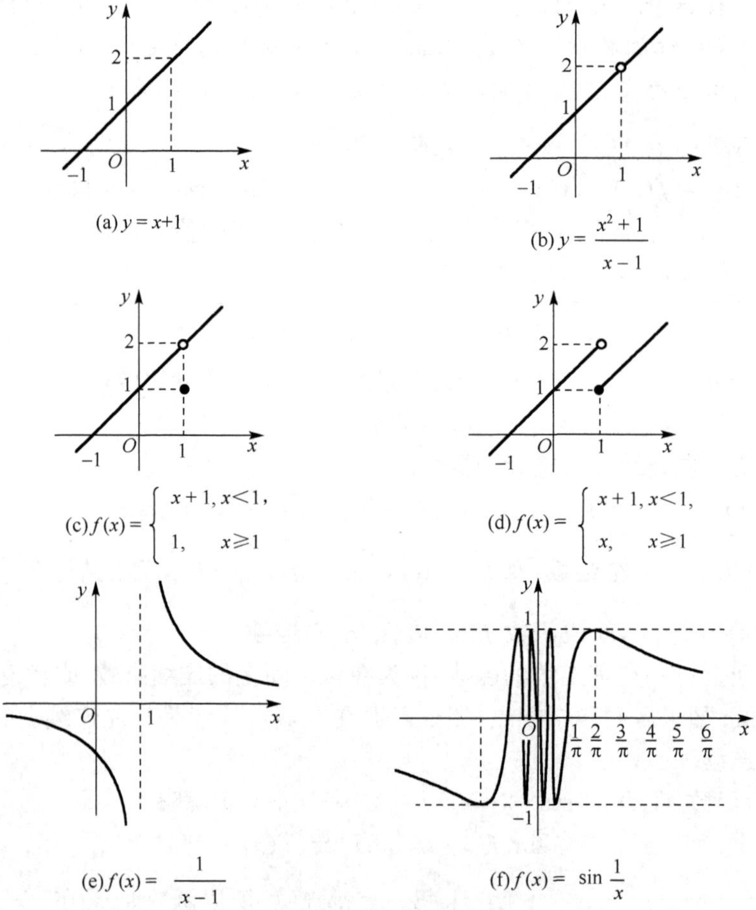

(a) $y = x+1$

(b) $y = \dfrac{x^2+1}{x-1}$

(c) $f(x) = \begin{cases} x+1, & x<1, \\ 1, & x \geqslant 1 \end{cases}$

(d) $f(x) = \begin{cases} x+1, & x<1, \\ x, & x \geqslant 1 \end{cases}$

(e) $f(x) = \dfrac{1}{x-1}$

(f) $f(x) = \sin\dfrac{1}{x}$

图 1-9 函数的间断点

可以看出

(a)中函数 $y = x + 1$ 在 $x = 1$ 连续;

(b)中函数在 $x = 1$ 点不连续,但 $\lim\limits_{x \to 1} f(x) = 2$;

(c)中函数在 $x = 1$ 点不连续,且 $\lim\limits_{x \to 1} f(x) = 2 \neq f(1)$;

(d)中函数在 $x = 1$ 点不连续,且 $\lim\limits_{x \to 1^-} f(x) = 2$, $\lim\limits_{x \to 1^+} f(x) = 1$;

(e)中函数在 $x = 1$ 点不连续,且 $\lim\limits_{x \to 1} f(x) = \infty$;

(f)中函数在 $x = 0$ 点不连续,且 $\lim\limits_{x \to 0} f(x)$ 不存在.

像(b)、(c)、(d)这样在 x_0 点左右极限都存在的间断点,称为第一类间断点,其中极限存在的(b)称作第一类间断的可去间断点,此时只要令 $y(1) = 2$,则在 $x = 1$ 函数就变成连续的了;(c)、(d)被称作第一类间断中的跳跃间断点.(e)、(f)被称作第二类间断点,其中(e)也称作无穷间断点,而(f)称作振荡间断点.

就一般情况而言,通常把间断点分成两类:如果 x_0 是函数 $f(x)$ 的间断点,但左极限 $f(x_0 - 0)$ 及右极限 $f(x_0 + 0)$ 都存在,那么 x_0 称为函数 $f(x)$ 的**第一类间断点**.不是第一类间断点的任何间断点,称为**第二类间断点**.在第一类间断点中,左、右极限相等者称为**可去间断点**,不相等者称为**跳跃间断点**.无穷间断点和振荡间断点显然是第二类间断点.

1.4.3 初等函数的连续性

1. 连续函数的运算

由函数在某点连续的定义和极限的四则运算法则,立即可以得出下面的结论.

(1)若函数 $f(x)$,$g(x)$ 都在点 x_0 连续,则函数

$$f(x) \pm g(x)\ ,\ f(x) \cdot g(x)\ ,\ \frac{f(x)}{g(x)}\ (g(x_0) \neq 0)$$

也在点 x_0 连续.

例如,因为 $\tan x = \dfrac{\sin x}{\cos x}$, $\cot x = \dfrac{\cos x}{\sin x}$,而 $\sin x$,$\cos x$ 都在 $(-\infty, +\infty)$ 内连续,所以 $\tan x$,$\cot x$ 在它们的定义域内连续.同理,$\sec x$,$\csc x$ 在它们的定义域内也连续,即三角函数在它们的定义域内连续.

关于反函数与复合函数的连续性,也有如下的结论.

(2)如果函数 $y = f(x)$ 在区间 I_x 上单调增加(或单调减少)且连续,那么它的反函数 $x = f^{-1}(y)$ 也在对应的区间 $I_y = \{y \mid y = f(x), x \in I_x\}$ 上单调增加(或单调减少)且连续.

例如,由于 $y = \sin x$ 在闭区间 $\left[-\dfrac{\pi}{2}, \dfrac{\pi}{2}\right]$ 上单调增加且连续,所以它的反函

数 $y=\arcsin x$ 在闭区间 $[-1,1]$ 上单调增加且连续. 同理，$y=\arccos x$ 在闭区间 $[-1,1]$ 上单调减少且连续；$y=\arctan x$ 在区间 $(-\infty,+\infty)$ 上单调增加且连续；$y=\mathrm{arccot}x$ 在区间 $(-\infty,+\infty)$ 上单调减少且连续，即反三角函数在它们的定义域内连续.

(3)设函数 $u=\varphi(x)$ 在点 $x=x_0$ 连续，且 $\varphi(x_0)=u_0$ ，而函数 $y=f(u)$ 在点 $u=u_0$ 连续，那么复合函数 $y=f[\varphi(x)]$ 在点 $x=x_0$ 也是连续.

例如，函数 $y=\sin\frac{1}{x}$ 可看成 $y=\sin u, u=\frac{1}{x}$ 复合而成. 而 $y=\sin u$ 在 $(-\infty,+\infty)$ 上连续，$u=\frac{1}{x}$ 在 $(-\infty,0)\cup(0,+\infty)$ 上连续，所以 $y=\sin\frac{1}{x}$ 在 $(-\infty,0)\cup(0,+\infty)$ 上连续.

2. 初等函数的连续性

前面我们知道了三角函数与反三角函数在它们的定义域内是连续的.

另外，指数函数 $y=a^x(a>0,a\neq1)$ 在 $(-\infty,+\infty)$ 上单调且连续，其值域为 $(0,+\infty)$ ，由反函数的连续性可得，对数函数 $y=\log_a x(a>0,a\neq1)$ 在 $(0,+\infty)$ 内单调且连续.

幂函数 $y=x^\mu$ 的定义域与 μ 有关，但无论 μ 为何值，$y=x^\mu$ 在开区间 $(0,+\infty)$ 内总是有定义的. 当 $x>0$ 时，$y=x^\mu=a^{x\ln\mu}$ ，因此，它可以看成由 $y=\mathrm{e}^\nu$，$\nu=\mu\ln x$ 复合而成，所以，它在 $(0,+\infty)$ 内连续. 对于 μ 取各种不同值的情况分别加以讨论，则可以知道幂函数在它的定义域内是连续的.

综合可得，基本初等函数在它们的定义域内是连续的.

根据初等函数的定义，基本初等函数的连续性，连续函数的四则运算法则及复合函数的连续性可得，一切初等函数在其定义区间内都是连续的.

利用初等函数的连续性求极限，往往比较方便.

例 1.10 求 $\lim\limits_{x\to0}\frac{\ln(1+x)}{x}$.

解 因为 $\frac{\ln(1+x)}{x}=\ln(1+x)^{\frac{1}{x}}$ ，而对数函数是连续的，所以

$$\lim_{x\to0}\frac{\ln(1+x)}{x}=\lim_{x\to0}\ln(1+x)^{\frac{1}{x}}=\ln\lim_{x\to0}(1+x)^{\frac{1}{x}}=\ln\mathrm{e}=1.$$

1.4.4 闭区间上连续函数的性质

如果函数 $f(x)$ 在开区间 (a,b) 内连续，且在左端点 a 右连续，在右端点 b 左连续，就称函数 $f(x)$ 在闭区间 $[a,b]$ 上连续.

下面介绍在闭区间上连续的函数的几个重要性质.

1. 有界性与最大值和最小值定理

先说明最大值和最小值的概念. 设函数 $f(x)$ 在区间 I 上有定义,如果有 $x_0 \in I$,使得对于任一 $x \in I$ 都有 $f(x) \leqslant f(x_0)$ (或 $f(x) \geqslant f(x_0)$),则称 $f(x_0)$ 为函数 $f(x)$ 在区间 I 上的最大值(或最小值).

定理 1.3(最大值和最小值定理)　闭区间上的连续函数在该区间上一定有最大值和最小值.

这就是说,如果函数 $f(x)$ 在闭区间 $[a,b]$ 上连续,那么至少存在一点 $x_1 \in [a,b]$,使得 $f(x_1)$ 为函数 $f(x)$ 在闭区间 $[a,b]$ 上的最大值;也至少存在一点 $x_2 \in [a,b]$,使得 $f(x_2)$ 为函数 $f(x)$ 在闭区间 $[a,b]$ 上的最小值.

注意,如果定理中的条件不满足,结论就不一定成立. 例如,函数 $y = \sin x$ 在 $\left(0, \frac{\pi}{2}\right)$ 内连续,但没有最大值也没有最小值. 函数

$$f(x) = \begin{cases} x+1, & -1 \leqslant x < 0, \\ 0, & x = 0, \\ x-1, & 0 < x \leqslant 1 \end{cases}$$

在 $[-1,1]$ 上有间断点 $x = 0$,它在 $[-1,1]$ 上没有最大值与最小值.

推论(有界性定理)　闭区间上的连续函数一定是该区间上的有界函数.

2. 零点定理与介值定理

如果 x_0 使 $f(x_0) = 0$,则 x_0 称为 $f(x)$ 的**零点**.

定理 1.4(零点定理)　设函数 $f(x)$ 在闭区间 $[a,b]$ 上连续,且 $f(a)$ 与 $f(b)$ 异号,即 $f(a) \cdot f(b) < 0$,那么在开区间 (a,b) 内至少有一点 $\xi(a < \xi < b)$,使得 $f(\xi) = 0$.

从几何上看,定理 1.4 表示:如果连续曲线弧 $y = f(x)$ 的两个端点位于 x 轴的不同侧,那么,这段曲线弧与 x 轴至少有一个交点(图 1-10).

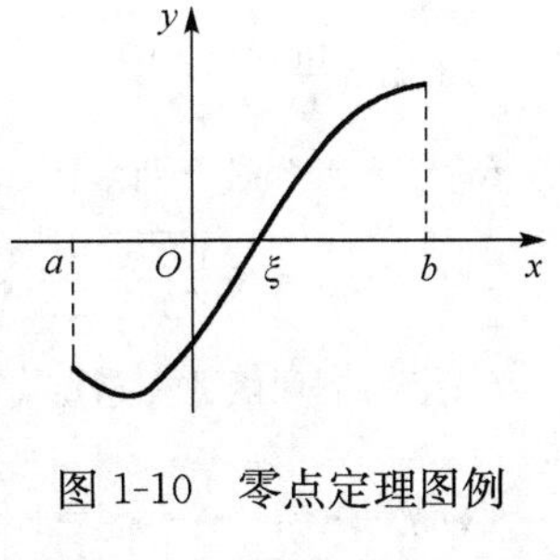

图 1-10　零点定理图例

由定理 1.4 可推得下面更一般的情形.

定理 1.5(介值定理)　设函数 $f(x)$ 在闭区间 $[a,b]$ 上连续,那么它在 $[a,b]$ 上能取到介于其最大值 M 与最小值 m 之间的任何值.

例 1.11　证明方程 $x^5 - 3x - 1 = 0$ 在 $(1,2)$ 内至少有一个实根.

证明　设 $f(x) = x^5 - 3x - 1$,则 $f(x)$ 在 $[1,2]$ 上连续,且

$$f(1) \cdot f(2) = -3 \times 25 < 0 .$$

由零点定理知,在 $(1,2)$ 至少有一点 ξ ,使 $f(\xi) = 0$,即 ξ 是方程 $x^5 - 3x - 1 = 0$ 在 $(1,2)$ 内的一个根.

习 题 1

1. 下列函数是否相等,为什么?

(1) $f(x)=x^2+x+1$, $g(x)=\dfrac{x^3-1}{x-1}$;

(2) $f(x)=\sqrt{x^2}$, $g(x)=|x|$;

(3) $f(x)=1$, $g(x)=\sec^2 x-\tan^2 x$.

2. 求下列函数的定义域:

(1) $f(x)=\dfrac{x}{x^2-1}$;　(2) $f(x)=\arcsin(x-3)$;

(3) $f(x)=\ln(x+1)$;　(4) $f(x)=\arccos(2\sin x)$.

3. 判定下列函数的奇偶性:

(1) $y=x^2(1-x^2)$;　(2) $y=3x^2-x^3$;

4. 计算下列极限:

(1) $\lim\limits_{n\to+\infty}\dfrac{3n^2-5n+1}{6n^2-4n-7}$;　(2) $\lim\limits_{n\to+\infty}\dfrac{2^n-3^n}{2^n+3^n}$;

(3) $\lim\limits_{n\to\infty}\left(1+\dfrac{1}{2}+\dfrac{1}{4}+\cdots+\dfrac{1}{2^n}\right)$;　(4) $\lim\limits_{x\to2}\dfrac{x^2+5}{x-3}$;

(5) $\lim\limits_{x\to1}\dfrac{x^2-2x+1}{x^2-1}$;　(6) $\lim\limits_{x\to\infty}\left(1+\dfrac{1}{x}\right)\left(2-\dfrac{1}{x^2}\right)$;

(7) $\lim\limits_{x\to0}\dfrac{\sqrt{1-x}-1}{x}$;　(8) $\lim\limits_{x\to0}\dfrac{\sin3x}{x}$;

(9) $\lim\limits_{x\to0}\dfrac{1-\cos x}{x^2}$;　(10) $\lim\limits_{n\to\infty}\left(1+\dfrac{1}{n}\right)^{2n}$;

(11) $\lim\limits_{x\to+\infty}\left(1-\dfrac{1}{x}\right)^x$;　(12) $\lim\limits_{x\to0}x^2\sin\dfrac{1}{x}$;

(13) $\lim\limits_{x\to0}\dfrac{\tan x-\sin x}{\sin x^3}$;　(14) $\lim\limits_{x\to0}\ln\dfrac{\sin x}{x}$.

5. 当 $x=0$ 时下列函数 $f(x)$ 无定义,试定义 $f(0)$ 的值,使 $f(x)$ 在 $x=0$ 连续:

(1) $f(x)=\dfrac{\sqrt{1+x}-1}{\sqrt[3]{1+x}-1}$;　(2) $f(x)=\sin x\cdot\sin\dfrac{1}{x}$.

6. 指出下列函数在指定点是否间断,如果间断,指出是哪类间断点.

(1) $f(x)=\dfrac{1}{x-1}$,$x=1$;　(2) $f(x)=\begin{cases}\dfrac{1}{x}, & x\neq0,\\ 0, & x=0,\end{cases}$ $x=0$.

7. 试证方程 $2x^3-3x^2+2x-3=0$ 在区间[1,2]至少有一根.

中外数学家简介【1】

华罗庚

我国著名的数学家华罗庚说:“聪明出于勤奋,天才在于积累.”这句话正是他一生的真实写照.

华罗庚,1910 年 11 月 12 日出生于江苏省金坛县的一个贫苦家庭. 他仅读过九年书,自 1924 年初中毕业后,他便离开学校协助其父亲料理一个很小的杂货铺,并利用业余时间刻苦自学数学,取得优异成绩. 1930 年,他在《科学》杂志上发表文章《苏家驹之代数五次方程式解法不能成立的理由》,受到熊庆来的赞赏,被邀请到清华大学工作. 由管理员、助教升为讲师. 1934 年他成为文化基金会研究员. 1936 年至 1938 年,华罗庚作为访问学者去英国剑桥大学工作两年.

抗日战争爆发后,华罗庚回国. 由于他成绩卓著,在 1938 年至 1946 年间,他受聘为西南联合大学教授. 1946 年春,他应苏联科学院邀请到苏联访问三个月. 1946 年至 1947 年,他应美国普林斯顿高等研究院邀请任研究员,并在普林斯顿大学执教. 1948 年至 1950 年,他为伊利诺(在乌尔巴那)大学教授.

中华人民共和国成立后,华罗庚于 1950 年带着全家回到北京,先后任清华大学教授,中国科学院数学研究所所长,中国数学会理事长,中国科学院数理化学部委员、学部副主任,中国科学技术大学数学系主任、副校长,中国科学院应用数学研究所所长,中国科学院副院长、主席团委员等职. 1979 年,他加入了中国共产党.

1979 年后,他到英国、法国、德国、荷兰与美国等的几十所大学与研究所讲学与访问,受到热烈欢迎与高度评价.

华罗庚是美国科学院国外院士、法国南锡大学与香港中文大学荣誉博士.

华罗庚喜欢做诗写杂文,平日态度较严肃,但有时也说说笑话,比较幽默. 例如,1953 年在访问苏联的途中,他用同行者钱三强与赵九章的名字做了一副对联:

三强韩赵魏,九章勾股弦.

在中国科学界中,传为美谈.

华罗庚是有世界声誉的数学家. 他在数论、矩阵几何学、典型群、自守函数论、多复变函数论、偏微分方程及高维数值积分等很多领域都作出了卓越的贡献. 他著有论文 200 余篇,专著 10 本,其中有 8 本已在国外翻译出版,有些可列为经典著作. 他在关于中国普及应用数学方法方面的工作,具有高度开创性,影响深远,效果巨大. 他对中国数学事业的组织领导,教育及培养青年数学家等工作都有特殊贡献. 他也是中国数学竞赛活动的创始人.

阿基米德

阿基米德公元前 287 年出生在意大利半岛南端西西里岛的叙拉古,著名的机械制造师,终生研究几何. 阿基米德在叙拉古陷落(公元前 212 年)时被罗马兵所杀,终年 75 岁.

阿基米德的父亲是位数学家兼天文学家. 阿基米德从小受到良好的家庭教育,年仅 11 岁就被送到当时希腊文化中心的亚历山大城去学习. 在这座号称“智慧之都”的名城里，阿基米德博览群书，学习了许多知识，并且做了欧几里得学生的门生. 他潜心钻研《几何原本》，对欧几里得数学的进一步发展作出了一定的贡献. 回到叙拉古以后仍然和那些学者保持密切的联系，他的许多学术成果就是通过和亚历山大的学者通信往来保存下来的. 后人对阿基米德给予极高的评价，尊称阿基米德为“数学之神”.

关于阿基米德，有一段传诵千古的轶事. 相传叙拉古的国王为了谢神，决定建造一个华贵的神龛，内装一个纯金的王冠. 制作的金匠如期完成了任务，等着领赏. 这时国王得到密告，说金匠偷去一部分金子，以等重的银子掺入. 国王甚为愤怒，但又无法判断是否确有其事，便请足智多谋的阿基米德来鉴定一下. 一时间阿基米德也想不出好办法来，正在苦闷之际，他到公共浴室去洗澡，当身体浸入装满水的浴盆的时候，水漫溢到盆外，而身体顿觉发轻. 为此，他豁然开朗，领悟到不同质料的物体，虽然重量相同，但因体积不同，排去的水必不相等. 根据这一道理，不仅可以判断王冠是否掺有杂质，而且通过计算还可知道工匠偷去黄金的份量. 这一发现非同小可，阿基米德高兴得跳了起来，立刻赤身奔回家中准备实验，口中不断大呼“我找到了”.

事后，阿基米德又经过仔细的实验和反复思考，将他的经验上升为理论，终于发现了流体静力学的基本原理——阿基米德原理：物体在流体中减轻的重量，等于它所排出流体的重量. 后来，这一原理总结在他的名著《论浮体》中.

阿基米德在建立了杠杆定律(若两物体与支点的距离反比于其重量，则杠杆平衡)之后，解决了“用给定的力去移动任何给定的重物”的问题，曾发出过这样的豪言壮语：“给我一个支点，我就能撬动地球!”

后来阿基米德成为兼数学家与力学家于一身的伟大学者，并且享有“力学之父”的美称，其原因在于他通过大量实验发现了杠杆原理，又用几何演绎方法推出许多杠杆命题，给出严格的证明，其中就有著名的“阿基米德原理”. 他在数学上也有着极为光辉灿烂的成就. 阿基米德的著作流传至今的有：《论球与圆柱》《圆的度量》《劈锥曲面与回转椭圆体》《论螺线》《平面图形的平衡或其重心》《数沙器》《抛物线图形求积法》《论浮体》《引理集》《群牛问题》等十余部，它们多数是几何著作. 这对于推动数学的发展起着决定性的作用.

历史上有的数学家勇于开辟新的园地却缺乏缜密的推理，有的数学家偏重于逻辑证明却对新领域的开拓徘徊不前. 阿基米德则兼有二者之长，他将惊人的独创与严格的论证融为一体，更善于将计算技巧与逻辑分析结合起来. 正确地注意理论与实际的联系，常常通过实践直观地洞察事物的本质，然后运用逻辑方法使经验上升为理论(如浮力问题)，再用理论去指导实际工作(如发明抗敌器械).

阿基米德不仅是一位杰出的科学家，而且是一位伟大的爱国主义者. 在他的一生中，最悲壮、最惊心动魄的一幕是他以古稀之龄投身于反侵略战争，他运用科学知识制作抗敌器械，为了拯救自己的祖国，他曾竭尽心智，力挽狂澜，给侵略者以沉重的打击，最后为国捐躯. 这位独步千古的科学家，他的爱国精神和爱科学的精神同样为万世所景仰.

他还将欧几里得提出的趋近观念作了有效的运用，他提出圆内接多边形和相似圆外切多边形，当边数足够大时，两多边形的周长便一个由上、一个由下地趋近于圆周长. 他先用六边形，以后逐次边数加倍，到了九十六边形，求得 π 的估计值介于 3.14163 和 3.14286 之间. 另外他算出球的表面积是其内接最大圆面积的四倍. 而他最得意的杰作是导出圆柱内切球体的体积是圆柱体积的三分之二. 这定理就刻在他的墓碑上，也成为他名垂千古的一大注记.

最后，我们来看看阿基米德真的能撬动地球吗？下面不妨作一个简单的计算，那时人们并不知道地球有多重，现在知道地球的质量约是 6×10^{27} g. 假想用杠杆来举起地球，加 60kg(6×10^{4} g)的力，那么力臂应该是重臂的$(6\times10^{27})\div(6\times10^{4})=10^{23}$倍. 要举起地球 10^{-4} mm，力臂的一端应走过 10^{13} km 以上. 每天 24 小时以短跑的速度走过这个距离，至少要 3000 万年！换句话说，即使略去杠杆本身的重量不计，阿基米德用尽毕生的力量，也休想撬动地球分毫. 不过这位伟大的古代力学家，只因为不知道地球的大小，以致作出错误的判断，这是可以谅解的.

第 2 章　导数与微分

数学中研究导数、微分及其应用的部分称为微分学，研究不定积分、定积分及其应用的部分称为积分学. 微分学与积分学统称为微积分学.

本章由实际问题引入导数和微分的概念，并借助极限运算法则得出导数的运算法则和基本初等函数的导数公式，从而解决了初等函数的导数和微分的计算问题.

2.1　导数的概念

16 世纪的欧洲，正处于资本主义萌芽时期，生产实践的发展对自然科学提出了新的课题，迫切要求力学、天文学等基础学科向前发展，而这些学科都是依赖于数学的，因而也推动了数学的发展. 在各类学科对数学提出的种种要求下，下列三类问题导致了微分学的产生：

(1)求变速运动的瞬时速度；

(2)求曲线上某一点处的切线；

(3)求最大值和最小值.

这三类实际问题的现实原型在数学上都可归结为函数相对于自变量变化而变化的快慢程度，即所谓函数的变化率问题. 牛顿从第一个问题出发，莱布尼茨从第二个问题出发，分别给出了导数的概念.

2.1.1　引例

引例 1　变速直线运动的瞬时速度.

设质点做变速直线运动，已知经历的路程 s 时间 t 的关系为 $s = f(t)$. 求质点在时刻 t_0 的瞬时速度 $v(t_0)$.

取时刻 t_0 到时刻 $t_0 + \Delta t$ 这段很短的时间，在时刻 t_0 经历的路程是 $f(t_0)$，在时刻 $t_0 + \Delta t$ 经历的路程是 $f(t_0 + \Delta t)$. 时间改变了 Δt，对应的路程 s 的改变量为

$$\Delta s = f(t_0 + \Delta t) - f(t_0).$$

在 t_0 到 $t_0 + \Delta t$ 这段时间内的平均速度为

$$\bar{v} = \frac{\Delta s}{\Delta t} = \frac{f(t_0 + \Delta t) - f(t_0)}{\Delta t}.$$

当时间间隔很小时，可以认为物体在 t_0 到 $t_0 + \Delta t$ 这段时间内近似地做匀速运动.

因此，可以用 $\bar{v}$ 作为 $v(t_0)$ 的近似值，且 Δt 越小，其近似程度越高. 当时间间隔 $\Delta t \to 0$ 时，我们把平均速度 $\bar{v}$ 的极限称为时刻 t_0 的瞬时速度，即

$$v(t_0)=\lim_{\Delta t\to 0}\frac{\Delta s}{\Delta t}=\lim_{\Delta t\to 0}\frac{f(t_0+\Delta t)-f(t_0)}{\Delta t}.$$

引例 2　切线的斜率.

已知曲线 C 是函数 $f(x)$ 的图形，求曲线 C 在 $P_0(x_0,y_0)$ 处的切线的斜率. 设点 $P(x_0+\Delta x, y_0+\Delta y)$ 为曲线上的另一点，如图 2-1 所示，连接点 P_0 和点 P 的直线 P_0P 称为曲线 C 的割线. 设割线 P_0P 的倾角为 φ，其斜率为

$$\tan\varphi=\frac{\Delta y}{\Delta x}=\frac{f(x_0+\Delta x)-f(x_0)}{\Delta x}.$$

所以当点 P 沿曲线 C 趋近于点 P_0 时，割线 P_0P 的倾角 φ 趋近于切线 P_0T 的倾角 φ，故割线 P_0P 的斜率 $\tan\theta$ 趋近于切线 P_0T 的斜率 $\tan\varphi$. 因此，曲线 C 在点 $P_0(x_0,y_0)$ 处的切线斜率为

$$\tan\alpha=\lim_{\Delta x\to 0}\frac{\Delta y}{\Delta x}=\lim_{\Delta x\to 0}\frac{f(x_0+\Delta x)-f(x_0)}{\Delta x}.$$

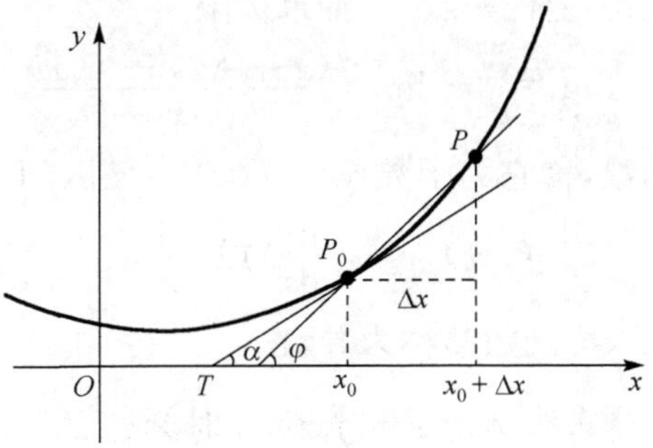

图 2-1　切线的斜率

上面所讨论的两个问题，虽然分别属于力学、几何学两个不同领域中的问题，但从抽象的数量关系上看，其实质都是求函数的改变量与自变量改变量之比当自变量改变量趋于零时的极限，如速度、切线的斜率、电流强度、化学反应的速度等. 从数量关系这个角度去考察，就是研究在已有的函数关系下，由自变量变化所引起的函数值变化的快慢速度. 我们把这种特定的极限称为函数的导数.

2.1.2　导数的定义

定义 2.1　设函数 $y=f(x)$ 在点 x_0 的某个邻域内有定义，当自变量 x 在 x_0 处取得增量 Δx（点 $x_0+\Delta x$ 仍在该邻域内时），相应地，函数 y 取得增量

$$\Delta y=f(x_0+\Delta x)-f(x_0),$$

如果当 $\Delta x\to 0$ 时，极限

$$\lim_{\Delta x \to 0} \frac{\Delta y}{\Delta x} = \lim_{\Delta x \to 0} \frac{f(x_0 + \Delta x) - f(x_0)}{\Delta x} \tag{2.1}$$

存在，称 $f(x)$ **在 x_0 可导**，并称**这个极限为函数 $f(x)$ 在点 x_0 处的导数**，记为

$$f'(x_0),\ y'\big|_{x=x_0},\ \left.\frac{\mathrm{d}y}{\mathrm{d}x}\right|_{x=x_0} \text{或} \left.\frac{\mathrm{d}f(x)}{\mathrm{d}x}\right|_{x=x_0}.$$

函数 $f(x)$ 在 x_0 可导有时也称为 $f(x)$ 在 x_0 处具有导数或导数存在.

导数的定义也可采取不同的表达形式.

例如，在式(2.1)中，令 $h = \Delta x$，则

$$f'(x_0) = \lim_{h \to 0} \frac{f(x_0 + h) - f(x_0)}{h}. \tag{2.2}$$

令 $x = x_0 + \Delta x$，则

$$f'(x_0) = \lim_{x \to x_0} \frac{f(x) - f(x_0)}{x - x_0}. \tag{2.3}$$

如果极限式(2.1)不存在，则称**函数 $y=f(x)$ 在点 x_0 不可导**，称 x_0 为 $y = f(x)$ 的不可导点.

对于某一区间 (a,b) 上任一点 x，如果极限

$$\lim_{\Delta x \to 0} \frac{\Delta y}{\Delta x} = \lim_{\Delta x \to 0} \frac{f(x + \Delta x) - f(x)}{\Delta x}$$

存在，那么它是 x 的函数，称它为函数 $y = f(x)$ 在该区间上的导函数，记为

$$f'(x),\ y',\ \frac{\mathrm{d}y}{\mathrm{d}x} \text{或} \frac{\mathrm{d}}{\mathrm{d}x}y.$$

在不引起混淆的情况下，**导函数简称为导数**.

按导数的定义，变速直线运动 $s = f(t)$ 在时刻 t_0 的瞬时速度是导数 $\left.\frac{\mathrm{d}s}{\mathrm{d}t}\right|_{t=t_0}$，这就是导数的力学意义；曲线 $y = f(x)$ 在点 $x = x_0$ 处切线的斜率是导数 $\left.\frac{\mathrm{d}y}{\mathrm{d}x}\right|_{x=x_0}$，这就是导数的几何意义.

例 2.1 求函数 $y = x^2$ 在 $x = 1$ 处的导数 $f'(1)$.

解 当 x 由 1 变化到 $1+ \Delta x$ 时，函数相应的增量为

$$\Delta y = (1 + \Delta x)^2 - 1^2 = 2\Delta x + (\Delta x)^2,$$

$$\frac{\Delta y}{\Delta x} = 2 + \Delta x,$$

所以

$$f'(1) = \lim_{\Delta x \to 0} \frac{\Delta y}{\Delta x} = \lim_{\Delta x \to 0}(2 + \Delta x) = 2.$$

注 函数 $f(x)$ 在点 x_0 处的导数 $f'(x_0)$ 就是其导函数 $f'(x)$ 在点 x_0 处的函数值，即

$$f'(x_0) = f'(x)\big|_{x=x_0}.$$

例 2.2　求曲线 $f(x) = x^2$ 在点(1,1)处的切线方程.

解　由例 2.1 知 $f'(1) = 2$，这就是曲线 $f(x) = x^2$ 在点(1,1)处的切线的斜率.由直线的点斜式方程知道曲线 $y = f(x)$ 在点 $M(x_0, y_0)$ 处的切线方程为

$$y - y_0 = f'(x_0)(x - x_0).$$

因此，所求的曲线在点(1,1)处的切线方程为

$$y - 1 = 2(x - 1),$$

即

$$y = 2x - 1.$$

2.1.3　函数的可导性与连续性之间的关系

初等函数在其定义区间上都是连续的，那么函数的连续性与可导性之间有什么关系呢？下面的定理回答了这个问题.

定理 2.1　如果函数 $y = f(x)$ 在点 x_0 处可导，则它在 x_0 处连续.

证明　因为函数 $y = f(x)$ 在点 x_0 处可导，故有

$$\lim_{\Delta x \to 0} \frac{\Delta y}{\Delta x} = f'(x_0),$$

$$\lim_{\Delta x \to 0} \Delta y = \lim_{\Delta x \to 0} \frac{\Delta y}{\Delta x} \cdot \Delta x = \lim_{\Delta x \to 0} \frac{\Delta y}{\Delta x} \cdot \lim_{\Delta x \to 0} \Delta x = f'(x_0) \cdot 0 = 0.$$

所以，函数 $y = f(x)$ 在点 x_0 处连续.

但是逆命题是不成立的，即函数在某点连续，但在该点不一定可导.

例如，函数 $f(x) = x^{\frac{1}{3}}$ 在 $x = 0$ 处是连续的(图 2-2)，但在 $x = 0$ 处的导数不存在，这是因为

$$\lim_{\Delta x \to 0} \frac{\Delta y}{\Delta x} = \lim_{\Delta x \to 0} \frac{f(0 + \Delta x) - f(0)}{\Delta x} = \lim_{\Delta x \to 0} \frac{(0 + \Delta x)^{\frac{1}{3}} - 0^{\frac{1}{3}}}{\Delta x} = \lim_{\Delta x \to 0} \frac{1}{\Delta x^{\frac{2}{3}}} = \infty.$$

一般地，如果曲线 $y = f(x)$ 的图形在点 x_0 处出现“尖点”(图 2-3)，则它在该点不可导.因此，如果函数在一个区间内可导，则它的图形不会出现“尖点”，或者说其图形是一条连续的光滑曲线.

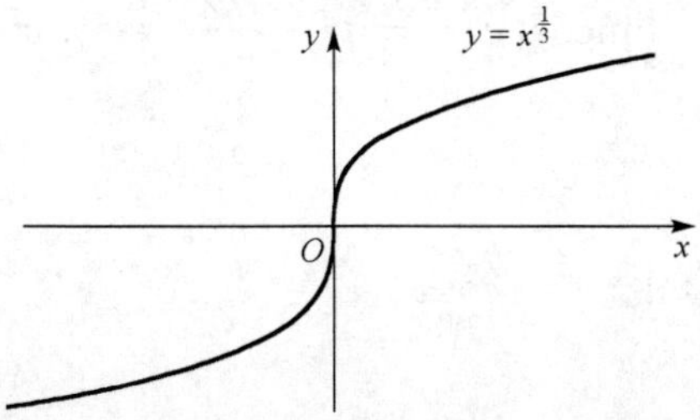

图 2-2

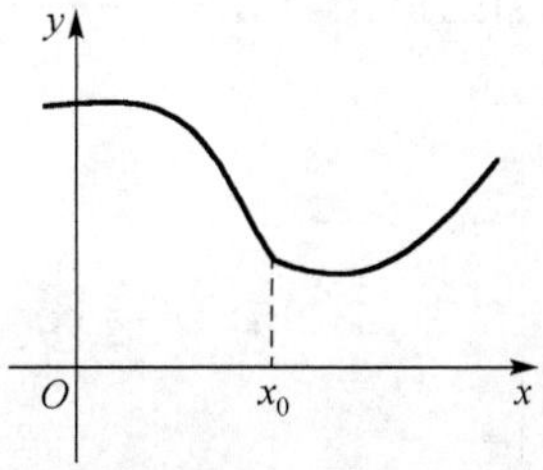

图 2-3

2.2 导数的计算

求函数的变化率——导数,是理论研究和实践应用中经常遇到的一个普遍问题.本节将根据导数的定义推导出基本初等函数的求导公式以及导数的运算法则.

2.2.1 部分基本初等函数的导数公式

1. $y=C$(常数)的导数

$$\frac{\mathrm{d}y}{\mathrm{d}x}=\lim_{\Delta x\to 0}\frac{\Delta y}{\Delta x}=\lim_{\Delta x\to 0}\frac{f(x+\Delta x)-f(x)}{\Delta x}\lim_{\Delta x\to 0}\frac{C-C}{\Delta x}=0,$$

即

$$C'=0.$$

常数的导数等于0.

2. 函数 $y=x^n$(n 是正整数)的导数

$$(x^n)'=\lim_{h\to 0}\frac{(x+h)^n-x^n}{h}=\lim_{h\to 0}\left[nx^{n-1}+\frac{n(n-1)}{2!}x^{n-2}h+\cdots+h^{n-1}\right]=nx^{n-1}.$$

即

$$(x^n)'=nx^{n-1}.$$

更一般地

$$(x^\mu)'=\mu x^{\mu-1}\ (\mu\in\mathbf{R}),$$

如

$$(\sqrt{x})'=\frac{1}{2}x^{\frac{1}{2}-1}=\frac{1}{2\sqrt{x}},\quad \left(\frac{1}{x}\right)'=(-1)x^{-1-1}=-\frac{1}{x^2}.$$

3. 函数 $y=\sin x$ 的导数

$$(\sin x)'=\lim_{h\to 0}\frac{\sin(x+h)-\sin x}{h}=\lim_{h\to 0}\cos\left(x+\frac{h}{2}\right)\cdot\frac{\sin\frac{h}{2}}{\frac{h}{2}}=\cos x.$$

即

$$(\sin x)'=\cos x,\quad (\sin x)'\big|_{x=\frac{\pi}{4}}=\cos x\big|_{x=\frac{\pi}{4}}=\frac{\sqrt{2}}{2}.$$

同理可得

$$(\cos x)'=-\sin x.$$

4. 函数 $f(x)=a^x(a>0,a\neq 1)$ 的导数

$$(a^x)'=\lim_{h\to 0}\frac{a^{x+h}-a^x}{h}=a^x\lim_{h\to 0}\frac{a^h-1}{h}=a^x\lim_{h\to 0}\frac{h\ln a}{h}=a^x\ln a.$$

即

$$(a^x)'=a^x\ln a.$$

特别地，当 $a=\mathrm{e}$ 时，

$$(\mathrm{e}^x)'=\mathrm{e}^x.$$

2.2.2　导数的四则运算法则

定理 2.2　若函数 $u=u(x),v=v(x)$ 的导数都存在，则

(1) $(u\pm v)'=u'\pm v'$；

(2) $(uv)'=u'v+uv'$；

特别地，若 $v=C$（常数），则有 $(Cu)'=Cu'$.

(3) $\left(\dfrac{u}{v}\right)'=\dfrac{u'v-uv'}{v^2}\ (v\neq 0)$.

注　法则(1)、(2)可推广到有限多个函数运算的情形，如

$$(uv\omega)'=uv\omega'+v\omega u'+\omega uv'.$$

例 2.3　求 $y=x^3-2x^2+\sin x$ 的导数.

解　$y'=(x^3)'-(2x^2)'+(\sin x)'=3x^2-4x+\cos x$.

例 2.4　求 $y=2\sqrt{x}\sin x$ 的导数.

解

$$\begin{aligned}y'&=(2\sqrt{x}\sin x)'=2(\sqrt{x}\sin x)'=2[(\sqrt{x})'\sin x+\sqrt{x}(\sin x)']\\&=2\left(\frac{1}{2\sqrt{x}}\sin x+\sqrt{x}\cos x\right)\\&=\frac{1}{\sqrt{x}}\sin x+2\sqrt{x}\cos x.\end{aligned}$$

例 2.5　求 $y=\tan x$ 的导数.

解

$$\begin{aligned}y'&=\left(\frac{\sin x}{\cos x}\right)'=\frac{(\sin x)'\cos x-\sin x(\cos x)'}{\cos^2 x}\\&=\frac{\cos x\cos x-\sin x(-\sin x)}{\cos^2 x}=\frac{\cos^2 x+\sin^2 x}{\cos^2 x}\\&=\frac{1}{\cos^2 x}=\sec^2 x,\end{aligned}$$

即

$$(\tan x)' = \sec^2 x.$$

同理可得

$$(\cot x)' = -\csc^2 x,\quad (\sec^2 x)' = \sec x\tan x,\quad (\csc x)' = -\csc x\cot x.$$

2.2.3 复合函数的求导法则

下述定理给出了复合函数求导数的一般法则.

定理 2.3 设函数 $u=g(x)$ 在点 x 处可导,而 $y=f(u)$ 在点 $u=g(x)$ 处可导,则复合函数 $y=f[g(x)]$ 在点 x 处可导,且其导数为

$$\frac{\mathrm{d}y}{\mathrm{d}x}=f'(u)\cdot g'(x) \text{ 或 } \frac{\mathrm{d}y}{\mathrm{d}x}=\frac{\mathrm{d}y}{\mathrm{d}u}\cdot\frac{\mathrm{d}u}{\mathrm{d}x}.$$

注 复合函数的求导法则可叙述为:复合函数的导数,等于函数对中间变量的导数乘以中间变量对自变量的导数. 这一法则又称为**链式法则**.

复合函数的求导法则可推广到多个中间变量的情形. 例如,设

$$y=f(u),\quad u=g(v),\quad v=\varphi(x),$$

则复合函数 $y=f\{g[\varphi(x)]\}$ 的导数为

$$\frac{\mathrm{d}y}{\mathrm{d}x}=\frac{\mathrm{d}y}{\mathrm{d}u}\cdot\frac{\mathrm{d}u}{\mathrm{d}v}\cdot\frac{\mathrm{d}v}{\mathrm{d}x}.$$

例 2.6 设 $y=(x^4-2x+1)^5$,求 $\frac{\mathrm{d}y}{\mathrm{d}x}$.

解 引入中间变量 $u=x^4-2x+1$,则所给函数可写成

$$y=u^5,\quad u=x^4-2x+1.$$

于是

$$\frac{\mathrm{d}y}{\mathrm{d}x}=\frac{\mathrm{d}y}{\mathrm{d}u}\cdot\frac{\mathrm{d}u}{\mathrm{d}x}=5u^4(4x^3-2)=5\,(x^4-2x+1)^4(4x^3-2).$$

例 2.7 设 $y=\sin \mathrm{e}^x$, 求 $\frac{\mathrm{d}y}{\mathrm{d}x}$.

解 设 $u=\mathrm{e}^x$, 则 $y=\sin u$, 即 y 是 x 的复合函数,于是

$$\frac{\mathrm{d}y}{\mathrm{d}x}=\frac{\mathrm{d}y}{\mathrm{d}u}\cdot\frac{\mathrm{d}u}{\mathrm{d}x}=(\cos u)\mathrm{e}^x=(\cos \mathrm{e}^x)\mathrm{e}^x.$$

熟练后,中间变量可以省略不写,只把中间变量记在心里,直接把表示中间变量的部分写出来.

例 2.8 求函数 $y=(x+\sin^2 x)^3$ 的导数.

解

$$\begin{aligned} y' &= [(x+\sin^2 x)^3]' = 3\,(x+\sin^2 x)^2(x+\sin^2 x)' \\ &= 3(x+\sin^2 x)^2[1+2\sin x\cdot(\sin x)'] \\ &= 3(x+\sin^2 x)^2(1+\sin 2x). \end{aligned}$$

2.2.4 基本初等函数的求导公式

为方便查阅,我们把基本初等函数的求导公式汇集如下.

(1) $(C)'=0$; (2) $(x^{\mu})'=\mu x^{\mu-1}$;

(3) $(\sin x)'=\cos x$; (4) $(\cos x)'=-\sin x$;

(5) $(\tan x)'=\sec^2 x$; (6) $(\cot x)'=-\csc^2 x$;

(7) $(\sec x)'=\sec x\tan x$; (8) $(\csc x)'=-\csc x\cot x$;

(9) $(a^x)'=a^x\ln a$; (10) $(\mathrm{e}^x)'=\mathrm{e}^x$;

(11) $(\log_a x)'=\dfrac{1}{x\ln a}$; (12) $(\ln x)'=\dfrac{1}{x}$;

(13) $(\arcsin x)'=\dfrac{1}{\sqrt{1-x^2}}$; (14) $(\arccos x)'=-\dfrac{1}{\sqrt{1-x^2}}$;

(15) $(\arctan x)'=\dfrac{1}{1+x^2}$; (16) $(\operatorname{arccot} x)'=-\dfrac{1}{1+x^2}$.

2.2.5 隐函数的导数

用式子表示的函数有两种不同的形式. 一种是将函数表示成 $y=f(x)$ 的形式,其中 $f(x)$ 的表达式中是不含 y 的,这种形式的函数称为显函数. 以上讨论的是显函数的求导方法. 另一种是所谓隐函数. 若 y 是 x 的函数,这个函数关系是由方程 $F(x,y)=0$ 所确定,这种函数称为隐函数.

假设由方程 $F(x,y)=0$ 所确定的函数为 $y=f(x)$,把它代回方程 $F(x,y)=0$ 中,得到恒等式

$$F[x,f(x)]\equiv 0.$$

利用复合函数求导法则,在上式两边同时对自变量 x 求导,然后解出 $\dfrac{\mathrm{d}y}{\mathrm{d}x}$,这就是**隐函数求导法**.

例 2.9 求由方程 $xy+\ln y=1$ 所确定的函数 $y=f(x)$ 的导数.

解 在方程两边同时对自变量 x 求导,得

$$y+xy'+\frac{1}{y}y'=0,$$

故

$$y'=-\frac{y^2}{xy+1}.$$

例 2.10 求由方程 $y\sin x-\cos(x-y)=0$ 所确定的函数的导数.

解 在题设方程两边同时对自变量 x 求导,得

$$y\cos x+\sin x\cdot\frac{\mathrm{d}y}{\mathrm{d}x}+\sin(x-y)\cdot\left(1-\frac{\mathrm{d}y}{\mathrm{d}x}\right)=0,$$

整理得

$$[\sin(x-y)-\sin x]\frac{\mathrm{d}y}{\mathrm{d}x}=\sin(x-y)+y\cos x,$$

解得

$$\frac{\mathrm{d}y}{\mathrm{d}x}=\frac{\sin(x-y)+y\cos x}{\sin(x-y)-\sin x}.$$

对幂指函数 $y=u(x)^{v(x)}$，直接使用上面介绍的求导法则不能求出其导数. 对于这类函数，可以先在函数两边取对数，然后在等式两边同时对自变量 x 求导，最后解出所求导数，我们把这种方法称为对数求导法.

例 2.11 设 $y=x^{\sin x}(x>0)$，求 y'.

解 在等式两边取对数，得

$$\ln y=\sin x\cdot\ln x,$$

等式两边对自变量 x 求导，得

$$\frac{1}{y}y'=\cos x\cdot\ln x+\sin x\cdot\frac{1}{x},$$

故

$$y'=y\left(\cos x\cdot\ln x+\sin x\cdot\frac{1}{x}\right)=x^{\sin x}\left(\cos x\cdot\ln x+\frac{\sin x}{x}\right),$$

此外，对数求导法还常用在求多个函数乘积的导数.

例 2.12 设 $y=\dfrac{(x+1)\sqrt{x-1}}{(x+4)^3\mathrm{e}^x}(x>1)$，求 y'.

解 在等式两边同时取对数，得

$$\ln y=\ln(x+1)+\frac{1}{2}\ln(x-1)-3\ln(x+4)-x,$$

上式两边对自变量 x 求导，得

$$\frac{y'}{y}=\frac{1}{x+1}+\frac{1}{2(x-1)}-\frac{3}{x+4}-1.$$

故

$$y'=\frac{(x+1)\sqrt{x-1}}{(x+4)^3\mathrm{e}^x}\left[\frac{1}{x+1}+\frac{1}{2(x-1)}-\frac{3}{x+4}-1\right].$$

2.2.6 高阶导数

根据 2.1 节的引例 1 知道，物体做变速直线运动，其瞬时速度 $v(t)$ 就是路程函数 $s=s(t)$ 对时间 t 的导数，即

$$v(t)=s'(t).$$

由物理学知识，速度函数 $v(t)$ 关于时间 t 的导数就是加速度 $a(t)$，即加速度 $a(t)$ 就是路程函数 $s=s(t)$ 对时间 t 的导数的导数，称其为 $s(t)$ 对时间 t 的二阶导数，记为

$$a(t) = s''(t).$$

一般地,如果函数 $y = f(x)$ 的导函数 $f'(x)$ 仍可导,则称 $f'(x)$ 的导数为函数 $y = f(x)$ 的二阶导数,记为

$$f''(x),\ y'',\ \frac{d^2y}{dx^2} \text{ 或 } \frac{d^2f(x)}{dx^2}.$$

类似地,二阶导数的导数称为三阶导数,记为

$$f'''(x),\ y''',\ \frac{d^3y}{dx^3} \text{ 或 } \frac{d^3f(x)}{dx^3}.$$

一般地, $f(x)$ 的 $n-1$ 阶导数的导数称为 $f(x)$ 的 n 阶导数,记为

$$f^{(n)}(x),\ y^{(n)},\ \frac{d^ny}{dx^n} \text{ 或 } \frac{d^nf(x)}{dx^n}.$$

二阶和二阶以上的导数统称为**高阶导数**. $f'(x)$ 称为**一阶导数**.

例 2.13　设 $f(x) = 4x^3 - 2x^2 + 4$, 求 $f''(x)$.

解

$$f'(x) = 12x^2 - 4x,\quad f''(x) = 24x - 4.$$

例 2.14　求指数函数 $y = e^x$ 的 n 阶导数.

解

$$y' = e^x,\ y'' = e^x,\ y''' = e^x,\ y^{(4)} = e^x.$$

一般地, $y^{(n)} = e^x$, 即 $(e^x)^{(n)} = e^x$.

2.3　函数的微分

在理论研究和实际问题中,经常关心当自变量 x 有微小变化 Δx 时,函数的改变量是多少. 对于简单函数,只要计算 $\Delta y = f(x + \Delta x) - f(x)$ 即可. 但在实际问题中这个差值计算起来往往比较困难,同时实际问题经常关心差的近似值,而并不要求其精确值. 在这种情况下,若存在一种简单方法可以获得函数变化量的近似值显然具有重要意义. 由此引出了微分概念.

2.3.1　微分的定义

定义 2.2　设函数 $y = f(x)$ 在某区间内有定义, x_0 及 $x_0 + \Delta x$ 在这区间内,如果函数的增量

$$\Delta y = f(x_0 + \Delta x) - f(x_0)$$

可表示为 $\Delta y = A\Delta x + o(\Delta x)$, 其中 A 是与 Δx 无关的常数, $o(\Delta x)$ 是比 Δx 高阶的无穷小,则称函数 $y = f(x)$ 在点 x_0 处可微,并且称 $A\Delta x$ 为函数 $y = f(x)$ 在点 x_0 处相应于自变量的改变量 Δx 的微分,记作 $dy|_{x=x_0}$, 即

$$dy|_{x=x_0} = A\Delta x.$$

2.3.2 函数可微的条件

下面的定理表明函数在一点可导与可微的相互关系.

定理 2.4 函数 $y=f(x)$ 在某点 x_0 可微的充要条件是函数 $y=f(x)$ 在 x_0 处可导,并且

$$A=f'(x_0).$$

于是有

$$\mathrm{d}y\big|_{x=x_0}=f'(x_0)\Delta x.$$

函数 $y=f(x)$ 在任意点 x 上的微分,称为函数的微分,记为 $\mathrm{d}y$ 或 $\mathrm{d}f(x)$, 即有

$$\mathrm{d}y=f'(x)\Delta x.$$

如果 $y=x$, 则

$$\mathrm{d}x=x'\Delta x=\Delta x,$$

即自变量的微分等于自变量的改变量,故

$$\mathrm{d}y=f'(x)\mathrm{d}x.$$

从而有

$$\frac{\mathrm{d}y}{\mathrm{d}x}=f'(x),$$

即函数的导数等于函数的微分与自变量的微分的商. 因此,导数又称为**微商**.

由于求微分的问题归结为求导数的问题,要计算函数的微分,只需求出函数的导数 $f'(x)$, 再乘以 $\mathrm{d}x$ 即可. 因此,求导数与求微分的方法统称为微分法.

例 2.15 求函数 $y=x^2$ 在 $x=1$ 和 $x=3$ 处的微分.

解 函数 $y=x^2$ 在 $x=1$ 处的微分为

$$\mathrm{d}y\big|_{x=1}=(x^2)'\big|_{x=1}\mathrm{d}x=(2x)\big|_{x=1}\mathrm{d}x=2\mathrm{d}x.$$

函数 $y=x^2$ 在 $x=3$ 处的微分为

$$\mathrm{d}y\big|_{x=3}=(x^2)'\big|_{x=3}\mathrm{d}x=(2x)\big|_{x=3}\mathrm{d}x=6\mathrm{d}x.$$

例 2.16 求函数 $y=\cos x$ 的微分.

解

$$\mathrm{d}y=(\cos x)'\mathrm{d}x=-\sin x\mathrm{d}x.$$

2.3.3 基本初等函数的微分公式与微分运算法则

根据微分的表达式

$$\mathrm{d}y=f'(x)\mathrm{d}x.$$

函数的微分等于函数的导数乘以自变量的微分(改变量). 由此可以得到基本初等函数的微分公式和微分运算法则.

1. 基本初等函数的微分公式

(1) $d(C)=0$（C 为常数）；

(2) $d(x^{\mu})=\mu x^{\mu-1}dx$；

(3) $d(\sin x)=\cos x dx$；

(4) $d(\cos x)=-\sin x dx$；

(5) $d(\tan x)=\sec^2 x dx$；

(6) $d(\cot x)=-\csc^2 x dx$；

(7) $d(\sec x)=\sec x\tan x dx$；

(8) $d(\csc x)=-\csc x\cot x dx$；

(9) $d(a^x)=a^x\ln a dx$；

(10) $d(e^x)=e^x dx$；

(11) $d(\log_a x)=\dfrac{1}{x\ln a}dx$；

(12) $d(\ln x)=\dfrac{1}{x}dx$；

(13) $d(\arcsin x)=\dfrac{1}{\sqrt{1-x^2}}dx$；

(14) $d(\arccos x)=-\dfrac{1}{\sqrt{1-x^2}}dx$；

(15) $d(\arctan x)=\dfrac{1}{1+x^2}dx$；

(16) $d(\text{arccot}\, x)=-\dfrac{1}{1+x^2}dx$.

2. 微分的四则运算法则

(1) $d(Cu)=Cdu$；

(2) $d(u\pm v)=du\pm dv$；

(3) $d(uv)=vdu+udv$；

(4) $d\left(\dfrac{u}{v}\right)=\dfrac{vdu-udv}{v^2}$.

以乘积的微分运算法则为例加以证明：

$$\begin{aligned}d(uv)&=(uv)'dx=(u'v+uv')dx=u'vdx+uv'dx\\&=vdu+udv.\end{aligned}$$

即有

$$d(uv)=vdu+udv.$$

其他运算法则可以类似地证明.

例 2.17　求函数 $y=x^2\sin x$ 的微分.

解　因为

$$y'=2x\sin x+x^2\cos x,$$

所以

$$dy=y'dx=(2x\sin x+x^2\cos x)dx.$$

例 2.18　求函数 $y=\dfrac{\sin x}{x}$ 的微分.

解　因为

$$y'=\left(\frac{\sin x}{x}\right)'=\frac{x\cos x-\sin x}{x^2},$$

所以

$$\mathrm{d}y = y'\mathrm{d}x = \frac{x\cos x - \sin x}{x^2}\mathrm{d}x.$$

2.3.4 微分在近似计算中的应用

在工程问题中，经常遇到一些复杂的计算公式，如果直接用这些公式进行计算是比较困难的. 利用微分往往可以把一些复杂的计算公式改成简单的近似公式来代替.

如果函数 $y = f(x)$ 在 x_0 处的导数 $f'(x) \neq 0$ 且 $|\Delta x|$ 很小时，则有

$$\Delta y \approx \mathrm{d}y = f'(x_0)\Delta x,$$

$$\Delta y = f(x_0 + \Delta x) - f(x_0) \approx \mathrm{d}y|_{x=x_0} = f'(x_0)\Delta x,$$

所以

$$f(x_0 + \Delta x) \approx f(x_0) + f'(x_0)\Delta x.$$

特别地，当 $x_0 = 0$ 时，有

$$f(x) \approx f(0) + f'(0)x.$$

例 2.19 计算 $\sqrt{1.05}$ 的近似值.

解 令 $f(x) = \sqrt{x}, x_0 = 1, \Delta x = 0.05$，则 $f'(x) = \dfrac{1}{2\sqrt{x}}$，因此有

$$\sqrt{1.05} \approx 1 + \frac{1}{2} \times 0.05 = 1.025.$$

直接开方的结果是 1.02470，可见其精确度还是很高的.

习 题 2

1. 求下列函数的导数：

(1) $f(x) = x^3$；　(2) $f(x) = x\sqrt{x}$；

(3) $f(x) = x^2 \mathrm{e}^x$；　(4) $f(x) = (x+1)\sin x$；

(5) $f(x) = x\ln x$；　(6) $f(x) = \dfrac{x-1}{x+1}$.

2. 求下列函数在指定点处的导数：

(1) $f(x) = x^2 - 2x + 4$，求 $f'(1)$，$f'(2)$.

(2) $f(t) = \mathrm{e}^t \cos t$，求 $f'(0)$，$f'(\pi)$.

3. 求曲线 $y = 2 - x^2$ 在点 $(1,1)$ 处的切线方程.

4. 求下列函数的导数：

(1) $f(x) = (2x+1)^2$；　(2) $f(x) = \cos(4-3x)$；

(3) $f(x) = \sin^2 x$；　(4) $f(x) = \mathrm{e}^{2x}$；

(5) $f(x) = \tan(x^2)$；　(6) $f(x) = \ln\cos x$；

(7) $f(x)=\arctan(e^x)$ ；　(8) $f(x)=(\arcsin x)^2$.

5. 设 y 是由方程 $y=x+\ln y$ 所确定的隐函数，求 $\frac{dy}{dx}$.

6. 设 y 是由方程 $x^2y-y-4=0$ 所确定的隐函数，求 $\frac{dy}{dx}$.

7. 用对数求导法则求下列函数的导数：

(1) $y=x^x$ ；　(2) $f(x)=\frac{\sqrt[5]{x+1}\sqrt[3]{x-1}}{\sqrt{x+2}}$.

8. 计算下列函数的高阶导数：

(1) $y=\ln(1+x)$ ，求 $y''|_{x=0}$ ；

(2) $y=\frac{3}{2}x^2+4x-\frac{1}{x}$ ，求 $\frac{d^3y}{dx^3}$ ；

(3) $y=(1+3x)^{10}$ ，求 $f'''(0)$.

9. 求下列函数的微分：

(1) $y=\sin\frac{1}{x}$ ；　(2) $y=\ln(1+x^2)$ ；

(3) $y=e^{-x}\cos(3-x)$ ；　(4) $y=\tan^2(1+x)$.

中外数学家简介【2】

苏步青

苏步青(1902～2003)1902 年 9 月 23 日出生于浙江省平阳县. 复旦大学教授、中国科学院数学物理学部委员.

苏步青是我国近代数学的奠基者之一，专长微分几何. 在仿射曲面理论、射影曲线的一般理论、曲面的射影微分几何理论、共轭网的射影理论、一般空间微分几何学和曲线的仿射理论在几何外型设计中的应用等方面，都进行了深入、系统的研究，在国际上享有盛誉. 他创立的微分几何学派，在国内外均有影响. 从 1927 年开始，他共著有论文 160 余篇，出版专著、教材 10 多部. 曾为复旦大学数学教授、博士生导师、中国科学院数学物理学部委员，并曾任复旦大学名誉校长、中国数学会名誉理事长、民盟中央参议委员会主任、第七届全国政协副主席.

1902 年 9 月 23 日，苏步青出生在浙江省平阳县带溪村的一个农民家庭. 父亲靠种地为生，童年的苏步青对于割草、喂猪、放牛等活儿都干过. 苏步青从小就喜欢读书，但由于家庭贫寒，不能上学. 每当放牛回家路过村上私塾，他总要凑上去偷听一阵. 他还自己找书看，《水浒》《聊斋》《左传》都读过不止一遍. 父亲眼看儿子如此好学，终于决定勒紧腰带送他上学. 苏步青 9 岁那年，父亲挑上一担米当学费，带着他走了 100 多里的山路，他才进了平阳县第一小学当了插班生.

平阳县的语言很复杂，他的家乡讲闽南话，而县城讲温州话，差距很大. 再加上从山沟里来到县城，苏步青样样感到新鲜，整天玩耍，以致期末考试时，在全班 32 人中排名倒数第一.

第二年，离家乡十多里的水头镇，办起了一所中心小学，苏步青就转到那里求学. 虽然语言不成问题，但因家庭贫困而被老师看不起，甚至遭到老师的有意刁难. 有一次，苏步青写了一篇很有特色的作文，老师先是怀疑他抄来的，后来查清是他自己写的，仍给他批了“差”等，严重伤害了苏步青的自尊心. 他以不听课、尽情玩耍表示抗议，结果，这学年他的成绩又是倒数第一名.

新学年开始，班级调来了一位叫陈玉峰的老师. 他发现这小孩挺聪明，就是贪玩，还有受委屈的情绪，就找他谈话：“父母用劳动的血汗供你读书，你却不用功念书，这样做对得起父母吗?”老师还启发他说：“个人的前途要自己去争取. 我看你的资质不差，又能吃苦，只要努力学习，一定会成为有用的人材……”陈老师的话触动了他. 由此他渐渐振奋起来，决心做一个有所作为的人.

苏步青发愤读书. 为了看懂《东周列国志》，他步行几十里山路，向人家借来《康熙字典》. 假日，他回家照样去放牛，骑在牛背上一首一首地背诵《唐诗三百首》. 这学年结束，他的成绩名列全班第一. 此后，苏步青在求学期间，每次考试都得第一名.

1914 年，苏步青以优异的成绩考进旧四年制的浙江省第十中学，也就是现今温州一中的前身. 这时，他已能把《左传》背熟. 由于他博览群书，在同学中获得了“文人”的雅号. 苏步青自己也暗下决心，将来当个历史学家、文学家.

1931—1953 年，苏步青的研究突飞猛进，取得了一系列的成果. 这段时期里，苏步青主要的贡献在射影微分几何学方面. 他用富有几何意味的构图来建立一般射影曲线的基本理论. 1954 年出版的《射影曲线概论》一书，综述了这一理论. 苏步青对于射影曲面的研究是非常深入的，内容很丰富，不仅发展了一般的理论，而且深入地研究了许多重要类型的曲面和共轭网，得出非常有意义的几何构图. 特别在闭拉普拉斯序列和构图(T4)方面. 苏步青研究了周期为 4 的拉普拉斯序列. 他研究一种有特殊意义的情况，要求它们的对角线构成一个可分层偶. 这种序列被称为“苏链”. 1964 年出版的专著《射影曲面概论》就是这方面的总结.

笛卡儿说过：“数学的结果如果能用几何图形表示出来，它就能深深地印到人们的脑海里去.”微分几何是以数学分析为工具研究空间形式性质，特别是研究光滑曲线、曲面性质的数学分科，尤其需要做到这一点. 但过去的研究停留在公式推导上，看不出结果的几何构造. 苏步青匠心独运，把研究结果表示为引人入胜的几何构图，开辟了微分几何研究的新生面，建立了一系列新理论.

苏步青的第一本专著《微分几何学》于 1948 年由正中书局出版. 在浙江大学任教期间，苏步青讲授微分几何学前后达 16 年之久.《微分几何学》这本书是他长期从事教学的结晶. 他既担任教学，又从事科学研究. 为了备好课，他总是把最新的研究成果写进教材，比如，1928 年世界上的某些新成果，已被写进 1931 年的讲义中去. 1947 年，陈省身看了这本讲义，称赞他的工作很有意义，还写了《微分几何学》的英文介绍，其中谈到：这是一本少有的微分几何教材，它对培养数学人才必将发挥很大的作用. 1985 年，有几位美籍华裔科学家到上海，曾谈起他们在台湾上学时，用过苏步青的《微分几何学》当教材，这本书对他们进入微分几何领域起了很大作用. 前几年，国家教委几何拓扑教材编审组决定再版该书，由文言文改为语体文，将旧符号改为现代通用的符号. 该书于 1988 年出了新版.

基础科学与应用科学研究相结合，使苏步青在数学研究方面前进了一大步. 他深信，数学研究为建设服务，坚持数年必有成效. 到了 1983 年，一项专用于设计汽车车身外形的计算机辅助设计(CAD)系统，通过了专家的技术鉴定.

最近几年,学者们又把计算几何的理论和方法,应用到开发建筑、服装、内燃机等行业的计算机辅助设计系统中去,取得了成功.这种系统通过电脑,把那些款式新颖的服装、美丽多姿的建筑物、形状复杂的机械零件迅速地在电脑屏幕上显示出来,设计师可以随心所欲地加以修改,从中取出最佳的设计方案.他和刘鼎元合写的专著《计算几何》,被评为全国优秀科技图书,并译成英文在美国出版,获得国际声誉.他们的研究成果,获得国家科技进步奖.

苏步青对我国数学和教育事业的贡献是多方面的.他创办了复旦大学数学研究所,并担任所长多年.他创办了国际性数学杂志《数学年刊》,担任主编,使这杂志争取到很好的评价.

笛卡儿

笛卡儿(1596～1650)是法国哲学家、物理学家、数学家、生理学家,解析几何学奠基人之一.他认为数学是其他一切科学的理论和模型,提出了以数学为基础、演绎为核心的方法论,对后世的哲学、数学和自然科学发展起到了巨大的作用.

1596 年 3 月 21 日,笛卡儿生于法国都兰城.刚一岁时母亲就去世,但母亲给笛卡儿留下一笔遗产,使他在以后的一生中有可靠的经济保障,得以从事自己喜爱的工作.丧母后,他由一位保姆照料,由于幼年体弱,因此养成了清晨卧床长时间静思的习惯.他对周围的世界充满好奇心,几乎终生不变.他的不少伟大发现都是在床上得到的.有个故事传说他盯着空中飞的苍蝇,于是他就想到苍蝇在每一时刻的位置可以用苍蝇所在的位置处相交的三个互相垂直的平面所确定.这和二维平面上的情况类似,每一点都可以由在这点相交的两条互相垂直的直线来确定.

笛卡儿少年时期在欧洲著名的拉弗莱希教会学院读书,并在此打下了牢固的数学基础和天文学基础.1613 年,笛卡儿进入波瓦蒂埃大学,并于 1616 年毕业,获得法律学学位.1618 年起,他离开法国游历欧洲各国,先后到过荷兰、丹麦、德国、瑞士和意大利等国.1618 年,他与荷兰哲学家、医生兼物理学家伊萨克·毕克曼相识,据说因笛卡儿在短时间内独立解决了几道公开求解的数学难题,而引起毕克曼对他的注意.他向笛卡儿介绍了数学的最新进展,包括法国数学家韦达在代数方程论方面的工作,给了他许多有待研究的问题,特别是有关声学与力学的课题.与毕克曼的交往,使笛卡儿对自己的数学与科学能力有了较充分的认识,他开始认真探寻是否存在一种类似于数学的、具有普遍适用性的方法,以期获取真正的知识,这对他后来建立解析几何学产生很大影响.

笛卡儿因怀疑教会信条而受到迫害,长年在国外避难.1628 年秋,他移居荷兰,开始长达 20 年的潜心研究和写作生涯,这期间除了短期出访外他一直在荷兰各地隐居.他的著作生前或被禁止出版或被烧毁,他死后多年还被列入"禁书目录".

《几何学》是他公开发表的唯一数学著作,虽然只有 117 页,但它标志着代数与几何的第一次完美结合,使形形色色的代数方程表现为不同的几何图形,许多相当难解的几何题转化为代数题后就能轻而易举地找到答案.他分析了几何学与代数学的优缺点,指出希腊人的几何过于抽象,而且过多地依赖于图形,总是要寻求一些奇妙的想法,代数却完全受法则和公式的控制,以致阻碍了自由的思想和创造.他同时看到了几何的直观与推理的优势和代数机械化运算的力量.于是笛卡儿着手解决这个问题,并由此创立了解析几何.所以说笛卡儿是解析几何的创始人.

第 3 章　导数的应用

只有将数学应用于社会科学的研究之后，才能使得文明社会的发展成为可控制的现实. 导数有着广泛的应用. 第 2 章介绍了微分学的两个基本概念——导数与微分及其计算方法. 本章以微分中值定理为基础，以导数为工具，求未定式极限，研究函数和曲线的某些性态.

3.1　微分中值定理

为了利用函数的导数研究函数的性质，先介绍几个重要定理.

3.1.1　罗尔定理

定理 3.1（罗尔[①]定理）　设函数 $f(x)$ 满足下列三个条件：

(1)在闭区间 $[a,b]$ 上连续；

(2)在开区间 (a,b) 内可导；

(3)在区间端点的函数值相等，即 $f(a)=f(b)$，则至少有一点 $\xi\in(a,b)$，使 $f'(\xi)=0$.

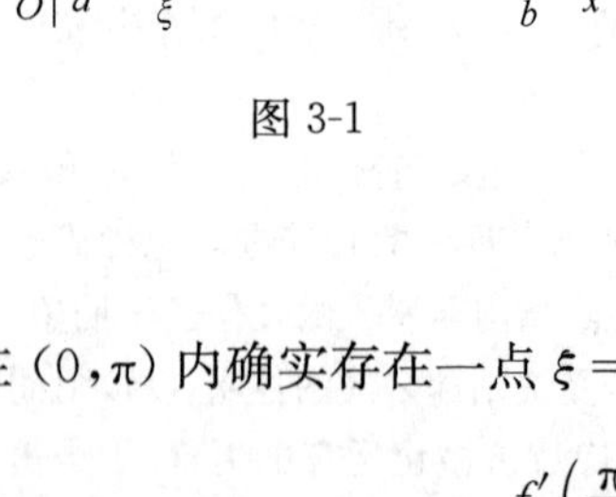

图 3-1

这个定理的几何意义非常明显，$y=f(x)$ 所表示的曲线是连续不断的，而且在每一点都可作曲线的切线. $(a,f(a))$，$(b,f(b))$ 两点的连线是水平的. 罗尔定理的结论是：在这段曲线上至少有一点的切线是水平的(图 3-1).

例 3.1　验证函数 $f(x)=\sin^2 x$ 在区间 $[0,\pi]$ 上罗尔定理的正确性.

解　显然 $f(x)$ 在 $[0,\pi]$ 上连续，在 $(0,\pi)$ 内可导，且

$f(0)=f(\pi)=0$,

在 $(0,\pi)$ 内确实存在一点 $\xi=\dfrac{\pi}{2}$ 使

$$f'\left(\frac{\pi}{2}\right)=(2\sin x\cos x)\big|_{x=\frac{\pi}{2}}=0.$$

---

① 米歇尔·罗尔(M. Rolle，1652～1719)，法国数学家.

3.1.2　拉格朗日中值定理

罗尔定理中，$f(a)=f(b)$ 这个条件是相当特殊的，它使罗尔定理的应用受到了限制，拉格朗日[①](Lagrange)在罗尔定理的基础上作了进一步研究，取消了罗尔定理中这个苛刻的条件，仍保留其余两个条件，得到了在微分学中具有重要地位的拉格朗日中值定理.

定理3.2(拉格朗日中值定理)　设函数 $f(x)$ 满足下列两个条件：

(1)在闭区间 $[a,b]$ 上连续；

(2)在开区间 (a,b) 内可导，

则至少有一点 $\xi\in(a,b)$，使

$$f(b)-f(a)=(b-a)f'(\xi).\tag{3.1}$$

式(3.1)称为拉格朗日公式.这一定理又称为微分中值定理.

我们来分析一下定理的几何意义.式(3.1)可改写成

$$f'(\xi)=\frac{f(b)-f(a)}{b-a},\tag{3.2}$$

从图3-2中可见，$\dfrac{f(b)-f(a)}{b-a}$ 为弦 AB 的斜率，而 $f'(\xi)$ 为曲线在点 C 处的切线的斜率.因此，拉格朗日定理表明，在 $y=f(x)$ 所表示的曲线上至少有一条切线平行于连接 $(a,f(a))$，$(b,f(b))$ 两点的连线.

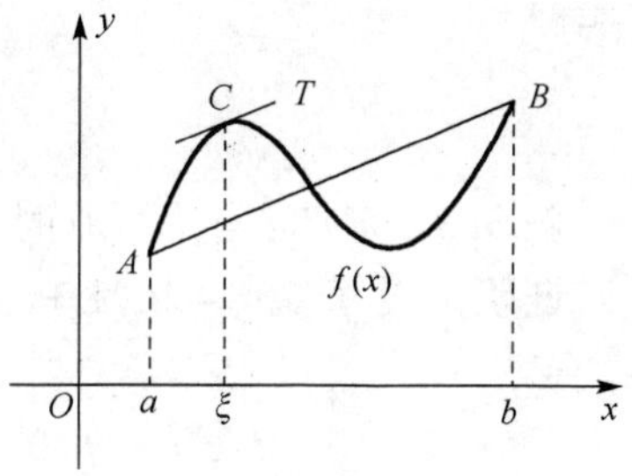

图3-2

罗尔定理可以看成是拉格朗日定理当 $f(a)=f(b)$ 时的特例.由于拉格朗日定理中的 ξ 介于 a，b 之间，结论又与导数有关，故通常称之为微分中值定理，微分中值定理具有重要的理论价值.

常数的导数等于零；但反过来，导数为零的函数是否为常数呢？回答是肯定的，现在就用拉格朗日定理来证明其正确性.

推论1　设 $f(x)$ 在 (a,b) 内可导，且 $f'(x)\equiv 0$，则 (a,b) 内

$$f(x)\equiv 常数.$$

证明　在 (a,b) 内任取两点 $x_1,x_2(x_1<x_2)$，在区间 $[x_1,x_2]$ 上应用拉格朗日中值定理，由式(3.1)得

$$f(x_1)-f(x_2)=(x_1-x_2)f'(\xi)\ (x_1<\xi<x_2).$$

由假设 $f'(\xi)=0$，于是

① 约瑟夫·拉格朗日(Joseph-Louis Lagrange，1736～1813)，法国数学家.

$$f(x_1) = f(x_2),$$

再由 x_1, x_2 的任意性知，$f(x)$ 在 (a,b) 内任意点处的函数值都相等，即 $f(x) \equiv$ 常数.

推论 2　设 $f(x)$ 与 $g(x)$ 在 (a,b) 内可导，且 $f'(x) = g'(x)$，则在 (a,b) 内

$$f(x) = g(x) + C \ (C \text{ 为常数})$$

例 3.2　验证函数 $f(x) = \arctan x$ 在 $[0,1]$ 上满足拉格朗日中值定理，并由结论求 ξ 的值.

解　$f(x) = \arctan x$ 在 $[0,1]$ 上连续，在 $(0,1)$ 内可导，故满足拉格朗日中值定理的条件，则

$$f(1) - f(0) = f'(\xi)(1-0) \ (0 < \xi < 1),$$

即

$$\arctan 1 - \arctan 0 = \left.\frac{1}{1+x^2}\right|_{x=\xi} = \frac{1}{1+\xi^2},$$

故

$$\frac{1}{1+\xi^2} = \frac{\pi}{4}.$$

于是

$$\xi = \sqrt{\frac{4-\pi}{\pi}} \ (0 < \xi < 1).$$

例 3.3　证明：当 $x > 0$ 时，$\ln(1+x) < x$.

证明　设 $f(x) = \ln(1+x)$，显然，$f(x)$ 在 $[0,x]$ 上满足拉格朗日定理的条件，有

$$f(x) - f(0) = f'(\xi)(x-0) \ (0 < \xi < x).$$

因为 $f(0) = 0$，$f'(x) = \dfrac{1}{1+x}$，故上式即为

$$\ln(1+x) = \frac{x}{1+\xi} \ (0 < \xi < x).$$

由于 $0 < \xi < x$，所以

$$\frac{x}{1+\xi} < x,$$

即

$$\ln(1+x) < x.$$

3.1.3　柯西中值定理

定理 3.3（柯西[①]中值定理）　假设函数 $f(x)$ 与 $g(x)$ 满足下列条件：

---

① 奥古斯丁·路易·柯西(Augustin Louis Cauchy,1789～1857)，法国数学家.

(1)在闭区间 $[a,b]$ 上连续；

(2)在开区间 (a,b) 内可导；

(3)在开区间 (a,b) 内 $g'(x)\neq 0$，

则至少有一点 $\xi\in(a,b)$，使

$$\frac{f(b)-f(a)}{g(b)-g(a)}=\frac{f'(\xi)}{g'(\xi)}. \tag{3.3}$$

式(3.3)称为**柯西公式**.

在柯西中值定理中，如果取 $g(x)=x$，则 $g(b)-g(a)=b-a, g'(x)=1$，即得拉格朗日中值定理，因此，柯西中值定理是拉格朗日中值定理的推广. 故柯西中值定理又称为**广义中值定理**.

3.2　洛必达法则

两个无穷小量之比的极限，可能存在，也可能不存在，称为 $\frac{0}{0}$ 型；两个无穷大之比的极限也可能存在，可能不存在，称为 $\frac{\infty}{\infty}$ 型. 由于 $\frac{0}{0}$ 型与 $\frac{\infty}{\infty}$ 型极限不确定，故称为**未定式**. 例如，$\lim\limits_{x\to 0}\frac{\sin x}{x}, \lim\limits_{x\to\infty}\frac{x^3}{e^x}$ 等就是未定式.

其他，如 $0\cdot\infty, \infty-\infty, 1^\infty, 0^0, \infty^0$ 等类型都是未定式. 对于这类极限，不能运用"商的极限等于极限的商"这一极限运算法则. 本节将以导数作为工具，介绍求这类极限的一种简便且重要的方法，称为洛必达(L'Hospital)[①]法则.

3.2.1　$\frac{0}{0}$ 型与 $\frac{\infty}{\infty}$ 型未定式

定理 3.4　假设

(1) $\lim\limits_{x\to a}f(x)=0, \lim\limits_{x\to a}g(x)=0$；

(2)当 $0<|x-a|<\delta$ 时，$f'(x), g'(x)$ 存在且 $g'(x)\neq 0$；

(3) $\lim\limits_{x\to a}\frac{f'(x)}{g'(x)}=A$(或 ∞)，

则有

$$\lim_{x\to a}\frac{f(x)}{g(x)}=\lim_{x\to a}\frac{f'(x)}{g'(x)}=A(\text{或 }\infty).$$

上述定理表明，在一定条件下，可以通过分子和分母分别求导来求未定式 $\frac{0}{0}$ 型的极限.

---

① 洛必达(Marquis de L'Hospital，1661～1704)，法国数学家.

例 3.4　求 $\lim\limits_{x\to 0}\dfrac{\sin kx}{x}(k\neq 0)$.

解　这是 $\dfrac{0}{0}$ 型未定式,由洛必达法则,可得

$$\lim_{x\to 0}\frac{\sin kx}{x}=\lim_{x\to 0}\frac{(\sin kx)'}{(x)'}=\lim_{x\to 0}\frac{k\cos kx}{1}=k.$$

例 3.5　求 $\lim\limits_{x\to 0}\dfrac{\mathrm{e}^x-\mathrm{e}^{-x}}{\sin x}$.

解　这是 $\dfrac{0}{0}$ 型未定式,由洛必达法则,可得

$$\lim_{x\to 0}\frac{\mathrm{e}^x-\mathrm{e}^{-x}}{\sin x}=\lim_{x\to 0}\frac{\mathrm{e}^x+\mathrm{e}^{-x}}{\cos x}=2.$$

若 $f(x),g(x)$ 满足定理 3.4 的条件(1),(2). 而 $\lim\limits_{x\to a}\dfrac{f'(x)}{g'(x)}$ 仍是“$\dfrac{0}{0}$”型未定式,这时若函数 $f'(x),g'(x)$ 能满足定理 3.4 中要求 $f(x),g(x)$ 所满足的条件(1),(2),且

$$\lim_{x\to a}\frac{[f'(x)]'}{[g'(x)]'}=A(\text{或}\ \infty),$$

则仍按定理 3.4 有

$$\lim_{x\to a}\frac{f'(x)}{g'(x)}=\lim_{x\to a}\frac{[f'(x)]'}{[g'(x)]'}=A(\text{或}\ \infty),$$

于是

$$\lim_{x\to a}\frac{f(x)}{g(x)}=\lim_{x\to a}\frac{f'(x)}{g'(x)}=\lim_{x\to a}\frac{f''(x)}{g''(x)}=A(\text{或}\ \infty).$$

例 3.6　求 $\lim\limits_{x\to 1}\dfrac{x^3-3x+2}{x^3-x^2}$.

解　这是 $\dfrac{0}{0}$ 型未定式,连续应用两次洛必达法则,可得

$$\lim_{x\to 1}\frac{x^3-3x+2}{x^3-x^2}=\lim_{x\to 1}\frac{3x^2-3}{3x^2-2x}=\lim_{x\to 1}\frac{6x}{6x-2}=\frac{3}{2}.$$

对于 $x\to\infty$ 时的 $\dfrac{0}{0}$ 型未定式,也有相应的洛必达法则.

定理 3.5　假设

(1) $\lim\limits_{x\to\infty}f(x)=0,\lim\limits_{x\to\infty}g(x)=0$;

(2) 当 $|x|>N$ 时,$f'(x),g'(x)$ 存在且 $g'(x)\neq 0$;

(3) $\lim\limits_{x\to\infty}\dfrac{f'(x)}{g'(x)}=A(\text{或}\ \infty)$,

则有

$$\lim_{x\to\infty}\frac{f(x)}{g(x)}=\lim_{x\to\infty}\frac{f'(x)}{g'(x)}=A(\text{或}\ \infty).$$

例 3.7　求 $\lim\limits_{x\to\infty}\dfrac{\frac{\pi}{2}-\arctan x}{\frac{1}{x}}$.

解

$$\lim_{x\to\infty}\frac{\frac{\pi}{2}-\arctan x}{\frac{1}{x}}=\lim_{x\to\infty}\frac{-\frac{1}{1+x^2}}{-\frac{1}{x^2}}=\lim_{x\to\infty}\frac{x^2}{1+x^2}=1.$$

定理 3.6　假设

(1) $\lim\limits_{x\to a}f(x)=\infty,\lim\limits_{x\to a}g(x)=\infty$;

(2)当 $0<|x-a|<\delta$ 时，$f'(x),g'(x)$ 存在且 $g'(x)\neq 0$;

(3) $\lim\limits_{x\to a}\dfrac{f'(x)}{g'(x)}=A(\text{或}\ \infty)$,

则有

$$\lim_{x\to a}\frac{f(x)}{g(x)}=\lim_{x\to a}\frac{f'(x)}{g'(x)}=A(\text{或}\ \infty).$$

若将"$x\to a$"改成"$x\to\infty$",且将"$0<|x-a|<\delta$"改为"$|x|>N$",上述定理仍成立.

例 3.8　求 $\lim\limits_{x\to+\infty}\dfrac{\ln x}{x^n}$.

解　这是 $\dfrac{\infty}{\infty}$ 型未定式,由洛必达法则,可得

$$\lim_{x\to+\infty}\frac{\ln x}{x^n}=\lim_{x\to+\infty}\frac{\frac{1}{x}}{nx^{n-1}}=\lim_{x\to+\infty}\frac{1}{nx^n}=0.$$

例 3.9　求 $\lim\limits_{x\to+\infty}\dfrac{x^n}{e^{\lambda x}}$ (n 为正整数,$\lambda>0$).

解　反复应用洛必达法则 n 次,得

$$\lim_{x\to+\infty}\frac{x^n}{e^{\lambda x}}=\lim_{x\to+\infty}\frac{nx^{n-1}}{\lambda e^{\lambda x}}=\lim_{x\to+\infty}\frac{n(n-1)x^{n-2}}{\lambda^2 e^{\lambda x}}=\cdots=\lim_{x\to+\infty}\frac{n!}{\lambda^n e^{\lambda x}}=0.$$

3.2.2 其他类型的未定式($0\cdot\infty,\infty-\infty,1^\infty,0^0,\infty^0$)

1. $0\cdot\infty$型

对于 $0\cdot\infty$ 型,可将乘积化为商的形式,即化为 $\dfrac{0}{0}$ 型或 $\dfrac{\infty}{\infty}$ 型未定式来计算.

例 3.10　求 $\lim\limits_{x\to+\infty}x^{-2}e^x$.

解

$$\lim_{x \to +\infty} x^{-2} e^x = \lim_{x \to +\infty} \frac{e^x}{x^2} = \lim_{x \to +\infty} \frac{e^x}{2x} = \lim_{x \to +\infty} \frac{e^x}{2} = +\infty.$$

2. $\infty - \infty$型

对于 $\infty - \infty$ 型，可利用通分化为 $\frac{0}{0}$ 型未定式来计算.

例 3.11 求 $\lim\limits_{x \to 0}\left(\frac{1}{x} - \frac{1}{e^x - 1}\right)$.

解

$$\begin{aligned}\lim_{x \to 0}\left(\frac{1}{x} - \frac{1}{e^x - 1}\right) &= \lim_{x \to 0} \frac{e^x - 1 - x}{x(e^x - 1)} = \lim_{x \to 0} \frac{e^x - 1}{e^x - 1 + xe^x} \\ &= \lim_{x \to 0} \frac{e^x}{e^x + e^x + xe^x} = \frac{1}{2}.\end{aligned}$$

3. $1^\infty, 0^0, \infty^0$ 型

对 $1^\infty, 0^0, \infty^0$ 型，可先化为以 e 为底的指数函数的极限，再利用指数函数的连续性，化为直接求指数的极限.

下面按照上述方法重新求第 1 章中的第二个重要极限.

例 3.12 求 $\lim\limits_{x \to \infty} \left(1 + \frac{1}{x}\right)^x$.

解 这是 1^∞ 型未定式，将它变形为

$$\ln\left(1 + \frac{1}{x}\right)^x = \frac{\ln\left(1 + \frac{1}{x}\right)}{\frac{1}{x}},$$

由于

$$\lim_{x \to \infty} \ln\left(1 + \frac{1}{x}\right)^x = \lim_{x \to \infty} \frac{\ln\left(1 + \frac{1}{x}\right)}{\frac{1}{x}} = \lim_{x \to \infty} \frac{\frac{x}{x+1}\left(-\frac{1}{x^2}\right)}{-\frac{1}{x^2}} = \lim_{x \to \infty} \frac{x}{x+1} = 1,$$

故

$$\lim_{x \to \infty} \left(1 + \frac{1}{x}\right)^x = e.$$

3.3 函数的单调性及函数的极值、最大值、最小值

我们已经会用初等函数的方法研究一些函数的单调性和某些简单函数的性质. 本节将以导数为工具，介绍并研究函数的单调性、极值及最大值、最小值的一般性的方法.

3.3.1　函数的单调性

函数在区间上的增减性与函数的导数在该区间的符号有着密切的关系，我们有如下定理.

定理 3.7　设函数 $y=f(x)$ 在闭区间 $[a,b]$ 上连续，在开区间 (a,b) 内可导.

(1)若在 (a,b) 内恒有 $f'(x)>0$，则函数 $y=f(x)$ 在 $[a,b]$ 上单调增加；

(2)若在 (a,b) 内恒有 $f'(x)<0$，则函数 $y=f(x)$ 在 $[a,b]$ 上单调减少.

注　此定理中的闭区间换成其他各种区间(包括无穷区间)，结论仍然成立.

根据这个定理，就能用导数的符号来判断函数的增减性. 如果函数在其定义域的某个区间内是单调的，则称该区间为函数的单调区间.

例 3.13　讨论函数 $f(x)=x+\ln x$ 的增减性.

解　函数的定义域为 $(0,+\infty)$.

$$f'(x)=1+\frac{1}{x}=\frac{x+1}{x},$$

当 $x>0$ 时，$f'(x)>0$，故 $f(x)$ 在整个定义域 $(0,+\infty)$ 是单调增加的.

例 3.14　确定函数 $f(x)=2x^3-9x^2+12x-5$ 的增减性.

解　函数的定义域为 $(-\infty,+\infty)$.

$$f'(x)=6x^2-18x+12=6(x-1)(x-2),$$

令 $f'(x)=6(x-1)(x-2)=0$，得

$$x_1=1,\quad x_2=2.$$

当 $-\infty<x<1$ 时，$f'(x)>0$，所以 $f(x)$ 在 $(-\infty,1]$ 上单调增加；

当 $1<x<2$ 时，$f'(x)<0$，所以 $f(x)$ 在 $[1,2]$ 上单调减少；

当 $2<x<+\infty$ 时，$f'(x)>0$，所以 $f(x)$ 在 $[2,+\infty)$ 上单调增加.

于是，$f(x)$ 的单调增区间为 $(-\infty,1]$，$[2,+\infty)$；单调减区间为 $[1,2]$.

3.3.2　函数的极值

在讨论函数的单调性时，我们会遇到函数先单调增加(或减少)，到达某个点后又变为单调减少(或增加)，这一类点就是使函数的单调性发生变化的分界点. 具有这种性质的点在实际应用中有着重要的意义. 由此我们引入如下定义.

定义 3.1　设函数 $f(x)$ 在点 x_0 的某邻域内有定义，如果对该邻域内任意异于 x_0 的点 x，恒有 $f(x)<f(x_0)$，则称 $f(x_0)$ 为函数 $f(x)$ 的**极大值**，x_0 称为函数的**极大值点**；若对该邻域内任意异于 x_0 的点 x，恒有 $f(x)>f(x_0)$，则称 $f(x_0)$ 为函数 $f(x)$ 的**极小值**. x_0 称为函数的**极小值点**.

极大值和极小值统称为函数的**极值**，极大值点和极小值点统称为函数的**极值点**.

函数的极值的概念是局部性的. 极大(极小)值是局部范围内的最大(最小)值，但并不一定是函数在整个定义域上的最大(最小)值.

在图 3-3 中，函数 $f(x)$ 有两个极大值 $f(x_2)$，$f(x_5)$，三个极小值 $f(x_1)$，$f(x_4)$，$f(x_6)$，其中极大值 $f(x_2)$ 比极小值 $f(x_6)$ 还小.

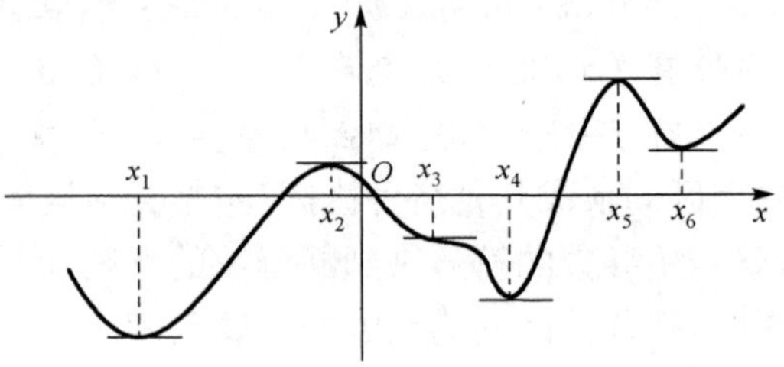

图 3-3

找极值的关键是找出极值点. 从图 3-3 中还可看到，在函数取得极值处，曲线的切线是水平的，即函数在极值点处的导数为零. 事实上，有如下定理.

定理 3.8(极值存在的必要条件)　如果 $f(x)$ 在 x_0 处可导，且在 x_0 处取得极值，则 $f'(x_0)=0$.

若在点 x_0 处有 $f'(x_0)=0$，则称点 x_0 为**驻点**.

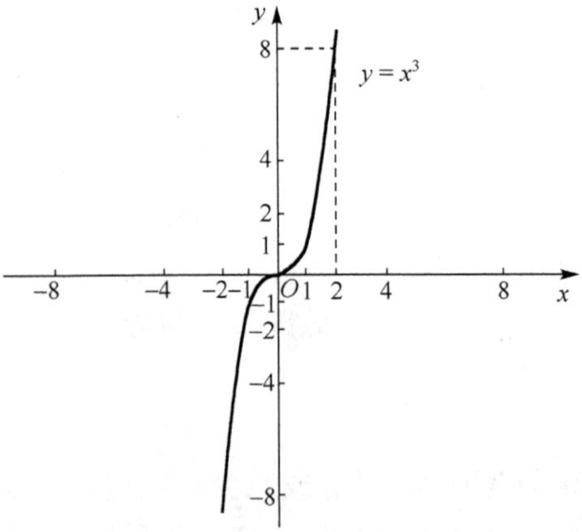

图 3-4

根据定理 3.8，可导函数 $f(x)$ 的极值点必定是它的驻点，但是函数的驻点却未必是极值点. 例如，对于函数 $f(x)=x^3$ 有 $f'(x)=3x^2$，故 $x=0$ 是驻点，但显然 $x=0$ 不是 $f(x)=x^3$ 的极值点(图 3-4). 此外，函数在它的导数不存在的点处也可能取得极值.

当我们找到函数的驻点或不可导点后，还要继续判断哪些是极值点，从而进一步判别极值点是极大值点还是极小值点. 由函数极值的定义和函数单调性的判定易知，函数在其极值点的邻近两侧单调性改变(即函数一阶导数的符号改变)，下面介绍 $f(x)$ 在 x_0 处取得极值的充分条件.

定理 3.9(极值存在的第一充分条件)　设函数 $f(x)$ 在点 x_0 的某一邻域 $(x_0-\delta,x_0+\delta)$ 内连续且可导($f'(x_0)$ 也可以不存在).

(1)当 $x\in(x_0-\delta,x_0)$ 时，$f'(x)>0$，当 $x\in(x_0,x_0+\delta)$ 时，$f'(x)<0$，则 $f(x)$ 在 x_0 处取得极大值；

(2)当 $x\in(x_0-\delta,x_0)$ 时，$f'(x)<0$，当 $x\in(x_0,x_0+\delta)$ 时，$f'(x)>0$，则 $f(x)$ 在 x_0 处取得极小值；

(3)如果在点 x_0 的邻域内 $f'(x)$ 的符号不变，则 $f(x)$ 在 x_0 处不取得极值.

根据定理 3.8 和定理 3.9，如果函数 $f(x)$ 在所讨论的区间内连续，除个别点外处处可导，则可按下列步骤来求函数的极值点和极值.

(1)确定函数 $f(x)$ 的定义域，并求其导数 $f'(x)$；

(2)解方程 $f'(x)=0$，求出函数 $f(x)$ 的全部驻点和不可导点；

(3)讨论 $f'(x)$ 在邻近驻点和不可导点左右两侧符号变化的情况，确定函数的极值点；

(4)求出各极值点的函数值，就得到函数 $f(x)$ 的全部极值.

例 3.15　求函数 $f(x)=x^3-3x$ 的极值.

解　函数 $f(x)$ 在 $(-\infty,+\infty)$ 内连续，且

$$f'(x)=3x^2-3=3(x+1)(x-1).$$

令 $f'(x)=0$，得驻点 $x_1=-1, x_2=1$.

当 $x\in(-\infty,-1)$ 时，$f'(x)>0$，当 $x\in(-1,1)$ 时，$f'(x)<0$，故 $f(x)$ 在 $x=-1$ 处取得极大值 $f(-1)=2$.

当 $x\in(1,+\infty)$ 时，$f'(x)>0$，当 $x\in(-1,1)$ 时，$f'(x)<0$，故 $f(x)$ 在 $x=1$ 处取得极小值 $f(1)=-2$.

例 3.16　求函数 $f(x)=(x-4)\sqrt[3]{(x+1)^2}$ 的极值.

解　函数 $f(x)$ 在 $(-\infty,+\infty)$ 内连续，除 $x=-1$ 外处处可导，且

$$f'(x)=\frac{5(x-1)}{3\sqrt[3]{x+1}}.$$

令 $f'(x)=0$，得驻点 $x=1$；$x=-1$ 为 $f(x)$ 的不可导点.

当 $x\in(-\infty,-1)$ 时，$f'(x)>0$，当 $x\in(-1,1)$ 时，$f'(x)<0$，故 $f(x)$ 在 $x=-1$ 处取得极大值 $f(-1)=0$.

当 $x\in(1,+\infty)$ 时，$f'(x)>0$，当 $x\in(-1,1)$ 时，$f'(x)<0$，故 $f(x)$ 在 $x=1$ 处取得极小值 $f(1)=-3\sqrt[3]{4}$.

当函数 $f(x)$ 在驻点处的二阶导数存在且不为零时，也可以利用下述定理来判定 $f(x)$ 在驻点处是否取得极值.

定理 3.10(极值存在的第二充分条件)　设 $f(x)$ 在点 x_0 处具有二阶导数，且

$$f'(x_0)=0,\quad f''(x_0)\neq 0,$$

则

(1)当 $f''(x_0)<0$ 时，函数 $f(x)$ 在点 x_0 处取得极大值 $f(x_0)$；

(2)当 $f''(x_0)>0$ 时，函数 $f(x)$ 在点 x_0 处取得极小值 $f(x_0)$.

例 3.17　求函数 $f(x)=e^{-x^2}$ 的极值.

解

$$f'(x)=e^{-x^2}(-2x),$$

令 $f'(x)=0$，得驻点 $x=0$.

$$f''(x)=e^{-x^2}(4x^2)-2e^{-x^2},$$

且有 $f''(0)=-2<0$，故 $f(x)$ 在 $x=0$ 处取得极大值 $f(0)=1$.

注意，第二充分条件没有涉及 $f''(x)=0$ 的情况，事实上，当 $f''(x)=0$ 时，点 x_0 可能是极值点，也可能不是极值点. 例如，函数 $f_1(x)=x^4$ 和 $f_2(x)=x^3$ 有

$$f''_1(0)=0,\quad f''_2(0)=0.$$

$f_1(x)=x^4$ 在 $x=0$ 处取得极小值，而 $f_2(x)=x^3$ 在 $x=0$ 处却不取得极值. 因此，遇到 $f''(x)=0$ 时第二充分条件不能应用.

3.3.3　函数的最大值与最小值

在实际应用中，常常会遇到求最大值与最小值的问题. 例如，用料最省、容量最大、花钱最少、效率最高、利润最大等. 这类问题在数学上往往可以归结为求某一函数(通常称为目标函数)的最大值、最小值问题.

由第 1 章知，闭区间 $[a,b]$ 上的连续函数一定存在最大值与最小值，由上述讨论可知，函数的最大值与最小值只可能在 $[a,b]$ 的端点或 (a,b) 内部的极值点处取得，而极值点只可能发生在驻点或不可导点处，这样，求函数 $f(x)$ 在闭区间 $[a,b]$ 上的最大值与最小值的方法，可按如下步骤进行.

(1)求函数 $f(x)$ 的导数，并求出所有的驻点及函数连续但不可导的点；

(2)求各驻点、不可导点以及区间端点处的函数值；

(3)比较上述各函数值的大小，这些值中最大者就是函数 $f(x)$ 在闭区间 $[a,b]$ 上的最大值，最小者就是最小值.

例 3.18　求函数 $f(x)=\sqrt[3]{2x-x^2}$ 在 $[-1,4]$ 上的最大值与最小值.

解　$f'(x)=\dfrac{2-2x}{3(2x-x^2)^{\frac{2}{3}}}$，故不可导点为 $x=0,x=2$.

令 $f'(x)=0$，得驻点 $x=1$，即驻点为 $x=1$，因此得

$$f(-1)=-\sqrt[3]{3},\quad f(0)=0,\quad f(1)=1,\quad f(2)=0,\quad f(4)=-2,$$

比较上述各值的大小，$f(1)=1$ 最大，$f(4)=-2$ 最小，则 $f(x)$ 在 $[-1,4]$ 上的最大值为 1，最小值为 -2.

说明　(1)如果函数 $f(x)$ 在闭区间 $[a,b]$ 上单调增加，那么最大值为 $f(b)$，最小值为 $f(a)$；如果函数 $f(x)$ 在闭区间 $[a,b]$ 上单调减少，那么最大值和最小值分别为 $f(a)$ 与 $f(b)$.

(2)在实际应用问题中，如果函数 $f(x)$ 在 (a,b) 内可导，且仅有一个驻点 x_0，

又由实际问题本身可判断，$f(x)$ 的最大值(或最小值)肯定在 (a,b) 内取得，那么可断定该驻点 x_0 处的函数值 $f(x_0)$ 是实际问题所要求的最大值(或最小值).

例 3.19　某房地产公司有 50 套公寓要出租，当租金为每月 180 元时，公寓可全部租出去. 当月租金每增加 10 元时，就有一套公寓租不出去. 而租出去的房子每月需花费 20 元的整修维护费. 试问房租定为多少可获得最大收入?

解　设房租为每月 x 元，则租出去的房子为 $\left(50-\frac{x-180}{10}\right)$，每月的总收入为

$$R(x)=(x-20)\left(50-\frac{x-180}{10}\right)=(x-20)\left(68-\frac{x}{10}\right),$$

由

$$R'(x)=(x-20)\left(-\frac{1}{10}\right)+\left(68-\frac{x}{10}\right)=70-\frac{x}{5},$$

解方程 $R'(x)=0$，得唯一驻点 $x=350$. 又 $R''(x)=-\frac{1}{5}$，$R''(350)<0$，因此 $R(350)$ 是极大值，也是最大值. 所以每月每套租金为 350 元时收入最大，最大收入为

$$R(350)=10890\ (元).$$

例 3.20　某企业每月生产 x (单位：t)产品的成本为 $C(x)=0.01x^2+30x+900(x>0)$，求其最低单位平均成本.

解　单位平均成本函数为

$$AC(x)=\frac{C(x)}{x}=0.01x+30+\frac{900}{x},$$

$$[AC(x)]'=\frac{C(x)}{x}=0.01-\frac{900}{x^2},$$

令 $[AC(x)]'=0$，解得 $x=\pm 300$.

因此，$AC(x)$ 在 $(0.+\infty)$ 内仅有一个驻点 $x=300$. 又由实际问题本身可以知道 $AC(300)=36$ 为最小值，也就是该企业每月生产 300t 产品时，平均成本最低为 36 元/t.

习　题　3

1. 用洛必达法则求下列极限：

(1) $\lim\limits_{x\to 0}\frac{1-\cos x}{x+x^2}$；　(2) $\lim\limits_{x\to 0}\frac{x-\sin x}{x^3}$；

(3) $\lim\limits_{x\to +\infty}\frac{x\ln x}{x^2+1}$；　(4) $\lim\limits_{x\to 0^+}\left(\frac{1}{x}-\frac{1}{e^x-1}\right)$.

2. 判定函数 $f(x)=x+\sin x(0\leqslant x\leqslant 2\pi)$ 的单调性.

3. 求下列函数的单调区间：

(1) $y=2+x-x^2$；　(2) $y=\dfrac{2x}{1+x^2}$；

(3) $y=\ln x$；　(4) $y=x+\dfrac{1}{x}$.

4. 求下列函数的极值：

(1) $f(x)=2x^3-6x^2-18x+7$；(2) $f(x)=x-\ln x$.

5. 求下列函数的最大值、最小值：

(1) $f(x)=x^5-5x^4+5x^3+1\ (x\in[-1,2])$；

(2) $f(x)=\dfrac{x-1}{x+1}\ (x\in[0,4])$.

6. 从一块边长为 a 的正方形铁皮的四角上截去同样大小的正方形，然后按虚线把四边折起来做成一个无盖的盒子(图 3-5)，问要截去多大的小方块，才能使盒子的容量最大？

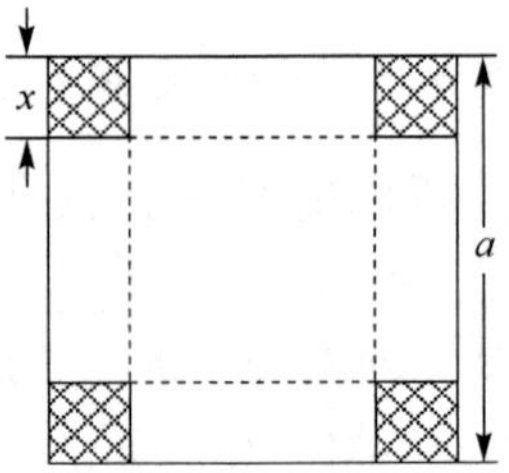

图 3-5

中外数学家简介【3】

陈景润

陈景润(1933～1996)于 1933 年 5 月 22 日生于福建福州.

陈景润的父亲陈元俊是邮局职员，生母潘氏于 1947 年去世. 由于父亲收入低微，加上兄弟姐妹多，因而家境十分贫寒. 陈景润于 1938～1948 年先后在福州市三一小学、三元县小学、三元县立初中、福州市三一中学及英华中学就读. 其间由于受到一些数学教师的影响，他对充满奇妙问题的数论产生了浓厚的兴趣. 1949 年他进入厦门大学数学系学习，于 1953 年以优异成绩毕业，并被分配到北京市第四中学任教. 由于他性格十分内向，极不善于与人交往，因而对中学教师这一工作很不适应. 当时的厦门大学王亚南校长了解到陈景润的处境和他希望献身于数论研究的志向后，即于 1954 年通过有关部门将陈景润调回厦门大学担任助教. 就在那里他订出了研究哥德巴赫猜想的计划. 经过几年的刻苦钻研，陈景润对我国数学家华罗庚及苏联数学家 И. M. 维诺格拉多夫等的专著及一些重要的数论方法有了深刻的了解，很快便写出了第一篇有关塔利问题的论文，这篇论文引起了华罗庚教授的注意. 1957 年，经华罗庚的推荐，陈景润被调到中国科学院数学研究所任实习研究员. 1962 年任助理研究员，1977 年升任研究员，1988 年提升为一级研究员.从1978年开始,他参加了培养硕士及博士研究生的工作.他先后受聘担任贵州民族学院、河南大学、厦门大学、青岛大学、华中工学院、福建师范大学等学校的兼职教授,还曾当选为第四、五、六届全国人民代表大会代表,并曾任《数学季刊》主编、国家科委数学小组成员及中国科学院学部委员.

为了追求自己的理想,多年来,陈景润始终过着普通人难以忍受的艰苦生活,踏踏实实、坚持不懈地从事着解析数论及应用数学等方面的研究工作.无论是在“文化大革命”中遭受批斗打击的时候,还是在遭受疾病折磨的时候,他都没有停止自己的追求.他关于哥德巴赫猜想的著名成果,就是在“文化大革命”这场浩劫中艰苦磨练出来的.直到1980年8月他才结束独身生活,组成了自己的家庭.他的夫人由昆女士在北京某部队医院工作,两人育有一个活泼可爱的男孩.多年的营养不良及艰苦工作,严重损害了陈景润的健康,经先后在北京市一些医院住院治疗,身体有所恢复.但他仍患有帕金森病,这种疾病经治疗得到控制,但无法根除,因而对他的生活和工作产生不利的影响.

从1958年至1990年,陈景润共发表研究论文50余篇,出版专著4部.由于他关于哥德巴赫猜想等问题的杰出研究成果,于1982年荣获国家自然科学一等奖,并于1978～1979年应美国普林斯顿高级研究院等的邀请先后去美国、法国及英国讲学.

在近代解析数论的许多重要问题的研究中,陈景润都作出了重要的贡献.

费马

费马(1601～1665)是17世纪的一名法国律师,也是一位业余数学家.之所以称费马为“业余数学家之王”,是由于他具有律师的全职工作.17世纪是杰出数学家活跃的世纪,而费马比他同时代的大多数专业数学家更有成就,是17世纪数学家中最多产的明星.

1601年8月20日,费马出生在法国南部土鲁斯附近的波蒙,父亲是个商人,费马从小就受到良好的家庭教育.他在大学攻读法律,毕业后回家乡当了律师.他以法律知识渊博、做事清廉而著称.

费马是一位博览群书、见多识广的学者,又是精通多种文字的语言学家.业余时间喜欢恬静的生活,全部精力花费在钻研数学和物理问题上,有时用希腊文、拉丁文和西班牙文写诗作词,自我朗诵消遣.

费马经常和友人通信交流数学研究工作的信息,但他谦虚谨慎,鄙薄名利,生前很少发表著作.费马在世时,没有完整的著作问世.费马死后,很多论述遗留在故纸堆里,或阅读过的书的页边空白处,书写的年月无从查考;还有的保留在他给朋友们的书信中.他的儿子在数学家们帮助之下,将费马的笔记、批注及书信加以整理汇成《数学论集》出版.

他对曲线进行认真研究,写成《平面和立体轨迹入门》一书.费马对于轨迹的研究有一般性的方法,这是古希腊所未能办到的.我们不知他的坐标几何是如何孕育出来的,他对韦达利用代数解几何问题应是相当熟悉.他与笛卡儿并列为解析几何的发明者.

他将无穷小的思想运用到求积问题上,已具今日微积分的雏形,这也是费马的卓越成就之一.他在牛顿出生前的13年,提出了有关微积分的主体概念.

在数论方面,费马的研究始终左右着数论的研究方向.他写过许多关于数论的定理,但顶多只给予简略的证明,数论上有许多重要事项与费马的名字相连,可以说他是近代数论的开创者.

在“完全数”的研究上,费马也有着两个重要的结论,虽然这两个结论未能解决寻找完全数的方法,但是在解决问题的途径上前进了一大步.

费马和帕斯卡是概率论早期的创立者,通过他们的广泛研究,使概率论进一步数学理论化,形成古典概率论.可以说是费马点燃了古典概率论的火种.他与帕斯卡分享开创概率论的荣誉.

费马猜想“将一个立方数分为两个立方数,一个四次幂分为两个四次幂,或者一般地将一个高于二次的幂分为两个同次的幂,这是不可能的”.用数学语言表示为以下形式.

当整数 $n > 2$ 时,方程 $x^n + y^n = z^n$ 没有正整数解.

第4章　不定积分

社会的发展成为数学发展的动力. 17 世纪,微积分的创立是为了解决当时数学面临的四类核心问题中的第四类问题,即求曲线的长度、曲线围成的图形的面积、曲面围成的立体的体积、物体的重心和引力等.

由求物体的瞬时速度、曲线的切线斜率和极值等问题产生了导数和微分,构成了微积分学的微分学部分;由已知速度求路程、已知切线求曲线以及上述求面积与体积等问题,产生了积分,构成了微积分学的积分学部分.

在数学研究的每个领域中,一种运算往往伴随着另一种与之相反的运算,称为其逆运算. 例如,加法的逆运算是减法,乘法的逆运算是除法等. 第 3 章讨论的问题是如何由已知函数求出它的导数和微分,本章研究它们的逆运算.

4.1　不定积分的概念和性质

4.1.1　原函数的概念

在研究质点的直线运动时,已知路程函数 $s(t)$,则可求出质点在任意时刻 t 的瞬时速度为 $v(t)=s'(t)$.

在研究曲线的切线时,若已知曲线方程 $y=f(x)$,则可求出该曲线在任意点 $(x,f(x))$ 处的切线斜率 $k=f'(x)$.

现在要解决其逆问题:

(1)已知质点在任意时刻的瞬时速度,求质点的运动路程;

(2)已知曲线上任一点处的切线斜率,求该曲线的方程.

为此,引入原函数的概念.

定义 4.1　设 $f(x)$ 是定义在区间 I 上的函数,若存在函数 $F(x)$,使得对任何 $x\in I$ 均有

$$F'(x)=f(x) \text{ 或 } \mathrm{d}F(x)=f(x)\mathrm{d}x,$$

则称 $F(x)$ 是 $f(x)$ 的一个**原函数**.

例如,因为 $(\sin x)'=\cos x$,故 $\sin x$ 是 $\cos x$ 的一个原函数. 因为 $(x^2)'=2x$,故 x^2 是 $2x$ 的一个原函数. 设 C 是任意常数, $(x^2+C)'=2x$,所以 x^2+C 也是 $2x$ 的原函数,又由 C 的任意性知 $2x$ 有无穷多个原函数.

一般地,若 $F(x)$ 是 $f(x)$ 的一个原函数,则有

$$F'(x) = f(x),$$

$$[F(x) + C]' = f(x)\ (C\ 是任意常数),$$

从而，$F(x) + C$ 也是 $f(x)$ 在区间 I 上的原函数.

事实上，设 $F(x)$ 和 $G(x)$ 都是 $f(x)$ 的原函数，则

$$[F(x) - G(x)]' = F'(x) - G'(x) = f(x) - f(x) = 0,$$

即

$$F(x) - G(x) = C\ (C\ 是任意常数)$$

定理 4.1 若 $F(x)$ 是 $f(x)$ 的一个原函数，$G(x)$ 是 $f(x)$ 的另一个原函数，则 $G(x) = F(x) + C$，其中 C 是某一常数.

这就是说，若 $F(x)$ 是 $f(x)$ 的一个原函数，则函数族 $F(x) + C$ (C 是任意常数)就是函数 $f(x)$ 的**全体原函数**.

4.1.2 不定积分的概念

定义 4.2 设 $F(x)$ 是 $f(x)$ 的一个原函数，$f(x)$ 的全体原函数 $F(x)+C$ (C 是任意常数)称为 $f(x)$ 的**不定积分**，记为 $\int f(x)\mathrm{d}x$，即

$$\int f(x)\mathrm{d}x = F(x) + C,$$

其中 $\int$ 称为**积分符号**，$f(x)$ 称为**被积函数**，$f(x)\mathrm{d}x$ 称为**被积表达式**，x 称为**积分变量**.

由定义知，求 $f(x)$ 的不定积分，只需求出它的任一个原函数，再加上任意常数 C 即可.

例 4.1 求下列不定积分

(1) $\int x^3\mathrm{d}x$；　(2) $\int \frac{1}{x^2}\mathrm{d}x$；　(3) $\int \frac{1}{1+x^2}\mathrm{d}x$.

解 (1)因为 $\left(\frac{x^4}{4}\right)' = x^3$，所以 $\frac{x^4}{4}$ 是 x^3 的一个原函数，从而

$$\int x^3\mathrm{d}x = \frac{x^4}{4} + C\ (C\ 是任意常数).$$

(2)因为 $\left(-\frac{1}{x}\right)' = \frac{1}{x^2}$，所以 $-\frac{1}{x}$ 是 $\frac{1}{x^2}$ 的一个原函数，从而

$$\int \frac{1}{x^2}\mathrm{d}x = -\frac{1}{x} + C\ (C\ 是任意常数).$$

(3)因为 $(\arctan x)' = \frac{1}{1+x^2}$，所以 $\arctan x$ 是 $\frac{1}{1+x^2}$ 的一个原函数，从而

$$\int \frac{1}{1+x^2}\mathrm{d}x = \arctan x + C\ (C\ 是任意常数).$$

4.1.3 不定积分的几何意义

设 $F(x)$ 是 $f(x)$ 的一个原函数，则函数 $y=F(x)$ 在平面上表示一条曲线，称它为 $f(x)$ 的一条积分曲线. 于是 $f(x)$ 的不定积分表示一族积分曲线，它们是由 $f(x)$ 的某一条积分曲线沿着 y 轴方向作任意平行移动而产生的所有积分曲线组成的(图 4-1).

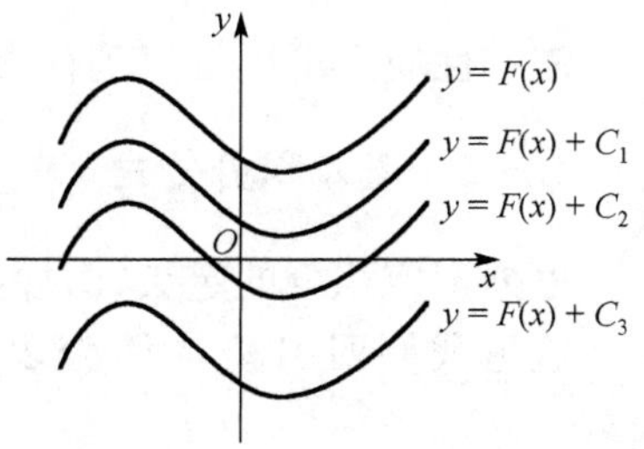

图 4-1

在求原函数的具体问题中，往往先求原函数的一般表达式 $y=F(x)+C$，再从中确定一个满足条件 $f(x_0)=y_0$ (称为初始条件)的原函数. 从几何上讲，就是从积分曲线族中找出一条通过点 (x_0, y_0) 的积分曲线.

例 4.2 已知曲线 $y=f(x)$ 在任一点处的切线斜率为 $2x$，且曲线通过点 $(1,2)$，求此曲线的方程.

解 根据题意知

$$f'(x)=2x,$$

即 $f(x)$ 是 $2x$ 的一个原函数，从而

$$f(x)=\int 2x\mathrm{d}x=x^2+C.$$

因为曲线过点 $(1,2)$，代入上式可得 $C=1$. 故所求曲线方程为

$$y=x^2+1.$$

4.1.4 不定积分的性质

性质 1 求不定积分与求导数(或微分)互为逆运算.

$$\left(\int f(x)\mathrm{d}x\right)'=f(x), \quad \mathrm{d}\left(\int f(x)\mathrm{d}x\right)=f(x)\mathrm{d}x,$$

$$\int f'(x)\mathrm{d}x=f(x)+C, \quad \int \mathrm{d}[f(x)]=f(x)+C.$$

也就是，不定积分的导数(或微分)等于被积函数(或被积表达式). 如

$$\left(\int \cos x\mathrm{d}x\right)'=(\sin x+C)'=\cos x.$$

性质 2 不为零的常数因子可以提到积分号之前，即

$$\int kf(x)\mathrm{d}x=k\int f(x)\mathrm{d}x \ (\text{常数 } k\neq 0).$$

例如

$$\int 2\mathrm{e}^x\mathrm{d}x=2\int \mathrm{e}^x\mathrm{d}x=2\mathrm{e}^x+C.$$

性质 3 两个函数代数和的不定积分等于它们不定积分的代数和,即

$$\int[f(x)\pm g(x)]\mathrm{d}x=\int f(x)\mathrm{d}x\pm\int g(x)\mathrm{d}x.$$

注 性质 3 可以推广到任意有限多个函数的代数和的情形.

4.1.5 基本积分公式

根据不定积分的定义,由导数或微分基本公式,即可得不定积分的基本公式.

这里我们列出基本积分表,因为许多不定积分最终归结为这些基本积分公式.

(1) $\int k\mathrm{d}x=kx+C$ (k 是常数); (2) $\int x^{\mu}\mathrm{d}x=\frac{x^{\mu+1}}{\mu+1}+C\ (\mu\neq-1)$;

(3) $\int\frac{\mathrm{d}x}{x}=\ln|x|+C$; (4) $\int\frac{1}{1+x^2}\mathrm{d}x=\arctan x+C$;

(5) $\int\frac{1}{\sqrt{1-x^2}}\mathrm{d}x=\arcsin x+C$; (6) $\int a^x\mathrm{d}x=\frac{a^x}{\ln a}+C$;

(7) $\int \mathrm{e}^x\mathrm{d}x=\mathrm{e}^x+C$; (8) $\int\cos x\mathrm{d}x=\sin x+C$;

(9) $\int\sin x\mathrm{d}x=-\cos x+C$; (10) $\int\sec^2x\mathrm{d}x=\tan x+C$;

(11) $\int\csc^2x\mathrm{d}x=-\cot x+C$; (12) $\int\sec x\tan x\mathrm{d}x=\sec x+C$;

(13) $\int\csc x\cot x\mathrm{d}x=-\csc x+C$.

下面利用不定积分的性质以及基本积分公式计算不定积分.

例 4.3 求不定积分 $\int\frac{(2x^2-\sqrt[3]{x})x}{\sqrt{x}}\mathrm{d}x$.

解

$$\begin{aligned}\int\frac{(2x^2-\sqrt[3]{x})x}{\sqrt{x}}\mathrm{d}x&=2\int x^{\frac{5}{2}}\mathrm{d}x-\int x^{\frac{5}{6}}\mathrm{d}x\\&=\frac{2}{\frac{5}{2}+1}x^{\frac{5}{2}+1}-\frac{1}{\frac{5}{6}+1}x^{\frac{5}{6}+1}+C=\frac{4}{7}x^{\frac{7}{2}}-\frac{6}{11}x^{\frac{11}{6}}+C.\end{aligned}$$

例 4.4 求不定积分 $\int 3^x\mathrm{e}^x\mathrm{d}x$.

解

$$\int 3^x\mathrm{e}^x\mathrm{d}x=\int(3\mathrm{e})^x\mathrm{d}x=\frac{(3\mathrm{e})^x}{\ln(3\mathrm{e})}+C=\frac{3^x\mathrm{e}^x}{1+\ln 3}+C.$$

例 4.5 求不定积分 $\int\tan^2x\mathrm{d}x$.

解

$$\int \tan^2 x\mathrm{d}x = \int (\sec^2 x - 1)\mathrm{d}x = \int \sec^2 x\mathrm{d}x - \int 1\mathrm{d}x = \tan x - x + C.$$

4.2 不定积分的计算

以上利用基本积分公式及不定积分的性质求出了一些函数的不定积分，然而仅用上述方法所能求出的不定积分是很有限的. 本节将介绍两类基本的积分方法——换元积分法和分部积分法.

换元积分法由于应用形式不同，分为第一换元法和第二换元法.

4.2.1 第一换元法(凑微分法)

如果不定积分 $\int f(x)\mathrm{d}x$ 直接使用基本积分公式不易求出，但是被积函数 $f(x)$ 可以分解为

$$f(x) = g[\varphi(x)]\varphi'(x),$$

作变量代换 $u = \varphi(x)$，且 $\varphi'(x)\mathrm{d}x = \mathrm{d}\varphi(x)$，于是

$$\int f(x)\mathrm{d}x = \int g[\varphi(x)]\varphi'(x)\mathrm{d}x = \int g(u)\mathrm{d}u. \tag{4.1}$$

若 $\int g(u)\mathrm{d}u$ 易求出，不定积分 $\int f(x)\mathrm{d}x$ 的计算就迎刃而解. 这就是第一换元积分法(凑微分法).

定理 4.2 设 $g(u)$ 的原函数为 $F(u)$，$u = \varphi(x)$ 可导，则有公式

$$\int g[\varphi(x)]\varphi'(x)\mathrm{d}x = \int g(u)\mathrm{d}u = F(u) + C = F[\varphi(x)] + C.$$

例 4.6 求不定积分 $\int \sin 3x\mathrm{d}x$.

解

$$\int \sin 3x\mathrm{d}x = \int \sin 3x \cdot \frac{1}{3}\mathrm{d}(3x) = \frac{1}{3}\int \sin 3x\mathrm{d}(3x) \xlongequal{令 u=3x} \frac{1}{3}\int \sin u\mathrm{d}u$$

$$= \frac{1}{3}(-\cos u) + C = -\frac{1}{3}\cos 3x + C.$$

例 4.7 求不定积分 $\int \frac{\mathrm{d}x}{2+5x}$.

解

$$\int \frac{\mathrm{d}x}{2+5x} = \int \frac{1}{2+5x} \cdot \frac{1}{5}\mathrm{d}(2+5x) = \frac{1}{5}\int \frac{1}{2+5x}\mathrm{d}(2+5x)$$

$$\xlongequal{令 u=2+5x} \frac{1}{5}\int \frac{1}{u}\mathrm{d}u = \frac{1}{5}\ln|u| + C = \frac{1}{5}\ln|2+5x| + C.$$

当对变量代换比较熟练后,可以省去书写中间变量的换元和回代过程,而直接写出结果.

$$\int g[\varphi(x)]\varphi'(x)\mathrm{d}x = \int g[\varphi(x)]\mathrm{d}\varphi(x) = F[\varphi(x)] + C.$$

例 4.8 求不定积分 $\int x(x^2+1)^6\mathrm{d}x$.

解 $\int x(x^2+1)^6\mathrm{d}x = \frac{1}{2}\int (x^2+1)^6\mathrm{d}(x^2+1) = \frac{1}{14}(x^2+1)^7 + C.$

例 4.9 求不定积分 $\int \frac{\mathrm{d}x}{x(1+\ln x)}$.

解 $\int \frac{\mathrm{d}x}{x(1+\ln x)} = \int \frac{\mathrm{d}(1+\ln x)}{1+\ln x} = \ln|1+\ln x| + C.$

例 4.10 求不定积分 $\int \frac{\mathrm{d}x}{x^2-a^2}$.

解

$$\begin{aligned}\int \frac{\mathrm{d}x}{x^2-a^2} &= \frac{1}{2a}\int\left(\frac{1}{x-a}-\frac{1}{x+a}\right)\mathrm{d}x = \frac{1}{2a}\left(\int\frac{1}{x-a}\mathrm{d}x - \int\frac{1}{x+a}\mathrm{d}x\right)\\ &= \frac{1}{2a}\left[\int\frac{1}{x-a}\mathrm{d}(x-a) - \int\frac{1}{x+a}\mathrm{d}(x+a)\right]\\ &= \frac{1}{2a}(\ln|x-a| - \ln|x+a|) + C\\ &= \frac{1}{2a}\ln\left|\frac{x-a}{x+a}\right| + C.\end{aligned}$$

4.2.2 第二换元法

如果不定积分 $\int f(x)\mathrm{d}x$ 不易求得,作适当的变量代换 $x=\varphi(t)$ 后,所得到的关于新积分变量 t 的不定积分易求,则可解决 $\int f(x)\mathrm{d}x$ 的计算问题,这就是第二换元积分法.

定理 4.3 设 $x=\varphi(t)$ 是单调、可导函数,且

$$\varphi'(t) \neq 0,$$

又设 $f[\varphi(t)]\varphi'(t)$ 具有原函数 $F(t)$,则

$$\int f(x)\mathrm{d}x = \int f[\varphi(t)]\varphi'(t)\mathrm{d}t = F(t) + C = F[\varphi^{-1}(x)] + C, \qquad (4.2)$$

其中 $\varphi^{-1}(x)$ 是 $x=\varphi(t)$ 的反函数.

由定理 4.3 可见,第二换元法的换元与回代过程与第一换元法的恰好相反,不是用 u 代替 $\varphi(x)$,而是用 $x=\varphi(t)$ 作换元,即用 $\varphi(t)$ 来代替 x. 这种换元法适合于那样的积分,被积表达式 $f(x)\mathrm{d}x$ 经过换元 $x=\varphi(t)$ 后,积分成为

$\int f[\varphi(t)]\varphi'(t)\mathrm{d}t$，被积表达式似乎更复杂，但并非如此，倒恰恰化简成以 t 为积分变量的可积表达式. 这种情况常出现在被积函数中含有无理式的不定积分中.

例 4.11　求不定积分 $\int \frac{1}{1+\sqrt{x}}\mathrm{d}x$.

解　被积函数中含有无理式 $\sqrt{x}$，为使其转换成有理式，作代换 $t=\sqrt{x}$，即 $x=t^2$，则 $\mathrm{d}x=2t\mathrm{d}t$. 于是

$$\begin{aligned}\int \frac{1}{1+\sqrt{x}}\mathrm{d}x &= \int \frac{2t}{1+t}\mathrm{d}t = 2\int \frac{t+1-1}{1+t}\mathrm{d}t = 2\int\left[1-\frac{1}{1+t}\right]\mathrm{d}t \\ &= 2\int \mathrm{d}t - 2\int \frac{\mathrm{d}(1+t)}{1+t} = 2t - 2\ln|1+t| + C \\ &= 2\sqrt{x} - 2\ln\left|1+\sqrt{x}\right| + C.\end{aligned}$$

例 4.12　求不定积分 $\int \sqrt{a^2-x^2}\mathrm{d}x$，$a>0$.

解　设 $x=a\sin t$，$-\frac{\pi}{2}<t<\frac{\pi}{2}$，那么 $\mathrm{d}x=a\cos t\mathrm{d}t$. 则有

$$\sqrt{a^2-x^2}=\sqrt{a^2-a^2\sin^2 t}=\sqrt{a^2\cos^2 t}=a\cos t.$$

于是

$$\begin{aligned}\int \sqrt{a^2-x^2}\mathrm{d}x &= \int a\cos t\cdot a\cos t\mathrm{d}t = a^2\int \cos^2 t\mathrm{d}t \\ &= a^2\int \frac{1+\cos 2t}{2}\mathrm{d}t \\ &= \frac{a^2}{2}\left(\int \mathrm{d}t + \int \cos 2t\mathrm{d}t\right) \\ &= \frac{a^2}{2}\left[t+\frac{1}{2}\int \cos 2t\mathrm{d}(2t)\right] \\ &= \frac{a^2}{2}(t+\sin t\cos t)+C \\ &\xlongequal{\text{代回原变量}} \frac{a^2}{2}\left(\arcsin\frac{x}{a}+\frac{x}{a}\cdot\frac{\sqrt{a^2-x^2}}{a}\right)+C,\end{aligned}$$

如图 4-2 所示，$\sin t=\frac{x}{a}$，$\cos t=\frac{\sqrt{a^2-x^2}}{a}$.

例 4.13　求不定积分 $\int \frac{1}{\sqrt{a^2+x^2}}\mathrm{d}x\,(a>0)$.

解　如图 4-3 所示，令 $x=a\tan t$，$-\frac{\pi}{2}<t<\frac{\pi}{2}$，那么 $\mathrm{d}x=a\sec^2 t\mathrm{d}t$，则有

$$\int \frac{1}{\sqrt{a^2+x^2}}\mathrm{d}x = \int \frac{1}{a\sec t} \cdot a\sec^2 t\mathrm{d}t = \int \sec t\mathrm{d}t = \ln|\sec t + \tan t| + C_1 ,$$

由图 4-3 知

$$\sec t = \frac{\sqrt{x^2+a^2}}{a},$$

故有

$$\begin{aligned}\int \frac{1}{\sqrt{a^2+x^2}}\mathrm{d}x &= \ln\left|\frac{x}{a} + \frac{\sqrt{x^2+a^2}}{a}\right| + C \\ &= \ln\left|x + \sqrt{x^2+a^2}\right| + C_1 - \ln a \\ &= \ln\left|x + \sqrt{x^2+a^2}\right| + C ,\end{aligned}$$

其中 $C = C_1 - \ln a$.

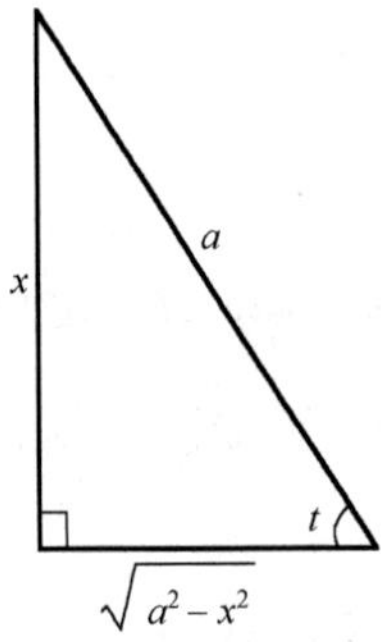

图 4-2

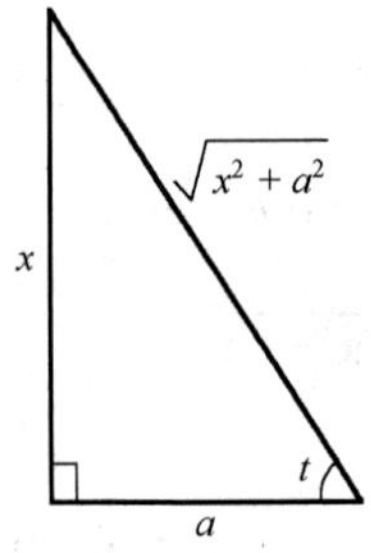

图 4-3

4.2.3　分部积分法

前面介绍的换元积分法虽然可以解决许多积分的计算问题,但有些积分,如 $\int xe^x\mathrm{d}x$, $\int x\cos x\mathrm{d}x$ 等,利用换元法就无法求解.

下面介绍另一种基本积分法——**分部积分法**. 分部积分法是由两个函数乘积的导数公式得到的.

设函数 $u = u(x)$ 和 $v = v(x)$ 具有连续导数,则

$$(uv)' = uv' + vu' ,$$

移项得

$$uv' = (uv)' - vu' ,$$

故

$$\int uv'\mathrm{d}x = uv - \int vu'\mathrm{d}x , \tag{4.3}$$

即

$$\int u\mathrm{d}v = uv - \int v\mathrm{d}u\,. \tag{4.4}$$

式(4.3)或(4.4)称为**分部积分公式**. 公式中左右两端的两个积分,正好是 u 与 v 交换位置. 若 $\int uv'\mathrm{d}x$ 不易求出,而 $\int vu'\mathrm{d}x$ 容易求出时,就可以使用这个公式.

分部积分法实质上就是求两函数乘积的导数(或微分)的逆运算. 下面将通过例题介绍分部积分法的应用.

例 4.14　求不定积分 $\int \ln x\mathrm{d}x$.

解　令 $u = \ln x$, $v = x$,则

$$\int \ln x\mathrm{d}x = x\ln x - \int x\mathrm{d}\ln x = x\ln x - \int x \cdot \frac{1}{x}\mathrm{d}x = x\ln x - x + C\,.$$

例 4.15　求不定积分 $\int x\cos x\mathrm{d}x$.

解　$\int x\cos x\mathrm{d}x = \int x\mathrm{d}\sin x$,令 $u = x$, $v = \sin x$,则

$$\int x\cos x\mathrm{d}x = \int x\mathrm{d}\sin x = x\sin x - \int \sin x\mathrm{d}x = x\sin x + \cos x + C\,.$$

例 4.16　求不定积分 $\int x\mathrm{e}^x\mathrm{d}x$.

解　$\int x\mathrm{e}^x\mathrm{d}x = \int x\mathrm{d}\mathrm{e}^x$, 令 $u = x$, $v = \mathrm{e}^x$,则

$$\int x\mathrm{e}^x\mathrm{d}x = \int x\mathrm{d}\mathrm{e}^x = x\mathrm{e}^x - \mathrm{e}^x + C.$$

利用分部积分法计算不定积分,选择好 u 与 v 非常关键,选择不当将会使积分的计算变得更加复杂. 例 4.16 中,若另取

$$u = \mathrm{e}^x\,, \quad \mathrm{d}v = x\mathrm{d}x\,,$$

于是

$$\mathrm{d}u = \mathrm{e}^x\mathrm{d}x\,, \quad v = \frac{x^2}{2}\,,$$

那么

$$\int x\mathrm{e}^x\mathrm{d}x = \int \mathrm{e}^x\mathrm{d}\left(\frac{x^2}{2}\right) = \mathrm{e}^x\frac{x^2}{2} - \int \frac{x^2}{2} \cdot \mathrm{e}^x\mathrm{d}x\,.$$

右边新的积分反而比原来的更复杂,这样选择的 u 与 v 是求不出结果的.

本节的最后要指出,有些不定积分,如 $\int \mathrm{e}^{-x^2}\mathrm{d}x$, $\int \frac{\sin x}{x}\mathrm{d}x$ 等,虽然它们的被积函数是初等函数,但是它们的原函数却不是初等函数,用上述各种方法都不能求出这些不定积分. 这就需要用另外的方法解决,这里不再过多的论述.

习 题 4

1. 求下列不定积分：

(1) $\int \frac{1}{\sqrt{x}}\mathrm{d}x$；　(2) $\int x\sqrt[3]{x}\mathrm{d}x$；

(3) $\int (\mathrm{e}^x+1)\mathrm{d}x$；　(4) $\int (x+1)^2\mathrm{d}x$；

(5) $\int \cos^2\frac{x}{2}\mathrm{d}x$；　(6) $\int (2\sin x-3\cos x)\mathrm{d}x$；

(7) $\int \left(2^x+\frac{1}{x}\right)\mathrm{d}x$；　(8) $\int \frac{1}{1+\cos 2x}\mathrm{d}x$

(9) $\int 3^x\mathrm{e}^x\mathrm{d}x$；　(10) $\int \left(\frac{3}{1+x^2}-\frac{2}{\sqrt{1-x^2}}\right)\mathrm{d}x$.

2. 用换元法求下列不定积分：

(1) $\int \cos 5x\mathrm{d}x$；　(2) $\int (2x+1)^5\mathrm{d}x$；

(3) $\int \frac{1}{2x+3}\mathrm{d}x$；　(4) $\int \tan x\mathrm{d}x$；

(5) $\int \mathrm{e}^{3x}\mathrm{d}x$；　(6) $\int \frac{1}{x\ln x}\mathrm{d}x$；

(7) $\int \frac{1}{4+x^2}\mathrm{d}x$；　(8) $\int \frac{\cos x}{\sin^2 x}\mathrm{d}x$.

3. 用分部积分法求下列不定积分：

(1) $\int x\cos x\mathrm{d}x$；　(2) $\int x\mathrm{e}^{2x}\mathrm{d}x$；

(3) $\int \ln x\mathrm{d}x$；　(4) $\int \arcsin x\mathrm{d}x$.

中外数学家简介【4】

姜立夫

姜立夫(1890～1978)，数学家、数学教育家，南开大学数学系的创始人，曾任中央研究院数学所所长，对中国现代数学教学与研究的发展有重要贡献. 他主要从事圆素和球素几何学的研究.

1890 年 7 月 4 日，姜立夫生于浙江省平阳县宜山区凤江乡麟头村(今属苍南县)一个农村的知识分子家庭. 早年他在祖父所设的家馆读书，祖父去世后，姜立夫入平阳县学堂和杭州府中学堂(杭州中学前身)学习. 1910 年 6 月，他考取游美学务处备取生，次年 9 月入美国加利福尼亚州立大学(伯克利)学习数学，1915 年毕业，获理学学士学位，同年转入哈佛大学攻读研究生学位.

学成回国后，姜立夫就始终不懈地把培养人才作为自己事业的中心环节.

1920年，他创办了南开大学数学系，这是中国第二个数学系.建系之初的4年中，只有他一位教师，他一面处理各种行政事务，一面每学期同时开几门课程，其中包括高等微积分、空间解析几何、射影几何、复变函数论、高等代数、n维空间几何、微分几何、非欧几何等，此外还要承担理学院的公共数学课(初等微积分和高等微积分)，这是名副其实的"一人系".

课堂讲授是最主要的教学环节，姜立夫在这方面是有其独到之处的.教室光线来自左方，除了在黑板上书写公式或作图外，他总是站在教室左前方，让开黑板，面向学生讲解，便于学生耳目并用，手脑并用.他在黑板上书写或作图时，并不中断解说，连每个数学记号都边写边念，从不出现哑场.他十分注意节约黑板空间，只写公式及少数名词、人名和绘图，板书及绘图整洁简练.擦黑板时总要保留尚需参考的公式.他作图时，一般是徒手，只有图形需要十分准确，如射影几何中的复杂图形时，才用直尺，而且总是使有关交点落在黑板范围内.他使用颜色粉笔，系统而不乱，用不同颜色代表不同对象.他讲课有时没有教材，没有教材时，常常只在一两张废日历纸上记下简略的提纲.但他永远是离开教材或提纲讲解，教材、提纲只起备忘作用.

姜立夫这种课堂讲授方式，需要讲者透彻驾驭讲授内容，精神高度集中，有坚实的逻辑推理能力，其优点是能带动学生也聚精会神，随着教师的思路进行同步的逻辑思维，取得最佳教学效果.他经常把几何直观和严格的形式推理相结合，把内容讲得生动活泼.他讲课不疾不徐，口齿清楚，使听者不感吃力.这样的讲授，学生的收益远远不限于本课程的知识，在姜立夫言传身教中，他们能得到逻辑思维和逻辑表达能力的严格训练，尤其是解决问题的训练.

姜立夫的辛勤耕耘结出了丰硕的成果.仅在他早年的学生中就出现了刘晋年、江泽涵、申又枨、吴大任、陈省身、孙本旺等优秀数学家.作为中国现代高等数学教育事业的重要开拓者，姜立夫的功绩是不可磨灭的.

姜立夫另一项倾注心血较多、持续时间也较长的工作是数学名词的审定.事实上，由姜立夫领导审定的，虽然只限于纯粹数学方面的最基本的名词，但也已构成今日整个数学名词的基础.

姜立夫深知，教学质量主要决定于教师水平，并且在青年中发现优秀人才，使之负担重任，在工作中成长，尤其重要.姜立夫对苏步青的大力推荐正是表现这一观点的典型事例.

欧拉

1707年的一天，欧拉诞生在瑞士名城巴塞尔一个殷实的家庭，父亲保罗·欧拉是基督教加尔文派的教长，喜爱数学，是欧拉的启蒙老师.

欧拉幼年早慧，父亲保罗希望欧拉学习神学，继承父业.1720年秋，父亲把欧拉送进瑞士最古老的大学巴塞尔大学，学习神学、医学、东方语言.欧拉的聪慧与勤奋，赢得了该校数学教授约翰·伯努利的赏识，并亲自单独面授数学.从此欧拉和约翰·伯努利的两个儿子——数学家尼古拉·伯努利和丹尼尔·伯努利结成密友.欧拉十六岁在该校毕业，获得硕士学位.

在伯努利家族的影响下，欧拉决心以数学为业.18岁开始发表论文，19岁发表了论船桅的文章，获巴黎科学院奖金.此后，他几乎连年获奖，奖金成了他的固定收入.

欧拉26岁时就担任俄国彼得堡科学院教授.

1733～1741年，在沙皇政府统治下，欧拉的生活和工作条件非常艰苦，常一边抱着孩子一边写作.但他的工作和研究却取得了惊人的成就，不仅发表了大量精湛的论文，而且为俄国政府解决了许多科学问题. 1735 年,年仅 28 岁的欧拉,因积劳成疾而右眼失明.

1741 年应普鲁士国王腓特烈大帝的邀请,欧拉出任柏林物理、数学所所长,同时负责给普鲁士国王的侄女讲授数学、天文、物理、宗教等课程. 在此期间,向柏林和彼得堡科学院递交了数百篇论文,被腓特烈大帝誉为"最伟大的数学家".

1766 年,在沙皇女王叶卡琳娜二世的再三聘请和敦促下,欧拉重返彼得堡,不料左眼视力日趋衰弱,同年双目失明. 1771 年彼得堡一场大火,殃及欧拉的住宅,使全部藏书和论文资料化为灰烬. 天灾人祸没有压倒年已 64 岁的科学巨匠. 此后,欧拉用口述的办法,由他儿子——数学家阿 · 欧拉记录,继续进行著述. 直到逝世,整整在黑暗中奋斗了 17 年之久,又发表了多部专著和近四百篇论文.

欧拉不仅是一位杰出的数学家,而且是理论联系实际的典范. 他立足于实践,在社会与科学实践需要的推动下,从事数学研究,同时又用数学理论促进了多门自然科学的发展,为人类作出了不可估量的贡献.

第 5 章　定　积　分

定积分起源于求图形的面积和体积等实际问题. 古希腊数学家阿基米德用“穷竭法”,我国著名的数学家刘徽用“割圆术”,都曾计算过一些几何图形的体积和面积. 这些均为定积分的雏形. 直至 17 世纪,牛顿和莱布尼茨先后提出了定积分的概念,并发现了积分与微分之间的内在联系,给出了计算定积分的一般方法,从而使定积分成为解决有关实际问题的有力工具. 而积分的严格定义和有关理论是在其一百多年后由柯西、黎曼及达布等人完成的

本章先从几何问题与力学问题引入定积分的定义,然后讨论定积分的性质、计算方法以及定积分的应用.

5.1　定积分的概念和性质

与定积分的起源有密切相关的两个实际问题,一个是曲边梯形面积的计算,一个是变速直线运动路程的计算. 下面先从这两个问题谈起.

5.1.1　引例

1. 曲边梯形的面积

在中学,我们学习过求矩形、三角形、梯形等以直线为边的图形(直边形)的面积. 但在实际应用中,往往需要求以曲线为边的图形(曲边形)的面积.

设函数 $y=f(x)$ 在区间 $[a,b]$ 上非负、连续. 由直线 $x=a$, $x=b$ 和 $y=0$ 及曲线 $y=f(x)$ 所围成的图形称为曲边梯形,其中曲线弧称为曲边(图 5-1).

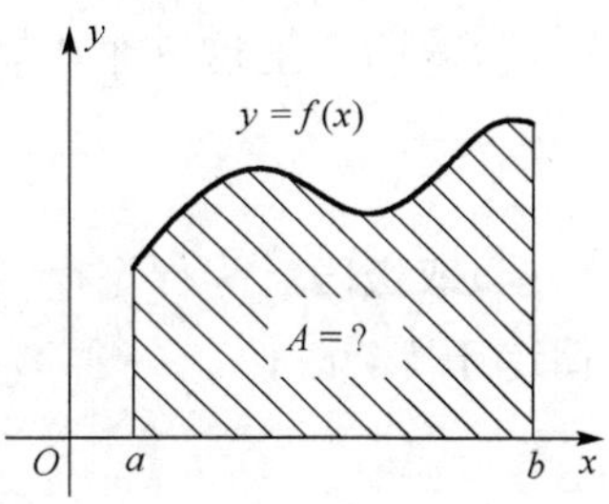

图 5-1

现在来求曲边梯形的面积.

矩形的面积=底×高,而曲边梯形在底边上各点的高 $f(x)$ 在区间 $[a,b]$ 上是变化的,显然不能按照矩形面积公式来计算. 然而,由于 $f(x)$ 在区间 $[a,b]$ 上是连续变化的,在很小的一段区间上它的变化很小,因此,若把区间 $[a,b]$ 划分为许多个小区间,在每个小区间上用其中某一点处的高来近似代替同一小区间上的**小曲边梯形**的高,则每个**小曲边梯形**就可以近似看成**小矩形**,就可以把所有

这些小矩形的面积之和作为曲边梯形面积的近似值. 当把区间 $[a,b]$ 无限细分,使得每个小区间的长度趋于零时,所有小矩形面积之和的极限就可以定义为**曲边梯形的面积**. 这个定义同时也给出了计算曲边梯形面积的方法:

(1)**分割**　在区间 $[a,b]$ 内任意插入 $n-1$ 个分点:

$$a = x_0 < x_1 < x_2 < \cdots < x_{n-1} < x_n = b\ ,$$

把 $[a,b]$ 分成 n 个小区间

$$[x_0, x_1], [x_1, x_2], \cdots, [x_{n-1}, x_n]\ ,$$

它们的长度分别为

$$\Delta x_1 = x_1 - x_0\ ,\ \Delta x_2 = x_2 - x_1\ , \cdots,\ \Delta x_n = x_n - x_{n-1}\ .$$

过每一个分点 x_i $(i=1,2,\cdots,n)$ 作垂直于 x 轴的直线段,把曲边梯形分为 n 个小曲边梯形,如图5-2(a)所示.

(2)**近似代替**　在每个小区间$[x_{i-1}, x_i]$上任取一点 ξ_i ,作以小区间$[x_{i-1}, x_i]$为底,以 $f(\xi_i)$ 为高的小矩形,用小矩形的面积近似代替小曲边梯形的面积,即

$$\Delta A_i \approx f(\xi_i)\Delta x_i\ ,$$

如图 5-2(b)所示.

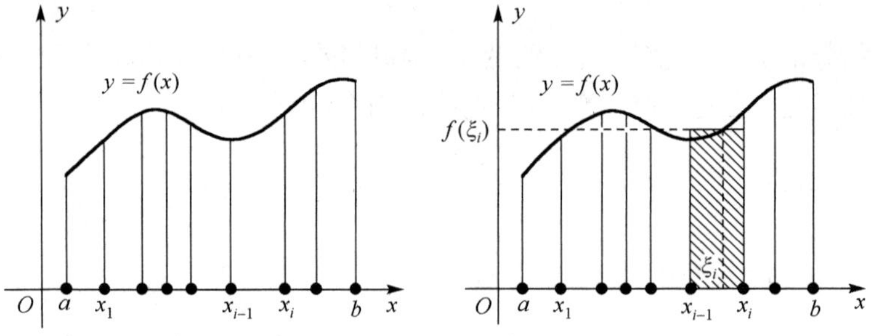

(a) 分割　　(b) 近似代替

图 5-2　曲边梯形的面积的计算

(3)**求和**　把这 n 个小矩形的面积加起来作为大曲边梯形的面积的近似值,即

$$A \approx \sum_{i=1}^{n} f(\xi_i)\Delta x_i.$$

(4)**取极限**　为保证所有小区间的长度都趋于零,我们要求小区间长度中的最大值趋于零,记

$$\lambda = \max\{\Delta x_1, \Delta x_2, \cdots, \Delta x_n\}\ ,$$

当 $\lambda \to 0$ 时,如果和式 $\sum\limits_{i=1}^{n} f(\xi_i)\Delta x_i$ 的极限存在,且不依赖于区间的分法和 ξ_i 的取法,可以认为这个极限值就是**曲边梯形面积的精确值**,即

$$A = \lim_{\lambda \to 0}\sum_{i=1}^{n} f(\xi_i)\Delta x_i\ .$$

2. 变速直线运动的路程

假设某物体做变速直线运动，已知速度 $v(t)$ 是时间间隔 $[T_1, T_2]$ 上关于 t 的连续函数，且 $v(t) \geqslant 0$，计算在这段时间内物体所经过的路程 S.

若物体做匀速直线运动，则物体在这段时间内经过的路程就等于速度乘以时间间隔（$T_2 - T_1$）. 而现在所讨论的问题中，速度不是常量而是随时间变化的变量，因此，所求路程 S 不能按照匀速直线运动的路程公式直接计算. 然而考虑到物体运动的速度在很短的一段时间内变化很小，近似于匀速. 因此，我们可以把未知的变速直线运动的路程问题转化为已知的匀速直线运动的路程问题. 具体步骤如下.

(1)**分割** 我们在时间间隔 $[T_1, T_2]$ 内任意插入 $n-1$ 个时刻

$$T_1 = t_0 < t_1 < t_2 < \cdots < t_{n-1} < t_n = T_2,$$

把 T_1 到 T_2 时间段分成 n 个小时间段

$$[t_0, t_1], [t_1, t_2], \cdots, [t_{n-1}, t_n],$$

各个时间段的时间间隔分别为

$$\Delta t_1 = t_1 - t_0, \Delta t_2 = t_2 - t_1, \cdots, \Delta t_n = t_n - t_{n-1}.$$

(2)**近似代替** 在每个小时间段 $[t_{i-1}, t_i] (i = 1, 2, \cdots, n)$ 内任取一个时刻 τ_i，以 τ_i 这一时刻的速度近似代替 $[t_{i-1}, t_i]$ 上各个时刻的速度，从而得到每个时间段 $[t_{i-1}, t_i]$ 内物体经过路程 ΔS_i 的近似值，即

$$\Delta S_i \approx v(\tau_i) \Delta t_i.$$

(3)**求和** 我们把物体在每个小时间段内匀速直线运动的路程加起来，作为物体从 T_1 到 T_2 时刻所走路程的近似值，即

$$S = \sum_{i=1}^{n} \Delta S_i \approx \sum_{i=1}^{n} v(\tau_i) \Delta t_i.$$

(4)**取极限** 记

$$\lambda = \max\{\Delta t_1, \Delta t_2, \cdots, \Delta t_n\},$$

当 $\lambda \to 0$ 时，如果和式 $\sum\limits_{i=1}^{n} v(\tau_i) \Delta t_i$ 的极限存在，且不依赖于区间的分法和 ξ_i 的取法，我们可以认为这个极限值就是**变速直线运动路程的精确值**，即

$$S = \lim_{\lambda \to 0} \sum_{i=1}^{n} v(\tau_i) \Delta t_i.$$

5.1.2 定积分的定义

以上两个问题，背景不一样，一个是几何问题，一个是物理问题，但实质上都是求整体量的问题，并且解决问题的方法也一样：都是经过“分割、近似代替、求和、取

极限”四个步骤,结果也都归结为具有相同结构的特定和式 $\sum_{i=1}^{n} f(\xi_i)\Delta x_i$ 的极限问题. 因此,我们根据解决上述不同问题所用的共同方法,抽象出了定积分的定义.

定义 5.1 设函数 $f(x)$ 在 $[a,b]$ 上有界,在区间 $[a,b]$ 中任取 $n-1$ 个分点 $x_1,x_2,\cdots,x_{n-1}$,取 $x_0=a,x_n=b$,把区间 $[a,b]$ 分成 n 个小区间 $[x_{i-1},x_i]$,各个小区间长度为 $\Delta x_i=x_i-x_{i-1}$,在每个小区间内任取一点 $\xi_i(x_{i-1}\leqslant\xi_i\leqslant x_i)$,作函数值 $f(\xi_i)$ 与小区间长度 Δx_i 的乘积 $f(\xi_i)\Delta x_i$,并求和 $S=\sum_{i=1}^{n} f(\xi_i)\Delta x_i$,记 $\lambda=\max\{\Delta x_i\}$,如果不论对 $[a,b]$ 怎样划分,也不论 ξ_i 在小区间 $[x_{i-1},x_i]$ 上怎样选取,只要当 $\lambda\to 0$ 时,和 S 总趋于确定的常数 I,那么称 $f(x)$ 在 $[a,b]$ 上是可积的,并且称常数 I 是函数 $f(x)$ 在区间 $[a,b]$ 上的**定积分**,记作 $\int_a^b f(x)\mathrm{d}x$,即

$$\int_a^b f(x)\mathrm{d}x = I = \lim_{\lambda\to 0}\sum_{i=1}^{n} f(\xi_i)\Delta x_i,$$

其中 $f(x)$ 称为**被积函数**, $f(x)\mathrm{d}x$ 称为**被积表达式**, x 称为**积分变量**, $[a,b]$ 称为**积分区间**, a 称为积分的**下限**, b 称为积分的**上限**,这个和式 $\sum_{i=1}^{n} f(\xi_i)\Delta x_i$, 通常称为 $f(x)$ 的**积分和**.

关于定积分的定义,作以下两点说明:

(1)区间 $[a,b]$ 的分法和 ξ_i 在 $[x_{i-1},x_i]$ 上的取法是任意的;

(2)定积分 $\int_a^b f(x)\mathrm{d}x$ 是和式 $\sum_{i=1}^{n} f(\xi_i)\Delta x_i$ 的极限值,当积分和的极限存在时,其极限值只与被积函数 $f(x)$ 及积分区间 $[a,b]$ 有关,而与积分变量的记法无关. 也就是说,只要被积函数和积分区间不变,把积分变量 x 改写成其他字母,定积分的值是不变的,即

$$\int_a^b f(x)\mathrm{d}x = \int_a^b f(t)\mathrm{d}t = \int_a^b f(u)\mathrm{d}u.$$

关于定积分,还有一个重要问题:函数 $f(x)$ 在区间 $[a,b]$ 上满足什么条件, $f(x)$ 在区间 $[a,b]$ 上一定可积? 这个问题本书不作深入讨论,只给出下面两个定理.

定理 5.1 若函数 $f(x)$ 在区间 $[a,b]$ 上连续,则 $f(x)$ 在区间 $[a,b]$ 上可积.

定理 5.2 若函数 $f(x)$ 在区间 $[a,b]$ 上有界,且只有有限个间断点,则 $f(x)$ 在区间 $[a,b]$ 上可积.

根据定积分的定义,本节的两个引例可以简洁地表述为:

(1)由直线 $x=a,x=b$ 和 $y=0$ 及连续曲线 $y=f(x)(f(x)\geqslant 0)$ 所围成的曲边梯形的面积 A 等于函数 $f(x)$ 在区间 $[a,b]$ 上的定积分,即

$$A=\int_a^b f(x)\mathrm{d}x .$$

(2)以变速 $v=v(t)(v(t)\geqslant 0)$ 做直线运动的物体,从 T_1 到 T_2 时间间隔内经过的路程 S 等于函数 $v(t)$ 在时间间隔 $[T_1,T_2]$ 上的定积分,即

$$S=\int_{T_1}^{T_2} v(t)\mathrm{d}t .$$

以上两个问题的计算过程体现了事物变化从量变到质变的完整过程,其中蕴含着丰富的辩证思维.

恩格斯指出"初等数学,即常数的数学,是在形式逻辑的范围内活动的,至少总的来说是这样;而变量数学——其中最主要的部分是微积分——本质上不外乎是辩证法在数学方面的应用."从初等数学到变量数学的过渡,反映了人类思维从形式逻辑向辩证逻辑的跨越,是人类的认识能力由低级向高级的发展.

求曲边梯形的面积和求变速直线运动的路程的前三步,即"分割、近似代替、求和"是初等数学方法的体现,而且也是初等数学方法中形式逻辑的体现,只有最后一步"取极限"这种蕴含于变量数学中的丰富的辩证逻辑思维,才使得微积分巧妙地、有效地解决了初等数学所不能解决的问题.

5.1.3 定积分的几何意义

在$[a,b]$上,若 $f(x)\geqslant 0$,那么定积分 $\int_a^b f(x)\mathrm{d}x$ 的值就等于曲边梯形的面积 A,如图 5-3(a)所示;若 $f(x)\leqslant 0$,显然,由曲线 $y=f(x)$和三条直线所围成的图形也是一曲边梯形,但却位于 x 轴的下方,如图 5-3(b)所示. 根据定积分的定义可以知道,任取的点 ξ_i 对应的函数值 $f(\xi_i)\leqslant 0$,从而,积分和总是小于等于 0,由极

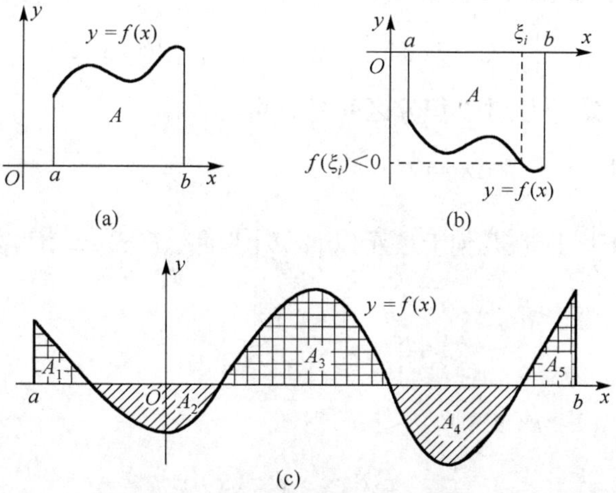

图 5-3 定积分的几何意义

限的保号性知，积分和的极限也就是$\int_a^b f(x)\mathrm{d}x \leqslant 0$，因此，该定积分在几何上就表示$x$轴下方的曲边梯形面积的相反数；当$f(x)$在$[a,b]$上既取得正值又取得负值时，如图 5-3(c)所示. 结合前两种情况，此时定积分$\int_a^b f(x)\mathrm{d}x$在几何上就表示x轴上方的所有图形的面积减去x轴下方所有图形的面积，即x轴上、下方各部分面积的代数和.

5.2　定积分的性质

下面讨论定积分的基本性质，假设被积函数是可积的. 同时，为计算和应用方便起见，我们先对定积分作两点补充规定：

(1)当$a=b$时，$\int_a^b f(x)\mathrm{d}x = 0$；

(2)当$a>b$时，$\int_a^b f(x)\mathrm{d}x = -\int_b^a f(x)\mathrm{d}x$.

根据上述规定，交换定积分的上下限，其绝对值不变而符号相反. 因此，在下面的讨论中如无特别指出，对定积分上下限的大小不加限制.

性质 1　被积函数中的常数因子k，可以从积分号里提出来，即

$$\int_a^b kf(x)\mathrm{d}x = k\int_a^b f(x)\mathrm{d}x，\quad k \text{ 是常数}.$$

性质 2　两个函数的和或差的定积分等于各函数的定积分的和或差，即

$$\int_a^b [f(x) \pm g(x)]\mathrm{d}x = \int_a^b f(x)\mathrm{d}x \pm \int_a^b g(x)\mathrm{d}x.$$

注　此性质可以推广到有限多个函数的情形.

性质 3　对于任意三个实数a,b,c，有

$$\int_a^b f(x)\mathrm{d}x = \int_a^c f(x)\mathrm{d}x + \int_c^b f(x)\mathrm{d}x.$$

性质 3 表明：定积分对于积分区间具有可加性.

性质 4　$\int_a^b 1\,\mathrm{d}x = \int_a^b \mathrm{d}x = b-a$.

显然，定积分$\int_a^b \mathrm{d}x$在几何上表示以$[a,b]$为底、$f(x)\equiv 1$为高的矩形的面积.

性质 5　设$f(x)\geqslant 0$，且$a<b$，则

$$\int_a^b f(x)\mathrm{d}x \geqslant 0.$$

推论　若$f(x)\geqslant g(x)$，且$a<b$，则

$$\int_a^b f(x)\mathrm{d}x \geqslant \int_a^b g(x)\mathrm{d}x.$$

这是因为$f(x)-g(x)\geqslant 0$，由性质 3、性质 5 知

$$\int_a^b f(x)\mathrm{d}x - \int_a^b g(x)\mathrm{d}x = \int_a^b [f(x) - g(x)]\mathrm{d}x.$$

例 5.1 比较积分值 $\int_0^1 x\mathrm{d}x$ 和 $\int_0^1 x^2\mathrm{d}x$ 的大小.

解 因为当 $x \in [0,1]$ 时, $x \geqslant x^2$,所以

$$\int_0^1 x\mathrm{d}x \geqslant \int_0^1 x^2\mathrm{d}x .$$

性质 6 $\left|\int_a^b f(x)\mathrm{d}x\right| \leqslant \int_a^b |f(x)|\mathrm{d}x \ (a < b).$

这是因为

$$-|f(x)| \leqslant f(x) \leqslant |f(x)|,$$

由上述推论得

$$-\int_a^b |f(x)|\mathrm{d}x \leqslant \int_a^b f(x)\mathrm{d}x \leqslant \int_a^b |f(x)|\mathrm{d}x ,$$

即

$$\left|\int_a^b f(x)\mathrm{d}x\right| \geqslant \int_a^b |f(x)|\mathrm{d}x \ (a < b).$$

性质 7(估值定理) 设函数 $f(x)$ 在 $[a,b]$ 上连续,则

$$m(b-a) \leqslant \int_a^b f(x)\mathrm{d}x \leqslant M(b-a) ,$$

其中 M 和 m 分别是函数 $f(x)$ 在 $[a,b]$ 上的最大值和最小值.

例 5.2 估计定积分 $\int_{-1}^2 \mathrm{e}^{-x^2}\mathrm{d}x$ 值的范围.

解 先求出 $f(x) = \mathrm{e}^{-x^2}$ 在 $[-1,2]$ 上的最大值和最小值.

$$f'(x) = -2x\mathrm{e}^{-x^2} ,$$

令 $f'(x) = 0$,得驻点 $x = 0$,由于

$$f(-1) = \mathrm{e}^{-1}, \quad f(0) = 1, \quad f(2) = \mathrm{e}^{-4},$$

所以,最小值 $m = f(2) = \mathrm{e}^{-4}$,最大值 $M = f(0) = 1$.

由估值定理得

$$\mathrm{e}^{-4} \cdot [2-(-1)] \leqslant \int_{-1}^2 \mathrm{e}^{-x^2}\mathrm{d}x \leqslant 1 \cdot [2-(-1)],$$

即

$$3\mathrm{e}^{-4} \leqslant \int_{-1}^2 \mathrm{e}^{-x^2}\mathrm{d}x \leqslant 3 .$$

性质 8(定积分中值定理) 设函数 $f(x)$ 在 $[a,b]$ 上连续,则在 $[a,b]$ 上至少存在一点 ξ,使

$$\int_a^b f(x)\mathrm{d}x = f(\xi)(b-a) \ (a \leqslant \xi \leqslant b).$$

这个公式称为**积分中值公式**.

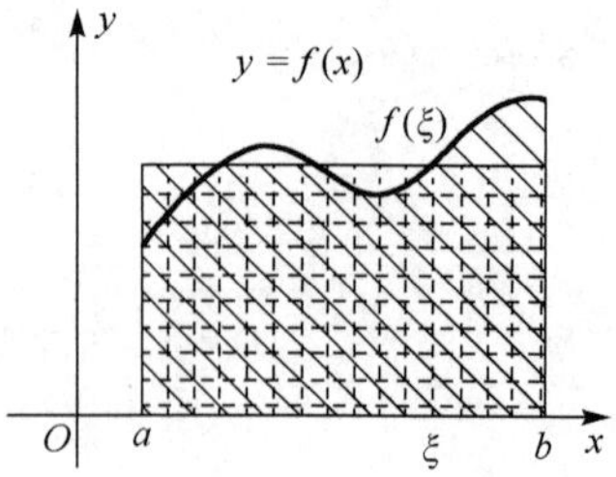

图 5-4

定积分中值定理在几何上表示在 $[a,b]$ 上至少存在一点 ξ，使得以 $[a,b]$ 为底、曲线 $y=f(x)$ 为曲边的曲边梯形的面积 $\int_a^b f(x)\mathrm{d}x$ 等于底边相同而高为 $f(\xi)$ 的矩形的面积 $f(\xi)(b-a)$（图 5-4）. 数值 $\frac{1}{b-a}\int_a^b f(x)\mathrm{d}x=f(\xi)$ 表示连续曲线 $f(x)$ 在区间 $[a,b]$ 上的平均高度，称为 $f(x)$ **在区间 $[a,b]$ 上的平均值**.

5.3　定积分的计算

定积分是和式的极限，但直接由和式的极限求定积分的值十分困难，因此，我们有必要寻求一种计算定积分的行之有效的方法.

5.3.1　微积分基本公式

不定积分是寻求被积函数的全体原函数，定积分是和式的极限. 牛顿和莱布尼茨不仅揭示了不定积分作为原函数的概念与定积分作为积分和的极限的概念之间的内在联系，即"微积分学基本定理"，并且巧妙地开辟了求定积分的新途径——牛顿-莱布尼茨公式. 从而使积分学与微分学一起构成变量数学的基础学科——微积分学. 牛顿和莱布尼茨也因此作为微积分学的奠基人而被载入史册.

1. 变上限定积分

设函数 $f(x)$ 在 $[a,b]$ 上可积，x 是 $[a,b]$ 上的任意一点，则 $f(x)$ 在 $[a,x]\subset[a,b]$ 上也可积. 显然，变上限定积分 $\int_a^x f(t)\mathrm{d}t$ 是关于上限 x 的函数，记作

$$\varphi(x)=\int_a^x f(t)\mathrm{d}t,\quad x\in[a,b].$$

为了避免引起积分变量所用的记号与变动上限所用的记号之间的混淆，根据定积分的值与积分变量的记号无关的性质，我们用 t 表示积分变量.

关于函数 $\varphi(x)$ 的可导性，我们有以下定理.

定理 5.3　设函数 $f(x)$ 在 $[a,b]$ 上连续，则变上限定积分

$$\varphi(x)=\int_a^x f(t)\mathrm{d}t,\quad x\in[a,b]$$

在 $[a,b]$ 上可导，且

$$\varphi'(x)=\frac{\mathrm{d}}{\mathrm{d}x}\int_a^x f(t)\mathrm{d}t=f(x),\quad x\in[a,b].$$

证明 设 $x \in (a,b)$，$\Delta x > 0$，使得 $x+\Delta x \in (a,b)$，则有

$$\begin{aligned}\Delta\varphi &= \varphi(x+\Delta x)-\varphi(x) = \int_a^{x+\Delta x} f(t)\mathrm{d}t - \int_a^x f(t)\mathrm{d}t \\ &= \int_a^x f(t)\mathrm{d}t + \int_x^{x+\Delta x} f(t)\mathrm{d}t - \int_a^x f(t)\mathrm{d}t \\ &= \int_x^{x+\Delta x} f(t)\mathrm{d}t \\ &= f(\xi)\Delta x, \quad \xi \in [x, x+\Delta x].\end{aligned}$$

由函数 $f(x)$ 在点 x 处连续，所以

$$\varphi'(x) = \lim_{\Delta x\to 0}\frac{\Delta\varphi}{\Delta x} = \lim_{\Delta x\to 0} f(\xi) = f(x).$$

因为 ξ 介于 x，$x+\Delta x$ 之间，因此，当 $\Delta x \to 0$ 时，$\xi \to x$，又因 $f(x)$ 连续，所以

$$\varphi'(x) = \lim_{\Delta x\to 0} f(\xi) = \lim_{\xi\to x} f(\xi) = f(x).$$

若 $x=a$，取 $\Delta x > 0$，同理可证 $\varphi'_+(a) = f(a)$；若 $x=b$，取 $\Delta x < 0$，同理可证

$$\varphi'_-(b) = f(b).$$

综上即有

$$\frac{\mathrm{d}}{\mathrm{d}x}\int_a^x f(t)\mathrm{d}t = f(x), \quad x \in [a,b].$$

定理 5.3 揭示了微分(或导数)与定积分这两个不相干的概念之间的内在联系，因而称为微积分基本定理.

例 5.3 已知 $y = \int_0^x \sin t^2 \mathrm{d}t$，求 y' 与 y''.

解 $y' = \sin x^2$，$y'' = 2x\cos x^2$.

例 5.4 求 $\frac{\mathrm{d}}{\mathrm{d}x}\left[\int_1^{x^3} \mathrm{e}^{t^2}\mathrm{d}t\right]$.

解 令 $u = x^3$，即 u 是关于 x 的函数，则

$$\varphi(u) = \int_1^u \mathrm{e}^{t^2}\mathrm{d}t.$$

根据复合函数求导法则，有

$$\frac{\mathrm{d}}{\mathrm{d}x}\left[\int_1^{x^3} \mathrm{e}^{t^2}\mathrm{d}t\right] = \frac{\mathrm{d}}{\mathrm{d}x}\left[\int_1^{u} \mathrm{e}^{t^2}\mathrm{d}t\right]\cdot\frac{\mathrm{d}u}{\mathrm{d}x} = \varphi'(u)\cdot 3x^2 = \mathrm{e}^{u^2}\cdot 3x^2 = 3x^2\mathrm{e}^{x^6}.$$

例 5.5 求 $\lim\limits_{x\to 0}\dfrac{\int_0^x \sin 2t\mathrm{d}t}{x^2}$.

解 这是 $\frac{0}{0}$ 型未定式，用洛必达法则，得

$$\lim_{x\to 0}\frac{\int_0^x \sin 2t\mathrm{d}t}{x^2} = \lim_{x\to 0}\frac{\sin 2x}{2x} = 1.$$

2. 牛顿-莱布尼茨公式

定理 5.3 一方面肯定了连续函数必有原函数，尽管这种原函数可能只能用变上限定积分形式给出；另一方面也指出了定积分与原函数之间的关系. 由此，我们很容易得到定理 5.4.

定理 5.4 设函数 $f(x)$ 在 $[a,b]$ 上连续，$F(x)$ 是 $f(x)$ 的一个原函数，则

$$\int_a^b f(x)\mathrm{d}x = F(b) - F(a) . \tag{5.1}$$

证明 已知 $F(x)$ 是 $f(x)$ 的一个原函数，由定理 5.3 知，变上限定积分

$$\varphi(x) = \int_a^x f(t)\mathrm{d}t$$

也是 $f(x)$ 的一个原函数，而两个原函数之间只能相差一个常数 C，即

$$F(x) - \varphi(x) = C, \quad x \in [a,b] .$$

在上式中，令 $x = a$，得 $F(a) - \varphi(a) = C$ 而

$$\varphi(a) = \int_a^a f(t)\mathrm{d}t = 0 ,$$

故

$$F(a) = C,$$

于是

$$\int_a^x f(t)\mathrm{d}t = F(x) - F(a) .$$

在上式中，再令 $x = b$，有

$$\int_a^b f(t)\mathrm{d}t = F(b) - F(a) .$$

定积分值与积分变量的记法无关，改 t 为 x，得

$$\int_a^b f(x)\mathrm{d}x = F(b) - F(a) .$$

即当 $f(x)$ 的原函数 $F(x)$ 为初等函数时，上限的原函数值减去下限原函数值就是定积分值.

这一公式称为**牛顿-莱布尼茨**(Newton-Leibniz)**公式**，也称为**微积分基本公式**. 通常，将 $F(b) - F(a)$ 简记作 $F(x)\big|_a^b$，即

$$\int_a^b f(x)\mathrm{d}x = F(x)\big|_a^b = F(b) - F(a) .$$

由 $\int_a^b f(x)\mathrm{d}x = -\int_b^a f(x)\mathrm{d}x$ 知，当 $a > b$ 时，牛顿-莱布尼茨公式仍然成立.

牛顿-莱布尼茨公式巧妙地将定积分的计算问题与不定积分联系起来，转化为求被积函数的一个原函数在 $[a,b]$ 上的增量问题.

例 5.6 求定积分 $\int_0^1 e^x dx$.

解 $\int_0^1 e^x dx = e^x \Big|_0^1 = e^1 - e^0 = e-1$.

例 5.7 求定积分 $\int_{-1}^1 \frac{1}{1+x^2} dx$.

解 $\int_{-1}^1 \frac{1}{1+x^2} dx = \arctan x \Big|_{-1}^1 = \arctan 1 - \arctan(-1) = \frac{\pi}{4} - \left(-\frac{\pi}{4}\right) = \frac{\pi}{2}$.

例 5.8 求定积分 $\int_1^e \frac{1}{x} dx$.

解 $\int_1^e \frac{1}{x} dx = \ln x \Big|_1^e = \ln e - \ln 1 = 1-0 = 1$.

例 5.9 求由曲线 $y=\sin x$ 在 $[0,\pi]$ 上与 x 轴所围成的平面图形的面积(图 5-5).

解 解根据定积分的几何意义，得

$$S = \int_0^\pi \sin x dx = -\cos x \Big|_0^\pi$$
$$= -(\cos\pi - \cos 0)$$
$$= -(-1-1)$$
$$= 2.$$

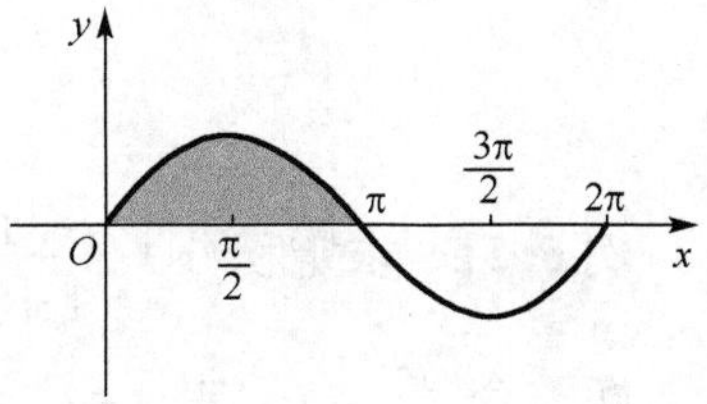

图 5-5

5.3.2 定积分的换元积分法

在一定条件下，定积分可以采用换元法进行计算，定积分的换元法相应于不定积分的第二类换元法.

定理 5.5 设函数 $f(x)$ 在 $[a,b]$ 上连续，函数 $x=\varphi(t)$ 满足条件：

(1) $\varphi(\alpha)=a$，$\varphi(\beta)=b$，且 $a \leqslant \varphi(t) \leqslant b$；

(2) $\varphi(t)$ 在 $[\alpha,\beta]$（或 $[\beta,\alpha]$）上具有连续导数，

则有

$$\int_a^b f(x) dx = \int_\alpha^\beta f[\varphi(t)]\varphi'(t) dt. \tag{5.2}$$

式(5.2)称为定积分的**换元公式**.

在应用定积分的换元公式时应注意以下两点.

(1)用 $x=\varphi(t)$ 把变量 x 换成新变量 t 时，积分限也要换成相应于新变量 t 的积分限，且上限对应于上限，下限对应于下限；

(2)求出 $f[\varphi(t)]\varphi'(t)$ 的一个原函数 $\varphi(t)$ 后，不必像计算不定积分那样再把

$\varphi(t)$ 变换成原变量 x 的函数，只需直接求出 $\varphi(t)$ 在新变量 t 的积分区间上的增量即可.

例 5.10 求定积分 $\int_0^a \sqrt{a^2-x^2}\,\mathrm{d}x\,(a>0)$.

解 令 $x=a\sin t$ ，则 $\mathrm{d}x=a\cos t\mathrm{d}t$ ，且当 $x=0$ 时，$t=0$ ；当 $x=a$ 时，$t=\frac{\pi}{2}$.

$$\sqrt{a^2-x^2}=a\sqrt{1-\sin^2 t}=a|\cos t|=a\cos t.$$

故

$$\begin{aligned}\int_0^a \sqrt{a^2-x^2}\,\mathrm{d}x &= a^2\int_0^{\frac{\pi}{2}}\cos^2 t\mathrm{d}t=a^2\int_0^{\frac{\pi}{2}}\frac{1+\cos 2t}{2}\mathrm{d}t\\ &=\frac{a^2}{2}\int_0^{\frac{\pi}{2}}(1+\cos 2t)\mathrm{d}t\\ &=\frac{a^2}{2}\left(t+\frac{1}{2}\sin 2t\right)\Big|_0^{\frac{\pi}{2}}\\ &=\frac{\pi a^2}{4}.\end{aligned}$$

例 5.11 求定积分 $\int_4^0 \frac{1}{1+\sqrt{x}}\mathrm{d}x$.

解 令 $\sqrt{x}=t$ ，则 $x=t^2$ ，那么 $\mathrm{d}x=2t\mathrm{d}t$ ，且当 $x=4$ 时，$t=2$ ；当 $x=0$ 时，$t=0$. 于是

$$\begin{aligned}\int_4^0\frac{1}{1+\sqrt{x}}\mathrm{d}x &= \int_2^0\frac{2t}{1+t}\mathrm{d}t=2\int_2^0\frac{(1+t)-1}{1+t}\mathrm{d}t=2\left(\int_2^0\mathrm{d}t-\int_2^0\frac{\mathrm{d}t}{1+t}\right)\\ &=2t\Big|_2^0-2\int_2^0\frac{1}{1+t}\mathrm{d}(1+t)=-4-2\ln|1+t|\Big|_2^0\\ &=2\ln 3-4.\end{aligned}$$

5.3.3 定积分的分部积分法

设函数 $u=u(x)$ ，$v=v(x)$ 在区间 $[a,b]$ 上具有连续导数，则

$$\mathrm{d}(uv)=u\mathrm{d}v+v\mathrm{d}u,$$

移项得

$$u\mathrm{d}v=\mathrm{d}(uv)-v\mathrm{d}u,$$

于是

$$\int_a^b u\mathrm{d}v=\int_a^b\mathrm{d}(uv)-\int_a^b v\mathrm{d}u,$$

即

$$\int_a^b u\mathrm{d}v=[uv]\Big|_a^b-\int_a^b v\mathrm{d}u.$$

这就是定积分的**分部积分公式**. 与不定积分的分部积分公式不同的是,这里可将原函数已经积出的部分 uv 先用上、下限代入.

例 5.12 求定积分 $\int_1^3 \ln x \mathrm{d}x$.

解

$$\begin{aligned}\int_1^3 \ln x \mathrm{d}x &= x\ln x\Big|_1^3 - \int_1^3 x\mathrm{d}(\ln x) = (3\ln 3 - 0) - \int_1^3 x\frac{1}{x}\mathrm{d}x \\ &= 3\ln 3 - \int_1^3 \mathrm{d}x \\ &= 3\ln 3 - x\Big|_1^3 = 3\ln 3 - (3-1) = 3\ln 3 - 2.\end{aligned}$$

例 5.13 求定积分 $\int_0^1 x\mathrm{e}^{-x}\mathrm{d}x$.

解

$$\begin{aligned}\int_0^1 x\mathrm{e}^{-x}\mathrm{d}x &= -\int_0^1 x\mathrm{d}(\mathrm{e}^{-x}) = -(x\mathrm{e}^{-x})\Big|_0^1 - \int_0^1 \mathrm{e}^{-x}\mathrm{d}x \\ &= -\left[(\mathrm{e}^{-1}-0) + \int_0^1 \mathrm{e}^{-x}\mathrm{d}(-x)\right] \\ &= -\left(\mathrm{e}^{-1} + \mathrm{e}^{-x}\Big|_0^1\right) \\ &= -[\mathrm{e}^{-1} + (\mathrm{e}^{-1}-1)] \\ &= 1 - 2\mathrm{e}^{-1}.\end{aligned}$$

5.3.4 无穷区间上的广义积分

上面所讨论的积分,其积分区间是有限的,被积函数是有界的. 但在某些实际问题中,往往需要突破这些约束条件. 因此,在定积分的计算中,我们还要研究无穷区间上的积分和无界函数的积分. 这两类积分统称为**广义积分或反常积分**. 相应地,前面的定积分称为**正常积分**. 这里仅介绍无穷限的广义积分.

定义 5.2 设函数 $f(x)$ 在区间 $[a, +\infty)$ 上连续,对于任意 $u > a$,积分 $\int_a^u f(x)\mathrm{d}x$ 存在,它是 u 的函数. 如果极限 $\lim\limits_{u\to+\infty}\int_a^u f(x)\mathrm{d}x$ 存在,则称此极限为**函数 $f(x)$ 在 $[a, +\infty)$ 上的广义积分**. 记为 $\int_a^{+\infty} f(x)\mathrm{d}x$. 即

$$\int_a^{+\infty} f(x)\mathrm{d}x = \lim_{u\to+\infty}\int_a^u f(x)\mathrm{d}x .$$

这时也称**广义积分** $\int_a^{+\infty} f(x)\mathrm{d}x$ **收敛**;如果极限 $\lim\limits_{u\to+\infty}\int_a^u f(x)\mathrm{d}x$ 不存在,则称**广义积分** $\int_a^{+\infty} f(x)\mathrm{d}x$ **发散**.

同样地，若 $f(x)$ 在 $(-\infty,b]$ 上连续，如果极限 $\lim\limits_{v\to-\infty}\int_v^b f(x)\mathrm{d}x$ 存在，则称此极限为**函数** $f(x)$ **在** $(-\infty,b]$ **上的广义积分**. 记为

$$\int_{-\infty}^b f(x)\mathrm{d}x = \lim_{v\to-\infty}\int_v^b f(x)\mathrm{d}x .$$

这时也称广义积分 $\int_{-\infty}^b f(x)\mathrm{d}x$ 是收敛的，否则，称广义积分 $\int_{-\infty}^b f(x)\mathrm{d}x$ 是发散的.

又若 $f(x)$ 在 $(-\infty,+\infty)$ 上连续，定义 $f(x)$ 在 $(-\infty,+\infty)$ 上的广义积分 $\int_{-\infty}^{+\infty} f(x)\mathrm{d}x$ 为极限：

$$\begin{aligned}\int_{-\infty}^{+\infty} f(x)\mathrm{d}x &= \int_{-\infty}^{c} f(x)\mathrm{d}x + \int_{c}^{+\infty} f(x)\mathrm{d}x \\ &= \lim_{v\to-\infty}\int_v^c f(x)\mathrm{d}x + \lim_{u\to+\infty}\int_c^u f(x)\mathrm{d}x,\end{aligned}$$

其中 c 为任意实数，u，v 是两个相互无关的变量. 若上式右端两个积分都收敛，即两个极限都存在时，称**广义积分** $\int_{-\infty}^{+\infty} f(x)\mathrm{d}x$ **是收敛的**，否则，称**广义积分** $\int_{-\infty}^{+\infty} f(x)\mathrm{d}x$ **是发散的**.

上述广义积分统称为**无穷限的广义积分**.

若 $F(x)$ 是 $f(x)$ 的一个原函数，记

$$F(+\infty) = \lim_{x\to+\infty} F(x) , \quad F(-\infty) = \lim_{x\to-\infty} F(x) ,$$

如果上述极限存在，则广义积分可表示为

$$\int_a^{+\infty} f(x)\mathrm{d}x = F(x)\big|_a^{+\infty} = F(+\infty) - F(a) ;$$

$$\int_{-\infty}^b f(x)\mathrm{d}x = F(x)\big|_{-\infty}^{b} = F(b) - F(-\infty) ;$$

$$\int_{-\infty}^{+\infty} f(x)\mathrm{d}x = F(x)\big|_{-\infty}^{+\infty} = F(+\infty) - F(-\infty) .$$

例 5.14 讨论广义积分的收敛性.

(1) $\int_{-\infty}^0 \mathrm{e}^x\mathrm{d}x$；　(2) $\int_1^{+\infty} \frac{1}{x}\mathrm{d}x$.

解 (1)对任意 $v<0$，有

$$\int_v^0 \mathrm{e}^x\mathrm{d}x = \mathrm{e}^x\big|_v^0 = 1-\mathrm{e}^v ,$$

于是

$$\lim_{v\to-\infty}\int_v^0 \mathrm{e}^x\mathrm{d}x = \lim_{v\to-\infty}(1-\mathrm{e}^v) = 1-\lim_{v\to-\infty}\mathrm{e}^v = 1.$$

(2) $\int_{1}^{+\infty} \frac{1}{x}\mathrm{d}x = \lim\limits_{u\to+\infty}\int_{1}^{u} \frac{1}{x}\mathrm{d}x = \lim\limits_{u\to+\infty} \ln x\Big|_{1}^{u} = \lim\limits_{u\to+\infty} \ln u = +\infty$.

例 5.15 判断广义积分 $\int_{0}^{+\infty} \sin x\mathrm{d}x$ 的敛散性.

解 对任意 $u > 0$，有

$$\int_{0}^{+\infty} \sin x\mathrm{d}x = \lim_{u\to+\infty}\int_{0}^{u} \sin x\mathrm{d}x = \lim_{u\to+\infty}\left[-\cos x\Big|_{0}^{u}\right] = \lim_{u\to+\infty}(1-\cos u).$$

因为 $\lim\limits_{u\to+\infty}(1-\cos u)$ 不存在，所以广义积分 $\int_{0}^{+\infty} \sin x\mathrm{d}x$ 发散.

例 5.16 计算广义积分 $\int_{-\infty}^{+\infty} \frac{1}{1+x^2}\mathrm{d}x$.

解

$$\begin{aligned}\int_{-\infty}^{+\infty} \frac{1}{1+x^2}\mathrm{d}x &= [\arctan x]\Big|_{-\infty}^{+\infty} = \lim_{x\to+\infty}\arctan x - \lim_{x\to-\infty}\arctan x\\ &= \frac{\pi}{2} - \left(-\frac{\pi}{2}\right) = \pi.\end{aligned}$$

5.4 定积分的应用

定积分是求某种总量的数学模型，它在几何学、物理学、经济学、社会学等方面都有着广泛的应用，显示了它的巨大魅力，也正是这些广泛的应用，推动着积分学的不断发展和完善. 在学习的过程中我们不仅要了解计算某些实际问题的公式，更重要的还在于深刻领会定积分解决实际问题的基本思想和方法——**微元法**.

5.4.1 定积分的微元法

为此，我们先来回顾 5.1 节讨论过的求曲边梯形面积的问题. 由 5.1 节可知，如果一曲边梯形由连续曲线 $y = f(x)(f(x) \geqslant 0)$、$x$ 轴与两条直线 $x = a$，$x = b$ 所围成，按照“分割、近似代替、求和、取极限”四个步骤，曲边梯形的面积 A 表示为函数 $f(x)$ 在 $[a,b]$ 上的定积分 $\int_{a}^{b} f(x)\mathrm{d}x$，是积分和 $\sum\limits_{i=1}^{n} f(\xi_i)\Delta x_i$ 的极限，即

$$A = \int_{a}^{b} f(x)\mathrm{d}x = \lim_{\lambda\to 0}\sum_{i=1}^{n} f(\xi_i)\Delta x_i .$$

对上述过程，在实际应用中可略去其下标，改写如下.

(1) **分割** 把区间 $[a,b]$ 分割成 n 个小区间，任取其中一个小区间 $[x,x+\mathrm{d}x]$（**区间微元**），用 ΔA 表示 $[x,x+\mathrm{d}x]$ 上小曲边梯形的面积，于是，所求面积

$$A = \sum \Delta A .$$

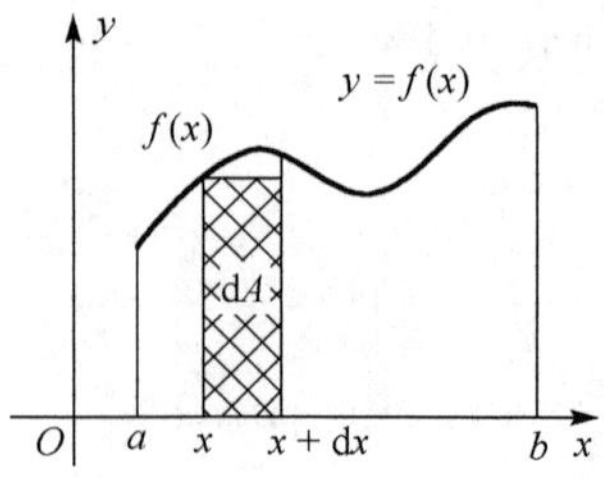

图 5-6

(2)**近似代替**　取 $[x, x+\mathrm{d}x]$ 的左端点 x 为 ξ，以点 x 处的函数值 $f(x)$ 为高、$\mathrm{d}x$ 为底的小矩形的面积 $f(x)\mathrm{d}x$（**面积微元**，记为 $\mathrm{d}A$）作为 ΔA 的近似值(图5-6)，即

$$\Delta A \approx \mathrm{d}A = f(x)\mathrm{d}x .$$

(3)**求和**　面积 A 的近似值

$$A \approx \sum \mathrm{d}A = \sum f(x)\mathrm{d}x .$$

(4)**求极限**　面积 A 的精确值

$$A \approx \lim_{\lambda \to 0} \sum f(x)\mathrm{d}x = \int_a^b f(x)\mathrm{d}x .$$

根据上述分析，我们可以抽象出在应用科学中广泛采用的将所求量 U 表示为定积分的方法——微元法，主要步骤如下：

(1)根据具体问题，选取一个积分变量 x，并确定它的变化区间 $[a,b]$，任取变化区间 $[a,b]$ 的一个区间微元 $[x, x+\mathrm{d}x]$，求出相应于这个区间微元上的部分量 ΔU 的近似值，即求出总体量 U 的**微元**

$$\mathrm{d}U = f(x)\mathrm{d}x ;$$

(2)根据 $\mathrm{d}U = f(x)\mathrm{d}x$ 写出表示总量 U 的定积分

$$U = \int_a^b \mathrm{d}U = \int_a^b f(x)\mathrm{d}x .$$

5.4.2　几何上的应用

1. 平面图形的面积

设平面图形 D 介于两直线 $x=a$ 与 $x=b$ 之间，上边界为 $y=f(x)$，下边界为 $y=g(x)$，如图 5-7 所示，如何计算 D 的面积呢?

选取积分变量 x，把区间 $[a,b]$ 分割成 n 个小区间，任取 $[a,b]$ 的一个区间微元 $[x, x+\mathrm{d}x]$，对应的小曲边梯形可以近似地看成小矩形；这个小矩形的宽为 Δx，高为 $h = f(x) - g(x)$，面积为

$$\mathrm{d}A = [f(x) - g(x)]\mathrm{d}x .$$

于是平面图形 D 的面积

$$A = \int_a^b \mathrm{d}A = \int_a^b [f(x) - g(x)]\mathrm{d}x .$$

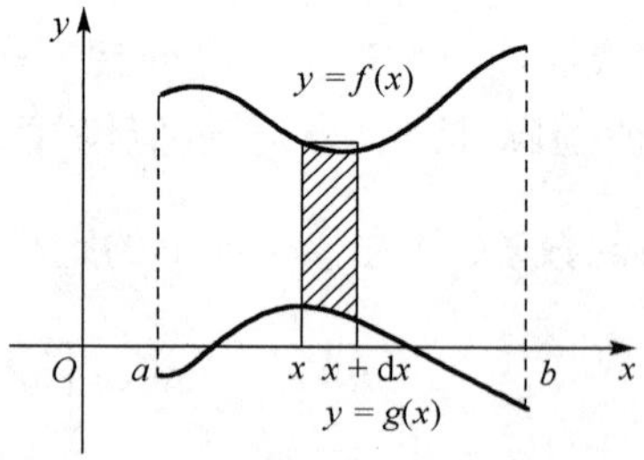

图 5-7

一般地，由两条曲线 $y=f(x)$，$y=g(x)$ 与直线 $x=a$ 与 $x=b$ 围成的如图 5-8(a)和(b)所示，图形的面积为

$$A=\int_a^b |f(x)-g(x)|\,\mathrm{d}x.$$

更一般地，任意曲线所围成的图形，我们可以用平行于坐标轴的直线将其分割成几个部分，使每一部分都可以利用上面的公式来计算面积，如图 5-8(c)所示.

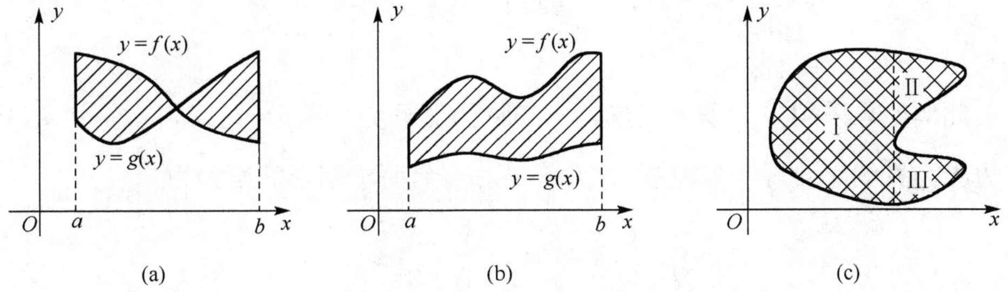

图 5-8

例 5.17 求由两条抛物线 $y=x^2$ 与 $x=y^2$ 所围成的图形的面积.

解 首先画出图形，如图 5-9 所示，由联立方程组

$$\begin{cases}y=x^2,\\x=y^2,\end{cases}$$

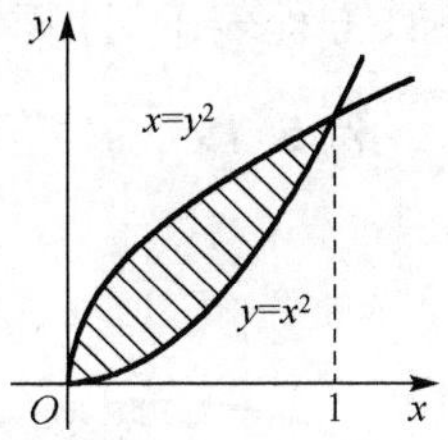

图 5-9

解得这两条抛物线的交点为 (0,0) 与 (1,1). 这里上边界为 $y=\sqrt{x}$，下边界为 $y=x^2$. 取 x 为积分变量，则 x 的变化范围是 $[0,1]$，任取其上的一个区间微元 $[x,x+\mathrm{d}x]$，则可得到相应于 $[x,x+\mathrm{d}x]$ 的面积微元

$$\mathrm{d}A=[\sqrt{x}-x^2]\mathrm{d}x,$$

从而所围平面图形的面积为

$$A=\int_0^1(\sqrt{x}-x^2)\mathrm{d}x=\left(\frac{2}{3}x^{\frac{3}{2}}-\frac{1}{3}x^3\right)\Big|_0^1=\frac{1}{3}.$$

例 5.18 求抛物线 $y^2=2x$ 与直线 $y=x-4$ 所围成的图形的面积.

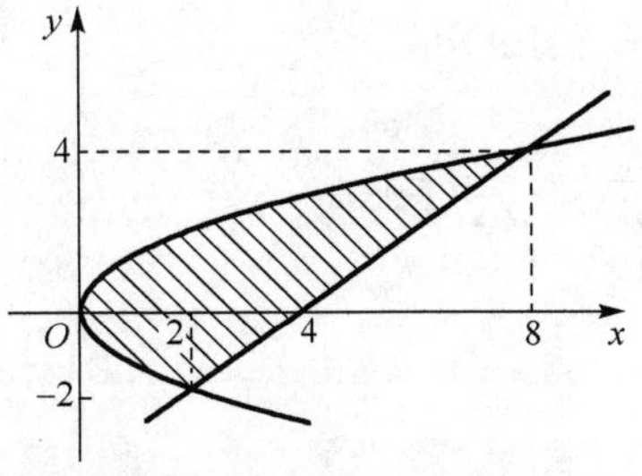

图 5-10

解 所围图形如图 5-10 所示，由方程组

$$\begin{cases}y^2=2x,\\y=x-4,\end{cases}$$

解得边界线的交点为 (2, −2) 与 (8. 4).

取 x 为积分变量，则 x 的变化范围是 $[0,8]$；当 $x\in[0,2]$ 时，上边界为 $y=\sqrt{2x}$，下边界为$y=-\sqrt{2x}$，当 $x\in[2,8]$ 时，上边界为 $y=\sqrt{2x}$，下边界为 $y=x-4$，所求图形的面积为

$$A=\int_0^2[\sqrt{2x}-(-\sqrt{2x})]\mathrm{d}x+\int_2^8[\sqrt{2x}-(x-4)]\mathrm{d}x$$
$$=2\int_0^2\sqrt{2x}\mathrm{d}x+\int_2^8(\sqrt{2x}-x+4)\mathrm{d}x$$
$$=\frac{2}{3}(2x)^{\frac{3}{2}}\Big|_0^2+\left[\frac{1}{3}(2x)^{\frac{3}{2}}-\frac{1}{2}x^2+4x\right]\Big|_2^8$$
$$=18.$$

此例如果采用 y 为积分变量就不必将图形分为两部分;这时, $y\in[-2,4]$,右边界为直线 $x=y+4$,左边界为 $x=\frac{1}{2}y^2$,所求图形的面积为

$$A=\int_{-2}^4\left[(y+4)-\frac{1}{2}y^2\right]\mathrm{d}y$$
$$=\left(\frac{1}{2}y^2+4y-\frac{1}{6}y^3\right)\Big|_{-2}^4=18.$$

由此可以看出,积分变量选得适当,可使计算简便.此外,有时将图形的边界用参数方程表示,计算其面积也很方便.这相当于用换元法计算定积分.

例 5.19　求椭圆 $\frac{x^2}{a^2}+\frac{y^2}{b^2}=1$ 的面积.

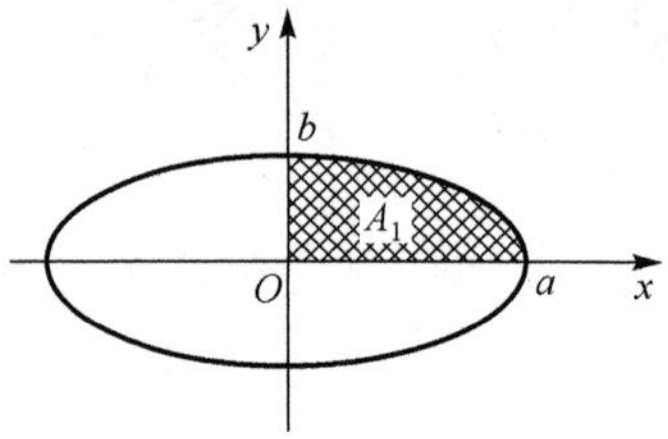

图 5-11

解　如图 5-11 所示,椭圆面积 A 等于在第一象限部分面积 A_1 的 4 倍,即

$$A=4A_1=4\int_0^a y\mathrm{d}x.$$

椭圆的参数方程为

$$\begin{cases}x=a\cos t,\\y=b\sin t,\end{cases}$$

由于 $x=a\cos t$,所以 $\mathrm{d}x=-a\sin t\mathrm{d}t$,且当 $x=0$ 时, $t=\frac{\pi}{2}$,当 $x=a$ 时, $t=0$.因此

$$A=4\int_0^a y\mathrm{d}x=4\int_{\frac{\pi}{2}}^0 b\sin t\cdot(-a\sin t)\mathrm{d}t$$
$$=4ab\int_0^{\frac{\pi}{2}}\sin^2 t\mathrm{d}t=4ab\cdot\frac{1}{2}\cdot\frac{\pi}{2}=\pi ab.$$

当 $a=b$ 时,就得到半径为 a 的圆的面积 $A=\pi a^2$.

2. 平面曲线的弧长

设 $y=f(x)$ 是区间 $[a,b]$ 上的光滑曲线,如图 5-12 所示,取 x 为积分变量, $x\in[a,b]$,任取子区间 $[x,x+\mathrm{d}x]$,对应于 $[x,x+\mathrm{d}x]$ 上的弧段 Δl 可用切线段,即弧微分

$$dl = \sqrt{1+[f'(x)]^2}dx$$

来近似代替，所以

$$l = \int_a^b \sqrt{1+[f'(x)]^2}dx.$$

例 5.20　计算曲线 $y=\frac{2}{3}x^{\frac{3}{2}}$ 在[0,3]上的一段弧长.

解　曲线如图 5-13 所示.

$$l = \int_0^3 \sqrt{1+(y')^2}dx = \int_0^3 \sqrt{1+x}dx = \frac{2}{3}(1+x)^{\frac{3}{2}}\Big|_0^3 = \frac{14}{3}.$$

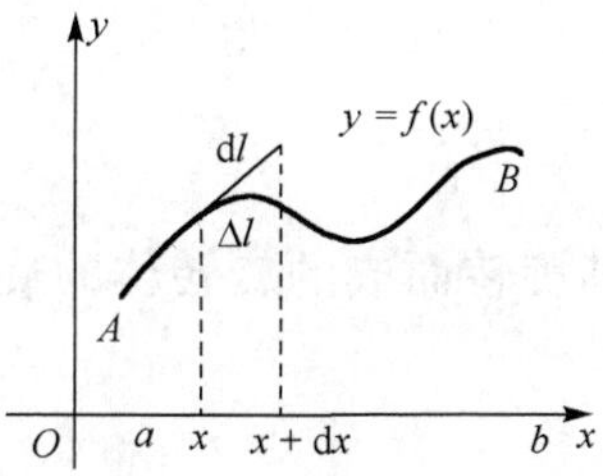

图 5-12

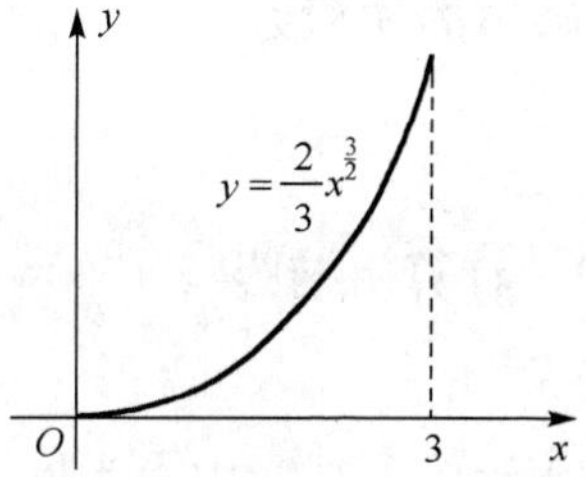

图 5-13

3. 旋转体的体积

点动成线，线动成面，面动成体. 由一个平面图形绕该平面的一条直线旋转一周而成的立体称为**旋转体**.

例如，圆柱可视为由矩形绕它的一条边旋转一周而成的立体，圆锥可视为直角三角形绕它的一条直角边旋转一周而成的立体，而球体可视为半圆绕它的直径旋转一周而成的立体.

我们主要考虑以 x 轴和 y 轴为旋转轴的旋转体，下面利用微元法来推导求旋转体体积的公式.

设旋转体是由连续曲线 $y=f(x)$，直线 $x=a$，$x=b$ 与 x 轴所围平面图形绕 x 轴旋转而成的(图 5-14). 现在求旋转体的体积 V.

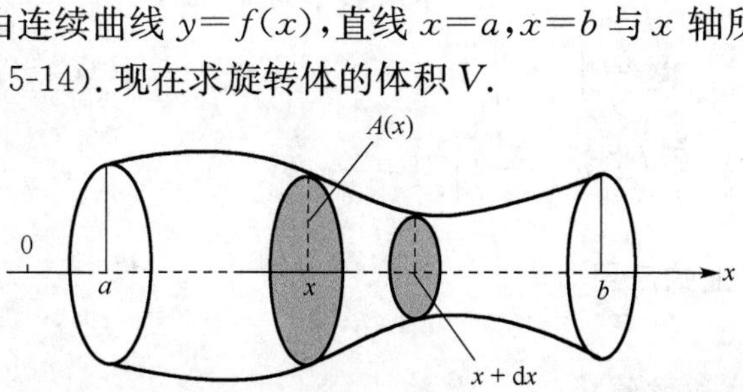

图 5-14

取 x 为积分变量,其变化范围是$[a,b]$.用垂直于 x 轴的平面将旋转体分成 n 个小薄片,即把区间$[a,b]$分成 n 个区间微元,其中任一区间微元$[x,x+\mathrm{d}x]$所对应的小薄片的体积可近似地看成以 $f(x)$为底面半径、$\mathrm{d}x$ 为高的扁圆柱体的体积(图 5-14),即该旋转体的体积微元

$$\mathrm{d}V=\pi[f(x)]^2\mathrm{d}x,$$

从而,所求旋转体的体积

$$V_x=\pi\int_a^b[f(x)]^2\mathrm{d}x.$$

同理,由曲线 $x=\varphi(y)$与直线 $y=c,y=d$ 及 y 轴所围成的曲边梯形绕 y 轴旋转而成的旋转体的体积为

$$V_y=\pi\int_c^d[\varphi(y)]^2\mathrm{d}y.$$

例 5.21 计算由椭圆$\dfrac{x^2}{a^2}+\dfrac{y^2}{b^2}=1$ 绕 x 轴旋转而成的旋转体的旋转椭球体的体积.

解 该旋转体可视为由上半椭圆

$$y=\frac{b}{a}\sqrt{a^2-x^2}$$

及 x 轴所围成的图形绕 x 轴旋转而成的立体.

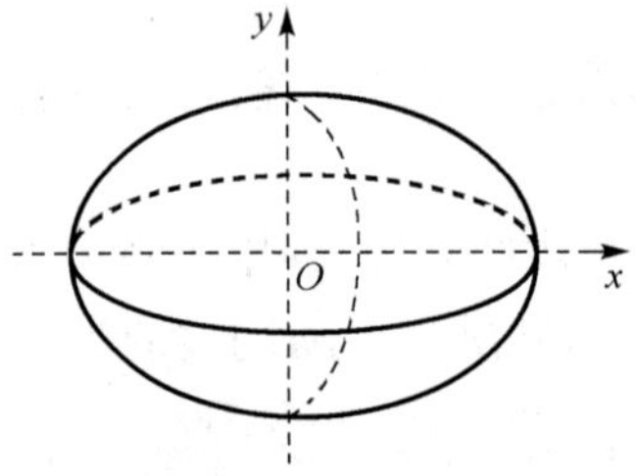

图 5-15

取 x 为积分变量,其变化范围是$[-a,a]$,任取其上一区间微元$[x,x+\mathrm{d}x]$,相当于该区间微元所对应的小薄片的体积,可近似地看成以$\dfrac{b}{a}\sqrt{a^2-x^2}$为底面半径、$\mathrm{d}x$ 为高的扁圆柱体的体积(图 5-15),即该旋转体的体积微元

$$\mathrm{d}V=\pi\frac{b^2}{a^2}(a^2-x^2)\mathrm{d}x,$$

故所求旋转椭球体的体积

$$V=\int_{-a}^{a}\mathrm{d}V=\int_{-a}^{a}\pi\frac{b^2}{a^2}(a^2-x^2)\mathrm{d}x=2\pi\frac{b^2}{a^2}\int_0^a(a^2-x^2)\mathrm{d}x$$

$$=2\pi\frac{b^2}{a^2}\left(a^2x-\frac{x^3}{3}\right)\Big|_0^a=\frac{4}{3}\pi ab^2.$$

5.4.3 物理上的应用

1. 变力沿直线所做的功

由物理学知道,某一物体受到恒定不变力 F 的作用,沿力的方向移动了距离 s

时，则此力对物体所做的功为

$$W=F\cdot s.$$

如果物体在移动过程中，受到变力的作用，则可利用定积分微元法来计算物体受变力沿直线所做的功.

假设 $F(x)$是$[a,b]$上的连续函数，我们来讨论在变力 $F(x)$的作用下，物体从 $x=a$ 移动至 $x=b$ 时所做的功 W.

取 x 为积分变量，其变化区间是$[a,b]$. 任取微元$[x,x+\mathrm{d}x]$，物体从点 x 移动到点 $x+\mathrm{d}x$ 的过程中受到的变力近似地看成物体在点 x 处受到的常力 $F(x)$，于是功微元为

$$\mathrm{d}W=F(x)\mathrm{d}x.$$

故物体受变力 $F(x)$的作用从 $x=a$ 移动至 $x=b$ 时所做的功

$$W=\int_a^b \mathrm{d}W=\int_a^b F(x)\mathrm{d}x.$$

例 5.22 设 40N 的力使弹簧从自然长度 10cm 拉长到 15cm，问需要做多少功才能克服弹性回复力，将伸长的弹簧从 15cm 再拉长 3cm？

解 如图 5-16 所示，根据胡克定律，有

$$F(x)=kx.$$

当弹簧从 10cm 拉长到 15cm 时，其伸长量为 5cm＝0.05m. 因有 $F(0.05)=40$，即 $0.05k=40$，故得

$$k=800.$$

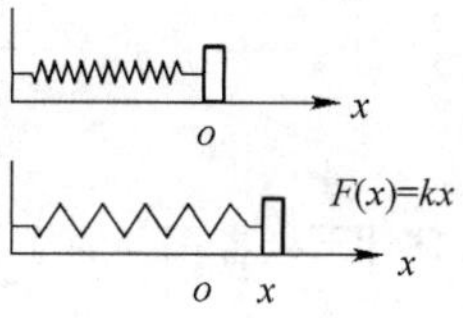

图 5-16

于是，可写出

$$F(x)=800x.$$

这样，弹簧从 15cm 拉长到 18cm，所做的功为

$$W=\int_{0.05}^{0.08}800x\mathrm{d}x=400x^2\Big|_{0.05}^{0.08}=400(0.0064-0.0025)=1.56\ (\mathrm{J}).$$

2. 水压力

物理学告诉我们，在液体中深度为 h 处，由液体重力所引起的压强

$$P=\rho gh,$$

其方向与受压面垂直，其中 ρ 为液体的密度，g 为重力加速度. 如果受压面是水平的，面积为 S，则 S 所受的总压力为

$$F=PS.$$

如果受压面不是水平的，由于其上各处在液体中的深度不一样，就不能用此公式求总压力，但是应用定积分微元法，问题就迎刃而解.

例 5.23 设有半径为 R 的圆形闸门，闸门正好与水面相切，如图 5-17 所示，求闸门所受的总压力.

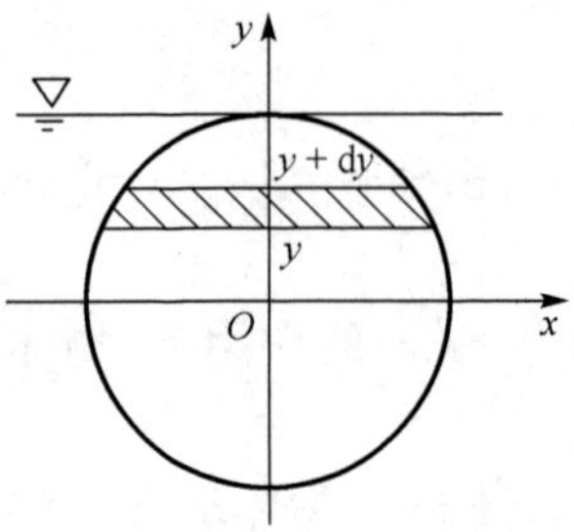

图 5-17

解 建立坐标系如图 5-17 所示，闸门的边界方程为

$$x^2+y^2=R^2,$$

在水深 $h=R-y$ 处，取闸门上一横条，面积微元为

$$dS=2x\,dy=2\sqrt{R^2-y^2}\,dy,$$

压力微元为

$$dF=\rho gh\,dS=2\rho g(R-y)\sqrt{R^2-y^2}\,dy,\quad -R\leqslant y\leqslant R,$$

故闸门上所受总压力为

$$\begin{aligned}F&=2\rho g\int_{-R}^{R}(R-y)\sqrt{R^2-y^2}\,dy\\&=2\rho gR\int_{-R}^{R}\sqrt{R^2-y^2}\,dy-2\rho g\int_{-R}^{R}y\sqrt{R^2-y^2}\,dy\\&=2\rho gR\,\frac{1}{2}\pi R^2-0\\&=\rho g\pi R^3.\end{aligned}$$

习 题 5

1. 估计下列各积分的值：

(1) $\int_0^1 e^{x^2}dx$； (2) $\int_1^2 \frac{x}{1+x^2}dx$.

2. 比较下列每组积分的大小：

(1) $\int_0^1 x^2 dx$，$\int_0^1 x^3 dx$； (2) $\int_0^1 e^x dx$，$\int_0^1 e^{x^2}dx$.

3. 求下列定积分：

(1) $\int_0^{\frac{\pi}{2}}\cos x\,dx$； (2) $\int_1^{\sqrt{e}}\frac{1}{x}dx$；

(3) $\int_0^1\frac{1}{\sqrt{4-x^2}}dx$； (4) $\int_0^{\frac{\pi}{4}}\tan^2\theta\,d\theta$.

4. 用定积分换元法计算下列定积分：

(1) $\int_{\frac{\pi}{3}}^{\pi}\sin\left(x+\frac{\pi}{3}\right)dx$； (2) $\int_1^2\frac{2}{\sqrt{x}}dx$；

(3) $\int_4^9\sqrt{x}(1+\sqrt{x})dx$； (4) $\int_0^2\sqrt{4-x^2}\,dx$.

5. 用定积分的分部积分法计算下列定积分：

(1) $\int_0^1 xe^{-x}dx$； (2) $\int_1^e x\ln x\,dx$；

(3) $\int_0^1\arctan x\,dx$； (4) $\int_0^1 e^{\sqrt{x}}dx$.

6. 求下列平面图形的面积：

(1)曲线 $y=\frac{1}{x}$ 与直线 $y=x,x=2$ 所围成的图形；

(2)曲线 $y=1-x^2$ 与 x 轴所围成的图形；

(3)曲线 $y=x^2$ 与直线 $y=2x+3$ 所围成的图形.

7. 求曲线 $y=\ln x$ 上对应于 $\sqrt{3}\leqslant x\leqslant\sqrt{8}$ 的弧段.

8. 求由曲线 $y=\sqrt{x}$ 与直线 $x=1,x=4$ 和 x 轴所围成的曲边梯形绕 x 轴旋转所得的旋转体的体积.

9. 设一质点处于距原点 xm 时，受 $F(x)=x^2+2x$(单位:N)的作用，问质点在力 F 作用下，从 $x=1$ 移动到 $x=3$，力所做的功有多大?

10. 弹簧在拉伸过程中，需要的力 F(单位:N)与伸长量 s(单位:cm)成正比，即 $F=ks$，k 为比例系数，如果把弹簧由原长拉伸 6cm，计算所做的功.

中外数学家简介【5】

刘徽

刘徽(约 255～295)是山东临淄人，魏晋期间伟大的数学家，中国古典数学理论的奠基者之一.

刘徽在公元 263 年注《九章算术》，他全面证明了《九章算术》的方法和公式，指出并纠正了其中的错误，在数学方法和数学理论上作出了杰出的贡献.

《九章算术》于公元前 1 世纪成书，至刘徽生活的时代已 300 余年.《九章算术》包括方田、粟米、衰分、少广、商功、均输、盈不足、方程、勾股九章，奠定了中国古算的基本框架；书中提出了上百个公式、解法，有完整的分数四则运算法则，比例和比例分配算法，若干面积、体积公式，开平方、开立方程序，盈不足算法，方程术即线性方程组解法，正负数加减法则，解勾股形公式和简单的测望问题算法，其中许多成就在世界上处于领先地位，形成了中国古算以计算为中心的特点；内有 246 个应用题，体现了中国古算密切联系实际的风格.

刘徽所做的工作并不是只停留在对《九章算术》的注释上，而是更上一层楼，在注释的同时提出了许多创造性见解. 例如，为阐述几何命题，证明几何定理，创造了“以盈补虚法”，并且纠正了其中的一些错误.

他同时又撰有《重差》一卷，《重差》后来印成单行本改称为《海岛算经》. 在注文中，刘徽用语言来讲清道理，用图形来解释问题(析理以辞，解体用图).

刘徽创造性地运用极限思想证明了圆面积公式并提出了计算圆周率的方法. 他用割圆术，从直径为 2 尺①的圆内接正六边形开始割圆，依次得正 12 边形、正 24 边形，…，割得越细，正多边形面积和圆面积之差越小，用他的原话说是“割之弥细，所失弥少，割之又割，以至于不可割，则与圆周合体而无所失矣.”他计算了 3072 边形面积并验证了这个值. 刘徽提出的计算圆周率的科学方法，奠定了此后千余年中国圆周率计算在世界上的领先地位.

刘徽在数学上的贡献极多，在开方不尽的问题中提出“求徽数”的思想，这方法与后来求无理根的近似值的方法一致，它不仅是圆周率精确计算的必要条件，而且促进了十进小数的产生.

---

① 1 尺≈0.33 米.

在线性方程组解法中，他创造了比直除法更简便的互乘相消法，与现今解法基本一致；并在中国数学史上第一次提出了“不定方程问题”.

他还建立了等差级数前 n 项和公式；提出并定义了许多数学概念：如幂（面积）、方程（线性方程组）、正负数等. 刘徽还提出了许多公认正确的判断作为证明的前提. 他的大多数推理、证明都合乎逻辑，十分严谨，从而把《九章算术》及他自己提出的解法、公式建立在必然性的基础之上. 虽然刘徽没有写出自成体系的著作，但他注释《九章算术》所运用的数学知识实际上已经形成了一个独具特色、包括概念和判断、并以数学证明为其联系纽带的理论体系.

高斯

高斯（1777～1855）是被誉为“数学王子”的德国大数学家、物理学家和天文学家.

高斯的祖父是农民，父亲除了从事园艺的工作外，也当过各种各样的杂工，如护堤员、建筑工等. 由于贫穷父亲没有受过什么教育.

母亲在 34 岁时才结婚，35 岁生下了高斯. 母亲是一名石匠的女儿，有一个很聪明的弟弟，其弟弟手巧心灵，是当地出名的织绸能手. 高斯的这位舅舅，对小高斯很照顾，有机会就教育高斯，把他所知道的一些知识传授给高斯. 而父亲可以说是一个“大老粗”，认为只有力气能挣钱，学问对穷人是没有用的.

高斯在晚年喜欢对自己的小孙儿讲述自己小时候的故事. 他说他在还不会讲话的时候，就已经学会计算了.

他还不到 3 岁的时候，有一天他观看父亲在计算受他管辖的工人们的周薪. 父亲在喃喃地计数，最后长叹一声表示总算把钱算出来.

父亲念出钱数，准备写下时. 身边传来微小的声音：“爸爸！算错了. 钱应该是这样……”

父亲惊异地再算一次，果然小高斯讲的数是正确的. 奇特的地方是没有人教过高斯怎么样计算，而小高斯平日靠观察，在大人不知不觉时，他自己学会了计算.

另外一个著名的故事也可以说明高斯很小的时候就有很好的计算能力. 当他还在小学读书时，有一天，算术老师要求全班同学计算下面的算式：

$$1+2+3+4+\cdots+98+99+100=?$$

在老师把问题讲完不久，高斯就在他的小石板上端端正正地写下答案 5050，而其他孩子算到头昏脑胀，还是算不出来. 最后只有高斯的答案是正确无误.

高斯在 11 岁的时候就发现了二项式定理. 当他还是一个小学生时就开始注意无穷的问题了.

15 岁的高斯进入一间著名的学院（程度相当于高中和大学之间）. 在那里他学习了古代和现代语言，同时也开始对高等数学作研究.

他专心阅读牛顿、欧拉、拉格朗日这些欧洲著名数学家的作品. 他对牛顿的工作特别钦佩，并很快地掌握了牛顿的微积分理论.

高斯的计算能力是惊人的，在没有计算机的帮助，他有时需要算到小数点后 20 多位数. 而后来人们发现他的计算很少有错误.

18 岁的高斯就用代数方法解决了两千多年来的几何难题，找到正 17 边形的直尺与圆规的作法. 他是那么的兴奋，因此决定一生研究数学. 据说，他还表示希望死后在他的墓碑上能刻上一个正 17 边形，以纪念他少年时最重要的数学发现.

第 6 章　微分方程简介

在微积分中,我们看到所研究的问题,几乎都是以函数为出发点进行研究的,可以说函数是微积分研究的主要对象. 因此寻求变量之间的函数关系是运用微积分方法解决实际问题的一个很重要的课题. 但在实际问题中,往往很难直接得到所研究的变量之间的函数关系,却比较容易建立起这些变量与它们的导数或微分之间的联系,从而得到一个关于未知函数的导数或微分的方程,即微分方程,通过求解这种方程,同样可以找到指定未知量之间的函数关系. 因此,微分方程是数学联系实际,并应用于实际的重要途径和桥梁,是各个学科进行科学研究的强有力的工具.

如果说"数学是一门理性思维的科学,是研究、了解和知晓现实世界的工具",那么微分方程就是数学的这种威力和价值的一种体现,现实世界中的许多实际问题都可以抽象为微分方程问题. 例如,物体的冷却、人口的增长、琴弦的振动、电磁波的传播等,都可以归结为微分方程问题. 这时的微分方程也称为所研究问题的数学模型.

微分方程是一门独立的数学学科,有完整的理论体系. 本章主要介绍微分方程的一些基本概念,几种常用的微分方程的求解方法,以及线性微分方程解的理论.

6.1　常微分方程的基本概念

为了说明什么是微分方程,先来回顾一下关于方程的一些基本概念.

所谓方程,是指那些含有未知量的等式,它表达了未知量所必须满足的某种条件. 方程的类型是繁多的,其分类的主要依据就是对未知量所施加的数学运算.

例如,在方程

$$x^2+5x+6=0$$

和

$$\frac{3}{x+1}-\frac{x-1}{x}=2$$

中,对未知数 x 所进行的都是代数运算,因此它们都是代数方程.

微分方程与上述方程不同,它的未知量是未知函数,而施加于未知函数的运算则是导数或微分运算. 一般地,含有未知函数及未知函数的导数或微分的方程称为**微分方程**,未知函数中有一个自变量的微分方程,称为**常微分方程**,简称**微分方程**.

微分方程中出现的未知函数的最高阶导数的阶数称为**微分方程的阶**. 例如，$(y')^2+xy'+y=0$ 是一阶微分方程.

能使方程两端恒等的函数 $y=y(x)$，称为**微分方程的解**. 如果微分方程的解中含有任意常数，且任意常数的个数与微分方程的阶数相同，这样的解称为**微分方程的通解**.

如 $y=x^2$ 是微分方程$\frac{dy}{dx}=2x$ 的一个解，$y=x^2+C$(C 是任意常数)是方程的通解.

由于通解中含有任意常数，所以它还不能完全确定地反映某一客观事物的规律性，要完全确定地反映客观事物的规律性，必须确定这些常数的值. 为此，要根据问题的实际情况，提出确定这些常数的条件，这种条件称为**初始条件**.

一般地，一阶微分方程$\frac{dy}{dx}=f(x,y)$的初始条件为

$$y|_{x=x_0}=y_0,$$

其中 x_0, y_0 都是已知常数.

二阶微分方程 $y''=f(x,y,y')$的初始条件为

$$y|_{x=x_0}=y_0, \quad y'|_{x=x_0}=y'_0,$$

其中 x_0, y_0 和 y'_0 都是已知常数.

确定了微分方程通解中的任意常数后，就得到了**微分方程的特解**. 例如，微分方程$\frac{dy}{dx}=2x$ 满足初始条件 $y(1)=4$ 的特解为 $y=x^2+3$.

带有初始条件的微分方程成为微分方程的**初值问题**.

例 6.1 已知曲线上各点的切线斜率等于该点横坐标的两倍，且曲线过点(1，2)，求此曲线方程.

解 设所求曲线方程为 $y=f(x)$，$M(x,y)$为该曲线上任意一点，依题意，在点 M 处有

$$\frac{dy}{dx}=2x,$$

这是一阶微分方程. 为求曲线，两端对 x 积分便有

$$y=\int 2x\,dx+C,$$

即

$$y=x^2+C,$$

其中 C 是任意常数.

由题设要求，曲线经过点(1，2)，将其代入上式，求得

$$C=1,$$

于是所求曲线方程为

$$u=x^2+1.$$

常微分方程有着深刻而生动的实际背景，它从生产实践与科学技术中产生，又成为现代科学技术中分析问题与解决问题的一个强有力的工具. 在物理学、力学、经济管理科学等领域我们可以看到许多表述自然定律和运行机理的微分方程的例子.

6.2　可分离变量的常微分方程

设有一阶微分方程

$$\frac{\mathrm{d}y}{\mathrm{d}x}=F(x,y),$$

如果其右端函数能分解为 $F(x,y)=f(x)g(y)$，即有

$$\frac{\mathrm{d}y}{\mathrm{d}x}=f(x)g(y), \tag{6.1}$$

则称方程(6.1)为**可分离变量的微分方程**，其中 $f(x)$，$g(y)$都是连续函数，根据这种方程的特点，可以通过积分来求解.

设 $g(y)\neq 0$，用 $g(y)$除方程的两端，用 $\mathrm{d}x$ 乘以方程的两端，以使得未知函数与自变量置于等号的两边，得

$$\frac{1}{g(y)}\mathrm{d}y=f(x)\mathrm{d}x.$$

再在上述等式两边积分，即得

$$\int\frac{1}{g(y)}\mathrm{d}y=\int f(x)\mathrm{d}x.$$

如果 $g(y_0)=0$，则易知 $y=y_0$ 也是方程(6.1)的解.

上述求解可分离变量的方程的方法称为**分离变量法**.

例 6.2　求微分方程$\frac{\mathrm{d}y}{\mathrm{d}x}=2xy$ 的通解.

解　题设方程是可分离变量的，分离变量得

$$\frac{\mathrm{d}y}{y}=2x\mathrm{d}x,$$

两端积分得

$$\int\frac{\mathrm{d}y}{y}=\int 2x\mathrm{d}x$$

得到

$$\ln|y|=x^2+C_1,$$

从而

$$y=\pm \mathrm{e}^{x^2+C_1}=\pm \mathrm{e}^{C_1}\cdot \mathrm{e}^{x^2},$$

记 $C=\pm e^{C_1}$，则得到题设方程的通解

$$y=Ce^{x^2}\ (C\text{ 为任意常数}).$$

例 6.3 求微分方程 $dx+xydy=y^2dx+ydy$ 的通解.

解 先合并 dx 及 dy 的各项，得

$$y(x-1)dy=(y^2-1)dx.$$

分离变量得

$$\frac{y}{y^2-1}dy=\frac{1}{x-1}dx,$$

两端积分得

$$\int\frac{y}{y^2-1}dy=\int\frac{1}{x-1}dx,$$

求得

$$\frac{1}{2}\ln|y^2-1|=\ln|x-1|+\ln|C_1|,$$

于是

$$y^2-1=\pm C_1^2(x-1)^2,$$

记 $C=\pm C_1^2$，则得到题设方程的通解

$$y^2-1=C(x-1)^2.$$

6.3 一阶线性微分方程

除了前面讲的可分离变量的一阶微分方程之外，另一类重要的一阶方程就是一阶线性微分方程. 形如

$$\frac{dy}{dx}+P(x)y=Q(x) \tag{6.2}$$

的方程称为**一阶线性微分方程**. 其中函数 $P(x)$，$Q(x)$ 是某一区间 I 上的连续函数. 当 $Q(x)\equiv 0$ 时，方程(6.2)变为

$$\frac{dy}{dx}+P(x)y=0, \tag{6.3}$$

这个方程称为**一阶齐次线性方程**.

当 $Q(x)\neq 0$ 时，方程(6.2)称为**一阶齐次非线性方程**.

一阶齐次线性方程(6.3)是可分离变量的方程，分离变量，得

$$\frac{dy}{y}=-P(x)dx,$$

两边积分，得

$$\ln|y|=-\int P(x)dx+C_1,$$

由此得到方程(6.3)的通解

$$y = Ce^{-\int P(x)\mathrm{d}x}, \tag{6.4}$$

其中 $C(C=\pm e^{C_1})$为任意常数.

为了求得一阶齐次非线性方程(6.2)的通解,常采用常数变易法:即在求出对应的齐次方程的通解(6.4)后,将通解中的常数 C 变易为待定函数 $u(x)$,并设一阶齐次非线性方程的通解为

$$y = u(x)e^{-\int P(x)\mathrm{d}x},$$

将其求导,得

$$y' = u'(x)e^{-\int P(x)\mathrm{d}x} + u(x)[-P(x)]e^{-\int P(x)\mathrm{d}x},$$

将 y 和 y' 代入方程(6.2),得

$$u'(x)e^{-\int P(x)\mathrm{d}x} = Q(x),$$

积分得

$$u(x) = \int Q(x)e^{\int P(x)\mathrm{d}x}\mathrm{d}x + C,$$

从而一阶非齐次线性方程(6.2)的通解为

$$y = \left[\int Q(x)e^{\int P(x)\mathrm{d}x}\mathrm{d}x + C\right]e^{-\int P(x)\mathrm{d}x}. \tag{6.5}$$

公式(6.5)可写成

$$y = Ce^{-\int P(x)\mathrm{d}x} + e^{-\int P(x)\mathrm{d}x}\cdot\int Q(x)e^{\int P(x)\mathrm{d}x}\mathrm{d}x.$$

如果令 $C=0$,得非齐次方程(6.2)的一个特解为

$$\tilde{y} = e^{-\int P(x)\mathrm{d}x}\int Q(x)e^{\int P(x)\mathrm{d}x}\mathrm{d}x,$$

由非齐次方程的通解可以看出,一阶非齐次线性方程的通解是对应的齐次线性方程的通解与其本身的一个特解之和.

例 6.4　求方程$\dfrac{\mathrm{d}y}{\mathrm{d}x}+y=e^{-x}$的通解.

解　题设方程是一阶非齐次线性微分方程. 这里

$$P(x)=1,\quad Q(x)=e^{-x}.$$

由一阶线性微分方程通解公式,得

$$y = \left(\int e^{-x}e^{\int \mathrm{d}x}\mathrm{d}x + C\right)e^{-\int \mathrm{d}x} = (x+C)e^{-x}.$$

故所求方程的通解为

$$y=(x+C)e^{-x}.$$

例 6.5　求微分方程 $y'-\dfrac{2}{x+1}y=(x+1)^3$.

解法 1(常数变易法)　(1)求齐次方程 $y'-\dfrac{2}{x+1}y=0$ 的通解.

$$\frac{\mathrm{d}y}{y}=\frac{2}{x+1}\mathrm{d}x,$$

其通解为

$$y=C(x+1)^2.$$

(2)令 $y=C(x)(x+1)^2$,则

$$y'=C'(x)(x+1)^2+2C(x)(x+1),$$

代入原方程

$$C'(x)(x+1)^2+2C(x)(x+1)-2C(x)(x+1)=(x+1)^3,$$

得

$$C'(x)=x+1,$$

解得

$$C(x)=\frac{1}{2}(x+1)^2+C,$$

题设方程的通解为

$$y=(x+1)^2\left[\frac{1}{2}(x+1)^2+C\right]=\frac{1}{2}(x+1)^4+C(x+1)^2.$$

解法 2(公式法)　这里

$$P(x)=-\frac{2}{x+1},\quad Q(x)=(x+1)^3.$$

由通解公式,得

$$\begin{aligned}y&=\mathrm{e}^{+\int\frac{2}{x+1}\mathrm{d}x}\left(\int(x+1)^3\cdot\mathrm{e}^{-\int\frac{2}{x+1}\mathrm{d}x}\mathrm{d}x+C\right)\\&=(x+1)^2\int(x+1)^3\cdot\frac{1}{(x+1)^2}\mathrm{d}x+C(x+1)^2\\&=\frac{1}{2}(x+1)^4+C(x+1)^2,\end{aligned}$$

故所求方程的通解为

$$y=\frac{1}{2}(x+1)^4+C(x+1)^2.$$

习　题　6

1. 指出下列微分方程的阶数:

(1)$\dfrac{\mathrm{d}y}{\mathrm{d}x}+3xy=\mathrm{e}^x-\sin x$;　　(2)$(y'')^2+4y'-5y+x=0$.

2. 求下列微分方程的通解:

(1)$xy'-y\ln y=0$；

(2)$x(y^2-1)\mathrm{d}x+y(x^2-1)\mathrm{d}y=0$；

3. 求下列各初值问题的解：

(1)$x\mathrm{d}y+2y\mathrm{d}x=0, y|_{x=2}=1$；

(2)$\frac{x}{1+y}\mathrm{d}x-\frac{y}{1+x}\mathrm{d}y=0, y|_{x=0}=0$.

4. 求下列一阶线性微分方程的解：

(1)$\frac{\mathrm{d}y}{\mathrm{d}x}+2xy=4x$；

(2)$\frac{\mathrm{d}y}{\mathrm{d}x}-\frac{1}{x}y=2x^2$.

中外数学家简介【6】

陈省身

国际数学联盟主席约翰・鲍尔曾这样称赞陈省身："陈教授既是一位伟大的数学家，又是一位伟大的数学活动家. 他为 2002 年北京国际数学家大会的成功举办作出了重要贡献. 他还以九十高龄的年纪在大会开幕式上致辞，其中的高尚与睿智将永远留在世界各地朋友与同事们的记忆中."

陈省身(1911～2004)，1911 年 10 月 28 日出生于浙江省嘉兴县，国际著名数学家，1930 年毕业于天津南开大学，1934 年获清华大学理学硕士学位，1936 年获德国汉堡大学理学博士学位，1938 年为西南联合大学教授，1943 年为美国普林斯顿高级研究院研究员，1946 年为南京中央研究院数学研究所代所长，1949 年为美国芝加哥大学教授，1960～1979 年为美国加州大学伯克利分校教授，1961 年加入美国国籍，1981～1984 年任美国伯克利数学研究所首任所长，1984～1992 年任天津南开数学研究所所长，1992 年起为名誉所长. 他是前中央研究院首届院士(1948 年)，美国国家科学院院士(1961 年)，第三世界科学院创始成员(1983 年)，英国皇家学会国外会员(1985 年)，意大利国家科学院外籍院士(1988 年)，法国科学院外籍院士(1989 年). 1994 年当选为中国科学院首批外籍院士.

陈省身 9 岁考入秀州中学预科一年级. 这时他已能做相当复杂的数学题，并且读完了《封神榜》《说岳全传》等书. 1922 年秋，父亲到天津法院任职，陈省身全家迁往天津，住在河北三马路宙纬路. 第二年，他进入离家较近的扶轮中学(今天津铁路一中). 陈省身在班上年纪虽小，却充分显露出他在数学方面的才华. 陈省身考入南开大学那一年还不满 15 岁. 他是全校闻名的少年才子，大同学遇到问题都要向他请教，他也非常乐于帮助别人. 一年级时有国文课，老师出题写作文，陈省身写得很快，一个题目往往能写出好几篇内容不同的文章. 同学找他要，他自己留一篇，其余的都送人. 到发作文时他才发现，给别人的那些得的分数反倒比自己那篇要高.

他不爱运动，喜欢打桥牌，且牌技极佳. 图书馆是陈省身最爱去的地方，常常在书库里一呆就是好几个小时. 他看书的门类很杂，历史、文学、自然科学方面的书，他都一一涉猎，无所不读. 入学时，陈省身和他父亲都认为物理比较切实，所以打算到二年级分系时选物理系. 但由于陈省身不喜欢做实验，既不能读化学系，也不能读物理系，只有一条路——进数学系.

数学系主任姜立夫对陈省身的影响很大. 数学系 1926 级学生只有 5 名，陈省身和吴大任是全班最优秀的. 吴大任是广东人，毕业于南开中学，被保送到南开大学. 吴大任原先在物理系，后来因为姜立夫，转到了数学系，和陈省身非常要好，成为终生知己. 姜立夫为拥有两名如此出色的弟子而高兴，开了许多门在当时看来是很高深的课，如线性代数、微分几何、非欧几何等. 二年级时，姜立夫让陈省身给自己当助手，任务是帮老师改卷子. 起初只改一年级的，后来连二年级的都让他改，另一位数学教授的卷子也交他改，每月报酬 10 元. 第一次拿到钱时，陈省身不无得意，这是他第一次的劳动报酬啊!

考入南开后，陈省身住进八里台校舍. 每逢星期日，他从学校回家都要经过海光寺，那里是日本军营. 看到荷枪实弹的日本人那副耀武扬威的模样，他心里很不是滋味，不禁快步走开. 再往前便是南市“三不管”，是个乌烟瘴气的地方，令他万分厌恶. 从家返回学校时，又要经过南市、海光寺，直到走进八里台校园，他才感到松了口气.

陈省身先生是 20 世纪伟大的几何学家，在微分几何方面的成就尤为突出，是 Euclid(欧几里得)、Gauss(高斯)、Riemann(黎曼)、E. Cartan(嘉当)的继承者与开拓者. 他发展了 Gauss-Bonnet(高斯-波尔)公式，为陈氏示性类，被命名为“陈氏级(Chern Class)理论”，成为经典杰作. 他建立微分纤维丛理论，其影响遍及数学的各个领域，还创立了复流形上的值分布理论，包括陈-Bott 定理，影响了代数数论. 他为广义的积分几何奠定基础，获得基本运动学公式. 他所引入的陈氏示性类与陈-Simons 微分式，已深入到数学以外的其他领域，成为理论诸如规范场等的重要工具，先后发表过数学论文 158 篇、《陈省身论文集》4 卷以及《陈省身文选》等著作. 曾荣获最高数学奖——沃尔夫奖、全美华人协会杰出成就奖、美国科学奖、美国数学会奖等.

牛顿

牛顿(1643～1727)是英国物理学家、数学家与天文学家，曾为剑桥大学教授，英国皇家学会会员、会长，也是经典力学基础的牛顿运动定律的建立者以及万有引力定律的发现者. 在数学上，牛顿提出“流数法”，与莱布尼茨同为微积分的创始人，并建立了二项式定理，且著有《自然哲学的数学原理》等.

牛顿 1643 年 1 月 4 日出生于英格兰林肯州的一个农民家庭，出世时父亲已病故，生活艰难，幼年由外祖母抚养. 少年牛顿不是神童，在校学习成绩平平. 但他喜欢读书，从中学起就有作读书笔记的习惯. 中学时代的牛顿还酷爱制作玩具，他所制作的玩具实际上是各种机械模型，包括风车、木钟、日晷以及折叠式提灯等，同时他还在绘画方面有着非凡的才华.

1661 年，牛顿考入了著名的剑桥大学. 在学习期间，牛顿表现出他具有深邃的观察力、敏锐的理解力，并进行近代自然科学的研究. 1665 年，牛顿大学毕业，获得学士学位. 在家乡避瘟疫期间，牛顿在数学上的研究很大程度是依靠自学，他专心致志地思考数学、物理学和天文学问题，思想火山积聚多年的活力终于爆发了，智慧的洪流滚滚奔腾. 短短的 18 个月，他就孕育成形了流数术(微积分)、万有引力定律和光学分析的基本思想. 牛顿于 1684 年通过计算彻底解决了 1666 年发现的万有引力. 1687 年，他 45 岁时完成了人类科学史上少有的科学巨著《自然哲学的数学原理》，继承了开普勒、伽利略的研究，用数学方法建立起完整的经典力学体系，轰动了全世界.

牛顿对数学的贡献，最突出的有三项，即作为特殊形式的微积分的“流数术”、二项式定理及“广义的算术”(代数学).

牛顿为了解决运动问题，创立了一种和物理概念直接联系的数学理论，即牛顿称为“流数术”的理论，这实际上就是微积分理论. 从牛顿始创微积分的时间来说，比现代微积分的创始人德国的数学家莱布尼茨大约早 10 年，但从正式公开发表的时间来说，牛顿却比莱布尼茨要晚. 事实上，他们二人是各自独立地建立了微积分.

牛顿研究得出的二项式级数展开式是研究级数论、函数论、数学分析、方程理论的有力工具.

《广义算术》则总结了符号代数学的成果，推动了初等数学的进一步发展. 这本书关于方程论也有些突出的见解，其中比较著名的是“牛顿幂和公式”.

牛顿的数学贡献还远不止这些，他在解析几何中的成就也是令人瞩目的. 他的“一般曲线直径”理论，引起了解析几何界的广泛重视.

除了微积分、代数与几何以外，牛顿的数学工作还涉及数值分析、概率论和初等数论等众多的领域，还有牛顿插值公式、最速降落线问题的解答. 现今任何一本数值分析教程都不能不提到牛顿的名字——牛顿-高斯公式、牛顿-斯特林公式、牛顿-拉弗森公式……这反映了牛顿对该领域广泛而卓越的贡献.

1727 年 3 月 31 日，牛顿因患肺炎与痛风症在伦敦溘然辞世. 在牛顿的全部科学贡献中，数学成就占有突出的地位，这不仅是因为这些成就开拓了崭新的近代数学，而且还因为牛顿正是依靠他所创立的数学方法，实现了自然科学的一次巨大综合而开拓了近代科学，牛顿在其他科学领域的研究也毫不逊色于在数学上的贡献.

微积分发展简史

理论来源于实践，特别是生产实践与科学实验的实践，数学作为研究自然与社会现象的有力工具也不例外. 微积分正是由于17世纪科学技术的发展需要而产生与发展起来的，它是17世纪自然科学中最重大的发现之一，它开创了数学发展的新纪元，同时对整个自然科学产生了无可估量的影响.

事实上，从16世纪开始，欧洲的资本主义幼芽已开始茁壮成长，工业正从工场手工业阶段逐渐进入机器大生产阶段. 由于生产的发展和产业的革命，航海、造船、军事技术、热能、水利技术和天文研究等迅速发展，向自然科学提出了一系列亟待解决的问题，其中包括了大量的数学问题. 例如：

(1)由距离和时间的关系求物体在任意时刻的瞬时速度和加速度，由物体的加速度和时间的关系求物体的速度和距离；

(2)确定运动物体在其轨道上任一点处的运动方向，由此而提出的求曲线的切线问题；

(3)实际中普遍存在的求函数的最大值、最小值问题；

(4)求曲线的长度、曲线围成的图形面积、曲面围成的立体体积，以及求物体的质量和重心位置.

正是为了解决这些实践中产生的问题，17世纪的数学家终于发明了微积分. 一般认为，英国数学家牛顿(Issac Newton，1642～1727)与德国数学家莱布尼茨(G. W. Leibniz，1646～1716)几乎同时独立地发明了微积分. 牛顿于1665年创立了微积分，但过了20年才出版. 结果，莱布尼茨比牛顿早几年发表了他自己创立的微积分. 也正是莱布尼茨设计使用了优越的微积分记号，其中包括把微分运算与积分运算联系在一起的记号.

尽管牛顿和莱布尼茨被誉为微积分的创立人，但他们的前辈也作出过不可磨灭的贡献，实际上正是这些前辈为他们提供了必要的基础和准备.

纵观历史，微积分创立的过程中，最早出现的不是微分法而是积分法，而且他们的思想基础是极限. 说到极限概念，我们伟大祖国的古代科学家有过重要的贡献. 最早出现在公元前三百年左右，我国古代著名的哲学著作《庄子》一书的《天下篇》里就记载着庄子的朋友惠施的话："……至大无外，谓之大一；至小无内，谓之小一. ……飞鸟之景，未尝动也. 镞失之疾，而有不行不止之时."把这段话翻译成现代语言，意思是说："至大是没有边界的，这称为无穷大；至小是没有内部的，这称为无穷小. ……飞鸟在任何一个确定的时刻，只能占据空间的一个特定位置. 因此，在这一瞬间它就静止在这个位置上，无所谓运动. 如果箭在一瞬间占有两个不同的位置，这支箭一定在运动着. 如果在一段时间内飞箭占有同一位置，这时既不能说它是静止的，又不能说它在运动着."由此可见，立论者当时对"无穷"已有了一定程度的认识. 惠施的另一段话："一尺之棰，日取其半，万世不竭"，更清楚地表现了我们祖先朴素的极限思想.

到了魏晋时期，我国数学家已经开始把极限概念用于近似计算. 刘徽在约公元263年为《九章算术》所作的注释中，提出了"割圆术"，用于计算圆周率 π. 他从圆的内接正六边形开始，每次把边数加倍，屡次应用勾股定理，求出正12边形、正24边形……的边长. 边数越多，多边形周长与圆周长越接近.刘徽指出:“割之弥细,所失弥少.割之又割,以至不可割,则与圆周合体而无所失矣.”意思是说:割得越细,正多边形周长与圆周长之差也就越小,最后与圆周重合,便没有误差了.刘徽的这一创见,是我国古代数学的伟大成就之一.刘徽的割圆术,后来又被南北朝时期著名天文学与数学家祖冲之(429～500)所发展.祖冲之应用割圆术,算出 $3.1415926<\pi<3.1415927$,使圆周率 π 精确到小数点后第六位.这一记录保持了将近一千年,直到15世纪才被阿拉伯数学家 al-Kashi 所打破,这是一项世界闻名的杰出科学成就.

在西方,这一领域中的先人,最早要数希腊的阿基米德(Archimedes,公元前287～前212年)了.他使用包含极限思想的“穷竭法”求由圆周和抛物线围成的图形面积,不过应用积分思想对求面积、体积和曲线长度进行系统全面研究的就应是德国著名天文学家开普勒(Johannes Kepler,1571～1630)了.他提出行星运动的三大定律,为以后牛顿发现万有引力定律奠定了基础.开普勒在研究行星运动时使用了类似微积分的计算方法.据说,由于开普勒怀疑啤酒商的酒桶有误,他产生了对体积问题的浓厚兴趣,在1615年他发表了论文《木桶的形状及其体积问题的研究》,集中研究了旋转体体积的问题,其基本思想是“以直代曲”,与我国古代的割圆术相仿.但开普勒的求积法的不足之处是没有提出通用的计算方法,他强调不同的曲边图形应该用不同的直边图形去近似,这不利于积分法的广泛应用.

1635年,意大利著名科学家伽利略(Galileo Galilei,1564～1642)的学生卡瓦列里(Bonaventura Cavalieri,1598～1647)在《不可分连续量的几何学》一书中,把源出于经院哲学的“不可分量”观念应用于求积问题,其方法的精髓是“面由条数不定的等距离的平行线构成,体由等距离的平行平面所构成”,这些平行线段和平行平面就是卡瓦列里心目中的“不可分量”.虽然他克服了开普勒求积法中的缺点,但是他的方法也有明显的不足.因为按照不可分量方法,图形的面积或体积分别是由比它低一维的几何元素的总和来确定的,但是“总和”指的是什么?为什么从低一维的几何元素的总和就能得出高一维的几何元素?这些问题当时他并没有明确解决.

与卡瓦列里同时代的著名数学家费马(Pierre de Fermat,1601～1665)也提出了一个求积方法.例如,为求 $y=x^q$ 从0至 a 一段曲线下横轴上的面积,费马在横轴上选取分点 $a,\alpha a,\alpha^2 a,\cdots$(其中比例常数 α:$0<\alpha<1$),然后在这些点上作垂直于横轴的直线,把整个图形分成无数窄长的长条,每个长条图形看作矩形.这些矩形的面积之和构成一个几何级数.这个级数的和在长条的宽度无限缩小时,就得到了所求的面积.很明显,费马几乎采用了近代定积分求面积的全过程,所差的只是未抽象出积分这个概念,也没有得到计算这类问题较一般的方法.

英国数学家华利斯(John Wallis,1616～1703)是在牛顿和莱布尼茨以前把分析方法引入微积分中工作做得最多的一个.他的求积法的主要著作是《无限算术》一书.在这部著作中,他把卡瓦列里开创并由费马发展的不可分量法,用数学语言确切地给以描述,使几何中的极限方法以解析的形式出现在数学中,这不仅开辟了用级数表示函数的道路,而且把算术从有限推向了无限,从而真正地跨入了微积分的领域.此外,1656年,华利斯通过对微分三角形的观察分析,提出了现代意义下弧微分的概念和计算公式:$\mathrm{d}s=\sqrt{\mathrm{d}x^2+\mathrm{d}y^2}$.只是由于华利斯没有找到合适的级数将这个根式展开,因此未能最终给出弧长的计算方法.

到了17世纪60年代,经过许多数学家的努力工作,求积法越来越完善,应用也越来越广泛.于是,进一步认识这种方法的意义,并建立起相应的一门学科的条件已经成熟了.由牛顿和莱布尼茨建立起一套系统的数学理论.

牛顿对微积分问题的研究开始于 1665 年，他对微积分的研究大致可分为三个阶段：第一阶段是静态的无穷小量方法，像费马那样把变量看成无穷小元素的集合；第二阶段是变量流动生成法，认为变量是由点、线或面的连续运动产生的，因此他把变量称为“流”，变量的变化率称为“流数”；第三阶段是牛顿称为最初比和最后比的方法，这种方法又是牛顿对第一阶段无穷小量方法的彻底否定.

与牛顿各自独立地完成微积分创立工作的另一位数学家是德国的莱布尼茨，他博学多才，除数学外，在哲学、法学、历史学、语言学、地质学、逻辑学以及物理学等许多学科都具有杰出的地位. 莱布尼茨对微积分的研究是他出任外交官在巴黎居住期间(1672～1676)开始的，他同提出数学归纳法的帕斯卡(B. Pascal，1623～1662)所在的修道院的神父阿诺尔德(A. Arnauld，1612～1694)以及留在巴黎的荷兰物理学家惠更斯(Christian Huygens，1629～1695)等有交往，学习了笛卡儿(R. Descartes，1596～1650)和帕斯卡的成果.

如果牛顿研究微积分是从运动学的角度出发的话，那么莱布尼茨则主要是从几何学的角度去开展研究工作的. 他在总结前人研究成果的基础上，把微积分从几何形式中抽象出来应用于一般的函数. 莱布尼茨还是创造符号的大师，现在的微积分所使用的许多符号(例如，微分 $\mathrm{d}y$，$\mathrm{d}x$ 及导数$\frac{\mathrm{d}y}{\mathrm{d}x}$，积分$\int$等)都是他当时创立的. 科学的微积分符号的使用，对微积分理论的发展是至关重要. 正是由于莱布尼茨善于科学地运用符号，所以在他 1684 年发表的关于微分法和积分法的一系列论文中，就正确地建立了函数求导的和、差、积、商的四则运算公式以及复合函数、对数函数和指数函数的微分法则，并与牛顿各自独立地创立了微积分的基本定理. 虽然他比牛顿研究微积分的开始时间晚，但在完成微积分的创建工作这一点上，莱布尼茨的功绩可以与牛顿相提并论，说他们都是微积分的奠基人是当之无愧的. 莱布尼茨创立的微积分学后来为伯努利(Bernoulli)一家和欧拉(L. Euler，1707～1783)等数学家继承，发展成为后来的解析学.

历史上任何一门新学科的建立，不可能一创立就完美无暇. 17 世纪，牛顿和莱布尼茨虽然完成了微积分的创立工作，但由于他们对极限概念还十分模糊，所以在微积分的基本理论上存在着明显的不严密性的缺陷，在逻辑上也有漏洞，以至于遭受到各方面的非议. 但是，数学家们并没有就此止步，在牛顿、莱布尼茨之后，数学家们一方面继续完善微积分的运算体系和推广它的应用，一方面澄清它的基本概念并建立它的科学体系. 18 世纪，微积分取得了较大发展. 这一时期正是由于微积分的发展，才推动了整个数学的发展，也带动了微积分的其他分支，如无穷级数、微分方程、变分法等学科的发展.

关于微积分的基础——极限论，在 18 世纪，数学家们也进行了一场相当广泛而又十分激烈的争论. 当时，虽然问题没有解决，但积累了丰富的材料. 到 19 世纪，经过法国的柯西(A. L. Cauchy，1789～1857)和德国的魏尔斯特拉斯(K. Weierstrass，1815～1897)等的工作，给出了极限、收敛概念的精确定义，确立了以极限论为基础的数学分析体系之后，才使微积分克服了逻辑上的困难，并使之建立在严格的理论基础之上. 另外，在 19 世纪 70 年代，戴德金(J. W. R. Dedekind，1831～1916)实数理论的建立，以及 80 年代康托尔(G. Cantor，1848～1918)集合论的建立，才彻底完成了微积分理论的奠基工作，并使微积分真正成为一门具有完整科学体系的学科.

第二部分　线性代数

线性代数，它不仅是其他数学课程的基础，也是物理学、力学等其他自然科学与经济科学的基础. 另外，由于计算机的飞速发展和广泛应用，使得许多实际问题可以通过离散化的数值计算得到定量的解决，而线性代数正是要教给大家解决离散的线性关系问题所用的重要的表达工具、计算工具和分析工具，因此，线性代数又是各类自然科学、工程技术，甚至经济、管理等人文社会科学领域的科研工作者和技术人员所应必备的数学工具.

本部分内容主要包括行列式、矩阵和线性方程组.

第 7 章　行　列　式

自然科学、工程技术和企业管理中的许多问题经常可以归结为解一个线性方程组. 虽然在中学时期,我们已经学过用加减消元法或代入消元法解二元或三元一次方程组. 但是在许多实际问题中,我们遇到的方程组中未知量个数常常超过三个,而且方程组中未知量个数与方程的个数也不一定相同.

设含有 n 个未知量、m 个方程的**线性方程组**为

$$\begin{cases} a_{11}x_1 + a_{12}x_2 + \cdots + a_{1n}x_n = b_1, \\ a_{21}x_1 + a_{22}x_2 + \cdots + a_{2n}x_n = b_2, \\ \cdots\cdots\cdots \\ a_{m1}x_1 + a_{m2}x_2 + \cdots + a_{mn}x_n = b_m, \end{cases} \tag{7.1}$$

其中 $x_1, x_2, \cdots, x_n$ 代表**未知量**, $a_{ij}\,(i = 1,2,\cdots,m; j = 1,2,\cdots,n)$ 代表未知量的**系数**, $b_1, b_2, \cdots, b_m$ 代表**常数项**. 系数 a_{ij} 的第一个指标 i 表示它在第 i 个方程,第二个指标 j 表示它是 x_j 的系数.

所谓线性方程组(7.1)的一个**解**就是指由 n 个数 $k_1, k_2, \cdots, k_n$ 组成的有序数组 $(k_1, k_2, \cdots, k_n)$,当 $x_1, x_2, \cdots, x_n$ 分别用 $k_1, k_2, \cdots, k_n$ 代入后,方程组(7.1)中每个等式都变成恒等式. 方程组(7.1)的解的全体称为它的**解集合**. 解方程组实际上就是找出它全部的解,或者说,求出它的解集合. 如果两个方程组有相同的解集合,则称它们是同解的.

关于线性方程组,我们主要讨论以下问题:判定一个方程组是否有解;在有解的情况下确定解的个数并且求出一切解.

我们先讨论形式比较特殊的线性方程组,即未知量的个数与方程的个数相等的情形. 在讨论这一类特殊的线性方程组时,我们需要引入行列式这一概念.

行列式的概念是在研究线性方程组的解的过程中产生的. 如今,行列式已经成为线性代数里最基本的概念之一,在整个线性代数的理论及实际应用中都发挥了极其重要的作用.

7.1　n 阶行列式

7.1.1　二阶和三阶行列式

用消元法求解二元线性方程组

$$\begin{cases} a_{11}x_1 + a_{12}x_2 = b_1, \\ a_{21}x_1 + a_{22}x_2 = b_2. \end{cases} \tag{7.2}$$

以 a_{22} 乘第一个方程两边,以 a_{12} 乘第二个方程两边,然后两式相减,消去 x_2 ,得

$$(a_{11}a_{22}-a_{12}a_{21})x_1=b_1a_{22}-a_{12}b_2\ ;$$

类似消去 x_1 ,得

$$(a_{11}a_{22}-a_{12}a_{21})x_2=a_{11}b_2-b_1a_{21}\ .$$

若 $a_{11}a_{22}-a_{12}a_{21}\neq 0$,则

$$x_1=\frac{b_1a_{22}-a_{12}b_2}{a_{11}a_{22}-a_{12}a_{21}},\quad x_2=\frac{a_{11}b_2-b_1a_{21}}{a_{11}a_{22}-a_{12}a_{21}}. \tag{7.3}$$

这就是二元线性方程组(7.2)的解.

为了简洁地表示上述结果,引入记号

$$\begin{vmatrix} a_{11} & a_{12} \\ a_{21} & a_{22} \end{vmatrix}=a_{11}a_{22}-a_{12}a_{21}\ , \tag{7.4}$$

称为**二阶行列式**,其中,数 $a_{ij}(i=1,2,j=1,2)$ 称为行列式的**元素**;在行列式中,横排的称为**行**,纵排的称为**列**;每个元素 a_{ij} 都有两个下标,第一个下标 i 表示它所在行的序号,称为**行标**;第二个下标 j 表示它所在列的序号,称为**列标**. 位于第 i 行第 j 列的元素 a_{ij} ,有时也简称为 (i,j) 元.

从式(7.4)可知二阶行列式的值是两项乘积的代数和:一项是从左上角到右下角连线(称为行列式的主对角线)上两元素的乘积 $a_{11}a_{22}$,取正号;另一项是从右上角到左下角连线(称为副对角线)上两元素的乘积 $a_{12}a_{21}$,取负号. 直观地说,二阶行列式的计算遵循对角线法则,即二阶行列式的值等于主对角线元素的乘积减去副对角线元素的乘积.

类似地,有

$$\begin{vmatrix} b_1 & a_{12} \\ b_2 & a_{22} \end{vmatrix}=b_1a_{22}-a_{12}b_2\ ,\quad \begin{vmatrix} a_{11} & b_1 \\ a_{21} & b_2 \end{vmatrix}=a_{11}b_2-b_1a_{21}\ .$$

记

$$D=\begin{vmatrix} a_{11} & a_{12} \\ a_{21} & a_{22} \end{vmatrix},\quad D_1=\begin{vmatrix} b_1 & a_{12} \\ b_2 & a_{22} \end{vmatrix},\quad D_2=\begin{vmatrix} a_{11} & b_1 \\ a_{21} & b_2 \end{vmatrix}.$$

则当 $D\neq 0$ 时,二元线性方程组(7.2)的解(7.3)就可以表示为

$$x_1=\frac{D_1}{D},\quad x_2=\frac{D_2}{D}, \tag{7.5}$$

其中,分母 D 是方程组(7.2)的未知量的系数按原次序排列构成的二阶行列式,称为方程组(7.2)的系数行列式;分子 D_1,D_2 是用常数项 b_1,b_2 分别替换系数行列式 D 的第一列和第二列而构成的二阶行列式.

例 7.1 求解二元线性方程组 $\begin{cases} 3x_1-2x_2=12, \\ 2x_1+x_2=1. \end{cases}$

解 由于系数行列式

$$D=\begin{vmatrix}3 & -2\\2 & 1\end{vmatrix}=3-(-4)=7\neq 0,$$

所以,方程组有唯一解.且

$$D_1=\begin{vmatrix}12 & -2\\1 & 1\end{vmatrix}=12-(-2)=14,$$

$$D_2=\begin{vmatrix}3 & 12\\2 & 1\end{vmatrix}=3-24=-21,$$

因此,方程组的解为

$$x_1=\frac{D_1}{D}=\frac{14}{7}=2,\quad x_2=\frac{D_2}{D}=\frac{-21}{7}=-3.$$

例 7.2 在 xOy 平面上有一个平行四边形 $\square OACB$, A, B 两点的坐标分别为 (a_1,b_1), (a_2,b_2) $(a_1,a_2,b_1,b_2>0)$,如图 7-1 所示.求 $\square OACB$ 的面积.

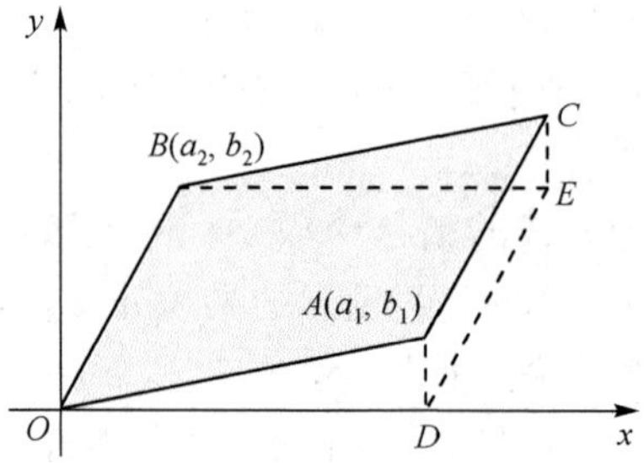

图 7-1 二阶行列式与平行四边形面积

解 过点 A 作 x 轴的垂线,交 x 轴于点 D;过点 B 作平行于 x 轴的直线与过 C 作平行于 y 轴的直线相交于点 E.则 $\square OACB$ 的面积为

$$S_{\square OACB}=S_{\square ODEB}+S_{\triangle BEC}-S_{\triangle ODA}-S_{\square DECA}=S_{\square ODEB}-S_{\square DECA}=a_1b_2-a_2b_1.$$

根据二阶行列式的定义,该平行四边形的面积刚好是以 A, B 两点的坐标为元素构成的二阶行列式

$$\begin{vmatrix}a_1 & b_1\\a_2 & b_2\end{vmatrix}.$$

用消元法求解三元线性方程组

$$\begin{cases}a_{11}x_1+a_{12}x_2+a_{13}x_3=b_1,\\a_{21}x_1+a_{22}x_2+a_{23}x_3=b_2,\\a_{31}x_1+a_{32}x_2+a_{33}x_3=b_3.\end{cases}\tag{7.6}$$

当 $a_{11}a_{22}a_{33}+a_{12}a_{23}a_{31}+a_{13}a_{21}a_{32}-a_{11}a_{23}a_{32}-a_{12}a_{21}a_{33}-a_{13}a_{22}a_{31}\neq 0$ 时,解为

$$x_1=\frac{b_1a_{22}a_{33}+a_{12}a_{23}b_3+a_{13}b_2a_{32}-b_1a_{23}a_{32}-a_{12}b_2a_{33}-a_{13}a_{22}b_3}{a_{11}a_{22}a_{33}+a_{12}a_{23}a_{31}+a_{13}a_{21}a_{32}-a_{11}a_{23}a_{32}-a_{12}a_{21}a_{33}-a_{13}a_{22}a_{31}},$$

$$x_2=\frac{a_{11}b_2a_{33}+b_1a_{23}a_{31}+a_{13}a_{21}b_3-a_{11}a_{23}b_3-b_1a_{21}a_{33}-a_{13}b_2a_{31}}{a_{11}a_{22}a_{33}+a_{12}a_{23}a_{31}+a_{13}a_{21}a_{32}-a_{11}a_{23}a_{32}-a_{12}a_{21}a_{33}-a_{13}a_{22}a_{31}},$$

$$x_3=\frac{a_{11}a_{22}b_3+a_{12}b_2a_{31}+b_1a_{21}a_{32}-a_{11}b_2a_{32}-a_{12}a_{21}b_3-b_1a_{22}a_{31}}{a_{11}a_{22}a_{33}+a_{12}a_{23}a_{31}+a_{13}a_{21}a_{32}-a_{11}a_{23}a_{32}-a_{12}a_{21}a_{33}-a_{13}a_{22}a_{31}}.$$

分析其解的结构后，引入**三阶行列式**记号：

$$\begin{vmatrix} a_{11} & a_{12} & a_{13} \\ a_{21} & a_{22} & a_{23} \\ a_{31} & a_{32} & a_{33} \end{vmatrix}=a_{11}a_{22}a_{33}+a_{12}a_{23}a_{31}+a_{13}a_{21}a_{32}-a_{11}a_{23}a_{32}-a_{12}a_{21}a_{33}-a_{13}a_{22}a_{31}. \tag{7.7}$$

其计算遵循对角线法则(图 7-2)或沙路法则(图 7-3)，即三阶行列式的值等于各实线上三个元素的乘积之和减去各虚线上三个元素的乘积之和.

从而，当 $D=\begin{vmatrix} a_{11} & a_{12} & a_{13} \\ a_{21} & a_{22} & a_{23} \\ a_{31} & a_{32} & a_{33} \end{vmatrix}\neq 0$ 时，三元线性方程组(7.6)的解可以表示为

$$x_1=\frac{D_1}{D},\quad x_2=\frac{D_2}{D},\quad x_3=\frac{D_3}{D}, \tag{7.8}$$

其中

$$D_1=\begin{vmatrix} b_1 & a_{12} & a_{13} \\ b_2 & a_{22} & a_{23} \\ b_3 & a_{32} & a_{33} \end{vmatrix},\quad D_2=\begin{vmatrix} a_{11} & b_1 & a_{13} \\ a_{21} & b_2 & a_{23} \\ a_{31} & b_3 & a_{33} \end{vmatrix},\quad D_3=\begin{vmatrix} a_{11} & a_{12} & b_1 \\ a_{21} & a_{22} & b_2 \\ a_{31} & a_{32} & b_3 \end{vmatrix}.$$

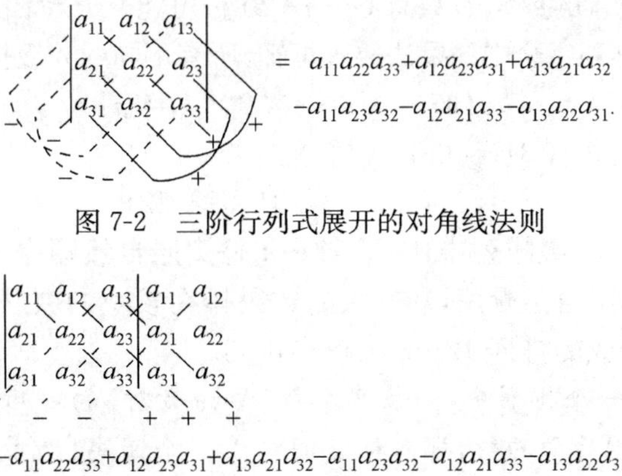

图 7-2　三阶行列式展开的对角线法则

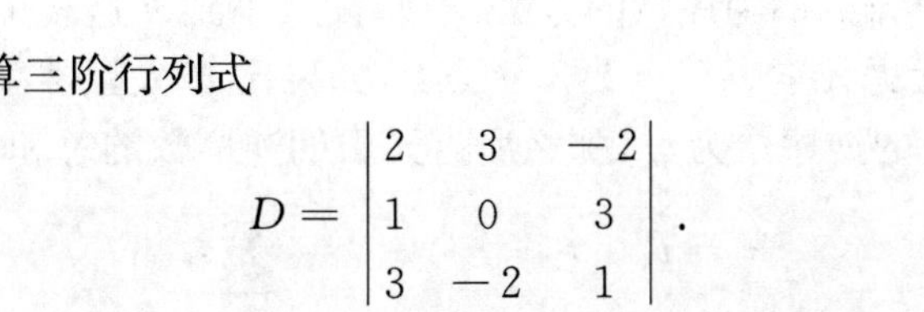

图 7-3　三阶行列式展开的沙路法则

例 7.3　计算三阶行列式

$$D=\begin{vmatrix} 2 & 3 & -2 \\ 1 & 0 & 3 \\ 3 & -2 & 1 \end{vmatrix}.$$

解 将行列式 D 按式(7.7)展开,得

$$D = 2\times 0\times 1+3\times 3\times 3+(-2)\times 1\times(-2)$$
$$-2\times 3\times(-2)-3\times 1\times 1-(-2)\times 0\times 3=40.$$

我们希望能够将二阶和三阶行列式推广到 n 阶行列式,从而将二元和三元线性方程组的解(7.5)和(7.8)推广到 n 个未知量 n 个方程的线性方程组.所以,首先要搞清楚二阶和三阶行列式的结构规律,然后根据所得到的规律抽象出 n 阶行列式的概念.

观察到式(7.7)的右端是若干项乘积的代数和,其中,每一项是位于不同行不同列的三个数相乘,这三个数的第一个下标是按自然顺序排列的,第二个下标则不按自然顺序排列.我们不禁要问:这个代数和的项数、每一项前的符号与第二个下标的排列顺序有无关系?有什么关系?为此首先引入全排列和逆序数的概念.

7.1.2 排列及其逆序数

定义 7.1 由 $1,2,\cdots,n$ 组成的一个有序数组称为一个 **n 级全排列**,简称**排列**.

例如,有序数组 213 是一个三级排列,3214 是一个四级排列,$n(n-1)\cdots 21$ 是一个 n 级排列.

共有多少个不同的 n 级排列呢? n 级排列的一般形式可表示为 $p_1p_2\cdots p_n$,其中,$p_1,p_2,\cdots,p_n$ 分别为数 $1,2,\cdots,n$ 中某一个数,且互不相同.在生成 n 级排列时,排在第 1 个位置的数码 p_1 可以取 $1,2,\cdots,n$ 中的任何一个,所以有 n 种可能;排在第 2 个位置的数码 p_2 只能在剩下的 $(n-1)$ 个数中选取,所以只有 $(n-1)$ 种可能;这样下去,排在第 i 个位置的数码 p_i 只有 $(n-i+1)$ 种可能取值,而最后一个数码 p_n 只能有一种取值.根据排列组合中的乘法原理可知,所有不同的 n 级排列的数目为

$$n\times(n-1)\times\cdots\times 2\times 1=n!.$$

例如,3 级排列共有 $3!=6$ 个,它们是

$$123,132,213,231,312,321.$$

注意,在所有的 n 级排列中,除了 $12\cdots n$ 是按照自然顺序排列的,其他的排列都或多或少地破坏了自然顺序,即较大的数码排在较小的数码前面.一般地,称按照自然顺序排列而成的排列 $12\cdots n$ 为标准排列.

定义 7.2 在一个排列中,如果两个数(称为数对)的前后位置与大小顺序相反,即前面的数大于后面的数,那么称它们构成一个**逆序(或反序)**.一个排列中逆序的总数称为这个排列的**逆序数**.排列 $j_1j_2\cdots j_n$ 的逆序数,一般记为 $\tau(j_1j_2\cdots j_n)$.

下面讨论计算排列的逆序数的方法.不妨设从 1 到 n 这 n 个自然数的一个排列为 $p_1p_2\cdots p_n$,考虑元素 $p_i(i=1,2,\cdots,n)$,如果比 p_i 大且排在 p_i 前面的元素有 t_i 个,就说元素 p_i 的逆序数为 t_i,那么所有元素的逆序数的总和

$$\tau=t_1+t_2+\cdots+t_n=\sum_{i=1}^{n}t_i$$

即为这个排列 $p_1p_2\cdots p_n$ 的逆序数.

例 7.4 求排列 54312 的逆序数.

解 在排列 54312 中,由于

5 排在首位,逆序数为 0;

4 的前面比 4 大的数有 1 个,其逆序数为 1;

3 的前面比 3 大的数有 2 个,其逆序数为 2;

1 的前面比 1 大的数有 3 个,其逆序数为 3;

2 的前面比 2 大的数有 3 个,其逆序数为 3.

故排列 54312 的逆序数为

$$\tau(54312)=0+1+2+3+3=9.$$

例 7.5 求排列 $n(n-1)\cdots 21$ 的逆序数.

解 该排列的逆序数为

$$\tau=(n-1)+(n-2)+\cdots+1+0=\frac{n(n-1)}{2}.$$

定义 7.3 逆序数为偶数的排列称为**偶排列**,逆序数为奇数的排列称为**奇排列**.

将一个排列中某两个数码的位置互换,而其余数码不动,就得到另一个排列,这样的变换称为**对换**.例如,经过 1,3 两数码对换,奇排列 23541 就变成偶排列 21543.关于对换和排列的奇偶性的关系,有下列定理.

定理 7.1 一个排列中的任意两个元素对换,排列改变奇偶性.

证明 先证相邻对换的情形,设给定的排列为

$$\overbrace{\cdots}^{A},i,j,\overbrace{\cdots}^{B},$$

其中 A , B 都代表若干个数码.施行相邻对换 (i,j) 后,得

$$\overbrace{\cdots}^{A},j,i,\overbrace{\cdots}^{B}.$$

我们来比较这两个排列的逆序数,显然经过这个对换后,属于 A 和 B 的数码的位置都没有改变.同时, i , j 与 A , B 中的数码所构成的逆序数也没有改变.若在给定的排列中, $i<j$,则经过对换 (i,j) 后, i 与 j 就构成一个逆序,因此后一排列的逆序数比前一排列的逆序数增加 1 个;若在给定的排列中, $i>j$,则经过对换 (i,j) 后,后一排列的逆序数减少 1 个.不论是哪一种情形,排列的奇偶性都会改变.

下证一般对换的情形.假设 i 与 j 之间有 s 个数码,用 $k_1,k_2,\cdots,k_s$ 来表示,这时给定的排列为

$$\cdots,i,k_1,k_2,\cdots,k_s,j,\cdots, \tag{7.9}$$

先让 i 向右移动,依次与 $k_1,k_2,\cdots,k_s$ 交换,经过 s 次相邻对换后,式(7.9)变为

$$\cdots,k_1,k_2,\cdots,k_s,i,j,\cdots, \tag{7.10}$$

再让 j 向左移动，依次与 $i,k_s,\cdots,k_2,k_1$ 交换，经过 $s+1$ 次相邻对换后，式(7.10)变为

$$\cdots,j,k_1,k_2,\cdots,k_s,i,\cdots. \tag{7.11}$$

可以看出，式(7.11)正是对式(7.9)施行 $2s+1$ 次相邻对换而得到的. 由于相邻对换会改变排列的奇偶性，且 $2s+1$ 是一个奇数，于是可知，排列(7.9)与(7.11)的奇偶性相反.

7.1.3 n 阶行列式的定义

现在探讨三阶行列式

$$\begin{vmatrix} a_{11} & a_{12} & a_{13} \\ a_{21} & a_{22} & a_{23} \\ a_{31} & a_{32} & a_{33} \end{vmatrix} = a_{11}a_{22}a_{33}+a_{12}a_{23}a_{31}+a_{13}a_{21}a_{32} - a_{11}a_{23}a_{32}-a_{12}a_{21}a_{33}-a_{13}a_{22}a_{31}$$

右端各项的规律.

式(7.7)右端各项的第一个下标按自然顺序排列，第二个下标是由自然数 1，2，3 构成的 3 级排列，共有 $3!=6$ 个：123，231，312，132，213，321，这正好等于式(7.7)右端的项数，排列为 123，231，312 的逆序数分别为 0，2，2，它们均为偶排列，对应项的符号为“+”，排列 132，213，321 的逆序数分别为 1，1，3，它们都是奇排列，对应项的符号为“−”.

综上所述，式(7.7)右端各项可写成 $a_{1j_1}a_{2j_2}a_{3j_3}$，这里 $j_1j_2j_3$ 是 1，2，3 的一个三级排列，当 $j_1j_2j_3$ 为偶排列时，项 $a_{1j_1}a_{2j_2}a_{3j_3}$ 前面的符号为正，当 $j_1j_2j_3$ 为奇排列时，项 $a_{1j_1}a_{2j_2}a_{3j_3}$ 前面的符号为负，各项所带符号均可表示为 $(-1)^J$，其中 $J=\tau(j_1j_2j_3)$ 为排列 $j_1j_2j_3$ 的逆序数. 从而式(7.7)可写为

$$\begin{vmatrix} a_{11} & a_{12} & a_{13} \\ a_{21} & a_{22} & a_{23} \\ a_{31} & a_{32} & a_{33} \end{vmatrix} = \sum_{j_1j_2j_3}(-1)^{\tau(j_1j_2j_3)}a_{1j_1}a_{2j_2}a_{3j_3},$$

其中，符号 $\sum\limits_{j_1j_2j_3}$ 表示对全体 3 级排列求和.

分析二阶行列式(7.4)也会发现类似的规律. 下面，我们将这个规律推广到 n 阶行列式上.

定义 7.4 由 n^2 个数 $a_{ij}\ (i=1,2,\cdots,n;j=1,2,\cdots,n)$ 排成 n 行 n 列，构成 **n 阶行列式**

$$\begin{vmatrix} a_{11} & a_{12} & \cdots & a_{1n} \\ a_{21} & a_{22} & \cdots & a_{2n} \\ \vdots & \vdots & & \vdots \\ a_{n1} & a_{n2} & \cdots & a_{nn} \end{vmatrix}.$$

它的值等于所有取自不同行不同列的 n 个元素的乘积 $a_{1j_1}a_{2j_2}\cdots a_{nj_n}$ 的代数和，这里 $j_1j_2\cdots j_n$ 是 $1,2,\cdots,n$ 的一个排列. 项 $a_{1j_1}a_{2j_2}\cdots a_{nj_n}$ 的符号为 $(-1)^{\tau(j_1j_2\cdots j_n)}$，即当 $j_1j_2\cdots j_n$ 是偶排列时，取正号，当 $j_1j_2\cdots j_n$ 是奇排列时，取负号. 即

$$\begin{vmatrix} a_{11} & a_{12} & \cdots & a_{1n} \\ a_{21} & a_{22} & \cdots & a_{2n} \\ \vdots & \vdots & & \vdots \\ a_{n1} & a_{n2} & \cdots & a_{nn} \end{vmatrix} = \sum_{j_1j_2\cdots j_n} (-1)^{\tau(j_1j_2\cdots j_n)} a_{1j_1}a_{2j_2}\cdots a_{nj_n}, \tag{7.12}$$

这里 $\sum\limits_{j_1j_2\cdots j_n}$ 表示对所有 n 级排列求和.

n 阶行列式正是前面所说的二、三阶行列式的推广. 特别地，当 $n=1$ 时，一阶行列式 $|a|$ 就是数 a，注意不要与绝对值符号相混淆. 在 n 阶行列式中沿用二阶行列式所使用的术语，如行、列、行标、列标、主对角线、副对角线等.

由于共有 $n!$ 个不同的 n 级排列，所以一个 n 阶行列式按照定义 7.4 展开共有 $n!$ 项.

随着 n 的增大，$n!$ 会迅速增大，所以按照定义计算高阶行列式显然是不切实际的. 但是对一些特殊的行列式，比如行列式中的很多元素都为 0，使得展开式的 $n!$ 项中绝大多数等于 0，这样的行列式也可以按定义计算.

根据定义 7.4，为了计算 n 阶行列式，首先需要写出所有可能的位于不同行不同列元素构成的乘积，把构成这些乘积的元素按行标排成自然顺序，然后由列标所成的排列的奇偶性来决定这一项的符号.

例 7.6 计算对角行列式(未写出的元素都是 0)

$$D_1 = \begin{vmatrix} \lambda_1 & & & \\ & \lambda_2 & & \\ & & \ddots & \\ & & & \lambda_n \end{vmatrix}, \quad D_2 = \begin{vmatrix} & & & \lambda_1 \\ & & \lambda_2 & \\ & ⋰ & & \\ \lambda_n & & & \end{vmatrix}.$$

解 在这两个行列式中，除了主(副)对角线上的元素乘积 $\lambda_1\lambda_2\cdots\lambda_n$ 外，其他项都包含数 0，从而都等于 0，所以这两个行列式的展开式中都只包含一个非零项.

对于 D_1，主对角线上的元素乘积 $\lambda_1\lambda_2\cdots\lambda_n$ 的行标 $1,2,\cdots,n$ 构成标准排列，对应的列标排列也为标准排列 $12\cdots n$，逆序数为 0，从而符号为“+”，即

$$\begin{vmatrix} \lambda_1 & & & \\ & \lambda_2 & & \\ & & \ddots & \\ & & & \lambda_n \end{vmatrix} = \lambda_1\lambda_2\cdots\lambda_n.$$

对于 D_2，副对角线上的元素乘积 $\lambda_1\lambda_2\cdots\lambda_n$ 的行标 $1,2,\cdots,n$ 构成标准排列，对应的列标排列为 $n(n-1)\cdots 21$，逆序数为 $\dfrac{n(n-1)}{2}$，于是

$$\begin{vmatrix} & & & \lambda_1 \\ & & \lambda_2 & \\ & \iddots & & \\ \lambda_n & & & \end{vmatrix} = (-1)^{\frac{n(n-1)}{2}}\lambda_1\lambda_2\cdots\lambda_n .$$

例 7.7 证明上三角行列式(未写出的元素都是 0)

$$D = \begin{vmatrix} a_{11} & a_{12} & \cdots & a_{1n} \\ & a_{22} & \cdots & a_{2n} \\ & & \ddots & \vdots \\ & & & a_{nn} \end{vmatrix} = a_{11}a_{22}\cdots a_{nn} .$$

证明 由于当 $i > j$ 时,$a_{ij} = 0$,故行列式 D 中可能不为 0 的元素 a_{ip_i} 的下标应满足:$p_i \geqslant i$. 即 $p_1 \geqslant 1$, $p_2 \geqslant 2$,…, $p_n \geqslant n$.

在所有排列 $p_1p_2\cdots p_n$ 中,能满足上述关系的排列只有一个标准排列 $12\cdots n$,于是行列式中可能不为 0 的项只有一项,即 $a_{11}a_{22}\cdots a_{nn}$,该项的符号为"+",所以 $D = a_{11}a_{22}\cdots a_{nn}$.

类似地,可以计算**下三角行列式**

$$\begin{vmatrix} a_{11} & & & \\ a_{21} & a_{22} & & \\ \vdots & \vdots & \ddots & \\ a_{n1} & a_{n2} & \cdots & a_{nn} \end{vmatrix} = a_{11}a_{22}\cdots a_{nn} .$$

7.1.4 *n* 阶行列式的等价定义

在行列式定义展开式(7.12)中,每一项相乘的 n 个元素的行标固定取 n 级标准排列,保证了这 n 个元素是依次取自第 $1,2,\cdots,n$ 行,而列标对应一个 n 级排列,保证了这 n 个元素是取自不同的列. 事实上,数的乘法是可交换的,这 n 个元素相乘的次序是可以改变的. 故每一项相乘的 n 个元素也可以按如下方式选取:首先保证它们依次取自第 $1,2,\cdots,n$ 列,即它们的列标构成 n 级标准排列;其次保证它们取自不同的行,则相应的行标就对应着一个 n 级排列. 于是,n 阶行列式的展开式中的通项(不带符号)也可以写成 $a_{i_1 1}a_{i_2 2}\cdots a_{i_n n}$. 下面来确定该项的符号.

由于排列 $i_1i_2\cdots i_n$ 可以经过若干次对换变为标准排列 $12\cdots n$,因此适当交换 $a_{i_1 1}a_{i_2 2}\cdots a_{i_n n}$ 中元素的位置可得到

$$a_{i_1 1}a_{i_2 2}\cdots a_{i_n n} = a_{1j_1}a_{2j_2}\cdots a_{nj_n} .$$

每交换 $a_{i_1 1}a_{i_2 2}\cdots a_{i_n n}$ 中的两个元素一次,对应的行标排列和列标排列均作了一次对换,因而它们逆序之和的奇偶性不变,于是有

$$\tau(i_1i_2\cdots i_n) = \tau(j_1j_2\cdots j_n) ,$$

从而有

$$(-1)^{\tau(i_1 i_2 \cdots i_n)} a_{i_1 1} a_{i_2 2} \cdots a_{i_n n} = (-1)^{\tau(j_1 j_2 \cdots j_n)} a_{1 j_1} a_{2 j_2} \cdots a_{n j_n}.$$

等式右端正好是定义展开式(7.12)中的带符号后的通项,这表明展开式中项 $a_{i_1 1} a_{i_2 2} \cdots a_{i_n n}$ 的符号为 $(-1)^{\tau(i_1 i_2 \cdots i_n)}$.

于是,可以得到如下 n 阶行列式的等价定义.

定义 7.5 n 阶行列式

$$\begin{vmatrix} a_{11} & a_{12} & \cdots & a_{1n} \\ a_{21} & a_{22} & \cdots & a_{2n} \\ \vdots & \vdots & & \vdots \\ a_{n1} & a_{n2} & \cdots & a_{nn} \end{vmatrix} = \sum_{i_1 i_2 \cdots i_n} (-1)^{\tau(i_1 i_2 \cdots i_n)} a_{i_1 1} a_{i_2 2} \cdots a_{i_n n}, \tag{7.13}$$

这里 $\sum\limits_{i_1 i_2 \cdots i_n}$ 表示对所有 n 级排列求和.

7.2 行列式的性质与计算

7.2.1 行列式的性质

将行列式

$$D = \begin{vmatrix} a_{11} & a_{12} & \cdots & a_{1n} \\ a_{21} & a_{22} & \cdots & a_{2n} \\ \vdots & \vdots & & \vdots \\ a_{n1} & a_{n2} & \cdots & a_{nn} \end{vmatrix}$$

的行与列互换后得到的行列式,称为 D 的**转置行列式**,记为 D^{T},即

$$D^{\mathrm{T}} = \begin{vmatrix} a_{11} & a_{21} & \cdots & a_{n1} \\ a_{12} & a_{22} & \cdots & a_{n2} \\ \vdots & \vdots & & \vdots \\ a_{1n} & a_{2n} & \cdots & a_{nn} \end{vmatrix}.$$

例如,设

$$D = \begin{vmatrix} 1 & 2 & 3 \\ 8 & 9 & 4 \\ 7 & 6 & 5 \end{vmatrix},$$

则 D 的转置行列式是

$$D^{\mathrm{T}} = \begin{vmatrix} 1 & 8 & 7 \\ 2 & 9 & 6 \\ 3 & 4 & 5 \end{vmatrix}.$$

容易算出,$D = D^{\mathrm{T}} = -48$. 事实上,任意一个行列式都与它的转置行列式相等.

性质 1 行列式与它的转置行列式相等.

证明 记

$$D^{\mathrm{T}} = \begin{vmatrix} b_{11} & b_{12} & \cdots & b_{1n} \\ b_{21} & b_{22} & \cdots & b_{2n} \\ \vdots & \vdots & & \vdots \\ b_{n1} & b_{n2} & \cdots & b_{nn} \end{vmatrix},$$

即 $b_{ij} = a_{ji}(i,j = 1,2,\cdots,n)$，按行列式的定义 7.4 和定义 7.5，得

$$\begin{aligned} D^{\mathrm{T}} &= \sum_{j_1 j_2 \cdots j_n} (-1)^{\tau(j_1 j_2 \cdots j_n)} b_{1j_1} b_{2j_2} \cdots b_{nj_n} \\ &= \sum_{j_1 j_2 \cdots j_n} (-1)^{\tau(j_1 j_2 \cdots j_n)} a_{j_1 1} a_{j_2 2} \cdots a_{j_n n} = D. \end{aligned}$$

这条性质告诉我们，行列式中的行与列具有同等的地位，即行具有某一性质，列也具有相同的性质. 因此，在以下的讨论中，我们仅给出行列式的关于行的性质，它们对列也成立.

性质 2 互换行列式的两行，行列式反号，即

$$\begin{vmatrix} a_{11} & a_{12} & \cdots & a_{1n} \\ \vdots & \vdots & & \vdots \\ a_{i1} & a_{i2} & \cdots & a_{in} \\ \vdots & \vdots & & \vdots \\ a_{j1} & a_{j2} & \cdots & a_{jn} \\ \vdots & \vdots & & \vdots \\ a_{n1} & a_{n2} & \cdots & a_{nn} \end{vmatrix} = - \begin{vmatrix} a_{11} & a_{12} & \cdots & a_{1n} \\ \vdots & \vdots & & \vdots \\ a_{j1} & a_{j2} & \cdots & a_{jn} \\ \vdots & \vdots & & \vdots \\ a_{i1} & a_{i2} & \cdots & a_{in} \\ \vdots & \vdots & & \vdots \\ a_{n1} & a_{n2} & \cdots & a_{nn} \end{vmatrix}.$$

证明 交换行列式的两行，相当于在展开式每一项所对应的列标排列中，交换了两个数字的位置，即进行了一次对换，因此排列的奇偶性发生改变. 从而行列式展开式中的每一项都改变了符号，行列式的值变号.

推论 1 若行列式有两行元素对应相等，则行列式等于零.

证明 设行列式 D 的第 i 行和第 j 行的元素对应相等，则互换第 i 行和第 j 行，行列式不变，还是 D. 另一方面，根据性质 2，互换行列式的两行，行列式反号，于是 $D = -D$，从而 $D = 0$.

性质 3 行列式的某一行中所有元素都乘以同一个数 k，等于用数 k 乘以这个行列式，即

$$\begin{vmatrix} a_{11} & a_{12} & \cdots & a_{1n} \\ \vdots & \vdots & & \vdots \\ ka_{i1} & ka_{i2} & \cdots & ka_{in} \\ \vdots & \vdots & & \vdots \\ a_{n1} & a_{n2} & \cdots & a_{nn} \end{vmatrix} = k \begin{vmatrix} a_{11} & a_{12} & \cdots & a_{1n} \\ \vdots & \vdots & & \vdots \\ a_{i1} & a_{i2} & \cdots & a_{in} \\ \vdots & \vdots & & \vdots \\ a_{n1} & a_{n2} & \cdots & a_{nn} \end{vmatrix}.$$

证明 当行列式的第 i 行有公因子 k 时,按行列式的定义展开,有

$$
\begin{aligned}
\text{左} &= \sum_{j_1 j_2 \cdots j_n} (-1)^{\tau(j_1 j_2 \cdots j_n)} a_{1j_1} \cdots (k a_{ij_i}) \cdots a_{nj_n} \\
&= k \sum_{j_1 j_2 \cdots j_n} (-1)^{\tau(j_1 j_2 \cdots j_n)} a_{1j_1} \cdots a_{ij_i} \cdots a_{nj_n} = \text{右}.
\end{aligned}
$$

这条性质说明,在计算行列式时,某一行(列)所有元素的公因子可提到行列式符号之外.

根据性质 3 及其推论 1,容易得到如下结论.

推论 2 若行列式有两行元素对应成比例,则行列式等于零.

性质 4 若行列式的某行的元素均为两个数之和,例如

$$
D = \begin{vmatrix}
a_{11} & a_{12} & \cdots & a_{1n} \\
\vdots & \vdots & & \vdots \\
a_{i1} + a'_{i1} & a_{i2} + a'_{i2} & \cdots & a_{in} + a'_{in} \\
\vdots & \vdots & & \vdots \\
a_{n1} & a_{n2} & \cdots & a_{nn}
\end{vmatrix},
$$

则行列式 D 等于下列两个行列式之和:

$$
D = \begin{vmatrix}
a_{11} & a_{12} & \cdots & a_{1n} \\
\vdots & \vdots & & \vdots \\
a_{i1} & a_{i2} & \cdots & a_{in} \\
\vdots & \vdots & & \vdots \\
a_{n1} & a_{n2} & \cdots & a_{nn}
\end{vmatrix}
+
\begin{vmatrix}
a_{11} & a_{12} & \cdots & a_{1n} \\
\vdots & \vdots & & \vdots \\
a'_{i1} & a'_{i2} & \cdots & a'_{in} \\
\vdots & \vdots & & \vdots \\
a_{n1} & a_{n2} & \cdots & a_{nn}
\end{vmatrix}.
$$

证明 按行列式的定义展开,有

$$
\begin{aligned}
D &= \sum_{j_1 j_2 \cdots j_n} (-1)^{\tau(j_1 j_2 \cdots j_n)} a_{1j_1} \cdots (a_{ij_i} + a'_{ij_i}) \cdots a_{nj_n} \\
&= \sum_{j_1 j_2 \cdots j_n} (-1)^{\tau(j_1 j_2 \cdots j_n)} a_{1j_1} \cdots a_{ij_i} \cdots a_{nj_n} \\
&\quad + \sum_{j_1 j_2 \cdots j_n} (-1)^{\tau(j_1 j_2 \cdots j_n)} a_{1j_1} \cdots a'_{ij_i} \cdots a_{nj_n} \\
&= \begin{vmatrix}
a_{11} & a_{12} & \cdots & a_{1n} \\
\vdots & \vdots & & \vdots \\
a_{i1} & a_{i2} & \cdots & a_{in} \\
\vdots & \vdots & & \vdots \\
a_{n1} & a_{n2} & \cdots & a_{nn}
\end{vmatrix}
+
\begin{vmatrix}
a_{11} & a_{12} & \cdots & a_{1n} \\
\vdots & \vdots & & \vdots \\
a'_{i1} & a'_{i2} & \cdots & a'_{in} \\
\vdots & \vdots & & \vdots \\
a_{n1} & a_{n2} & \cdots & a_{nn}
\end{vmatrix}.
\end{aligned}
$$

性质 5 把行列式某一行的元素乘以数 k,加到另一行对应的元素上,行列式的值不变,即

$$\begin{vmatrix} a_{11} & a_{12} & \cdots & a_{1n} \\ \vdots & \vdots & & \vdots \\ a_{i1} & a_{i2} & \cdots & a_{in} \\ \vdots & \vdots & & \vdots \\ a_{j1} & a_{j2} & \cdots & a_{jn} \\ \vdots & \vdots & & \vdots \\ a_{n1} & a_{n2} & \cdots & a_{nn} \end{vmatrix} = \begin{vmatrix} a_{11} & a_{12} & \cdots & a_{1n} \\ \vdots & \vdots & & \vdots \\ a_{i1} & a_{i2} & \cdots & a_{in} \\ \vdots & \vdots & & \vdots \\ a_{j1}+ka_{i1} & a_{j2}+ka_{i2} & \cdots & a_{jn}+ka_{in} \\ \vdots & \vdots & & \vdots \\ a_{n1} & a_{n1} & \cdots & a_{nn} \end{vmatrix} \quad (i \neq j).$$

证明 根据性质 4 和性质 3 的推论 2,有

$$右 = \begin{vmatrix} a_{11} & a_{12} & \cdots & a_{1n} \\ \vdots & \vdots & & \vdots \\ a_{i1} & a_{i2} & \cdots & a_{in} \\ \vdots & \vdots & & \vdots \\ a_{j1} & a_{j2} & \cdots & a_{jn} \\ \vdots & \vdots & & \vdots \\ a_{n1} & a_{n2} & \cdots & a_{nn} \end{vmatrix} + \begin{vmatrix} a_{11} & a_{12} & \cdots & a_{1n} \\ \vdots & \vdots & & \vdots \\ a_{i1} & a_{i2} & \cdots & a_{in} \\ \vdots & \vdots & & \vdots \\ ka_{i1} & ka_{i2} & \cdots & ka_{in} \\ \vdots & \vdots & & \vdots \\ a_{n1} & a_{n2} & \cdots & a_{nn} \end{vmatrix} = \begin{vmatrix} a_{11} & a_{12} & \cdots & a_{1n} \\ \vdots & \vdots & & \vdots \\ a_{i1} & a_{i2} & \cdots & a_{in} \\ \vdots & \vdots & & \vdots \\ a_{j1} & a_{j2} & \cdots & a_{jn} \\ \vdots & \vdots & & \vdots \\ a_{n1} & a_{n2} & \cdots & a_{nn} \end{vmatrix} = 左.$$

7.2.2 行列式的计算

由于三角形行列式(上三角行列式、下三角行列式)等于其对角线上元素的乘积,所以,在计算行列式时,若能经过适当变换将其化为三角形,计算量将会大大减少. 事实上,化三角形是行列式计算中的一个重要方法.

下面以一个例子说明仅用行变换化行列式为上三角行列式的方法. 这里说的行变换指的是以下三种变换:

(1)以非零数 k 乘行列式的某一行的所有元素($r_i \times k$);

(2)把行列式的某一行的 k 倍加到另一行($r_i + kr_j$);

(3)互换行列式中两行的位置($r_i \leftrightarrow r_j$).

例 7.8 计算四阶行列式

$$D = \begin{vmatrix} 0 & 1 & 2 & 3 \\ 1 & 2 & 3 & 0 \\ 2 & 3 & 0 & 1 \\ 3 & 0 & 1 & 2 \end{vmatrix}.$$

解 第一步,首先,在第 1 列中,选取一个非零元为主元,用“[ ]”加以标示,主元所在的行称为主行,用阴影底色加以标示. 对于本例,选取第 2 行为主行:

$$D = \begin{vmatrix} 0 & 1 & 2 & 3 \\ [1] & 2 & 3 & 0 \\ 2 & 3 & 0 & 1 \\ 3 & 0 & 1 & 2 \end{vmatrix}.$$

若主行不是第 1 行，则交换行，使得主行位于第 1 行. 对于本例，交换第 1 行和第 2 行，注意反号：

$$D=-\begin{vmatrix} [1] & 2 & 3 & 0 \\ 0 & 1 & 2 & 3 \\ 2 & 3 & 0 & 1 \\ 3 & 0 & 1 & 2 \end{vmatrix}.$$

然后，除主行外，其他各行减去主行的若干倍，使得第 1 列中从第 2 个到最后一个元素都为零. 对于本例，第 3 行减去第 1 行的 2 倍，第 4 行减去第 1 行的 3 倍，得

$$D=-\begin{vmatrix} [1] & 2 & 3 & 0 \\ 0 & 1 & 2 & 3 \\ 2 & 3 & 0 & 1 \\ 3 & 0 & 1 & 2 \end{vmatrix} \xlongequal[r_4-3r_1]{r_3-2r_1} -\begin{vmatrix} 1 & 2 & 3 & 0 \\ 0 & 1 & 2 & 3 \\ 0 & -1 & -6 & 1 \\ 0 & -6 & -8 & 2 \end{vmatrix}.$$

第二步，从行列式的第 2 行到最后一行中选择第二列的一个非零元作为主元，将包含主元的行作为主行，并和行列式的第 2 行交换作为新的主行，然后，余下的所有行减去主行的某个倍数，消去第 2 列中主元下面的所有元素. 对于本例，选取第 2 行为主行：

$$D=-\begin{vmatrix} 1 & 2 & 3 & 0 \\ 0 & [1] & 2 & 3 \\ 0 & -1 & -6 & 1 \\ 0 & -6 & -8 & 2 \end{vmatrix} \xlongequal[r_4+6r_2]{r_3+r_2} -\begin{vmatrix} 1 & 2 & 3 & 0 \\ 0 & 1 & 2 & 3 \\ 0 & 0 & -4 & 4 \\ 0 & 0 & 4 & 20 \end{vmatrix}.$$

从第 3 列到倒数第 2 列重复相同的过程，最终可以将行列式化成一个上三角行列式：

$$D=-\begin{vmatrix} 1 & 2 & 3 & 0 \\ 0 & 1 & 2 & 3 \\ 0 & 0 & [-4] & 4 \\ 0 & 0 & 4 & 20 \end{vmatrix} \xlongequal{r_4+r_3} -\begin{vmatrix} 1 & 2 & 3 & 0 \\ 0 & 1 & 2 & 3 \\ 0 & 0 & -4 & 4 \\ 0 & 0 & 0 & 24 \end{vmatrix} =-(-4)\times 24=96.$$

需要注意的是，如果在某一步，所有可能选择的主元均为零，或者出现某一行全为零，则该过程就将在这一步停止，行列式的值为零. 事实上，如果出现这种情况，化为上三角形行列式时，主对角线上就会有零元，从而行列式的值等于零. 如

$$D=\begin{vmatrix} [1] & -2 & -1 & 0 \\ -2 & 4 & 2 & 6 \\ 2 & -1 & 0 & 2 \\ 3 & 3 & 3 & 3 \end{vmatrix} \xlongequal[r_4-3r_1]{\substack{r_2+2r_1 \\ r_3-2r_1}} \begin{vmatrix} 1 & -2 & -1 & 0 \\ 0 & 0 & 0 & 6 \\ 0 & [3] & 2 & 2 \\ 0 & 9 & 6 & 3 \end{vmatrix} \xlongequal{r_2\leftrightarrow r_3}$$

$$-\begin{vmatrix} 1 & -2 & -1 & 0 \\ 0 & [3] & 2 & 2 \\ 0 & 0 & 0 & 6 \\ 0 & 9 & 6 & 3 \end{vmatrix} \xlongequal{r_4-3r_2} -\begin{vmatrix} 1 & -2 & -1 & 0 \\ 0 & 3 & 2 & 2 \\ 0 & 0 & 0 & 6 \\ 0 & 0 & 0 & -3 \end{vmatrix} = 0.$$

7.3 克拉默法则

7.3.1 行列式按行(列)展开

定义 7.6 在 n 阶行列式

$$D = \begin{vmatrix} a_{11} & a_{12} & \cdots & a_{1n} \\ a_{21} & a_{22} & \cdots & a_{2n} \\ \vdots & \vdots & & \vdots \\ a_{n1} & a_{n2} & \cdots & a_{nn} \end{vmatrix}$$

中划去元素 a_{ij} 所在的第 i 行和第 j 列：

$$\begin{vmatrix} a_{11} & \cdots & a_{1,j-1} & a_{1j} & a_{1,j+1} & \cdots & a_{1n} \\ \vdots & & \vdots & \vdots & \vdots & & \vdots \\ a_{i-1,1} & \cdots & a_{i-1,j-1} & a_{i-1,j} & a_{i-1,j+1} & \cdots & a_{i-1,n} \\ a_{i1} & \cdots & a_{i,j-1} & a_{ij} & a_{i,j+1} & \cdots & a_{in} \\ a_{i+1,1} & \cdots & a_{i+1,j-1} & a_{i+1,j} & a_{i+1,j+1} & \cdots & a_{i+1,n} \\ \vdots & & \vdots & \vdots & \vdots & & \vdots \\ a_{n1} & \cdots & a_{n,j-1} & a_{nj} & a_{n,j+1} & \cdots & a_{nn} \end{vmatrix},$$

剩下的 $(n-1)^2$ 个元素按原来的排法构成一个 $(n-1)$ 阶行列式

$$\begin{vmatrix} a_{11} & \cdots & a_{1,j-1} & a_{1,j+1} & \cdots & a_{1n} \\ \vdots & & \vdots & \vdots & & \vdots \\ a_{i-1,1} & \cdots & a_{i-1,j-1} & a_{i-1,j+1} & \cdots & a_{i-1,n} \\ a_{i+1,1} & \cdots & a_{i+1,j-1} & a_{i+1,j+1} & \cdots & a_{i+1,n} \\ \vdots & & \vdots & \vdots & & \vdots \\ a_{n1} & \cdots & a_{n,j-1} & a_{n,j+1} & \cdots & a_{nn} \end{vmatrix}$$

称为**元素 a_{ij} 的余子式**,记为 M_{ij} . 记

$$A_{ij} = (-1)^{i+j} M_{ij} ,$$

A_{ij} 称为**元素 a_{ij} 的代数余子式.**

例如,设

$$D = \begin{vmatrix} 1 & 2 & 3 \\ 4 & 5 & 6 \\ 7 & 8 & 9 \end{vmatrix},$$

对于元素 $a_{21}=4$，划去 D 的第 2 行和第 1 列：

$$\begin{vmatrix} 1 & 2 & 3 \\ 4 & 5 & 6 \\ 7 & 8 & 9 \end{vmatrix}$$

剩下的元素构成 $a_{21}=4$ 的余子式

$$M_{21}=\begin{vmatrix} 2 & 3 \\ 8 & 9 \end{vmatrix}=2\times 9-3\times 8=-6,$$

进而，可以得到 $a_{21}=4$ 的代数余子式

$$A_{21}=(-1)^{2+1}M_{21}=-\begin{vmatrix} 2 & 3 \\ 8 & 9 \end{vmatrix}=6.$$

由定义 7.6 可知，元素 a_{ij} 的代数余子式 A_{ij} 与行列式中第 i 行的元素和第 j 列的元素无关.

引理 如果 n 阶行列式 D 的第 i 行(列)元素除 a_{ij} 外全部为零，那么行列式 D 等于 a_{ij} 与它的代数余子式的乘积，即

$$D=a_{ij}A_{ij}.$$

证明 先证 $i=1,j=1$ 的情形. 即

$$\begin{aligned} D&=\begin{vmatrix} a_{11} & 0 & 0 & \cdots & 0 \\ a_{21} & a_{22} & a_{23} & \cdots & a_{2n} \\ \vdots & \vdots & \vdots & & \vdots \\ a_{n1} & a_{n2} & a_{n3} & \cdots & a_{nn} \end{vmatrix} \\ &=\sum_{j_2j_3\cdots j_n}(-1)^{\tau(j_2j_3\cdots j_n)}a_{11}a_{2j_2}a_{3j_3}\cdots a_{nj_n} \\ &=a_{11}\sum_{j_2j_3\cdots j_n}(-1)^{\tau(j_2j_3\cdots j_n)}a_{2j_2}a_{3j_3}\cdots a_{nj_n} \\ &=a_{11}\begin{vmatrix} a_{22} & a_{23} & \cdots & a_{2n} \\ a_{32} & a_{33} & \cdots & a_{3n} \\ \vdots & \vdots & & \vdots \\ a_{n2} & a_{n3} & \cdots & a_{nn} \end{vmatrix} \\ &=a_{11}M_{11}=a_{11}(-1)^{1+1}M_{11}=a_{11}A_{11}. \end{aligned}$$

对一般情形，即

$$D=\begin{vmatrix} a_{11} & \cdots & a_{1,j-1} & a_{1j} & a_{1,j+1} & \cdots & a_{1n} \\ \vdots & & \vdots & \vdots & \vdots & & \vdots \\ a_{i-1,1} & \cdots & a_{i-1,j-1} & a_{i-1,j} & a_{i-1,j+1} & \cdots & a_{i-1,n} \\ 0 & \cdots & 0 & a_{ij} & 0 & \cdots & 0 \\ a_{i+1,1} & \cdots & a_{i+1,j-1} & a_{i+1,j} & a_{i+1,j+1} & \cdots & a_{i+1,n} \\ \vdots & & \vdots & \vdots & \vdots & & \vdots \\ a_{n1} & \cdots & a_{n,j-1} & a_{nj} & a_{n,j+1} & \cdots & a_{nn} \end{vmatrix},$$

依次将第 i 行与第 $i-1,i-2,\cdots,2,1$ 行互换，将 j 列与第 $j-1,j-2,\cdots,2,1$ 列互换，得变换后的行列式

$$D_1=\begin{vmatrix} a_{ij} & 0 & \cdots & 0 & 0 & \cdots & 0 \\ a_{1j} & a_{11} & \cdots & a_{1,j-1} & a_{1,j+1} & \cdots & a_{1n} \\ \vdots & \vdots & & \vdots & \vdots & & \vdots \\ a_{i-1,j} & a_{i-1,1} & \cdots & a_{i-1,j-1} & a_{i-1,j+1} & \cdots & a_{i-1,n} \\ a_{i+1,j} & a_{i+1,1} & \cdots & a_{i+1,j-1} & a_{i+1,j+1} & \cdots & a_{i+1,n} \\ \vdots & \vdots & & \vdots & \vdots & & \vdots \\ a_{nj} & a_{n1} & \cdots & a_{n,j-1} & a_{n,j+1} & \cdots & a_{n,n} \end{vmatrix}.$$

一共经过了

$$(i-1)+(j-1)=(i+j)-2$$

次两行互换或两列互换，则

$$D=(-1)^{(i+j)-2}D_1=(-1)^{(i+j)}D_1.$$

此外，D_1 的第一行除左上角元素外，其他元素全为 0，故

$$D_1=a_{ij}\begin{vmatrix} a_{11} & \cdots & a_{1,j-1} & a_{1,j+1} & \cdots & a_{1n} \\ \vdots & & \vdots & \vdots & & \vdots \\ a_{i-1,1} & \cdots & a_{i-1,j-1} & a_{i-1,j+1} & \cdots & a_{i-1,n} \\ a_{i+1,1} & \cdots & a_{i+1,j-1} & a_{i+1,j+1} & \cdots & a_{i+1,n} \\ \vdots & & \vdots & \vdots & & \vdots \\ a_{n1} & \cdots & a_{n,j-1} & a_{n,j+1} & \cdots & a_{nn} \end{vmatrix}=a_{ij}M_{ij},$$

所以，

$$D=(-1)^{(i+j)}D_1=(-1)^{(i+j)}a_{ij}M_{ij}=a_{ij}((-1)^{(i+j)}M_{ij})=a_{ij}A_{ij},$$

定理得证.

例如，设

$$D=\begin{vmatrix} 1 & 2 & 3 \\ 4 & 0 & 0 \\ 7 & 8 & 9 \end{vmatrix},$$

将其化为上三角形行列式，得

$$D=\begin{vmatrix} 1 & 2 & 3 \\ 4 & 0 & 0 \\ 7 & 8 & 9 \end{vmatrix}=-\begin{vmatrix} 4 & 0 & 0 \\ 1 & 2 & 3 \\ 7 & 8 & 9 \end{vmatrix}=-4\begin{vmatrix} 1 & 0 & 0 \\ 1 & 2 & 3 \\ 7 & 8 & 9 \end{vmatrix}$$

$$=-4\begin{vmatrix} 1 & 0 & 0 \\ 0 & 2 & 3 \\ 0 & 8 & 9 \end{vmatrix}=-4\begin{vmatrix} 1 & 0 & 0 \\ 0 & 2 & 3 \\ 0 & 0 & -3 \end{vmatrix}$$

$$=-4\times1\times2\times(-3)=24.$$

而元素 $a_{21}=4$ 的代数余子式

$$A_{21}=(-1)^{2+1}M_{21}=-\begin{vmatrix}2 & 3\\ 8 & 9\end{vmatrix}=6,$$

可以算出

$$a_{21}A_{21}=4\times 6=24=D.$$

定理 7.2 行列式 D 等于它的任一行(列)的各元素与其对应的代数余子式乘积之和,即

$$D=a_{i1}A_{i1}+a_{i2}A_{i2}+\cdots+a_{in}A_{in}\ (i=1,2,\cdots,n),$$
$$D=a_{1j}A_{1j}+a_{2j}A_{2j}+\cdots+a_{nj}A_{nj}\ (j=1,2,\cdots,n).$$

证明 将 D 拆分成 n 个行列式的和:

$$D=\begin{vmatrix}a_{11} & a_{12} & \cdots & a_{1n}\\ \vdots & \vdots & & \vdots\\ a_{i1}+0+\cdots+0 & 0+a_{i2}+0+\cdots+0 & \cdots & 0+\cdots+0+a_{in}\\ \vdots & \vdots & & \vdots\\ a_{n1} & a_{n2} & \cdots & a_{nn}\end{vmatrix}$$

$$=\begin{vmatrix}a_{11} & a_{12} & \cdots & a_{1n}\\ \vdots & \vdots & & \vdots\\ a_{i1} & 0 & \cdots & 0\\ \vdots & \vdots & & \vdots\\ a_{n1} & a_{n2} & \cdots & a_{nn}\end{vmatrix}+\begin{vmatrix}a_{11} & a_{12} & \cdots & a_{1n}\\ \vdots & \vdots & & \vdots\\ 0 & a_{i2} & \cdots & 0\\ \vdots & \vdots & & \vdots\\ a_{n1} & a_{n2} & \cdots & a_{nn}\end{vmatrix}+\cdots+\begin{vmatrix}a_{11} & a_{12} & \cdots & a_{1n}\\ \vdots & \vdots & & \vdots\\ 0 & 0 & \cdots & a_{in}\\ \vdots & \vdots & & \vdots\\ a_{n1} & a_{n2} & \cdots & a_{nn}\end{vmatrix}$$

$$=a_{i1}A_{i1}+a_{i2}A_{i2}+\cdots+a_{in}A_{in}.$$

同理可证

$$D=a_{1j}A_{1j}+a_{2j}A_{2j}+\cdots+a_{nj}A_{nj}\ (j=1,2,\cdots,n).$$

例 7.9 计算行列式

$$D=\begin{vmatrix}2 & 0 & 0 & 4\\ 3 & 1 & 0 & 0\\ 5 & 0 & 1 & 0\\ 0 & 2 & 3 & 2\end{vmatrix}.$$

解 行列式按第一行展开,有

$$D=2\cdot(-1)^{1+1}\begin{vmatrix}1 & 0 & 0\\ 0 & 1 & 0\\ 2 & 3 & 2\end{vmatrix}+4\cdot(-1)^{1+4}\begin{vmatrix}3 & 1 & 0\\ 5 & 0 & 1\\ 0 & 2 & 3\end{vmatrix}$$
$$=2\times 2-4\times(-6-15)=88.$$

例 7.10 计算行列式

$$D=\begin{vmatrix} a & b & 0 & 0 \\ 0 & a & b & 0 \\ 0 & 0 & a & b \\ b & 0 & 0 & a \end{vmatrix}.$$

解 行列式按第一列展开,有

$$D=a\begin{vmatrix} a & b & 0 \\ 0 & a & b \\ 0 & 0 & a \end{vmatrix}+(-1)^{4+1}b\begin{vmatrix} b & 0 & 0 \\ a & b & 0 \\ 0 & a & b \end{vmatrix}=a^4-b^4.$$

推论 行列式 D 的任一行(列)的各元素与另一行(列)对应元素的代数余子式乘积之和等于0,即

$$a_{i1}A_{j1}+a_{i2}A_{j2}+\cdots+a_{in}A_{jn}=0\ (i\neq j),$$
$$a_{1i}A_{1j}+a_{2i}A_{2j}+\cdots+a_{ni}A_{nj}=0\ (i\neq j).$$

根据定理7.2及其推论,对行列式 D,有

$$a_{i1}A_{j1}+a_{i2}A_{j2}+\cdots+a_{in}A_{jn}=\sum_{k=1}^{n}a_{ik}A_{jk}=\begin{cases}0, & i\neq j,\\ D, & i=j,\end{cases}$$
$$a_{1i}A_{1j}+a_{2i}A_{2j}+\cdots+a_{ni}A_{nj}=\sum_{k=1}^{n}a_{ki}A_{kj}=\begin{cases}0, & i\neq j,\\ D, & i=j.\end{cases}$$

7.3.2 克拉默法则

将二元、三元线性方程组的解的公式(7.5)和(7.8)加以推广,可以得到 n 元线性方程组的克拉默法则.

定理7.3(克拉默法则) 如果线性方程组

$$\begin{cases} a_{11}x_1+a_{12}x_2+\cdots+a_{1n}x_n=b_1,\\ a_{21}x_1+a_{22}x_2+\cdots+a_{2n}x_n=b_2,\\ \cdots\cdots\cdots \\ a_{n1}x_1+a_{n2}x_2+\cdots+a_{nn}x_n=b_n \end{cases} \tag{7.14}$$

的系数行列式不等于零,即

$$D=\begin{vmatrix} a_{11} & a_{12} & \cdots & a_{1n} \\ a_{21} & a_{22} & \cdots & a_{2n} \\ \vdots & \vdots & & \vdots \\ a_{n1} & a_{n2} & \cdots & a_{nn} \end{vmatrix}\neq 0,$$

那么,方程组(7.14)有唯一解

$$x_1=\frac{D_1}{D},x_2=\frac{D_2}{D},\cdots,x_n=\frac{D_n}{D}, \tag{7.15}$$

其中 $D_j(j=1,2,\cdots,n)$ 是把系数行列式 D 中的第 j 列元素用方程组右端的常数

项代替后所得到的 n 阶行列式，即

$$D_j = \begin{vmatrix} a_{11} & \cdots & a_{1,j-1} & b_1 & a_{1,j+1} & \cdots & a_{1n} \\ a_{21} & \cdots & a_{2,j-1} & b_2 & a_{2,j+1} & \cdots & a_{2n} \\ \vdots & & \vdots & \vdots & \vdots & & \vdots \\ a_{n1} & \cdots & a_{n,j-1} & b_n & a_{n,j+1} & \cdots & a_{nn} \end{vmatrix}.$$

证明 (1)把方程组(7.14)简写为

$$\sum_{j=1}^{n} a_{ij}x_j = b_i, \quad i = 1,2,\cdots,n.$$

把式(7.15)代入第 i 个方程，左端为

$$\sum_{j=1}^{n} a_{ij}\frac{D_j}{D} = \frac{1}{D}\sum_{j=1}^{n} a_{ij}D_j.$$

因为

$$D_j = b_1A_{1j} + b_2A_{2j} + \cdots + b_nA_{nj} = \sum_{s=1}^{n} b_sA_{sj},$$

所以

$$\begin{aligned} \frac{1}{D}\sum_{j=1}^{n} a_{ij}D_j &= \frac{1}{D}\sum_{j=1}^{n} a_{ij}\sum_{s=1}^{n} b_sA_{sj} = \frac{1}{D}\sum_{j=1}^{n}\sum_{s=1}^{n} a_{ij}A_{sj}b_s \\ &= \frac{1}{D}\sum_{s=1}^{n}\sum_{j=1}^{n} a_{ij}A_{sj}b_s = \frac{1}{D}\sum_{s=1}^{n}\left(\sum_{j=1}^{n} a_{ij}A_{sj}\right)b_s \\ &= \frac{1}{D}Db_i = b_i. \end{aligned}$$

这相当于把式(7.15)代入方程组(7.14)的每个方程使它们同时变成恒等式，因而式(7.15)确为方程组(7.14)的解.

(2)用 D 中第 j 列元素的代数余子式 $A_{1j}, A_{2j}, \cdots, A_{nj}$ 依次乘方程组(7.14)的 n 个方程，再把它们相加，得

$$\left(\sum_{k=1}^{n} a_{k1}A_{kj}\right)x_1 + \cdots + \left(\sum_{k=1}^{n} a_{kj}A_{kj}\right)x_j + \cdots + \left(\sum_{k=1}^{n} a_{kn}A_{kj}\right)x_n = \sum_{k=1}^{n} b_kA_{kj}.$$

于是有

$$Dx_j = D_j \ (j = 1,2,\cdots,n).$$

当 $D\neq 0$ 时，解一定满足式(7.15).

综上所述，方程组(7.14)有唯一解(7.15).

例 7.11 解线性方程组

$$\begin{cases} 2x_1 + x_2 - 5x_3 + x_4 = 8, \\ x_1 - 3x_2 - 6x_4 = 9, \\ 2x_2 - x_3 + 2x_4 = -5, \\ x_1 + 4x_2 - 7x_3 + 6x_4 = 0. \end{cases}$$

解　由于

$$D=\begin{vmatrix}2&1&-5&1\\1&-3&0&-6\\0&2&-1&2\\1&4&-7&6\end{vmatrix}=27\neq 0,$$

所以,方程组有唯一解.又

$$D_1=\begin{vmatrix}8&1&-5&1\\9&-3&0&-6\\-5&2&-1&2\\0&4&-7&6\end{vmatrix}=81,$$

$$D_2=\begin{vmatrix}2&8&-5&1\\1&9&0&-6\\0&-5&-1&2\\1&0&-7&6\end{vmatrix}=-108,$$

$$D_3=\begin{vmatrix}2&1&8&1\\1&-3&9&-6\\0&2&-5&2\\1&4&0&6\end{vmatrix}=-27,$$

$$D_4=\begin{vmatrix}2&1&-5&8\\1&-3&0&9\\0&2&-1&-5\\1&4&-7&0\end{vmatrix}=27.$$

于是方程组有解

$$x_1=3,x_2=-4,x_3=-1,x_4=1.$$

如果线性方程组(7.14)的常数项全为零,即

$$\begin{cases}a_{11}x_1+a_{12}x_2+\cdots+a_{1n}x_n=0,\\a_{21}x_1+a_{22}x_2+\cdots+a_{2n}x_n=0,\\\cdots\cdots\\a_{n1}x_1+a_{n2}x_2+\cdots+a_{nn}x_n=0,\end{cases}\tag{7.16}$$

则称为**齐次线性方程组**,而方程组(7.14)当常数项不全为零时,称为**非齐次线性方程组**.

显然,齐次线性方程组(7.16)一定有**零解** $x_1=x_2=\cdots=x_n=0$.如果系数行列式 $D\neq 0$,则根据克拉默法则,它只有唯一的零解,没有非零解.

习 题 7

1. 计算下列二阶和三阶行列式：

(1) $\begin{vmatrix} 3 & 5 \\ 4 & 8 \end{vmatrix}$； (2) $\begin{vmatrix} \cos\theta & -\sin\theta \\ \sin\theta & \cos\theta \end{vmatrix}$；

(3) $\begin{vmatrix} 3 & 0 & -2 \\ 2 & 1 & 3 \\ -2 & 3 & 1 \end{vmatrix}$； (4) $\begin{vmatrix} 0 & a & 0 \\ b & 0 & c \\ 0 & d & 0 \end{vmatrix}$.

2. 写出由数码 1,2,3,4 构成的所有四阶排列.

3. 将排列 53241 作一次数码 5 和 2 对换得到排列 23541，计算这两个排列的逆序数，并判断两者的奇偶性.

4. 在 6 阶行列式 $|(a_{ij})_{6\times6}|$ 中，下列项应该取什么符号?

(1) $a_{31}a_{42}a_{56}a_{24}a_{13}a_{65}$； (2) $a_{51}a_{13}a_{32}a_{44}a_{26}a_{65}$.

5. 写出四阶行列式 $|(a_{ij})_{4\times4}|$ 中所有包含因子 a_{23} 且取负号的项.

6. 利用行列式的定义计算下列行列式：

(1) $\begin{vmatrix} a & 0 & 0 & 0 \\ 0 & 0 & b & 0 \\ 0 & c & 0 & 0 \\ 0 & 0 & 0 & d \end{vmatrix}$； (2) $\begin{vmatrix} 1 & 0 & 0 & 0 \\ 0 & 2 & 0 & 0 \\ 0 & 0 & 3 & 0 \\ 0 & 0 & 0 & 4 \end{vmatrix}$；

(3) $\begin{vmatrix} 0 & 0 & 0 & 1 \\ 0 & 0 & 2 & 0 \\ 0 & 3 & 0 & 0 \\ 4 & 0 & 0 & 0 \end{vmatrix}$； (4) $\begin{vmatrix} a_{11} & a_{12} & \cdots & a_{1,n-1} & a_{1n} \\ a_{21} & a_{22} & \cdots & a_{2,n-1} & 0 \\ \vdots & \vdots & & \vdots & \vdots \\ a_{n-1,1} & a_{n-1,2} & \cdots & 0 & 0 \\ a_{n1} & 0 & \cdots & 0 & 0 \end{vmatrix}$.

7. 设三阶行列式

$$\begin{vmatrix} a_{11} & a_{12} & a_{13} \\ a_{21} & a_{22} & a_{23} \\ a_{31} & a_{32} & a_{33} \end{vmatrix} = 2,$$

计算

$$D = \begin{vmatrix} a_{12} & a_{11} & a_{13}-a_{11} \\ a_{22} & a_{21} & a_{23}-a_{21} \\ a_{32} & a_{31} & a_{33}-a_{31} \end{vmatrix}.$$

8. 利用化三角形计算下列行列式：

(1) $\begin{vmatrix} 2 & -1 & 2 \\ -1 & 2 & -3 \\ 1 & 4 & 0 \end{vmatrix}$； (2) $\begin{vmatrix} 4 & 5 & 3 \\ 2 & 1 & 1 \\ 2 & 2 & 1 \end{vmatrix}$；

(3) $\begin{vmatrix} 1 & 1 & 1 & 1 \\ 2 & -1 & 3 & 2 \\ 0 & 1 & 2 & 1 \\ 1 & 3 & 2 & 1 \end{vmatrix}$；　　(4) $\begin{vmatrix} 0 & 1 & 2 & 3 \\ 1 & 1 & 2 & 2 \\ -2 & 3 & 3 & -1 \\ 1 & 2 & -2 & 3 \end{vmatrix}$.

9. 设三阶行列式

$$D=\begin{vmatrix} 3 & 4 & 2 \\ -1 & 2 & -3 \\ 2 & -4 & 1 \end{vmatrix},$$

计算余子式 M_{12}, M_{23}, M_{33} 和代数余子式 A_{12}, A_{23}, A_{33}.

10. 利用行列式按行(列)展开计算下列行列式：

(1) $\begin{vmatrix} 4 & 0 & 0 & 5 \\ 1 & 7 & 3 & 4 \\ 3 & 0 & 0 & 0 \\ 7 & 3 & 2 & 1 \end{vmatrix}$；　　(2) $\begin{vmatrix} 1 & 2 & -3 & -4 \\ 0 & 3 & 0 & 0 \\ 2 & -3 & -1 & 0 \\ 1 & 4 & -2 & 0 \end{vmatrix}$.

11. 利用克拉默法则解下列方程组：

(1) $\begin{cases} x_1+2x_2=3, \\ 2x_1-x_2=2; \end{cases}$　　(2) $\begin{cases} 2x_1+x_2+2x_3=0, \\ x_1-2x_2+3x_3=2, \\ x_1+x_2-2x_3=-1; \end{cases}$

(3) $\begin{cases} x_1+x_2-2x_3=-3, \\ 5x_1-2x_2+7x_3=22, \\ 2x_1-5x_2+4x_3=4; \end{cases}$　　(4) $\begin{cases} x_1-x_2+x_3-2x_4=2, \\ 2x_1-x_3+4x_4=4, \\ 3x_1+2x_2+x_3=-1, \\ -x_1+2x_2-x_3+2x_4=-4. \end{cases}$

12. 已知齐次线性方程组

$$\begin{cases} x+y+z=0, \\ 2x-y+3z=0, \\ ax+by+cz=0 \end{cases}$$

有非零解，则 a,b,c 应满足什么条件?

第8章　矩　　阵

n 元线性方程组的一般形式为

$$\begin{cases} a_{11}x_1 + a_{12}x_2 + \cdots + a_{1n}x_n = b_1, \\ a_{21}x_1 + a_{22}x_2 + \cdots + a_{2n}x_n = b_2, \\ \cdots\cdots\cdots \\ a_{m1}x_1 + a_{m2}x_2 + \cdots + a_{mn}x_n = b_m. \end{cases} \tag{8.1}$$

当 $m \neq n$ 时,或者 $m = n$,但系数行列式 $D = 0$ 时,都不能直接利用克拉默法则求解.

显然,线性方程组(8.1)的解与未知量的表示无关,而仅仅取决于它的全部系数 $a_{ij}(i = 1,2,,\cdots,m, j = 1,2,\cdots,n)$ 和常数项 $b_i(i = 1,2,\cdots,m)$. 将线性方程组的系数与常数项按原位置排列成一张矩形数表

$$\begin{pmatrix} a_{11} & a_{12} & \cdots & a_{1n} & b_1 \\ a_{21} & a_{22} & \cdots & a_{2n} & b_2 \\ \vdots & \vdots & & \vdots & \vdots \\ a_{m1} & a_{m2} & \cdots & a_{mn} & b_m \end{pmatrix},$$

于是,对线性方程组的研究就可转化为对这张表的研究,我们称这张表为矩阵.

无论是在日常生活中还是在科学研究中,矩形数表都是一种十分常见的数据形式. 例如,学校里的课程表、成绩统计表;工厂里的生产统计表、销售统计表;交通运输系统中的城市距离表,运输单价表等. 它们都可以用矩阵来表示. 矩阵是表述或处理大量的生活、生产与科研问题的有力工具,是数学中一个极其重要且应用广泛的概念,是线性代数的一个主要研究对象. 这一章引入矩阵的概念,并深入讨论矩阵的运算、矩阵的变换以及矩阵的某些内在特征.

8.1　矩阵的概念

先介绍一些实际问题,从而引出矩阵的概念.

8.1.1　引例

例 8.1　某公司可以生产两种类型的产品 A,B,每种产品需要三种原材料:原料 I、原料 II 和原料 III. 其中,生产单位产品 A 需要消耗 2kg 的原料 I,1.5kg 的原料 II 和 2.5kg 的原料 III;生产单位产品 B 需要消耗 3kg 的原料 I,2.5kg 的原料 II 和 2kg 的原料 III. 可以用表格表示如下(表 8-1).

表 8-1　两类产品的原材料构成

单位产品 / 原材料(kg)	产品 A	产品 B
原料 I	2	3
原料 II	1.5	2.5
原料 III	2.5	2

将表格边框和文字部分省略，仅保留数据部分，则这个表格可以转化为数表

$$\begin{pmatrix} 2 & 3 \\ 1.5 & 2.5 \\ 2.5 & 2 \end{pmatrix}.$$

这个数表就反映了生产两类产品的原材料构成. 第 i 行第 j 列位置的数值表示生产单位数量第 j 类产品所需消耗的第 i 类原材料的数量. 如第 3 行第 2 列位置的数值为 2，说明生产单位数量产品 B 需消耗 2kg 的原料 III.

如果在年初，公司计划全年四个季度生产产品 A 的数量分别为 4000，5000，4500，5000；生产产品 B 的数量分别为 3000，4000，3000，4500. 可以用表格表示如下(表 8-2).

表 8-2　两类产品的生产计划

季度 / 产量	第一季度	第二季度	第三季度	第四季度
产品 A	4000	5000	4500	5000
产品 B	3000	4000	3000	4500

将表格边框和文字部分省略，仅保留数据部分，则这个表格可以转化为数表

$$\begin{pmatrix} 4000 & 5000 & 4500 & 5000 \\ 3000 & 4000 & 3000 & 4500 \end{pmatrix}.$$

这个数表就反映了该公司对两类产品的生产计划. 第 i 行第 j 列位置的数值表示第 j 季度生产第 i 类产品的数量. 如第 1 行第 3 列位置的数值为 4500，说明第 3 季度计划生产 4500 单位的产品 A.

例 8.2　航空公司在 A，B，C，D 四城市间开辟了若干航线，具体航线如图 8-1 所示，其中两城市之间若有航班直达，则在图中用一条带箭头的线表示.

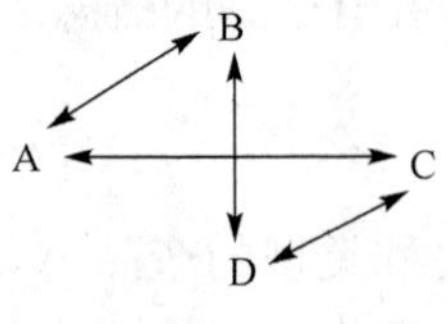

图 8-1　四城市之间的航班图

图 8-1 可以用表格表示如下(表 8-3).

表 8-3　四个城市之间的航班往来情况

始发站＼终到站	城市 A	城市 B	城市 C	城市 D
城市 A		√	√	
城市 B	√			√
城市 C	√			√
城市 D		√	√	

其中,“√”表示从始发站到终到站有航班.

为便于研究,将表格中的“√”替换为 1,空白处补充 0,即用 1 表示从始发站到终到站有航班,用 0 表示从始发站到终到站没有航班.则上面的表格可以转化为数字表格(表 8-4).

表 8-4　数字表格形式

始发站＼终到站	城市 A	城市 B	城市 C	城市 D
城市 A	0	1	1	0
城市 B	1	0	0	1
城市 C	1	0	0	1
城市 D	0	1	1	0

将表格边框和文字部分省略,仅保留数据部分,则这个表格可以转化为数表

$$\begin{pmatrix} 0 & 1 & 1 & 0 \\ 1 & 0 & 0 & 1 \\ 1 & 0 & 0 & 1 \\ 0 & 1 & 1 & 0 \end{pmatrix}.$$

这个数表就反映了四个城市之间的航班往来情况.第 i 行第 j 列位置的数有两种可能的取值:取 1 表示从第 i 个城市到第 j 个城市有航班直达,取 0 表示从第 i 个城市到第 j 个城市没有航班直达.如第 1 行第 2 列位置的数值为 1,说明从城市 A 到城市 B 有航班直达,而第 2 行第 3 列位置的数值为 0,说明从城市 B 到城市 C 没有航班直达.

例 8.3　囚徒困境是博弈论的经典模型.假设有两个小偷 A 和 B 因共同偷窃被捕.警方将两人分别置于不同的两个房间内进行审讯,对每一个犯罪嫌疑人,警方给出的政策是:如果其中一个犯罪嫌疑人坦白了罪行,交出了赃物,则证据确凿,两人都被判有罪.如果另一个犯罪嫌疑人也作了坦白,则两人各被判刑 8 年;如果另一个犯罪嫌疑人没有坦白而是抵赖,则以妨碍公务罪(因已有证据表明其有罪)再加刑 2 年,而坦白者有功被减刑 8 年,立即释放.如果两人都抵赖,则警方因证据不足不能判两人的偷窃罪,但可以私入民宅的罪名将两人各判入狱 1 年.

表 8-5 和表 8-6 表示了这个博弈中两个小偷的刑期情况.

表 8-5　A 的刑期情况

	A 坦白	A 抵赖
B 坦白	8	10
B 抵赖	0	1

表 8-6　B 的刑期情况

	A 坦白	A 抵赖
B 坦白	8	0
B 抵赖	10	1

将表格边框和文字部分省略,仅保留数据部分,则这两个表格可以转化为两张数表

$$\begin{pmatrix} 8 & 10 \\ 0 & 1 \end{pmatrix},\quad \begin{pmatrix} 8 & 0 \\ 10 & 1 \end{pmatrix}.$$

8.1.2　矩阵的定义

定义 8.1　由 $m \times n$ 个数 $a_{ij}(i=1,2,\cdots,m;j=1,2,\cdots,n)$ 排成的 m 行 n 列的数表

$$\begin{pmatrix} a_{11} & a_{12} & \cdots & a_{1n} \\ a_{21} & a_{22} & \cdots & a_{2n} \\ \vdots & \vdots & & \vdots \\ a_{m1} & a_{m2} & \cdots & a_{mn} \end{pmatrix}$$

称为 m 行 n 列**矩阵**,简称 $m \times n$ 矩阵;$m \times n$ 称为矩阵的维数,m 是矩阵的行数,n 是矩阵的列数;这 $m \times n$ 个数称为矩阵的**元素**,位于第 i 行第 j 列的元素 a_{ij} 称为 (i,j) 元.通常用大写黑体字母 $\boldsymbol{A},\boldsymbol{B},\boldsymbol{C},\cdots$ 表示矩阵.有时,为了标明矩阵的行数 m 和列数 n ,也可用 $\boldsymbol{A}_{m\times n}$ 或 $(a_{ij})_{m\times n}$ 表示.

例如,例 8.1 中的两个数表

$$\begin{pmatrix} 2 & 3 \\ 1.5 & 2.5 \\ 2.5 & 2 \end{pmatrix},\quad \begin{pmatrix} 4000 & 5000 & 4500 & 5000 \\ 3000 & 4000 & 3000 & 4500 \end{pmatrix}$$

分别是 3×2 矩阵和 2×4 矩阵;例 8.2 中的数表

$$\begin{pmatrix} 0 & 1 & 1 & 0 \\ 1 & 0 & 0 & 1 \\ 1 & 0 & 0 & 1 \\ 0 & 1 & 1 & 0 \end{pmatrix}$$

是一个 4×4 矩阵,称为四城市之间的**邻接矩阵**;例 8.3 中的两个数表

$$\begin{pmatrix} 8 & 10 \\ 0 & 1 \end{pmatrix},\quad \begin{pmatrix} 8 & 0 \\ 10 & 1 \end{pmatrix}$$

都是 2×2 矩阵;

例 8.4　在许多问题中,我们会遇到一些变量用另外一些变量来表示的情况.设变量 $y_1,y_2,\cdots,y_m$ 能用变量 $x_1,x_2,\cdots,x_n$ 线性表示,即

$$\begin{cases} y_1 = a_{11}x_1 + a_{12}x_2 + \cdots + a_{1n}x_n, \\ y_2 = a_{21}x_1 + a_{22}x_2 + \cdots + a_{2n}x_n, \\ \cdots\cdots\cdots \\ y_m = a_{m1}x_1 + a_{m2}x_2 + \cdots + a_{mn}x_n, \end{cases} \tag{8.2}$$

其中 $a_{ij}(i=1,2,\cdots,m,j=1,2,\cdots,n)$ 为常数. 这种从变量 $x_1,x_2,\cdots,x_n$ 到变量 $y_1,y_2,\cdots,y_m$ 的变换称为**线性变换**.

线性变换(8.2)中的所有系数 $a_{ij}(i=1,2,\cdots,m,j=1,2,\cdots,n)$ 按原位置排列,可以构成矩阵

$$\boldsymbol{A}=\begin{pmatrix} a_{11} & a_{12} & \cdots & a_{1n} \\ a_{21} & a_{22} & \cdots & a_{2n} \\ \vdots & \vdots & & \vdots \\ a_{m1} & a_{m2} & \cdots & a_{mn} \end{pmatrix},$$

称其为线性变换(8.2)的矩阵.

例 8.5 对于含 m 个方程 n 个未知量的线性方程组(8.1)

$$\begin{cases} a_{11}x_1 + a_{12}x_2 + \cdots a_{1n}x_n = b_1, \\ a_{21}x_1 + a_{22}x_2 + \cdots a_{2n}x_n = b_2, \\ \cdots\cdots\cdots \\ a_{m1}x_1 + a_{m2}x_2 + \cdots a_{mn}x_n = b_m, \end{cases}$$

其解与未知量的表示无关,而仅仅取决于它的系数 $a_{ij}(i=1,2,\cdots,m,j=1,2,\cdots,n)$ 和常数项 $b_i(i=1,2,\cdots,m)$. 将线性方程组的所有系数按原位置排列,可以构成矩阵

$$\boldsymbol{A}=\begin{pmatrix} a_{11} & a_{12} & \cdots & a_{1n} \\ a_{21} & a_{22} & \cdots & a_{2n} \\ \vdots & \vdots & & \vdots \\ a_{m1} & a_{m2} & \cdots & a_{mn} \end{pmatrix},$$

称其为线性方程组(8.1)的**系数矩阵**. 将线性方程组(8.1)的常数项 $b_i(i=1,2,\cdots,m)$ 作为一列,可以构成矩阵

$$\boldsymbol{b}=\begin{pmatrix} b_1 \\ b_2 \\ \vdots \\ b_m \end{pmatrix},$$

称其为线性方程组(8.1)的**常数列向量**. 如果将常数列向量添加到系数矩阵的右侧,构成一个新的矩阵

$$\overline{\boldsymbol{A}}=\begin{pmatrix} a_{11} & a_{12} & \cdots & a_{1n} & b_1 \\ a_{21} & a_{22} & \cdots & a_{2n} & b_2 \\ \vdots & \vdots & & \vdots & \vdots \\ a_{m1} & a_{m2} & \cdots & a_{mn} & b_m \end{pmatrix},$$

称其为线性方程组(8.1)的**增广矩阵**. 为了突出线性方程组的增广矩阵是由系数矩阵和常数列向量构成,一般将增广矩阵记为

$$\overline{\boldsymbol{A}} = (\boldsymbol{A} \vdots \boldsymbol{b}) = \left(\begin{array}{cccc:c} a_{11} & a_{12} & \cdots & a_{1n} & b_1 \\ a_{21} & a_{22} & \cdots & a_{2n} & b_2 \\ \vdots & \vdots & & \vdots & \vdots \\ a_{m1} & a_{m2} & \cdots & a_{mn} & b_m \end{array}\right).$$

例如,线性方程组

$$\begin{cases} 2x_1 + x_2 - x_3 = 1, \\ x_2 + 3x_3 - 2x_4 = 2, \\ 3x_1 - x_2 + x_4 = -1 \end{cases}$$

的系数矩阵为

$$\boldsymbol{A} = \begin{pmatrix} 2 & 1 & -1 & 0 \\ 0 & 1 & 3 & -2 \\ 3 & -1 & 0 & 1 \end{pmatrix},$$

常数列向量为

$$\boldsymbol{b} = \begin{pmatrix} 1 \\ 2 \\ -1 \end{pmatrix},$$

增广矩阵为

$$\overline{\boldsymbol{A}} = (\boldsymbol{A} \vdots \boldsymbol{b}) = \left(\begin{array}{cccc:c} 2 & 1 & -1 & 0 & 1 \\ 0 & 1 & 3 & -2 & 2 \\ 3 & -1 & 0 & 1 & -1 \end{array}\right).$$

8.1.3 几类特殊的矩阵

当矩阵的维数或元素取特殊值时,可以得到很多特殊类型的矩阵:

(1)只有一行的矩阵

$$\boldsymbol{A} = (a_{11}, a_{12}, \cdots, a_{1n})$$

称为**行矩阵**或**行向量**;只有一列的矩阵

$$\boldsymbol{B} = \begin{pmatrix} b_{11} \\ b_{21} \\ \vdots \\ b_{m1} \end{pmatrix}$$

称为**列矩阵**或**列向量**. 行向量和列向量统称为**向量**. 向量通常用小写黑体字母 $\boldsymbol{a}$, $\boldsymbol{b}, \boldsymbol{x}, \boldsymbol{y}, \cdots$ 或小写希腊字母 $\alpha, \beta, \gamma, \cdots$ 表示. 向量中的元素又称为向量的**分量**. 1×1 矩阵因只有一个元素,实际上就是一个数,即 $(a) = a$.

(2)所有元素均为 0 的矩阵,称为**零矩阵**,记作 $\boldsymbol{O}$ 或 $\boldsymbol{O}_{m\times n}$,即

$$\boldsymbol{O}_{m\times n}=\begin{pmatrix}0&0&\cdots&0\\0&0&\cdots&0\\\vdots&\vdots&&\vdots\\0&0&\cdots&0\end{pmatrix}.$$

(3)如果矩阵 $\boldsymbol{A}$ 的行数和列数都等于 n ,则称 $\boldsymbol{A}$ 为 n **阶方阵**或 n **阶矩阵**,可以简记为 $\boldsymbol{A}_n$. n 阶方阵

$$\boldsymbol{A}=\begin{pmatrix}a_{11}&a_{12}&\cdots&a_{1n}\\a_{21}&a_{22}&\cdots&a_{2n}\\\vdots&\vdots&&\vdots\\a_{n1}&a_{n2}&\cdots&a_{nn}\end{pmatrix}$$

上从左上角到右下角的 n 个元素

$$a_{11},a_{22},\cdots,a_{nn}$$

构成方阵的**主对角线**.

(4)主对角线上的元素全为 1,其余元素全为 0 的 n 阶方阵,称为 n 阶**单位矩阵**,记作 $\boldsymbol{E}$ 或 $\boldsymbol{E}_n$,即

$$\boldsymbol{E}_n=\begin{pmatrix}1&0&\cdots&0\\0&1&\cdots&0\\\vdots&\vdots&&\vdots\\0&0&\cdots&1\end{pmatrix},$$

可以将非主对角线上的元素 0 省略,简记为

$$E_n=\begin{pmatrix}1&&&\\&1&&\\&&\ddots&\\&&&1\end{pmatrix}.$$

(5)如果 n 阶方阵 $\boldsymbol{D}$,除主对角线元素以外,其他元素全为 0,即

$$\boldsymbol{D}=\begin{pmatrix}d_1&0&\cdots&0\\0&d_2&\cdots&0\\\vdots&\vdots&&\vdots\\0&0&\cdots&d_n\end{pmatrix},$$

则称 $\boldsymbol{D}$ 为**对角矩阵**,可以简记为

$$\boldsymbol{D}=\begin{pmatrix}d_1&&&\\&d_2&&\\&&\ddots&\\&&&d_n\end{pmatrix},$$

或

$$D = \mathrm{diag}(d_1, d_2, \cdots, d_n).$$

特别地,如果对角矩阵的主对角线上的元素全部相等,即

$$\begin{pmatrix} \lambda & & & \\ & \lambda & & \\ & & \ddots & \\ & & & \lambda \end{pmatrix},$$

则称其为**数量矩阵**,简记为 $\lambda\boldsymbol{E}$. 当 $\lambda = 1$ 时,数量矩阵 $1\boldsymbol{E}$ 就是单位矩阵 $\boldsymbol{E}$.

(6)如果 n 阶方阵 $\boldsymbol{U} = (u_{ij})_{n\times n}$ 的主对角线以下的元素全为 0,也就是说,$u_{ij} = 0(i > j; i, j = 1, 2, \cdots, n)$,即

$$\boldsymbol{U} = \begin{pmatrix} u_{11} & u_{12} & \cdots & u_{1n} \\ 0 & u_{22} & \cdots & u_{2n} \\ \vdots & \vdots & & \vdots \\ 0 & 0 & \cdots & u_{nn} \end{pmatrix},$$

则称 U 为**上三角矩阵**. 可以将主对角线以下的所有元素 0 简单的用一个 $\boldsymbol{O}$ 表示,即

$$\boldsymbol{U} = \begin{pmatrix} u_{11} & u_{12} & \cdots & u_{1n} \\ & u_{22} & \cdots & u_{2n} \\ & & \ddots & \vdots \\ & \boldsymbol{O} & & u_{nn} \end{pmatrix};$$

甚至可以直接将主对角线以下的所有元素 0 省略,记为

$$\boldsymbol{U} = \begin{pmatrix} u_{11} & u_{12} & \cdots & u_{1n} \\ & u_{22} & \cdots & u_{2n} \\ & & \ddots & \vdots \\ & & & u_{nn} \end{pmatrix}.$$

类似地,如果 n 阶方阵 $\boldsymbol{L} = (l_{ij})_{n\times n}$ 的主对角线以上的元素全为 0,也就是说,$l_{ij} = 0(i < j; i, j = 1, 2, \cdots, n)$,即

$$\boldsymbol{L} = \begin{pmatrix} l_{11} & 0 & \cdots & 0 \\ l_{21} & l_{22} & \cdots & 0 \\ \vdots & \vdots & \ddots & \vdots \\ l_{n1} & l_{n2} & \cdots & l_{nn} \end{pmatrix},$$

则称 $\boldsymbol{L}$ 为**下三角矩阵**,可以简记为

$$\boldsymbol{L} = \begin{pmatrix} l_{11} & & & \boldsymbol{O} \\ l_{21} & l_{22} & & \\ \vdots & \vdots & \ddots & \\ l_{n1} & l_{n2} & \cdots & l_{nn} \end{pmatrix}$$

或

$$L=\begin{pmatrix} l_{11} & & & \\ l_{21} & l_{22} & & \\ \vdots & \vdots & \ddots & \\ l_{n1} & l_{n2} & \cdots & l_{nn} \end{pmatrix}.$$

8.2 矩阵的运算

矩阵虽然是由一些元素排成的数表，但作为一个数学对象，也可以对它施行各种具有实际意义的运算，如加法、数量乘法、乘法运算等. 但是，并不是任意两个矩阵都可以进行加法或乘法运算，它们的维数还需要受到一定的约束. 首先介绍同型矩阵和矩阵相等的概念.

若两个矩阵的维数相同，即行数相等且列数也相等，则称它们是**同型矩阵**.

定义 8.2 对于同型矩阵 $\boldsymbol{A}=(a_{ij})_{m\times n}$ 与 $\boldsymbol{B}=(b_{ij})_{m\times n}$，若它们的对应元素相等，即

$$a_{ij}=b_{ij}\,(i=1,2,\cdots,m;j=1,2,\cdots,n),$$

则称矩阵 $\boldsymbol{A}$ 与矩阵 $\boldsymbol{B}$ 相等，记作 $\boldsymbol{A}=\boldsymbol{B}$.

8.2.1 矩阵加法

例 8.6 某家电公司建有两个分厂，每个分厂都可以生产三种电器：空调、电视机和冰箱. 2013 年上半年和下半年，某公司两个分厂的各种电器的产量(单位：台)见表 8-7 和表 8-8：

表 8-7 上半年产量表

	空调	电视机	冰箱
一分厂	a_{11}	a_{12}	a_{13}
二分厂	a_{21}	a_{22}	a_{23}

表 8-8 下半年产量表

	空调	电视机	冰箱
一分厂	b_{11}	b_{12}	b_{13}
二分厂	b_{21}	b_{22}	b_{23}

上述产量表可分别表示为矩阵

$$\boldsymbol{A}=\begin{pmatrix} a_{11} & a_{12} & a_{13} \\ a_{21} & a_{22} & a_{23} \end{pmatrix},\quad \boldsymbol{B}=\begin{pmatrix} b_{11} & b_{12} & b_{13} \\ b_{21} & b_{22} & b_{23} \end{pmatrix}.$$

将上面两个表格中相同位置的产量相加,就可以得到该公司 2013 年全年两个分厂的各类电器的产量(单位:台)见表 8-9.

表 8-9 2013 年全年产量表

	空调	电视机	冰箱
一分厂	$a_{11}+b_{11}$	$a_{12}+b_{12}$	$a_{13}+b_{13}$
二分厂	$a_{21}+b_{21}$	$a_{22}+b_{22}$	$b_{23}+b_{23}$

可以用矩阵表示为

$$\boldsymbol{C}=\begin{pmatrix}a_{11}+b_{11} & a_{12}+b_{12} & a_{13}+b_{13}\\ a_{21}+b_{21} & a_{22}+b_{22} & b_{23}+b_{23}\end{pmatrix}.$$

全年两个分厂的各类电器的产量,实际上就是上半年和下半年的产量之和. 相应的,矩阵 $\boldsymbol{C}$ 就可以看成是矩阵 $\boldsymbol{A}$ 和矩阵 $\boldsymbol{B}$ 的和.

简单地说,两个同型矩阵可以做加法运算. 做加法时,把两矩阵中对应位置处的元素相加,和数放在原位置处,即得到行列数不变的新矩阵,称为原来两个矩阵的和. 用数学语言表达为以下形式.

定义 8.3 设 $\boldsymbol{A}=(a_{ij})_{m\times n}$, $\boldsymbol{B}=(b_{ij})_{m\times n}$ 是两个 $m\times n$ 矩阵,令

$$c_{ij}=a_{ij}+b_{ij}(i=1,2,\cdots,m;j=1,2,\cdots,n),$$

则称矩阵 $\boldsymbol{C}=(c_{ij})_{m\times n}$ 是矩阵 $\boldsymbol{A}$ 和 $\boldsymbol{B}$ 的和,记作 $\boldsymbol{C}=\boldsymbol{A}+\boldsymbol{B}$,即

$$\boldsymbol{A}=\begin{pmatrix}a_{11} & a_{12} & \cdots & a_{1n}\\ a_{21} & a_{22} & \cdots & a_{2n}\\ \vdots & \vdots & & \vdots\\ a_{m1} & a_{m2} & \cdots & a_{mn}\end{pmatrix},\quad \boldsymbol{B}=\begin{pmatrix}b_{11} & b_{12} & \cdots & b_{1n}\\ b_{21} & b_{22} & \cdots & b_{2n}\\ \vdots & \vdots & & \vdots\\ b_{m1} & b_{m2} & \cdots & b_{mn}\end{pmatrix},$$

$$\boldsymbol{C}=\boldsymbol{A}+\boldsymbol{B}=\begin{pmatrix}a_{11}+b_{11} & a_{12}+b_{12} & \cdots & a_{1n}+b_{1n}\\ a_{21}+b_{21} & a_{22}+b_{22} & \cdots & a_{2n}+b_{2n}\\ \vdots & \vdots & & \vdots\\ a_{m1}+b_{m1} & a_{m2}+b_{m2} & \cdots & a_{mn}+b_{mn}\end{pmatrix}.$$

例如,设

$$\boldsymbol{A}=\begin{pmatrix}1 & 2 & 3\\ 2 & 1 & 0\end{pmatrix},\quad \boldsymbol{B}=\begin{pmatrix}1 & 0 & 1\\ 0 & 1 & 0\end{pmatrix},\quad \boldsymbol{C}=\begin{pmatrix}1 & 0\\ 0 & 1\end{pmatrix},$$

则

$$\boldsymbol{A}+\boldsymbol{B}=\begin{pmatrix}1+1 & 2+0 & 3+1\\ 2+0 & 1+1 & 0+0\end{pmatrix}=\begin{pmatrix}2 & 2 & 4\\ 2 & 2 & 0\end{pmatrix},$$

而 $\boldsymbol{A}+\boldsymbol{C}$ 没有意义,因为矩阵 $\boldsymbol{A}$ 和 $\boldsymbol{C}$ 不是同型矩阵,没法进行加法运算.

类似地,可以定义矩阵的减法. 矩阵 $\boldsymbol{A}=(a_{ij})_{m\times n}$ 和 $\boldsymbol{B}=(b_{ij})_{m\times n}$ 的差为

$$A-B=\begin{pmatrix} a_{11}-b_{11} & a_{12}-b_{12} & \cdots & a_{1n}-b_{1n} \\ a_{21}-b_{21} & a_{22}-b_{22} & \cdots & a_{2n}-b_{2n} \\ \vdots & \vdots & & \vdots \\ a_{m1}-b_{m1} & a_{m2}-b_{m2} & \cdots & a_{mn}-b_{mn} \end{pmatrix}.$$

因为矩阵的加法运算最终归结为两个矩阵上对应位置的元素的加法，所以，很容易验证，矩阵的加法具有与数的加法类似的性质．

(1)**加法交换律**　设矩阵 A 和 B 是同型矩阵，则

$$A+B=B+A;$$

(2)**加法结合律**　设矩阵 A,B 和 C 是同型矩阵，则

$$(A+B)+C=A+(B+C);$$

(3)**零矩阵的单位性**　任意的矩阵 A 和同型的零矩阵 O 的和仍等于 A，即

$$A+O=A;$$

(4)**负矩阵的存在性**　对任意矩阵

$$A=\begin{pmatrix} a_{11} & a_{12} & \cdots & a_{1n} \\ a_{21} & a_{22} & \cdots & a_{2n} \\ \vdots & \vdots & & \vdots \\ a_{m1} & a_{m2} & \cdots & a_{mn} \end{pmatrix},$$

矩阵

$$\begin{pmatrix} -a_{11} & -a_{12} & \cdots & -a_{1n} \\ -a_{21} & -a_{22} & \cdots & -a_{2n} \\ \vdots & \vdots & & \vdots \\ -a_{m1} & -a_{m2} & \cdots & -a_{mn} \end{pmatrix}$$

称为 A 的**负矩阵**，记作 $-A$，且有

$$A+(-A)=(-A)+A=A-A=O.$$

8.2.2　数量乘积

例 8.7　某工厂可以生产两种产品 A、B，每种产品的成本主要包括三部分：原料费用、工人工资和管理费用．生产每件产品需要耗费的各类成本见表 8-10．

表 8-10　各类成本

成本(元) \ 单位产品	产品 A	产品 B
原料费用	a_{11}	a_{12}
工人工资	a_{21}	a_{22}
管理费用	a_{31}	a_{32}

上述表格可表示为成本矩阵

$$A=\begin{pmatrix} a_{11} & a_{12} \\ a_{21} & a_{22} \\ a_{31} & a_{32} \end{pmatrix},$$

其中,矩阵 A 的 (i,j) 元表示生产单位数量第 j 类产品所需消耗的第 i 类成本的费用(元). 如果该工厂全年共生产了产品 A,B 各 k 件,则全年耗费的各类成本可以表示为矩阵

$$B=\begin{pmatrix} ka_{11} & ka_{12} \\ ka_{21} & ka_{22} \\ ka_{31} & ka_{32} \end{pmatrix},$$

其中,矩阵 B 的 (i,j) 元 ka_{ij} 等于 A 的 (i,j) 元的 k 倍,表示全年生产第 j 类产品所需消耗的第 i 类成本的总费用. 整体上,矩阵 B 就可以看成是矩阵 A 和数 k 的乘积.

简单地说,用数 k 乘矩阵就是把矩阵的每个元素都乘以 k. 用数学语言表达为以下形式.

定义 8.4　设 $A=(a_{ij})_{m\times n}$ 是一个 $m\times n$ 矩阵,k 是一个数,令

$$b_{ij}=ka_{ij}\,(i=1,2,\cdots,m;j=1,2,\cdots,n),$$

则称矩阵 $(b_{ij})_{m\times n}$ 是矩阵 A 和数 k 的**数量乘积**,有时也简称为**数乘**,记作 kA,即

$$kA=\begin{pmatrix} ka_{11} & ka_{12} & \cdots & ka_{1n} \\ ka_{21} & ka_{22} & \cdots & ka_{2n} \\ \vdots & \vdots & & \vdots \\ ka_{m1} & ka_{m2} & \cdots & ka_{mn} \end{pmatrix}.$$

例如,设

$$A=\begin{pmatrix} 1 & 0 \\ -1 & 2 \\ 2 & 3 \end{pmatrix},\quad B=\begin{pmatrix} 1 & 0 & 0 \\ 0 & 2 & 0 \\ 0 & 0 & 3 \end{pmatrix},$$

则

$$2A=\begin{pmatrix} 2 & 0 \\ -2 & 4 \\ 4 & 6 \end{pmatrix},\quad -3B=\begin{pmatrix} -3 & 0 & 0 \\ 0 & -6 & 0 \\ 0 & 0 & -9 \end{pmatrix}.$$

设矩阵 A 和 B 是同型矩阵,k,l 是两个数,则不难验证数与矩阵的乘积具有以下运算规则:

(1)**分配律**　$k(A+B)=kA+kB$,$(k+l)A=kA+lA$;

(2)**结合律**　$k(lA)=l(kA)=(kl)A$;

(3) $1A=A$,$0A=O$,$kO=O$.

例 8.8 设

$$A=\begin{pmatrix}3&2&0\\2&3&1\\4&-2&2\end{pmatrix},\quad B=\begin{pmatrix}-1&2&1\\2&-2&0\\3&2&1\end{pmatrix},$$

求 $3A-2B$.

解

$$3A-2B=3\begin{pmatrix}3&2&0\\2&3&1\\4&-2&2\end{pmatrix}-2\begin{pmatrix}-1&2&1\\2&-2&0\\3&2&1\end{pmatrix}$$

$$=\begin{pmatrix}9&6&0\\6&9&3\\12&-6&6\end{pmatrix}+\begin{pmatrix}2&-4&-2\\-4&4&0\\-6&-4&-2\end{pmatrix}=\begin{pmatrix}11&2&-2\\2&13&3\\6&-10&4\end{pmatrix}.$$

矩阵的加法与数量乘积统称为矩阵的**线性运算**.由前面的讨论可知,线性运算满足交换律、结合律与分配律,这与数的运算规律相同,所以在数的运算中形成的如提取公因子、合并同类项、移项变号、正负抵消等运算规律,在矩阵的线性运算中都可以保留、沿用.

例 8.9 设

$$A=\begin{pmatrix}3&-1&2&0\\1&5&7&9\\2&4&6&8\end{pmatrix},\quad B=\begin{pmatrix}7&5&-2&4\\5&1&9&7\\3&2&-1&6\end{pmatrix},$$

已知 $A+2X=B$,求 X.

解 在等式中移项得

$$2X=B-A,$$

再除以 2 得

$$X=\frac{1}{2}(B-A).$$

由于

$$B-A=\begin{pmatrix}4&6&-4&4\\4&-4&2&-2\\1&-2&-7&-2\end{pmatrix},$$

所以

$$X=\begin{pmatrix}2&3&-2&2\\2&-2&1&-1\\\frac{1}{2}&-1&-\frac{7}{2}&-1\end{pmatrix}.$$

例 8.10　线性方程组(8.1)

$$\begin{cases} a_{11}x_1+a_{12}x_2+\cdots+a_{1n}x_n=b_1, \\ a_{21}x_1+a_{22}x_2+\cdots+a_{2n}x_n=b_2, \\ \cdots\cdots\cdots \\ a_{m1}x_1+a_{m2}x_2+\cdots+a_{mn}x_n=b_m \end{cases} \tag{8.1}$$

中,同一个未知量的所有系数可以构成一个 m 维列向量,则一共有 n 个系数列向量:

$$\boldsymbol{a}_1=\begin{pmatrix} a_{11} \\ a_{21} \\ \vdots \\ a_{m1} \end{pmatrix}, \boldsymbol{a}_2=\begin{pmatrix} a_{12} \\ a_{22} \\ \vdots \\ a_{m2} \end{pmatrix}, \cdots, \boldsymbol{a}_n=\begin{pmatrix} a_{1n} \\ a_{2n} \\ \vdots \\ a_{mn} \end{pmatrix}.$$

记右端常数列向量为

$$\boldsymbol{b}=\begin{pmatrix} b_1 \\ b_2 \\ \vdots \\ b_m \end{pmatrix},$$

则线性方程组(8.1)与方程

$$\begin{pmatrix} a_{11} \\ a_{21} \\ \vdots \\ a_{m1} \end{pmatrix}x_1+\begin{pmatrix} a_{12} \\ a_{22} \\ \vdots \\ a_{m2} \end{pmatrix}x_2+\cdots+\begin{pmatrix} a_{1n} \\ a_{2n} \\ \vdots \\ a_{mn} \end{pmatrix}x_n=\begin{pmatrix} b_1 \\ b_2 \\ \vdots \\ b_m \end{pmatrix},$$

即

$$x_1\boldsymbol{a}_1+x_2\boldsymbol{a}_2+\cdots+x_n\boldsymbol{a}_n=\boldsymbol{b} \tag{8.3}$$

同解. 称(8.3)是线性方程组(8.1)的向量形式.

8.2.3　矩阵乘法

例 8.11　设有两个线性变换

$$\begin{cases} y_1=a_{11}x_1+a_{12}x_2+a_{13}x_3, \\ y_2=a_{21}x_1+a_{22}x_2+a_{23}x_3, \end{cases} \tag{8.4}$$

$$\begin{cases} x_1=b_{11}t_1+b_{12}t_2, \\ x_2=b_{21}t_1+b_{22}t_2, \\ x_3=b_{31}t_1+b_{32}t_2. \end{cases} \tag{8.5}$$

若想求出从 t_1, t_2 到 y_1, y_2 的线性变换,可将变换(8.5)代入变换(8.4),便得到

$$\begin{cases} y_1=(a_{11}b_{11}+a_{12}b_{21}+a_{13}b_{31})t_1+(a_{11}b_{12}+a_{12}b_{22}+a_{13}b_{32})t_2, \\ y_2=(a_{21}b_{11}+a_{22}b_{21}+a_{23}b_{31})t_1+(a_{21}b_{12}+a_{22}b_{22}+a_{23}b_{32})t_2. \end{cases} \tag{8.6}$$

线性变换(8.6)可看成是先作线性变换(8.5)再作线性变换(8.4)的结果.我们把线性变换(8.6)称为线性变换(8.4)与(8.5)的乘积,相应地,把线性变换(8.6)所对应的矩阵

$$C=\begin{pmatrix} a_{11}b_{11}+a_{12}b_{21}+a_{13}b_{31} & a_{11}b_{12}+a_{12}b_{22}+a_{13}b_{32} \\ a_{21}b_{11}+a_{22}b_{21}+a_{23}b_{31} & a_{21}b_{12}+a_{22}b_{22}+a_{23}b_{32} \end{pmatrix}$$

称为线性变换(8.4)与(8.5)所对应的矩阵

$$A=\begin{pmatrix} a_{11} & a_{12} & a_{13} \\ a_{21} & a_{22} & a_{23} \end{pmatrix},\quad B=\begin{pmatrix} b_{11} & b_{12} \\ b_{21} & b_{22} \\ b_{31} & b_{32} \end{pmatrix}$$

的乘积,即

$$\begin{aligned}&\begin{pmatrix} a_{11} & a_{12} & a_{13} \\ a_{21} & a_{22} & a_{23} \end{pmatrix}\begin{pmatrix} b_{11} & b_{12} \\ b_{21} & b_{22} \\ b_{31} & b_{32} \end{pmatrix} \\ =&\begin{pmatrix} a_{11}b_{11}+a_{12}b_{21}+a_{13}b_{31} & a_{11}b_{12}+a_{12}b_{22}+a_{13}b_{32} \\ a_{21}b_{11}+a_{22}b_{21}+a_{23}b_{31} & a_{21}b_{12}+a_{22}b_{22}+a_{23}b_{32} \end{pmatrix}.\end{aligned} \tag{8.7}$$

观察式(8.7),矩阵 C 的 (i,j) 元可以看成是矩阵 A 的第 i 行的元素 a_{i1},a_{i2},a_{i3} 和矩阵 B 的第 j 列的元素 b_{j1},b_{j2},b_{j3} 对应乘积的和:

$$a_{i1}b_{1j}+a_{i2}b_{2j}+a_{i3}b_{3j}=\sum_{k=1}^{3}a_{ik}b_{kj}\ (i,j=1,2).$$

将其推广,可以得到两个矩阵乘积的定义.

定义 8.5 设 $A=(a_{ij})_{m\times s}$ 是一个 $m\times s$ 矩阵,$B=(b_{ij})_{s\times n}$ 是一个 $s\times n$ 矩阵,令

$$c_{ij}=a_{i1}b_{1j}+a_{i2}b_{2j}+\cdots+a_{is}b_{sj}=\sum_{k=1}^{s}a_{ik}b_{kj}\,(i=1,2,\cdots,m;j=1,2,\cdots,n),$$

则称矩阵 $C=(c_{ij})_{m\times n}$ 是矩阵 A 和 B 的**乘积**,记作 $C=AB$.

根据矩阵的乘法的定义,很容易注意到,并不是任意两个矩阵都能够相乘,只有当第一个矩阵(一般称为左矩阵)的列数等于第二个矩阵(一般称为右矩阵)的行数时,两个矩阵才能相乘.同时,乘积矩阵的行数等于左矩阵的行数,乘积矩阵的列数等于右矩阵的列数.

事实上,两个矩阵 A,B 的乘积 C 的 (i,j) 元就是左矩阵

$$A=\begin{pmatrix} a_{11} & a_{12} & \cdots & a_{1s} \\ \vdots & \vdots & & \vdots \\ a_{i1} & a_{i2} & \cdots & a_{is} \\ \vdots & \vdots & & \vdots \\ a_{m1} & a_{m2} & \cdots & a_{ms} \end{pmatrix} \leftarrow \text{第 } i \text{ 行}$$

的第 i 行的元素 $a_{i1},a_{i2},\cdots,a_{is}$ 和右矩阵

$$\boldsymbol{B}=\begin{pmatrix} b_{11} & \cdots & b_{1j} & \cdots & b_{1n} \\ b_{21} & \cdots & b_{2j} & \cdots & b_{2n} \\ \vdots & & \vdots & & \vdots \\ b_{s1} & \cdots & b_{sj} & \cdots & b_{sn} \end{pmatrix}$$

第 j 列

的第 j 列的元素 $b_{1j},b_{2j},\cdots,b_{sj}$ 对应乘积的和：

$$a_{i1}b_{1j}+a_{i2}b_{2j}+\cdots+a_{is}b_{sj}=\sum_{k=1}^{s}a_{ik}b_{kj}\ .$$

这个数的运算能够进行的前提必须保证左矩阵 $\boldsymbol{A}$ 的第 i 行的元素的个数和右矩阵 $\boldsymbol{B}$ 的第 j 列的元素的个数相等，否则无法将元素对应起来相乘. 而左矩阵 $\boldsymbol{A}$ 的每一行的元素的个数就是 $\boldsymbol{A}$ 的列数，右矩阵 $\boldsymbol{B}$ 的每一列的元素的个数就是 $\boldsymbol{B}$ 的行数，所以两个矩阵能够相乘的前提是左矩阵的列数等于右矩阵的行数.

例 8.12　设 $\boldsymbol{A}$ 是 3×5 矩阵，$\boldsymbol{B}$ 是 5×4 矩阵，则 $\boldsymbol{AB}$ 和 $\boldsymbol{BA}$ 是否有定义？如果有定义，是什么矩阵？

解　矩阵 $\boldsymbol{A}$ 有 5 列，矩阵 $\boldsymbol{B}$ 有 5 行，所以乘积 $\boldsymbol{AB}$ 有定义. $\boldsymbol{AB}$ 的行数等于 $\boldsymbol{A}$ 的行数 3，$\boldsymbol{AB}$ 的列数等于 $\boldsymbol{B}$ 的列数 4，所以 $\boldsymbol{AB}$ 是 3×4 矩阵：

$$\overset{\boldsymbol{A}}{\begin{pmatrix} * & * & * & * & * \\ * & * & * & * & * \\ * & * & * & * & * \end{pmatrix}}\overset{\boldsymbol{B}}{\begin{pmatrix} * & * & * & * \\ * & * & * & * \\ * & * & * & * \\ * & * & * & * \\ * & * & * & * \end{pmatrix}}=\overset{\boldsymbol{AB}}{\begin{pmatrix} * & * & * & * \\ * & * & * & * \\ * & * & * & * \\ * & * & * & * \end{pmatrix}}.$$

$$\underset{\boldsymbol{AB}\text{的行数}}{3}\times\underbrace{5\qquad\qquad 5}_{\boldsymbol{A}\text{的列数}=\boldsymbol{B}\text{的行数}}\times\underset{\boldsymbol{AB}\text{的列数}}{4}\qquad\qquad 3\times4$$

矩阵 $\boldsymbol{B}$ 有 4 列，矩阵 $\boldsymbol{A}$ 有 3 行，两者不相等，所以乘积 $\boldsymbol{BA}$ 没有定义.

例 8.13　设

$$\boldsymbol{A}=\begin{pmatrix} 1 & 2 \\ 2 & -1 \\ 0 & 3 \end{pmatrix},\boldsymbol{B}=\begin{pmatrix} 2 & 1 & 2 \\ -1 & 0 & 1 \end{pmatrix},$$

则

$$\boldsymbol{AB}=\begin{pmatrix} 1 & 2 \\ 2 & -1 \\ 0 & 3 \end{pmatrix}\begin{pmatrix} 2 & 1 & 2 \\ -1 & 0 & 1 \end{pmatrix}$$

$$= \begin{pmatrix} 1\times2+2\times(-1) & 1\times1+2\times0 & 1\times2+2\times1 \\ 2\times2+(-1)\times(-1) & 2\times1+(-1)\times0 & 2\times2+(-1)\times1 \\ 0\times2+3\times(-1) & 0\times1+3\times0 & 0\times2+3\times1 \end{pmatrix}$$

$$= \begin{pmatrix} 0 & 1 & 4 \\ 5 & 2 & 3 \\ -3 & 0 & 3 \end{pmatrix}.$$

对于数的乘法成立如下简单的运算规律. 设 a,b 都是数,则

(1)交换律,即 $ab=ba$;

(2)非零数的乘积不等于 0,即:若 $a\neq0,b\neq0$,则 $ab\neq0$,或者说,若 $ab=0$,则 $a=0$ 或者 $b=0$;

(3)消去律,即:若 $ab=ac$,且 $a\neq0$,则 $b=c$.

那么,这三条对于数的乘法成立的运算规律,适用于矩阵的乘法吗?

例 8.14 设

$$\boldsymbol{A}=\begin{pmatrix}1&2\\2&1\end{pmatrix},\quad \boldsymbol{B}=\begin{pmatrix}1&3\\-1&1\end{pmatrix},$$

则

$$\boldsymbol{AB}=\begin{pmatrix}1&2\\2&1\end{pmatrix}\begin{pmatrix}1&3\\-1&1\end{pmatrix}=\begin{pmatrix}-1&5\\1&7\end{pmatrix},$$

$$\boldsymbol{BA}=\begin{pmatrix}1&3\\-1&1\end{pmatrix}\begin{pmatrix}1&2\\2&1\end{pmatrix}=\begin{pmatrix}7&5\\1&-1\end{pmatrix},$$

可以看出,$\boldsymbol{AB}\neq\boldsymbol{BA}$. 所以有以下结论.

(1)矩阵的乘法一般不满足交换律. 即一般地,$\boldsymbol{AB}\neq\boldsymbol{BA}$.

正因为矩阵的乘法不满足交换律,所以习惯上称 $\boldsymbol{AB}$ 为 $\boldsymbol{A}$ 左乘以 $\boldsymbol{B}$,或者 $\boldsymbol{B}$ 右乘 $\boldsymbol{A}$.

例 8.15 设

$$\boldsymbol{A}=\begin{pmatrix}1&-2\\3&-6\end{pmatrix},\quad \boldsymbol{B}=\begin{pmatrix}2&4\\1&2\end{pmatrix},$$

则

$$\boldsymbol{AB}=\begin{pmatrix}1&-2\\3&-6\end{pmatrix}\begin{pmatrix}2&4\\1&2\end{pmatrix}=\begin{pmatrix}0&0\\0&0\end{pmatrix}.$$

可以看出,虽然 $\boldsymbol{A}\neq\boldsymbol{O},\boldsymbol{B}\neq\boldsymbol{O}$,但是 $\boldsymbol{AB}=\boldsymbol{O}$. 所以有以下结论.

(2)两个非零矩阵的乘积可能是零矩阵. 即:由 $\boldsymbol{AB}=\boldsymbol{O}$,不能断定 $\boldsymbol{A}=\boldsymbol{O}$ 或 $\boldsymbol{B}=\boldsymbol{O}$.

例 8.16 设

$$\boldsymbol{A}=\begin{pmatrix}1&2\\2&4\end{pmatrix},\quad \boldsymbol{B}=\begin{pmatrix}1&1\\1&1\end{pmatrix},\quad \boldsymbol{C}=\begin{pmatrix}-1&3\\2&0\end{pmatrix},$$

则

$$AB=\begin{pmatrix}1&2\\2&4\end{pmatrix}\begin{pmatrix}1&1\\1&1\end{pmatrix}=\begin{pmatrix}3&3\\6&6\end{pmatrix},$$

$$AC=\begin{pmatrix}1&2\\2&4\end{pmatrix}\begin{pmatrix}-1&3\\2&0\end{pmatrix}=\begin{pmatrix}3&3\\6&6\end{pmatrix}.$$

可以看出，虽然 $\boldsymbol{AB}=\boldsymbol{AC}$，且 $\boldsymbol{A}\neq\boldsymbol{O}$，但是 $\boldsymbol{B}\neq\boldsymbol{C}$. 所以有以下结论.

(3)矩阵的乘法一般不满足消去律. 即：由 $\boldsymbol{AB}=\boldsymbol{AC}$，且 $\boldsymbol{A}\neq\boldsymbol{O}$，不能推出 $\boldsymbol{B}=\boldsymbol{C}$.

不过，容易验证，矩阵的乘法仍然满足下列运算规律(假设运算都是可行的)：

(1)乘法结合律：$(\boldsymbol{AB})\boldsymbol{C}=\boldsymbol{A}(\boldsymbol{BC})$；

(2)乘法对加法的分配律：

$$\boldsymbol{A}(\boldsymbol{B}+\boldsymbol{C})=\boldsymbol{AB}+\boldsymbol{AC}\ (\text{左分配律}),$$

$$(\boldsymbol{B}+\boldsymbol{C})\boldsymbol{A}=\boldsymbol{BA}+\boldsymbol{CA}\ (\text{右分配律});$$

(3) $\lambda(\boldsymbol{AB})=(\lambda\boldsymbol{A})\boldsymbol{B}=\boldsymbol{A}(\lambda\boldsymbol{B})$，其中 λ 为数；

(4)对于任意的矩阵 $\boldsymbol{A}_{m\times n}$，有

$$\boldsymbol{A}_{m\times n}\boldsymbol{E}_n=\boldsymbol{E}_m\boldsymbol{A}_{m\times n}=\boldsymbol{A}_{m\times n},$$

其中，$\boldsymbol{E}_n,\boldsymbol{E}_m$ 分别是 n 阶和 m 阶的单位矩阵.

例 8.17 设

$$\boldsymbol{D}_1=\mathrm{diag}(\lambda_1,\lambda_2,\cdots,\lambda_m),\quad \boldsymbol{D}_2=\mathrm{diag}(\mu_1,\mu_2,\cdots,\mu_n)$$

是两个对角矩阵，$\boldsymbol{A}=(a_{ij})_{m\times n}$ 是一个 $m\times n$ 矩阵，则

$$\boldsymbol{D}_1\boldsymbol{A}=\begin{pmatrix}\lambda_1&&&\\&\lambda_2&&\\&&\ddots&\\&&&\lambda_m\end{pmatrix}\begin{pmatrix}a_{11}&a_{12}&\cdots&a_{1n}\\a_{21}&a_{22}&\cdots&a_{2n}\\\vdots&\vdots&&\vdots\\a_{m1}&a_{m2}&\cdots&a_{mn}\end{pmatrix}=\begin{pmatrix}\lambda_1a_{11}&\lambda_1a_{12}&\cdots&\lambda_1a_{1n}\\\lambda_2a_{21}&\lambda_2a_{22}&\cdots&\lambda_2a_{2n}\\\vdots&\vdots&&\vdots\\\lambda_ma_{m1}&\lambda_ma_{m2}&\cdots&\lambda_ma_{mn}\end{pmatrix},$$

$$\boldsymbol{A}\boldsymbol{D}_2=\begin{pmatrix}a_{11}&a_{12}&\cdots&a_{1n}\\a_{21}&a_{22}&\cdots&a_{2n}\\\vdots&\vdots&&\vdots\\a_{m1}&a_{m2}&\cdots&a_{mn}\end{pmatrix}\begin{pmatrix}\mu_1&&&\\&\mu_2&&\\&&\ddots&\\&&&\mu_n\end{pmatrix}=\begin{pmatrix}\mu_1a_{11}&\mu_2a_{12}&\cdots&\mu_na_{1n}\\\mu_1a_{21}&\mu_2a_{22}&\cdots&\mu_na_{2n}\\\vdots&\vdots&&\vdots\\\mu_1a_{m1}&\mu_2a_{m2}&\cdots&\mu_na_{mn}\end{pmatrix}.$$

简单地说，对矩阵 $\boldsymbol{A}$ 左乘一个对角矩阵 $\boldsymbol{D}$，相当于对 $\boldsymbol{A}$ 的每一行的全部元素都乘以 $\boldsymbol{D}$ 的对角线上相应位置的元素；对矩阵 $\boldsymbol{A}$ 右乘一个对角矩阵 $\boldsymbol{D}$，相当于对 $\boldsymbol{A}$ 的每一列的全部元素都乘以 $\boldsymbol{D}$ 的对角线上相应位置的元素. 特别地，两个同阶对角矩阵的乘积还是对角矩阵，乘积矩阵的对角线上的元素就是两个对角矩阵上相应位置元素的乘积，即

$$\begin{pmatrix}\lambda_1&&&\\&\lambda_2&&\\&&\ddots&\\&&&\lambda_n\end{pmatrix}\begin{pmatrix}\mu_1&&&\\&\mu_2&&\\&&\ddots&\\&&&\mu_n\end{pmatrix}=\begin{pmatrix}\lambda_1\mu_1&&&\\&\lambda_2\mu_2&&\\&&\ddots&\\&&&\lambda_n\mu_n\end{pmatrix}.$$

例 8.18 线性方程组(8.1)

$$\begin{cases} a_{11}x_1 + a_{12}x_2 + \cdots + a_{1n}x_n = b_1, \\ a_{21}x_1 + a_{22}x_2 + \cdots + a_{2n}x_n = b_2, \\ \cdots\cdots\cdots \\ a_{m1}x_1 + a_{m2}x_2 + \cdots + a_{mn}x_n = b_m \end{cases}$$

中,记系数矩阵和右端常数列向量分别为

$$\boldsymbol{A} = \begin{pmatrix} a_{11} & a_{12} & \cdots & a_{1n} \\ a_{21} & a_{22} & \cdots & a_{2n} \\ \vdots & \vdots & & \vdots \\ a_{m1} & a_{m2} & \cdots & a_{mn} \end{pmatrix}, \quad \boldsymbol{b} = \begin{pmatrix} b_1 \\ b_2 \\ \vdots \\ b_m \end{pmatrix},$$

由 n 个未知量 $x_1, x_2, \cdots, x_n$ 构成列向量

$$\boldsymbol{x} = \begin{pmatrix} x_1 \\ x_2 \\ \vdots \\ x_n \end{pmatrix},$$

则

$$\boldsymbol{Ax} = \begin{pmatrix} a_{11} & a_{12} & \cdots & a_{1n} \\ a_{21} & a_{22} & \cdots & a_{2n} \\ \vdots & \vdots & & \vdots \\ a_{m1} & a_{m2} & \cdots & a_{mn} \end{pmatrix} \begin{pmatrix} x_1 \\ x_2 \\ \vdots \\ x_n \end{pmatrix} = \begin{pmatrix} a_{11}x_1 + a_{12}x_2 + \cdots a_{1n}x_n \\ a_{21}x_1 + a_{22}x_2 + \cdots a_{2n}x_n \\ \cdots\cdots\cdots \\ a_{m1}x_1 + a_{m2}x_2 + \cdots a_{mn}x_n \end{pmatrix}.$$

而线性方程组(8.1)等价于

$$\begin{pmatrix} a_{11}x_1 + a_{12}x_2 + \cdots + a_{1n}x_n \\ a_{21}x_1 + a_{22}x_2 + \cdots + a_{2n}x_n \\ \cdots\cdots\cdots \\ a_{m1}x_1 + a_{m2}x_2 + \cdots + a_{mn}x_n \end{pmatrix} = \begin{pmatrix} b_1 \\ b_2 \\ \vdots \\ b_m \end{pmatrix},$$

即

$$\boldsymbol{Ax} = \boldsymbol{b}, \tag{8.8}$$

所以,线性方程组(8.1)与矩阵方程(8.8)同解.一般地,称矩阵方程(8.8)是线性方程组(8.1)的矩阵形式.

同理,线性变换

$$\begin{cases} y_1 = a_{11}x_1 + a_{12}x_2 + \cdots + a_{1n}x_n, \\ y_2 = a_{21}x_1 + a_{22}x_2 + \cdots + a_{2n}x_n, \\ \cdots\cdots\cdots \\ y_m = a_{m1}x_1 + a_{m2}x_2 + \cdots + a_{mn}x_n \end{cases}$$

也可以表示成矩阵形式：

$$\boldsymbol{y}=\boldsymbol{A}\boldsymbol{x},$$

其中

$$\boldsymbol{A}=\begin{pmatrix} a_{11} & a_{12} & \cdots & a_{1n} \\ a_{21} & a_{22} & \cdots & a_{2n} \\ \vdots & \vdots & & \vdots \\ a_{m1} & a_{m2} & \cdots & a_{mn} \end{pmatrix}, \quad \boldsymbol{x}=\begin{pmatrix} x_1 \\ x_2 \\ \vdots \\ x_n \end{pmatrix}, \quad \boldsymbol{y}=\begin{pmatrix} y_1 \\ y_2 \\ \vdots \\ y_m \end{pmatrix}.$$

例 8.19 某公司生成两类产品，需要消耗三类原材料，用矩阵

$$\boldsymbol{A}=\begin{pmatrix} a_{11} & a_{12} \\ a_{21} & a_{22} \\ a_{31} & a_{32} \end{pmatrix}$$

表示，其中，$\boldsymbol{A}$ 的 (i,j) 元 $a_{ij}\,(i=1,2,3;j=1,2)$ 表示生产单位数量第 j 类产品所消耗的第 i 类原材料的数量. 公司全年的生产计划用矩阵

$$\boldsymbol{B}=\begin{pmatrix} b_{11} & b_{12} & b_{13} & b_{14} \\ b_{21} & b_{22} & b_{23} & b_{24} \end{pmatrix}$$

表示，其中，$\boldsymbol{B}$ 的 (i,j) 元 $b_{ij}\,(i=1,2;j=1,2,3,4)$ 表示第 j 季度生产第 i 类产品的数量. 如果该公司在每季度初一次性买进本季度生产所需的各种原材料，按照生产计划，试确定公司的原材料购买计划.

解 设该公司的原材料购买计划用矩阵 $\boldsymbol{C}=(c_{ij})_{3\times4}$ 表示，其中，$\boldsymbol{C}$ 的 (i,j) 元 c_{ij} 表示第 $j\,(j=1,2,3,4)$ 季度初第 $i\,(i=1,2,3)$ 类原材料的计划购买的数量. 下面分析 c_{ij} 的构成.

第 j 季度，公司计划生产第 1 类产品的数量为 b_{1j}，而生产单位数量第 1 类产品所需的第 i 类原材料的数量为 a_{i1}，所以生产全部第 1 类产品所需的第 i 类原材料的数量为 $a_{i1}b_{1j}$；同理，生产全部第 2 类产品所需的第 i 类原材料的数量为 $a_{i2}b_{2j}$. 于是，第 j 季度内，所需的第 i 类原材料的总数量就为

$$c_{ij}=a_{i1}b_{1j}+a_{i2}b_{2j}=\sum_{k=1}^{2}a_{ik}b_{kj}.$$

c_{ij} 可以看成是矩阵 $\boldsymbol{A}$ 的第 i 行和矩阵 $\boldsymbol{B}$ 的第 j 列对应元素乘积之和，说明

$$\boldsymbol{C}=\boldsymbol{A}\boldsymbol{B}.$$

8.2.4 方阵的幂

有了矩阵的乘法，就可以定义 n 阶方阵的幂.

定义 8.6 设 $\boldsymbol{A}$ 是 n 阶方阵，记

$$\boldsymbol{A}^0=\boldsymbol{E},\boldsymbol{A}^1=\boldsymbol{A},\boldsymbol{A}^2=\boldsymbol{A}^1\boldsymbol{A},\cdots,\boldsymbol{A}^k=\boldsymbol{A}^{k-1}\boldsymbol{A},$$

其中 k 为正整数，即 A^k 就是 k 个 $\boldsymbol{A}$ 连续相乘：

$$\boldsymbol{A}^k = \underbrace{\boldsymbol{A}\boldsymbol{A}\cdots\boldsymbol{A}}_{k\text{个}\boldsymbol{A}},$$

称 $\boldsymbol{A}^k$ 是方阵 $\boldsymbol{A}$ 的 k 次幂(k 为自然数).

例 8.20 设

$$\boldsymbol{A} = \begin{pmatrix} 1 & 1 \\ 1 & 1 \end{pmatrix},$$

则

$$\boldsymbol{A}^2 = \begin{pmatrix} 1 & 1 \\ 1 & 1 \end{pmatrix}\begin{pmatrix} 1 & 1 \\ 1 & 1 \end{pmatrix} = \begin{pmatrix} 2 & 2 \\ 2 & 2 \end{pmatrix},$$

$$\boldsymbol{A}^3 = \boldsymbol{A}^2\boldsymbol{A} = \begin{pmatrix} 2 & 2 \\ 2 & 2 \end{pmatrix}\begin{pmatrix} 1 & 1 \\ 1 & 1 \end{pmatrix} = \begin{pmatrix} 4 & 4 \\ 4 & 4 \end{pmatrix}.$$

容易用数学归纳法证明,对任意的正整数 k,有

$$\boldsymbol{A}^k = \begin{pmatrix} 2^{k-1} & 2^{k-1} \\ 2^{k-1} & 2^{k-1} \end{pmatrix}.$$

容易验证,方阵的幂运算满足下列运算规律(k,l 为任意的自然数):

$$\boldsymbol{A}^k\boldsymbol{A}^l = \boldsymbol{A}^{k+l}, \quad (\boldsymbol{A}^k)^l = \boldsymbol{A}^{kl}.$$

但是,因为矩阵乘积不满足交换律,所以 $(\boldsymbol{AB})^k$ 与 $\boldsymbol{A}^k\boldsymbol{B}^k$ 也不一定相等,实际上

$$(\boldsymbol{AB})^k = \underbrace{(\boldsymbol{AB})(\boldsymbol{AB})\cdots(\boldsymbol{AB})}_{k\text{个}\boldsymbol{AB}} = \boldsymbol{A}\underbrace{(\boldsymbol{BA})(\boldsymbol{B}\cdots\boldsymbol{A})(\boldsymbol{BA})}_{k-1\text{个}\boldsymbol{BA}}\boldsymbol{B} = \boldsymbol{A}(\boldsymbol{BA})^{k-1}\boldsymbol{B}.$$

例 8.21 设

$$\boldsymbol{\alpha} = \begin{pmatrix} 1 \\ 2 \\ 3 \end{pmatrix}, \quad \boldsymbol{\beta} = (2 \quad 1 \quad 0),$$

则

$$\boldsymbol{\alpha\beta} = \begin{pmatrix} 1 \\ 2 \\ 3 \end{pmatrix}(2 \quad 1 \quad 0) = \begin{pmatrix} 2 & 1 & 0 \\ 4 & 2 & 0 \\ 6 & 3 & 0 \end{pmatrix},$$

$$\boldsymbol{\beta\alpha} = (2 \quad 1 \quad 0)\begin{pmatrix} 1 \\ 2 \\ 3 \end{pmatrix} = 2\times1+1\times2+0\times3 = 4,$$

所以,

$$(\boldsymbol{\alpha\beta})^k = \boldsymbol{\alpha}(\boldsymbol{\beta\alpha})^{k-1}\boldsymbol{\beta} = (\boldsymbol{\beta\alpha})^{k-1}(\boldsymbol{\alpha\beta}) = 4^{k-1}\begin{pmatrix} 2 & 1 & 0 \\ 4 & 2 & 0 \\ 6 & 3 & 0 \end{pmatrix} = \begin{pmatrix} 2^{2k-1} & 2^{2k-2} & 0 \\ 2^{2k} & 2^{2k-1} & 0 \\ 3\cdot2^{2k-1} & 3\cdot2^{2k-2} & 0 \end{pmatrix},$$

其中,k 为任意的正整数.

这里需要注意,$\boldsymbol{\alpha}(\boldsymbol{\beta\alpha})^{k-1}\boldsymbol{\beta}$ 之所以能化为 $(\boldsymbol{\beta\alpha})^{k-1}(\boldsymbol{\alpha\beta})$,是因为 $(\boldsymbol{\beta\alpha})^{k-1}$ 是一个数,可以提取到列向量 $\boldsymbol{\alpha}$ 的前面,即 $(\boldsymbol{\beta\alpha})^{k-1}\boldsymbol{\alpha\beta}$,再根据乘法的结合律,即化为 $(\boldsymbol{\beta\alpha})^{k-1}(\boldsymbol{\alpha\beta})$.

例 8.22 如图 8-1 所示的四城市之间的航班图,求任意两个城市之间经过一次转机能够到达的路线数目.

解 四城市之间的邻接矩阵为

$$\boldsymbol{G}=\begin{pmatrix} g_{11} & g_{12} & g_{13} & g_{14} \\ g_{21} & g_{22} & g_{23} & g_{24} \\ g_{31} & g_{32} & g_{33} & g_{34} \\ g_{41} & g_{42} & g_{43} & g_{44} \end{pmatrix}=\begin{pmatrix} 0 & 1 & 1 & 0 \\ 1 & 0 & 0 & 1 \\ 1 & 0 & 0 & 1 \\ 0 & 1 & 1 & 0 \end{pmatrix},$$

其中,$\boldsymbol{G}$ 的 (i,j) 元

$$g_{ij}=\begin{cases} 0, & \text{第 } i \text{ 个城市到第 } j \text{ 个城市没有航班}, \\ 1, & \text{第 } i \text{ 个城市到第 } j \text{ 个城市有航班}, \end{cases} \quad i,j=1,2,3,4$$

也可以表示从第 i 个城市到第 j 个城市直达(不需要转机)的路线数目.

记 $\boldsymbol{G}^2=(g_{ij}^{(2)})_{4\times 4}$,其中

$$g_{ij}^{(2)}=g_{i1}g_{1j}+g_{i2}g_{2j}+g_{i3}g_{3j}+g_{i4}g_{4j}=\sum_{k=1}^{4}g_{ik}g_{kj}\,(\,i,j=1,2,3,4).$$

先看 $g_{ik}g_{kj}\,(i,j,k=1,2,3,4)$ 的取值情况(表 8-11).

表 8-11 取值情况

g_{ik}	g_{kj}	$g_{ik}g_{kj}$	说明
0	0	0	从第 i 个城市不能经第 k 个城市中转到达第 j 个城市
0	1	0	
1	0	0	
1	1	1	从第 i 个城市经第 k 个城市中转可以到达第 j 个城市

所以,$g_{ij}^{(2)}=g_{i1}g_{1j}+g_{i2}g_{2j}+g_{i3}g_{3j}+g_{i4}g_{4j}$ 表示从第 i 个城市经一次中转可以到达第 j 个城市的路线数量,如

$$g_{14}^{(2)}=g_{11}g_{14}+g_{12}g_{24}+g_{13}g_{34}+g_{14}g_{44}=0+1+1+0=2,$$

表示从城市 A 经一次中转到达城市 D 的路线有 2 条:

$$\text{A}\to\text{B}\to\text{D},\quad \text{A}\to\text{C}\to\text{D}.$$

容易计算

$$\boldsymbol{G}^2=\begin{pmatrix} 0 & 1 & 1 & 0 \\ 1 & 0 & 0 & 1 \\ 1 & 0 & 0 & 1 \\ 0 & 1 & 1 & 0 \end{pmatrix}\begin{pmatrix} 0 & 1 & 1 & 0 \\ 1 & 0 & 0 & 1 \\ 1 & 0 & 0 & 1 \\ 0 & 1 & 1 & 0 \end{pmatrix}=\begin{pmatrix} 2 & 0 & 0 & 2 \\ 0 & 2 & 2 & 0 \\ 0 & 2 & 2 & 0 \\ 2 & 0 & 0 & 2 \end{pmatrix}.$$

可以将其推广到一般情况，$\boldsymbol{G}^3=(g_{ij}^{(3)})_{4\times4}$ 可以表示任意两个城市之间经过两次转机能够到达的路线数目；$\boldsymbol{G}^k=(g_{ij}^{(k)})_{4\times4}$ 可以表示任意两个城市之间经过 $k-1$ 次转机能够到达的路线数目.

8.2.5 矩阵的转置

定义 8.7 设

$$\boldsymbol{A}=\begin{pmatrix} a_{11} & a_{12} & \cdots & a_{1n} \\ a_{21} & a_{22} & \cdots & a_{2n} \\ \vdots & \vdots & & \vdots \\ a_{m1} & a_{m2} & \cdots & a_{mn} \end{pmatrix}$$

是 $m\times n$ 矩阵，将 $\boldsymbol{A}$ 的行换成同序数的列所得到的 $n\times m$ 矩阵，称为矩阵 $\boldsymbol{A}$ 的**转置**，记为 $\boldsymbol{A}^{\mathrm{T}}$，即

$$\boldsymbol{A}^{\mathrm{T}}=\begin{pmatrix} a_{11} & a_{21} & \cdots & a_{m1} \\ a_{12} & a_{22} & \cdots & a_{m2} \\ \vdots & \vdots & & \vdots \\ a_{1n} & a_{2n} & \cdots & a_{mn} \end{pmatrix}.$$

例 8.23 设

$$\boldsymbol{A}=\begin{pmatrix} a & b \\ c & d \end{pmatrix},\quad \boldsymbol{B}=\begin{pmatrix} 1 & 2 \\ 3 & 4 \\ 5 & 6 \end{pmatrix},\quad \boldsymbol{C}=\begin{pmatrix} 1 & 2 & 3 & 4 \\ 1 & 2 & 3 & 4 \\ 1 & 2 & 3 & 4 \end{pmatrix},$$

则

$$\boldsymbol{A}^{\mathrm{T}}=\begin{pmatrix} a & c \\ b & d \end{pmatrix},\quad \boldsymbol{B}^{\mathrm{T}}=\begin{pmatrix} 1 & 3 & 5 \\ 2 & 4 & 6 \end{pmatrix},\quad \boldsymbol{C}^{\mathrm{T}}=\begin{pmatrix} 1 & 1 & 1 \\ 2 & 2 & 2 \\ 3 & 3 & 3 \\ 4 & 4 & 4 \end{pmatrix}.$$

矩阵的转置运算满足下列运算律(假设运算都是可行的)：

(1) $(\boldsymbol{A}^{\mathrm{T}})^{\mathrm{T}}=\boldsymbol{A}$；

(2) $(\boldsymbol{A}+\boldsymbol{B})^{\mathrm{T}}=\boldsymbol{A}^{\mathrm{T}}+\boldsymbol{B}^{\mathrm{T}}$；

(3) $(k\boldsymbol{A})^{\mathrm{T}}=k\boldsymbol{A}^{\mathrm{T}}$，其中 k 为任意的数；

(4) $(\boldsymbol{AB})^{\mathrm{T}}=\boldsymbol{B}^{\mathrm{T}}\boldsymbol{A}^{\mathrm{T}}$.

例 8.24 设

$$\boldsymbol{A}=\begin{pmatrix} 2 & 0 & -1 \\ 1 & 3 & 2 \end{pmatrix},\quad \boldsymbol{B}=\begin{pmatrix} 1 & 7 & -1 \\ 4 & 2 & 3 \\ 2 & 0 & 1 \end{pmatrix},$$

则

$$AB=\begin{pmatrix}2&0&-1\\1&3&2\end{pmatrix}\begin{pmatrix}1&7&-1\\4&2&3\\2&0&1\end{pmatrix}=\begin{pmatrix}0&14&-3\\17&13&10\end{pmatrix},$$

$$B^{\mathrm{T}}A^{\mathrm{T}}=\begin{pmatrix}1&4&2\\7&2&0\\-1&3&1\end{pmatrix}\begin{pmatrix}2&1\\0&3\\-1&2\end{pmatrix}=\begin{pmatrix}0&17\\14&13\\-3&10\end{pmatrix}=(AB)^{\mathrm{T}}.$$

根据矩阵的转置运算，可以得到两类特殊的矩阵：对称矩阵和反对称矩阵.

定义 8.8　设 A 为 n 阶方阵，若满足 $A^{\mathrm{T}}=A$，即

$$a_{ij}=a_{ji}(i,j=1,2,\cdots,n),$$

则称 A 为 n 阶**对称矩阵**. 若方阵 A 满足 $A^{\mathrm{T}}=-A$，即

$$\begin{cases}a_{ij}=-a_{ji}, & i\neq j,\\ a_{ij}=0, & i=j,\end{cases}$$

则称 A 为 n 阶**反对称矩阵**.

例如，

$$A=\begin{pmatrix}2&-1&3\\-1&1&-2\\3&-2&0\end{pmatrix}$$

是一个 3 阶对称矩阵；而

$$B=\begin{pmatrix}0&1&2&3\\-1&0&-2&-3\\-2&2&0&1\\-3&3&-1&0\end{pmatrix}$$

是一个 4 阶反对称矩阵.

从定义可以看出，对称矩阵的特点是它的元素以主对角线为对称轴对应相等；反对称矩阵的特点是它的元素以主对角线为对称轴对应成相反数.

8.2.6　方阵的行列式

定义 8.9　n 阶方阵 $A=(a_{ij})_{n\times n}$ 的元素按原次序构成的 n 阶行列式

$$\begin{vmatrix}a_{11}&a_{12}&\cdots&a_{1n}\\a_{21}&a_{22}&\cdots&a_{2n}\\\vdots&\vdots&&\vdots\\a_{n1}&a_{n2}&\cdots&a_{nn}\end{vmatrix}$$

称为方阵 A 的**行列式**，记作 $|A|$ 或 $\det(A)$.

需要注意的是，方阵与行列式是两个不同的概念. n 阶方阵是 n^2 个数按一定方式排成的数表；而 n 阶行列式则是由这些数按一定的运算法则所确定的一个数.

方阵的行列式运算满足下列运算规律:设 $\boldsymbol{A},\boldsymbol{B}$ 均为 n 阶方阵, k 为数,则

(1) $|\boldsymbol{A}^{\mathrm{T}}| = |\boldsymbol{A}|$;

(2) $|k\boldsymbol{A}| = k^n|\boldsymbol{A}|$;

(3) $|\boldsymbol{AB}| = |\boldsymbol{A}||\boldsymbol{B}|$.

前两条运算法则比较容易理解, $|\boldsymbol{A}^{\mathrm{T}}|$ 实际上就是行列式 $|\boldsymbol{A}|$ 的转置行列式,两者当然相等; $|k\boldsymbol{A}|$ 相当于行列式 $|\boldsymbol{A}|$ 的每一行都乘以数 k,每一行都提取一个 k 到行列式符号外面,即 $k^n|\boldsymbol{A}|$.

对于第 3 条运算法则的证明比较烦琐,仅举一个例子,使大家对其有个直观的认识. 例如,设

$$\boldsymbol{A}=\begin{pmatrix}1 & 2 & 5\\ 6 & 3 & -2\\ 3 & -1 & 2\end{pmatrix},\quad \boldsymbol{B}=\begin{pmatrix}4 & 6 & -1\\ 3 & 2 & -2\\ 2 & -1 & 1\end{pmatrix},$$

则

$$\boldsymbol{AB}=\begin{pmatrix}20 & 5 & 0\\ 29 & 44 & -14\\ 13 & 14 & 1\end{pmatrix}$$

且

$$|\boldsymbol{AB}|=3745,\quad |\boldsymbol{A}|=-107,\quad |\boldsymbol{B}|=-35,$$

容易验证

$$|\boldsymbol{A}||\boldsymbol{B}|=3745=|\boldsymbol{AB}|.$$

8.3 矩阵的逆

对一个实数 a ,如果存在一个数 b 使得 $ab=1$,则称 b 是 a 的乘法逆元,即倒数. 任何非零实数 a 都有一个乘法逆元 $b=\dfrac{1}{a}=a^{-1}$. 下面将这个概念推广到矩阵乘法中,即逆矩阵.

8.3.1 可逆矩阵的概念

定义 8.10 对于 n 阶方阵 $\boldsymbol{A}$,若存在一个 n 阶方阵 $\boldsymbol{B}$,使得

$$\boldsymbol{AB}=\boldsymbol{BA}=\boldsymbol{E},$$

则称方阵 $\boldsymbol{A}$ 是**可逆的**,并称 $\boldsymbol{B}$ 为 $\boldsymbol{A}$ 的**逆矩阵**. 否则,称 $\boldsymbol{A}$ 是**不可逆的**.

根据定义,如果 $\boldsymbol{B}$ 是 $\boldsymbol{A}$ 的逆矩阵,则 $\boldsymbol{A}$ 也是 $\boldsymbol{B}$ 的逆矩阵,或者说,$\boldsymbol{A}$ 与 $\boldsymbol{B}$ 互为逆矩阵.

若矩阵 $\boldsymbol{A}$ 可逆,则 $\boldsymbol{A}$ 的逆矩阵是唯一的. 事实上,假设 $\boldsymbol{B}$ 和 $\boldsymbol{C}$ 都是 $\boldsymbol{A}$ 的逆矩

阵,即同时有

$$AB=BA=E, \quad AC=CA=E,$$

则

$$B=BE=B(AC)=(BA)C=EC=C.$$

所以,一般将 A 的逆矩阵记作 A^{-1} ,即

$$AA^{-1}=A^{-1}A=E.$$

例如,矩阵

$$A=\begin{pmatrix}1&2\\3&4\end{pmatrix}, \quad B=\begin{pmatrix}-2&1\\ \frac{3}{2}&-\frac{1}{2}\end{pmatrix},$$

互为逆矩阵,因为

$$AB=\begin{pmatrix}1&2\\3&4\end{pmatrix}\begin{pmatrix}-2&1\\ \frac{3}{2}&-\frac{1}{2}\end{pmatrix}=\begin{pmatrix}1&0\\0&1\end{pmatrix},$$

且

$$BA=\begin{pmatrix}-2&1\\ \frac{3}{2}&-\frac{1}{2}\end{pmatrix}\begin{pmatrix}1&2\\3&4\end{pmatrix}=\begin{pmatrix}1&0\\0&1\end{pmatrix}.$$

例 8.25　设

$$D=\begin{pmatrix}d_1&&&\\&d_2&&\\&&\ddots&\\&&&d_n\end{pmatrix}$$

是对角矩阵. 当 $d_1d_2\cdots d_n\neq 0$ 时,D 可逆,且

$$\begin{pmatrix}d_1&&&\\&d_2&&\\&&\ddots&\\&&&d_n\end{pmatrix}^{-1}=\begin{pmatrix}d_1^{-1}&&&\\&d_2^{-1}&&\\&&\ddots&\\&&&d_n^{-1}\end{pmatrix}.$$

事实上,

$$\begin{pmatrix}d_1&&&\\&d_2&&\\&&\ddots&\\&&&d_n\end{pmatrix}\begin{pmatrix}d_1^{-1}&&&\\&d_2^{-1}&&\\&&\ddots&\\&&&d_n^{-1}\end{pmatrix}$$

$$=\begin{pmatrix}d_1^{-1}&&&\\&d_2^{-1}&&\\&&\ddots&\\&&&d_n^{-1}\end{pmatrix}\begin{pmatrix}d_1&&&\\&d_2&&\\&&\ddots&\\&&&d_n\end{pmatrix}$$

$$=\begin{pmatrix}1 & & & \\ & 1 & & \\ & & \ddots & \\ & & & 1\end{pmatrix}.$$

例 8.26 设

$$\boldsymbol{A}=\begin{pmatrix}a & b\\ c & d\end{pmatrix},$$

判断 $\boldsymbol{A}$ 何时可逆,在可逆时求其逆矩阵.

解 若 $\boldsymbol{A}$ 可逆,则存在矩阵

$$\boldsymbol{B}=\begin{pmatrix}x_1 & x_2\\ x_3 & x_4\end{pmatrix},$$

使得 $\boldsymbol{AB}=\boldsymbol{BA}=\boldsymbol{E}$. 由 $\boldsymbol{AB}=\boldsymbol{E}$,即

$$\boldsymbol{AB}=\begin{pmatrix}a & b\\ c & d\end{pmatrix}\begin{pmatrix}x_1 & x_2\\ x_3 & x_4\end{pmatrix}=\begin{pmatrix}ax_1+bx_3 & ax_2+bx_4\\ cx_1+dx_3 & cx_2+dx_4\end{pmatrix}=\begin{pmatrix}1 & 0\\ 0 & 1\end{pmatrix},$$

得线性方程组

$$\begin{cases}ax_1+bx_3=1,\\ ax_2+bx_4=0,\\ cx_1+dx_3=0,\\ cx_2+dx_4=1.\end{cases}$$

利用克拉默法则解此线性方程组,当系数行列式

$$D=\begin{vmatrix}\boxed{a} & 0 & b & 0\\ 0 & a & 0 & b\\ \boxed{c} & 0 & d & 0\\ 0 & c & 0 & d\end{vmatrix}=a\begin{vmatrix}a & 0 & b\\ 0 & \boxed{d} & 0\\ c & 0 & d\end{vmatrix}+c\begin{vmatrix}0 & \boxed{b} & 0\\ a & 0 & b\\ c & 0 & d\end{vmatrix}$$

$$=ad\begin{vmatrix}a & b\\ c & d\end{vmatrix}-bc\begin{vmatrix}a & b\\ c & d\end{vmatrix}=(ad-bc)\begin{vmatrix}a & b\\ c & d\end{vmatrix}$$

$$=(ad-bc)^2\neq 0,$$

即 $ad-bc\neq 0$ 时,有唯一解,而

$$D_1=\begin{vmatrix}1 & 0 & b & 0\\ 0 & a & 0 & b\\ 0 & 0 & \boxed{d} & 0\\ 1 & c & 0 & d\end{vmatrix}=d\begin{vmatrix}\boxed{1} & 0 & 0\\ 0 & a & b\\ 1 & c & d\end{vmatrix}=d\begin{vmatrix}a & b\\ c & d\end{vmatrix}=d(ad-bc),$$

$$D_2=-b(ad-bc),\quad D_3=-b(ad-bc),\quad D_4=a(ad-bc),$$

所以,线性方程组的解为

$$x_1=\frac{D_1}{D}=\frac{d}{ad-bc},\quad x_2=\frac{D_2}{D}=\frac{-b}{ad-bc},$$

$$x_3=\frac{D_3}{D}=\frac{-c}{ad-bc},\quad x_4=\frac{D_4}{D}=\frac{a}{ad-bc}.$$

即

$$\boldsymbol{B}=\begin{pmatrix}\frac{d}{ad-bc} & \frac{-b}{ad-bc}\\ \frac{-c}{ad-bc} & \frac{a}{ad-bc}\end{pmatrix}=\frac{1}{ad-bc}\begin{pmatrix}d & -b\\ -c & a\end{pmatrix}.$$

可以验证 $\boldsymbol{AB}=\boldsymbol{BA}=\boldsymbol{E}$.

所以当且仅当 $ad-bc\neq 0$ 时,$\boldsymbol{A}$ 可逆,且其逆矩阵为 $\boldsymbol{B}$,即

$$\begin{pmatrix}a & b\\ c & d\end{pmatrix}^{-1}=\frac{1}{ad-bc}\begin{pmatrix}d & -b\\ -c & a\end{pmatrix}\quad (ad-bc\neq 0).$$

例 8.26 中采用待定系数法,将矩阵求逆问题转化为线性方程组的求解问题.在解题过程中可以看出,这一方法的计算量比较大,特别是对三阶以上的高阶矩阵,此方法更加不可行.

8.3.2 矩阵可逆的判定

下面从行列式的角度来考虑矩阵求逆问题.

定义 8.11 设 $\boldsymbol{A}=(a_{ij})_{n\times n}$ 是 n 阶方阵 $(n\geqslant 2)$,A_{ij} 是元素 a_{ij} 的代数余子式 $(i,j=1,2,\cdots,n)$,矩阵

$$\begin{pmatrix}A_{11} & A_{21} & \cdots & A_{n1}\\ A_{12} & A_{22} & \cdots & A_{n2}\\ \vdots & \vdots & & \vdots\\ A_{1n} & A_{2n} & \cdots & A_{nn}\end{pmatrix}$$

称为 $\boldsymbol{A}$ 的**伴随矩阵**,记为 $\boldsymbol{A}^*$.

例如,设

$$\boldsymbol{A}=\begin{pmatrix}a & b\\ c & d\end{pmatrix},$$

则

$$A_{11}=d,\quad A_{12}=-c,\quad A_{21}=-b,\quad A_{22}=a,$$

所以,$\boldsymbol{A}$ 的伴随矩阵为

$$\boldsymbol{A}^*=\begin{pmatrix}d & -b\\ -c & a\end{pmatrix}.$$

例 8.27 设

$$A=\begin{pmatrix}1 & 2 & -1\\ 2 & -1 & 4\\ 3 & 2 & 1\end{pmatrix},$$

则

$$A_{11}=\begin{vmatrix}-1 & 4\\ 2 & 1\end{vmatrix}=-9,\quad A_{12}=-\begin{vmatrix}2 & 4\\ 3 & 1\end{vmatrix}=10,\quad A_{13}=\begin{vmatrix}2 & -1\\ 3 & 2\end{vmatrix}=7,$$

$$A_{21}=-\begin{vmatrix}2 & -1\\ 2 & 1\end{vmatrix}=-4,\quad A_{22}=\begin{vmatrix}1 & -1\\ 3 & 1\end{vmatrix}=4,\quad A_{23}=-\begin{vmatrix}1 & 2\\ 3 & 2\end{vmatrix}=4,$$

$$A_{31}=\begin{vmatrix}2 & -1\\ -1 & 4\end{vmatrix}=7,\quad A_{32}=-\begin{vmatrix}1 & -1\\ 2 & 4\end{vmatrix}=-6,\quad A_{33}=\begin{vmatrix}1 & 2\\ 2 & -1\end{vmatrix}=-5,$$

所以,A 的伴随矩阵为

$$A^*=\begin{pmatrix}-9 & -4 & 7\\ 10 & 4 & -6\\ 7 & 4 & -5\end{pmatrix}.$$

由行列式的知识(定理 7.2 及其推论),可知

$$AA^*=\begin{pmatrix}a_{11} & a_{12} & \cdots & a_{1n}\\ \vdots & \vdots & & \vdots\\ a_{i1} & a_{i2} & \cdots & a_{in}\\ \vdots & \vdots & & \vdots\\ a_{n1} & a_{n2} & \cdots & a_{nn}\end{pmatrix}\begin{pmatrix}A_{11} & \cdots & A_{j1} & \cdots & A_{n1}\\ A_{12} & \cdots & A_{j2} & \cdots & A_{n2}\\ \vdots & & \vdots & & \vdots\\ A_{1n} & \cdots & A_{jn} & \cdots & A_{nn}\end{pmatrix}$$

$$=\begin{pmatrix}c_{11} & c_{12} & \cdots & c_{1n}\\ c_{21} & c_{22} & \cdots & c_{2n}\\ \vdots & \vdots & & \vdots\\ c_{m1} & c_{m2} & \cdots & c_{mn}\end{pmatrix},$$

其中,

$$c_{ij}=a_{i1}A_{j1}+a_{i2}A_{j2}+\cdots+a_{in}A_{jn}=\sum_{k=1}^{n}a_{ik}A_{jk}=\begin{cases}0, & i\neq j,\\ |A|, & i=j,\end{cases}$$

即

$$AA^*=\begin{pmatrix}|A| & & & \\ & |A| & & \\ & & \ddots & \\ & & & |A|\end{pmatrix}=|A|E.$$

同理,有

$$A^*A=|A|E.$$

所以,关于伴随矩阵有如下的性质.

性质　设 $\boldsymbol{A}$ 为 n 级方阵，则

$$\boldsymbol{A}\boldsymbol{A}^{*}=\boldsymbol{A}^{*}\boldsymbol{A}=|\boldsymbol{A}|\boldsymbol{E}.$$

根据伴随矩阵的这条性质，可以得到矩阵可逆的判定定理和逆矩阵的一种理论表达式.

定理 8.1　n 阶方阵 $\boldsymbol{A}$ 可逆的充分必要条件是 $|\boldsymbol{A}|\neq 0$，且当 $\boldsymbol{A}$ 可逆时，有

$$\boldsymbol{A}^{-1}=\frac{1}{|\boldsymbol{A}|}\boldsymbol{A}^{*},$$

其中 $\boldsymbol{A}^{*}$ 是方阵 $\boldsymbol{A}$ 的伴随矩阵.

证明　先证必要性. 若方阵 $\boldsymbol{A}$ 可逆，即存在 $\boldsymbol{A}^{-1}$，使得 $\boldsymbol{A}\boldsymbol{A}^{-1}=\boldsymbol{E}$，两边取行列式，得

$$|\boldsymbol{A}\boldsymbol{A}^{-1}|=|\boldsymbol{A}|\cdot|\boldsymbol{A}^{-1}|=|\boldsymbol{E}|=1,$$

所以 $|\boldsymbol{A}|\neq 0$.

再证充分性. 前面已经证明

$$\boldsymbol{A}\boldsymbol{A}^{*}=\boldsymbol{A}^{*}\boldsymbol{A}=|\boldsymbol{A}|\boldsymbol{E},$$

由于 $|\boldsymbol{A}|\neq 0$，两边同时除以数 $|\boldsymbol{A}|$，得

$$\frac{1}{|\boldsymbol{A}|}\boldsymbol{A}\boldsymbol{A}^{*}=\frac{1}{|\boldsymbol{A}|}\boldsymbol{A}^{*}\boldsymbol{A}=\boldsymbol{E}.$$

而

$$\frac{1}{|\boldsymbol{A}|}\boldsymbol{A}\boldsymbol{A}^{*}=\boldsymbol{A}\left(\frac{1}{|\boldsymbol{A}|}\boldsymbol{A}^{*}\right),\quad \frac{1}{|\boldsymbol{A}|}\boldsymbol{A}^{*}\boldsymbol{A}=\left(\frac{1}{|\boldsymbol{A}|}\boldsymbol{A}^{*}\right)\boldsymbol{A},$$

所以

$$\boldsymbol{A}\left(\frac{1}{|\boldsymbol{A}|}\boldsymbol{A}^{*}\right)=\left(\frac{1}{|\boldsymbol{A}|}\boldsymbol{A}^{*}\right)\boldsymbol{A}=\boldsymbol{E},$$

因此，按逆矩阵的定义有

$$\boldsymbol{A}^{-1}=\frac{1}{|\boldsymbol{A}|}\boldsymbol{A}^{*}.$$

当 $|\boldsymbol{A}|=0$ 时，A 称为**奇异矩阵**，否则称为**非奇异矩阵**. 由上述定理可知，$\boldsymbol{A}$ 是可逆方阵的充要条件是 $|\boldsymbol{A}|\neq 0$，即可逆方阵就是非奇异矩阵.

推论　设 $\boldsymbol{A},\boldsymbol{B}$ 都是 n 阶方阵，若 $\boldsymbol{A}\boldsymbol{B}=\boldsymbol{E}$，则 $\boldsymbol{A},\boldsymbol{B}$ 都是可逆的，且

$$\boldsymbol{A}^{-1}=\boldsymbol{B},\quad \boldsymbol{B}^{-1}=\boldsymbol{A}.$$

证明　由 $\boldsymbol{A}\boldsymbol{B}=\boldsymbol{E}$ 得

$$|\boldsymbol{A}||\boldsymbol{B}|=|\boldsymbol{A}\boldsymbol{B}|=|\boldsymbol{E}|=1,$$

因此 $|\boldsymbol{A}|\neq 0$，$|\boldsymbol{B}|\neq 0$，于是 $\boldsymbol{A},\boldsymbol{B}$ 可逆，即 $\boldsymbol{A}^{-1}$，$\boldsymbol{B}^{-1}$ 存在. 同时

$$\boldsymbol{A}^{-1}=\boldsymbol{A}^{-1}\boldsymbol{E}=\boldsymbol{A}^{-1}(\boldsymbol{A}\boldsymbol{B})=(\boldsymbol{A}^{-1}\boldsymbol{A})\boldsymbol{B}=\boldsymbol{E}\boldsymbol{B}=\boldsymbol{B},$$

$$\boldsymbol{B}^{-1}=\boldsymbol{E}\boldsymbol{B}^{-1}=(\boldsymbol{A}\boldsymbol{B})\boldsymbol{B}^{-1}=\boldsymbol{A}(\boldsymbol{B}\boldsymbol{B}^{-1})=\boldsymbol{A}\boldsymbol{E}=\boldsymbol{A}.$$

根据这条推论可知，要验证 $\boldsymbol{B}$ 是 $\boldsymbol{A}$ 的逆矩阵，不需要按照矩阵可逆的定义验

证 $\boldsymbol{AB}=\boldsymbol{E}$ 且 $\boldsymbol{BA}=\boldsymbol{E}$，只需要验证其中之一成立即可. 同时还可知，如果 $\boldsymbol{AB}=\boldsymbol{E}$，则 $\boldsymbol{BA}=\boldsymbol{E}$ 也成立.

例 8.28　设

$$\boldsymbol{A}=\begin{pmatrix}1 & 2 & -1\\ 3 & 1 & 0\\ -1 & 0 & -2\end{pmatrix},\quad \boldsymbol{B}=\begin{pmatrix}1 & 2 & 3\\ 0 & 3 & 6\\ -1 & 1 & 3\end{pmatrix},$$

因为

$$|\boldsymbol{A}|=\begin{vmatrix}1 & 2 & -1\\ 3 & 1 & 0\\ -1 & 0 & -2\end{vmatrix}=\begin{vmatrix}-5 & 0 & -1\\ 3 & 1 & 0\\ -1 & 0 & -2\end{vmatrix}=\begin{vmatrix}-5 & -1\\ -1 & -2\end{vmatrix}=9\neq 0,$$

$$|\boldsymbol{B}|=\begin{vmatrix}1 & 2 & 3\\ 0 & 3 & 6\\ -1 & 1 & 3\end{vmatrix}=\begin{vmatrix}1 & 2 & 3\\ 0 & 3 & 6\\ 0 & 3 & 6\end{vmatrix}=0,$$

所以 $\boldsymbol{A}$ 可逆，但 $\boldsymbol{B}$ 不可逆.

可以依次计算 $\boldsymbol{A}$ 的所有元素的代数余子式

$$A_{11}=-2,\quad A_{12}=6,\quad A_{13}=1,$$
$$A_{21}=4,\quad A_{22}=-3,\quad A_{23}=-2,$$
$$A_{31}=1,\quad A_{32}=-3,\quad A_{33}=-5,$$

于是得到

$$\boldsymbol{A}^{*}=\begin{pmatrix}-2 & 4 & 1\\ 6 & -3 & -3\\ 1 & -2 & -5\end{pmatrix},$$

所以

$$\boldsymbol{A}^{-1}=\frac{1}{|\boldsymbol{A}|}\boldsymbol{A}^{*}=\begin{pmatrix}-\frac{2}{9} & \frac{4}{9} & \frac{1}{9}\\ \frac{2}{3} & -\frac{1}{3} & -\frac{1}{3}\\ \frac{1}{9} & -\frac{2}{9} & -\frac{5}{9}\end{pmatrix}.$$

8.3.3　可逆矩阵的性质

下面给出可逆矩阵的几条简单但重要的性质.

性质 1　若 $\boldsymbol{A}$ 是可逆的，则 $\boldsymbol{A}^{-1}$ 也是可逆的，且

$$(\boldsymbol{A}^{-1})^{-1}=\boldsymbol{A}.$$

性质 2　若 $\boldsymbol{A}$ 是可逆的，数 $k\neq 0$，则 $k\boldsymbol{A}$ 也可逆的，且

$$(k\boldsymbol{A})^{-1} = \frac{1}{k}\boldsymbol{A}^{-1}.$$

性质 3 若 $\boldsymbol{A}$ 和 $\boldsymbol{B}$ 为 n 阶可逆矩阵，则 $\boldsymbol{AB}$ 也可逆，且其逆矩阵为 $\boldsymbol{A}$ 和 $\boldsymbol{B}$ 的逆矩阵按相反顺序的乘积，即

$$(\boldsymbol{AB})^{-1} = \boldsymbol{B}^{-1}\boldsymbol{A}^{-1}.$$

可以将其推广到多个可逆方阵的乘积，即：

若干个 n 阶可逆矩阵的乘积也是可逆的，且乘积的逆矩阵等于这些矩阵的逆矩阵按相反顺序的乘积.

性质 4 若 $\boldsymbol{A}$ 可逆，则 $\boldsymbol{A}^{\mathrm{T}}$ 也可逆，且其逆是 $\boldsymbol{A}^{-1}$ 的转置，即

$$(\boldsymbol{A}^{\mathrm{T}})^{-1} = (\boldsymbol{A}^{-1})^{\mathrm{T}}.$$

这几条性质的证明都比较简单，读者可以自己尝试完成.

例 8.29 设

$$\boldsymbol{A} = \begin{pmatrix} 1 & 2 & -1 \\ -2 & 3 & 2 \\ -3 & 1 & 4 \end{pmatrix}, \quad \boldsymbol{B} = \begin{pmatrix} 3 & 1 & -1 \\ 0 & 2 & 1 \\ 5 & 7 & -3 \end{pmatrix},$$

则

$$\boldsymbol{A} + \boldsymbol{B} = \begin{pmatrix} 4 & 3 & -2 \\ -2 & 5 & 3 \\ 2 & 8 & 1 \end{pmatrix},$$

且

$$|\boldsymbol{A}| = 7, \quad |\boldsymbol{B}| = -24, \quad |\boldsymbol{A} + \boldsymbol{B}| = 0,$$

表明，$\boldsymbol{A}$ 和 $\boldsymbol{B}$ 可逆，但 $|\boldsymbol{A}+\boldsymbol{B}|$ 不可逆.

例 8.30 求矩阵 $\boldsymbol{X}$，使得

$$\begin{pmatrix} 2 & 5 \\ 1 & 3 \end{pmatrix}\boldsymbol{X} = \begin{pmatrix} 4 & -6 \\ 2 & 1 \end{pmatrix}.$$

解 由于

$$\begin{vmatrix} 2 & 5 \\ 1 & 3 \end{vmatrix} = 1 \neq 0,$$

所以 $\begin{pmatrix} 2 & 5 \\ 1 & 3 \end{pmatrix}$ 可逆，矩阵等式两边同时左乘

$$\begin{pmatrix} 2 & 5 \\ 1 & 3 \end{pmatrix}^{-1} = \begin{pmatrix} 3 & -5 \\ -1 & 2 \end{pmatrix},$$

得

$$\boldsymbol{X} = \begin{pmatrix} 2 & 5 \\ 1 & 3 \end{pmatrix}^{-1}\begin{pmatrix} 4 & -6 \\ 2 & 1 \end{pmatrix} = \begin{pmatrix} 3 & -5 \\ -1 & 2 \end{pmatrix}\begin{pmatrix} 4 & -6 \\ 2 & 1 \end{pmatrix} = \begin{pmatrix} 2 & -23 \\ 0 & 8 \end{pmatrix}.$$

例 8.31 设

$$\boldsymbol{A}=\begin{pmatrix}1&2&3\\2&2&1\\3&4&3\end{pmatrix},\quad \boldsymbol{B}=\begin{pmatrix}2&1\\5&3\end{pmatrix},\quad \boldsymbol{C}=\begin{pmatrix}1&3\\2&0\\3&1\end{pmatrix},$$

求矩阵 $\boldsymbol{X}$,使得 $\boldsymbol{AXB}=\boldsymbol{C}$.

解 若 $\boldsymbol{A}^{-1}$ 和 $\boldsymbol{B}^{-1}$ 都存在,则用 $\boldsymbol{A}^{-1}$ 左乘、$\boldsymbol{B}^{-1}$ 右乘 $\boldsymbol{AXB}=\boldsymbol{C}$,得到$\boldsymbol{A}^{-1}\boldsymbol{AXB}\boldsymbol{B}^{-1}=\boldsymbol{A}^{-1}\boldsymbol{C}\boldsymbol{B}^{-1}$,即 $\boldsymbol{X}=\boldsymbol{A}^{-1}\boldsymbol{C}\boldsymbol{B}^{-1}$.

经计算知,$|\boldsymbol{A}|=2\neq0$,$|\boldsymbol{B}|=1\neq0$,所以 $\boldsymbol{A}$ 和 $\boldsymbol{B}$ 都可逆. 且

$$\boldsymbol{A}^{-1}=\frac{1}{2}\begin{pmatrix}2&6&-4\\-3&-6&5\\2&2&-2\end{pmatrix},\quad \boldsymbol{B}^{-1}=\begin{pmatrix}3&-1\\-5&2\end{pmatrix},$$

故

$$\boldsymbol{X}=\boldsymbol{A}^{-1}\boldsymbol{C}\boldsymbol{B}^{-1}=\frac{1}{2}\begin{pmatrix}2&6&-4\\-3&-6&5\\2&2&-2\end{pmatrix}\begin{pmatrix}1&3\\2&0\\3&1\end{pmatrix}\begin{pmatrix}3&-1\\-5&2\end{pmatrix}$$

$$=\begin{pmatrix}-2&1\\10&-4\\-10&4\end{pmatrix}.$$

习 题 8

1. 设 $\boldsymbol{A}=\begin{pmatrix}3&1&1\\2&1&2\\1&2&3\end{pmatrix}$,$\boldsymbol{B}=\begin{pmatrix}1&1&1\\2&-1&0\\1&0&1\end{pmatrix}$,计算 $3\boldsymbol{A}-2\boldsymbol{B}$,$\boldsymbol{AB}-\boldsymbol{BA}$.

2. 设 $\alpha=\begin{pmatrix}1\\2\\3\end{pmatrix}$,$\beta=(1,-2,-1)$,计算 $\alpha\beta$,$\beta\alpha$.

3. 设 $\boldsymbol{D}=\begin{pmatrix}1&0&0\\0&2&0\\0&0&-1\end{pmatrix}$,$\boldsymbol{A}=\begin{pmatrix}3&1&2\\0&-1&-2\\4&-5&3\end{pmatrix}$,计算 $\boldsymbol{DA}$,$\boldsymbol{AD}$.

4. 如果矩阵 $\boldsymbol{A}$,$\boldsymbol{B}$ 满足 $\boldsymbol{AB}=\boldsymbol{BA}$,则称矩阵 $\boldsymbol{A}$,$\boldsymbol{B}$ 是可交换的. 设

$$\boldsymbol{A}=\begin{pmatrix}2&4\\-3&1\end{pmatrix},\quad \boldsymbol{B}=\begin{pmatrix}4&-5\\3&k\end{pmatrix},$$

则 k 取何值时 $\boldsymbol{A}$,$\boldsymbol{B}$ 可交换?

5. 设 $\boldsymbol{A}=\begin{pmatrix}2&1\\4&3\\-1&-2\end{pmatrix}$,$\boldsymbol{B}=\begin{pmatrix}1&2\\2&-1\end{pmatrix}$,验证 $(\boldsymbol{AB})^{\mathrm{T}}=\boldsymbol{B}^{\mathrm{T}}\boldsymbol{A}^{\mathrm{T}}$.

6. 设 $\boldsymbol{A}=\begin{pmatrix}0 & 1\\ -1 & 0\end{pmatrix}$，计算 $\boldsymbol{A}^2$，$\boldsymbol{A}^3$ 和 $\boldsymbol{A}^n$（$n\geqslant 2$ 为整数）.

7. 设 $\boldsymbol{A}=\begin{pmatrix}1 & 0 & 0\\ 3 & 3 & 0\\ 4 & 4 & 4\end{pmatrix}$，$\boldsymbol{B}=\begin{pmatrix}0 & 0 & 2\\ 0 & -3 & 1\\ 5 & 6 & 7\end{pmatrix}$ 求 $\boldsymbol{AB}$，并验证 $|\boldsymbol{AB}|=|\boldsymbol{A}||\boldsymbol{B}|$.

8. 写出下列线性方程组的系数矩阵 $\boldsymbol{A}$ 和增广矩阵 $\overline{\boldsymbol{A}}$，并将它们写成矩阵形式：

(1) $\begin{cases}x_1+x_2-2x_3=-3,\\ 2x_1-3x_2+x_3=2;\end{cases}$　　(2) $\begin{cases}2x_1+4x_2-x_3=4,\\ x_1-x_2=2,\\ 3x_1+2x_2+x_3=-1.\end{cases}$

9. 判断下列矩阵是否可逆，可逆时计算其逆矩阵：

(1) $\begin{pmatrix}1 & -1\\ -1 & 1\end{pmatrix}$；　　(2) $\begin{pmatrix}3 & 4\\ 5 & 6\end{pmatrix}$；

(3) $\begin{pmatrix}1 & 2 & -2\\ 3 & -2 & 4\\ 4 & 0 & 1\end{pmatrix}$；　　(4) $\begin{pmatrix}1 & 2 & 0\\ 2 & 5 & 0\\ 0 & 0 & 1\end{pmatrix}$.

10. 求解下列矩阵方程：

(1) $\begin{pmatrix}-1 & 2\\ 3 & 1\end{pmatrix}\boldsymbol{X}=\begin{pmatrix}-5 & 0\\ 1 & 7\end{pmatrix}$；(2) $\boldsymbol{X}\begin{pmatrix}1 & 2 & -2\\ 0 & -2 & 4\\ 0 & 0 & 1\end{pmatrix}=\begin{pmatrix}2 & 1 & 2\\ -1 & 3 & -2\end{pmatrix}$.

第 9 章　线性方程组

自然科学、工程技术和企业管理中的许多问题经常可以归结为解一个线性方程组. 虽然在中学时期. 我们已经学过用加减消元法或代入消元法解二元或三元一次线性方程组. 并且从平面解析几何中知道二元一次方程组的解的情况只可能有三种：有唯一解、有无穷多解、无解. 但是在许多实际问题中，我们遇到的方程组中未知量个数常常超过三个. 而且方程组中未知量个数与方程的个数也不一定相同. 那么这样的线性方程组是否有解呢？如果有解，是唯一解还是无穷多解呢？在有解的情况下，如何求解呢？这就是本章要讨论的主要问题.

9.1　消　元　法

9.1.1　线性方程组的有关概念

设含有 n 个未知量、s 个方程的线性方程组为

$$\begin{cases} a_{11}x_1 + a_{12}x_2 + \cdots + a_{1n}x_n = b_1, \\ a_{21}x_1 + a_{22}x_2 + \cdots + a_{2n}x_n = b_2, \\ \qquad \cdots\cdots\cdots \\ a_{s1}x_1 + a_{s2}x_2 + \cdots + a_{sn}x_n = b_s, \end{cases} \tag{9.1}$$

其中系数 $a_{ij}\ (i = 1,2,\cdots,s;j = 1,2,\cdots,n)$，常数 $b_j\ (j = 1,2,\cdots,s)$ 都是已知数，$x_i\ (i = 1,2,\cdots,n)$ 是未知量(也称为未知数). 当右端常数项 $b_1,b_2,\cdots,b_s$ 不全为零时，称式(9.1)为**非齐次线性方程组**.

线性方程组(9.1)的系数矩阵、右端常数列向量和未知量列向量分别记为

$$\boldsymbol{A} = \begin{pmatrix} a_{11} & a_{12} & \cdots & a_{1n} \\ a_{21} & a_{22} & \cdots & a_{2n} \\ \vdots & \vdots & & \vdots \\ a_{s1} & a_{s2} & \cdots & a_{sn} \end{pmatrix}, \quad \boldsymbol{b} = \begin{pmatrix} b_1 \\ b_2 \\ \vdots \\ b_s \end{pmatrix}, \quad \boldsymbol{x} = \begin{pmatrix} x_1 \\ x_2 \\ \vdots \\ x_n \end{pmatrix},$$

将常数列向量 $\boldsymbol{b}$ 添加到系数矩阵 $\boldsymbol{A}$ 的右侧，构成线性方程组(9.1)的增广矩阵：

$$\overline{\boldsymbol{A}} = (\boldsymbol{A} \vdots \boldsymbol{b}) = \left(\begin{array}{cccc:c} a_{11} & a_{12} & \cdots & a_{1n} & b_1 \\ a_{21} & a_{22} & \cdots & a_{2n} & b_2 \\ \vdots & \vdots & & \vdots & \vdots \\ a_{s1} & a_{s2} & \cdots & a_{sn} & b_s \end{array}\right),$$

方程组(9.1)的矩阵形式为

$$\boldsymbol{AX}=\boldsymbol{b}.$$

在方程组(9.1)中，当右端常数项 $b_1=b_2=\cdots=b_s=0$ ，即 $\boldsymbol{b}=\boldsymbol{0}$ 时，式(9.1)为

$$\begin{cases}a_{11}x_1+a_{12}x_2+\cdots+a_{1n}x_n=0,\\a_{21}x_1+a_{22}x_2+\cdots+a_{2n}x_n=0,\\\cdots\cdots\cdots\\a_{s1}x_1+a_{s2}x_2+\cdots+a_{sn}x_n=0\end{cases}\tag{9.2}$$

或

$$\boldsymbol{AX}=\boldsymbol{0}.$$

称式(9.2)为**齐次线性方程组**.

由 n 个数 $k_1,k_2,\cdots,k_n$ 组成的一个有序数组 $(k_1,k_2,\cdots,k_n)$ ，如果将它们依次替换方程组(9.1)中的 $x_1,x_2,\cdots,x_n$ ，使方程组(9.1)中的每个方程都变成恒等式，则称这个有序数组 $(k_1,k_2,\cdots,k_n)$ 为方程组(9.1)的一个解或解向量．线性方程组(9.1)的解的全体，称为方程组(9.1)的解集(合).

显然，由 $x_1=x_2=\cdots=x_n=0$ 组成的有序数组 $(0,0,\cdots,0)$ 是齐次线性方程组(9.2)的一个解向量，称为齐次线性方程组(9.2)的**零解**. 而当齐次线性方程组的解向量的所有分量不全为零时，称为**非零解**. 当方程组(9.1)有解时，称它是**可解的**或**相容的**；否则，称方程组(9.1)为**无解的**，或**不相容的**. 所谓解线性方程组，就是求它的全部解或解集.

例 9.1 非齐次线性方程组

$$\begin{cases}x_1+x_2-3x_4-x_5=1,\\x_1-x_2+2x_3-x_4=2,\\4x_1-2x_2+6x_3+3x_4-4x_5=-1,\\2x_1+4x_2-2x_3+4x_4-7x_5=-2\end{cases}$$

的增广矩阵为

$$\overline{\boldsymbol{A}}=(\boldsymbol{A}\,\vdots\,\boldsymbol{b})=\left(\begin{array}{ccccc:c}1&1&0&-3&-1&1\\1&-1&2&-1&0&2\\4&-2&6&3&-4&-1\\2&4&-2&4&-7&-2\end{array}\right),$$

方程组的矩阵形式是 $\boldsymbol{AX}=\boldsymbol{b}$，即

$$\begin{pmatrix}1&1&0&-3&-1\\1&-1&2&-1&0\\4&-2&6&3&-4\\2&4&-2&4&-7\end{pmatrix}\begin{pmatrix}x_1\\x_2\\x_3\\x_4\end{pmatrix}=\begin{pmatrix}1\\2\\-1\\-2\end{pmatrix}.$$

9.1.2　消元法

下面介绍解线性方程组的一般方法，即消元法. 基本思想是把方程组经过适当的变换转化为更容易解的同解方程组.

定义 9.1　若两个线性方程组(I)和(II)的解集相等，即方程组(I)的解都是方程组(II)的解，而方程组(II)的解也都是方程组(I)的解，则称这两个方程组是**同解的**或**等价的**.

显然，交换方程组中任意两个方程的位置，不会影响方程组的解集，重新排列后的方程组等价于原方程组. 如线性方程组

$$\begin{cases}2x_1-x_2+3x_3=1,\\4x_1+2x_2+5x_3=4,\\2x_1+2x_3=6\end{cases} \text{和} \begin{cases}2x_1-x_2+3x_3=1,\\2x_1+2x_3=6,\\4x_1+2x_2+5x_3=4\end{cases}$$

含有三个相同的方程，必然有相同的解集，进而两方程组等价.

也可以验证，若将方程组中的某一方程两端同时乘以一个非零数，将方程组中的某一个方程的倍数加到另一个方程上，也都不改变方程组的集解，新方程组等价于原方程组. 如线性方程组

$$\begin{cases}x_1+x_2-3x_3=1,\\2x_1-x_2+3x_3=2\end{cases} \text{和} \begin{cases}2x_1+2x_2-6x_3=2,\\2x_1-x_2+3x_3=2\end{cases} \text{及} \begin{cases}x_1+x_2-3x_3=1,\\-3x_2+9x_3=0\end{cases}$$

都是等价的，其中，第 3 个方程组可以看成是第一个方程组的 -2 倍加到第二个方程上变换得到.

这就是用来化简线性方程组的三种同解变换.

定义 9.2　线性方程组的**初等变换**是指下列三种变换.

(1)交换两个方程的位置；

(2)用一个非零的数乘某一个方程的两端；

(3)将方程组中的某一个方程的倍数加到另一个方程上.

线性方程组经初等变换后，得到的线性方程组与原线性方程组是同解的. 所以，对给定的线性方程组，可以使用初等变换得到一个容易求解的同解方程组.

首先，考虑方程个数和未知量个数相等，且有唯一解的线性方程组. 这种类型的线性方程组，可以用克拉默法则求解，但计算量比较大. 下面用消元法求解这类方程.

例 9.2　解线性方程组

$$\begin{cases}x_1-x_2-2x_3-5x_4=10,\\-2x_1+7x_2+6x_3-12x_4=6,\\3x_1-2x_2-5x_3-17x_4=31,\\-5x_1-2x_2+9x_3+27x_4=-63.\end{cases} \tag{9.3}$$

解　把第 1 个方程的 2 倍，-3 倍，5 倍分别加到第 2，3，4 个方程上，可以消去第 2，3，4 个方程的未知数 x_1，得

$$\begin{cases}x_1-x_2-2x_3-5x_4=10,\\5x_2+2x_3-22x_4=26,\\x_2+x_3-2x_4=1,\\-7x_2-x_3+2x_4=-13.\end{cases}$$

为了使以后少出现分数运算，交换第二，三个方程的位置，得

$$\begin{cases}x_1-x_2-2x_3-5x_4=10,\\x_2+x_3-2x_4=1,\\5x_2+2x_3-22x_4=26,\\-7x_2-x_3+2x_4=-13.\end{cases}$$

把第 2 个方程的 -5 倍，7 倍分别加到第 3，4 个方程，可以消去第 3，4 个方程未知数 x_2，得

$$\begin{cases}x_1-x_2-2x_3-5x_4=10,\\x_2+x_3-2x_4=1,\\-3x_3-12x_4=21,\\6x_3-12x_4=-6.\end{cases}$$

整理一下方程，第 3 个方程的左右两边同时乘以 $-\dfrac{1}{3}$，第 4 个方程左右两边同时乘以 $\dfrac{1}{6}$，得

$$\begin{cases}x_1-x_2-2x_3-5x_4=10,\\x_2+x_3-2x_4=1,\\x_3+4x_4=-7,\\x_3-2x_4=-1.\end{cases}$$

把第 3 个方程的 -1 倍加到第 4 个方程，可以消去第 4 个方程的未知数 x_3，得

$$\begin{cases}x_1-x_2-2x_3-5x_4=10,\\x_2+x_3-2x_4=1,\\x_3+4x_4=-7,\\-6x_4=6.\end{cases}\tag{9.4}$$

由第 4 个方程，得 $x_4=-1$，代入第 3 个方程，得 $x_3=-3$；将 $x_3=-3$，$x_4=-1$ 代入第 2 个方程，得 $x_2=2$；将 $x_2=2$，$x_3=-3$，$x_4=-1$ 代入第 1 个方程，得 $x_1=1$. 这样就得到方程组(9.4)的唯一解 $(1,2,-3,-1)$.

因为所有这些方程组都是同解的，所以，原线性方程组(9.3)有唯一解 $(1,2,-3,-1)$.

通过这个例子可以看出，用消元法解线性方程组(9.3)的整个过程可以分为两步.

(1)首先利用线性方程组的三种初等变换将方程组(9.3)化为同解的方程组(9.4),其中,方程组(9.4)的特点是:在方程组的第 k 个方程中,前 $k-1$ 个未知量的系数全为零,而 x_k 的系数不为零($k=1,2,3,4$). 习惯上称形如(9.4)的方程组为**严格三角形方程组**. 在中学,习惯上称这一过程为“加减消元”.

(2)从最后一个方程解出最后一个未知量(x_4),将它的值代入倒数第二个方程,可以解出倒数第二个未知量(x_3);将最后两个未知量(x_3,x_4)的值代入倒数第三个方程,可以解出倒数第三个未知量(x_2);依次继续,可以得到所有未知量的值. 在中学,习惯上称这一过程为“回代消元”.

一般地,如果一个方程个数和未知量个数相等的方程组,能够经过一系列初等变换化为严格三角形方程组,则该方程组有唯一解.

下面看两个更一般化的线性方程组.

例 9.3　解线性方程组

$$\begin{cases} x_1-2x_2-x_3=2, \\ -2x_1+4x_2+2x_3+6x_4=-6, \\ 2x_1-x_2+2x_4=3. \end{cases} \tag{9.5}$$

解　把第 1 个方程的 2 倍, -2 倍分别加到第 2,3 个方程上,得

$$\begin{cases} x_1-2x_2-x_3=2, \\ 6x_4=-2, \\ 3x_2+2x_3+2x_4=-1. \end{cases}$$

交换第 2 个方程和第 3 个方程,得

$$\begin{cases} x_1-2x_2-x_3=2, \\ 3x_2+2x_3+2x_4=-1, \\ 6x_4=-2. \end{cases} \tag{9.6}$$

称形如(9.6)的方程组为**阶梯形方程组**,其中的水平和垂直线段说明了方程组的阶梯形式,注意,每一步在垂直方向下降 1 行,但在水平方向的跨度可能多于 1 列. 将 x_3 移到等号右边,得

$$\begin{cases} x_1-2x_2=2+x_3, \\ 3x_2+2x_4=-1-2x_3, \\ 6x_4=-2. \end{cases} \tag{9.7}$$

当 x_3 取任意值时,都可以将方程组(9.7)看成是关于 x_1,x_2,x_4 的严格三角形方程组,可以唯一确定出一组 x_1,x_2,x_4 的值. 称 x_3 为**自由变量**, x_1,x_2,x_4 为**非自由变量**. 不妨设 $x_3=k$,则利用回代消元,得

$$x_1=\frac{16}{9}-\frac{1}{3}k,\quad x_2=-\frac{1}{9}-\frac{2}{3}k,\quad x_4=-\frac{1}{3},$$

于是,方程组的解为

$$\begin{cases} x_1 = \dfrac{16}{9} - \dfrac{1}{3}k, \\ x_2 = -\dfrac{1}{9} - \dfrac{2}{3}k, \\ x_3 = k, \\ x_4 = -\dfrac{1}{3}, \end{cases} \tag{9.8}$$

其中，k 为任意常数. 一般称解(9.8)为方程组(9.5)的**一般解**.

例 9.4　解线性方程组

$$\begin{cases} x_1 - 2x_2 + 3x_3 = 1, \\ 3x_1 - x_2 + 5x_3 = 6, \\ 2x_1 + x_2 + 2x_3 = 3. \end{cases}$$

解　把第 1 个方程的 -3 倍，-2 倍分别加到第 2,3 个方程上，得

$$\begin{cases} x_1 - 2x_2 + 3x_3 = 1, \\ 5x_2 - 4x_3 = 3, \\ 5x_2 - 4x_3 = 1. \end{cases}$$

把第 2 个方程的 -1 倍加到第 3 个方程上，得阶梯形方程组：

$$\begin{cases} x_1 - 2x_2 + 3x_3 = 1, \\ 5x_2 - 4x_3 = 3, \\ 0 = -2. \end{cases}$$

观察这个方程组，发现第三个方程"$0=-2$"是一个矛盾式，所以，不论 x_1，x_2，x_3 取何值，方程组都不成立，从而方程组**无解**.

9.2　矩阵的初等行变换

可以看出，9.1 节方程组的消元过程，仅仅是对方程组的系数和常数项进行运算，未知量并未参与，从而方程组的初等变换可用增广矩阵的初等行变换来刻画.

9.2.1　矩阵的初等行变换

定义 9.3　对矩阵施行下列三种变换，统称为矩阵的**初等行变换**：

(1)**数乘变换**　以非零数 k 乘矩阵某一行的所有元素($r_i \times k$)；

(2)**倍加变换**　把矩阵的某一行的 k 倍加到另一行($r_i + kr_j$)；

(3)**换行变换**　互换矩阵中两行的位置 ($r_i \leftrightarrow r_j$).

例如，对矩阵

$$\begin{pmatrix} 2 & 3 & 1 \\ 0 & 1 & 3 \\ 1 & 2 & 5 \end{pmatrix}$$

作初等行变换，先将第 3 行乘 -2 加到第 1 行，得

$$\begin{pmatrix} 0 & -1 & -9 \\ 0 & 1 & 3 \\ 1 & 2 & 5 \end{pmatrix},$$

再将第 1,3 行互换，得到

$$\begin{pmatrix} 1 & 2 & 5 \\ 0 & 1 & 3 \\ 0 & -1 & -9 \end{pmatrix}.$$

这个过程，可以简记为

$$\begin{pmatrix} 2 & 3 & 1 \\ 0 & 1 & 3 \\ 1 & 2 & 5 \end{pmatrix} \xrightarrow{r_1 - 2r_3} \begin{pmatrix} 0 & -1 & -9 \\ 0 & 1 & 3 \\ 1 & 2 & 5 \end{pmatrix} \xrightarrow{r_1 \leftrightarrow r_3} \begin{pmatrix} 1 & 2 & 5 \\ 0 & 1 & 3 \\ 0 & -1 & -9 \end{pmatrix}.$$

需要注意，经过初等行变换前后的矩阵是两个不同的矩阵，所以应该用"→"连接而不可用"＝"连接. 矩阵的初等变换可以链锁式地反复进行，以便达到简化矩阵的目的.

类似地可引入初等列变换的概念，矩阵的初等行变换和初等列变换统称为**矩阵的初等变换**.

9.2.2　行阶梯形矩阵

考虑方程组

$$\begin{cases} x_1 - 2x_2 - x_3 = 2, \\ -2x_1 + 4x_2 + 2x_3 + 6x_4 = -6, \\ 2x_1 - x_2 + 2x_4 = 3, \\ 3x_1 + 3x_2 + 3x_3 + 3x_4 = 4 \end{cases} \tag{9.9}$$

的增广矩阵

$$\overline{\mathbf{A}} = (\mathbf{A} \vdots \boldsymbol{b}) = \left(\begin{array}{cccc:c} 1 & -2 & -1 & 0 & 2 \\ -2 & 4 & 2 & 6 & -6 \\ 2 & -1 & 0 & 2 & 3 \\ 3 & 3 & 3 & 3 & 4 \end{array}\right).$$

类似于 7.2.2 节的化三角形行列式的方法，可以将 $\overline{\mathbf{A}}$ 进行化简.

选取左上角元素 1 为主元，相应地，第 1 行为主行：

$$\overline{\boldsymbol{A}}=\left(\begin{array}{cccc:c}[1] & -2 & -1 & 0 & 2\\ -2 & 4 & 2 & 6 & -6\\ 2 & -1 & 0 & 2 & 3\\ 3 & 3 & 3 & 3 & 4\end{array}\right),$$

利用倍加变换消去主元 1 下方所有元素：

$$\left(\begin{array}{cccc:c}1 & -2 & -1 & 0 & 2\\ 0 & 0 & 0 & 6 & -2\\ 0 & [3] & 2 & 2 & -1\\ 0 & 9 & 6 & 3 & -2\end{array}\right).$$

选取第 2 列的元素 3 为主元，相应的，第 3 行为主行. 交换第 2 行和第 3 行：

$$\left(\begin{array}{cccc:c}1 & -2 & -1 & 0 & 2\\ 0 & [3] & 2 & 2 & -1\\ 0 & 0 & 0 & 6 & -2\\ 0 & 9 & 6 & 3 & -2\end{array}\right),$$

将第 2 行的 -3 倍加到第 4 行，消去主元 3 下方所有元素：

$$\left(\begin{array}{cccc:c}1 & -2 & -1 & 0 & 2\\ 0 & 3 & 2 & 2 & -1\\ 0 & 0 & 0 & [6] & -2\\ 0 & 0 & 0 & -3 & 1\end{array}\right).$$

此时，矩阵的第 3 列的后两个元素都为 0，不能作为主元. 则考虑第 4 列，选取元素 6 为主元，相应地，第 3 行为主行，将第 3 行的 $\frac{1}{2}$ 倍加到第 4 行，消去主元 6 下方所有元素，得矩阵

$$\boldsymbol{R}=\left(\begin{array}{cccc:c}1 & -2 & -1 & 0 & 2\\ 0 & 3 & 2 & 2 & -1\\ 0 & 0 & 0 & 6 & -2\\ 0 & 0 & 0 & 0 & 0\end{array}\right).$$

以矩阵 $\boldsymbol{R}$ 为增广矩阵的方程组（最后的“$0=0$”省略）

$$\begin{cases}x_1-2x_2-x_3=2,\\ 3x_2+2x_3+2x_4=-1,\\ 6x_4=-2\end{cases}\tag{9.10}$$

是阶梯形方程组，与方程组(9.9)同解.

矩阵 $\boldsymbol{R}$ 的每个非零行的第一个非零元对应的变量就是非自由变量，剩下的变量就是自由变量. 对于方程组(9.10)，x_1,x_2,x_4 是非自由变量，x_3 是自由变量. 将自由变量移到等号右端当成任意常数，可以利用回代消元得到用自由变量表示非

自由变量的表达式，即方程组的一般解.

形如 R 的矩阵称为行阶梯形矩阵，其中的水平和垂直线段说明了矩阵的阶梯形式，注意，每一步台阶在垂直方向下降 1 行，但在水平方向的跨度可能多于 1 列. 用数学语言描述为以下形式.

定义 9.4　称一个矩阵是**行阶梯形的**，如果满足

(1)第 k 行的元素不全为 0 时，第 $k+1$ 行的第一个非零元前面的 0 的个数多于第 k 行；

(2)所有元素为 0 的行必在不全为 0 行的后面.

例如，矩阵

$$\begin{pmatrix} 1 & 2 & 0 & 3 \\ 0 & 0 & 4 & 0 \\ 0 & 0 & 0 & 0 \\ 0 & 0 & 0 & 0 \end{pmatrix}, \quad \begin{pmatrix} -2 & 0 & 0 & 3 & -1 & -3 \\ 0 & 3 & -1 & 0 & 0 & 2 \\ 0 & 0 & 0 & 5 & -6 & 3 \\ 0 & 0 & 0 & 0 & 1 & 0 \end{pmatrix}, \quad \begin{pmatrix} -2 & 0 & 0 \\ 0 & 3 & -1 \\ 0 & 0 & -3 \end{pmatrix}$$

都是行阶梯形矩阵. 但

$$\begin{pmatrix} 2 & -1 & 0 & 0 \\ 0 & 0 & -2 & 1 \\ 0 & 0 & 3 & 3 \\ 0 & 0 & 0 & 0 \end{pmatrix}$$

不是行阶梯形矩阵.

可以证明，任意一个矩阵都可以经过一系列的初等行变换化为行阶梯形矩阵.

例 9.5　设

$$\boldsymbol{A} = \begin{pmatrix} 1 & -1 & 4 & -1 \\ 1 & 1 & -2 & 3 \\ 3 & -1 & 6 & 1 \\ 1 & 3 & -8 & 7 \end{pmatrix},$$

则

$$\boldsymbol{A} = \begin{pmatrix} [1] & -1 & 4 & -1 \\ 1 & 1 & -2 & 3 \\ 3 & -1 & 6 & 1 \\ 1 & 3 & -8 & 7 \end{pmatrix} \to \begin{pmatrix} 1 & -1 & 4 & -1 \\ 0 & [2] & -6 & 4 \\ 0 & 2 & -6 & 4 \\ 0 & 4 & -12 & 8 \end{pmatrix} \to \begin{pmatrix} 1 & 0 & 1 & 1 \\ 0 & 1 & -3 & 2 \\ 0 & 0 & 0 & 0 \\ 0 & 0 & 0 & 0 \end{pmatrix}.$$

运用初等行变换将线性方程组的增广矩阵化为行阶梯形矩阵的过程，称为**高斯消元法**.

9.2.3　行最简形矩阵

对行阶梯形矩阵

$$\boldsymbol{R}=\left(\begin{array}{cccc:c}1 & -2 & -1 & 0 & 2\\ 0 & 3 & 2 & 2 & -1\\ 0 & 0 & 0 & 6 & -2\\ 0 & 0 & 0 & 0 & 0\end{array}\right),$$

还可以继续施行初等行变换.

首先，利用数乘变换将各非零行的首非零元化为 1：

$$\boldsymbol{R}=\left(\begin{array}{cccc:c}1 & -2 & -1 & 0 & 2\\ 0 & 3 & 2 & 2 & -1\\ 0 & 0 & 0 & 6 & -2\\ 0 & 0 & 0 & 0 & 0\end{array}\right)\to\left(\begin{array}{cccc:c}1 & -2 & -1 & 0 & 2\\ 0 & 1 & \frac{2}{3} & \frac{2}{3} & -\frac{1}{3}\\ 0 & 0 & 0 & 1 & -\frac{1}{3}\\ 0 & 0 & 0 & 0 & 0\end{array}\right).$$

其次，自下而上，分别以每个非零行为主行，以首非零元为主元，利用倍加变换将首非零元正上方的所有元素化为 0：

$$\left(\begin{array}{cccc:c}1 & -2 & -1 & 0 & 2\\ 0 & 1 & \frac{2}{3} & \frac{2}{3} & -\frac{1}{3}\\ 0 & 0 & 0 & [1] & -\frac{1}{3}\\ 0 & 0 & 0 & 0 & 0\end{array}\right)\to\left(\begin{array}{cccc:c}1 & -2 & -1 & 0 & 2\\ 0 & [1] & \frac{2}{3} & 0 & -\frac{1}{9}\\ 0 & 0 & 0 & 1 & -\frac{1}{3}\\ 0 & 0 & 0 & 0 & 0\end{array}\right)$$

$$\to\left(\begin{array}{cccc:c}1 & 0 & \frac{1}{3} & 0 & \frac{16}{9}\\ 0 & 1 & \frac{2}{3} & 0 & -\frac{1}{9}\\ 0 & 0 & 0 & 1 & -\frac{1}{3}\\ 0 & 0 & 0 & 0 & 0\end{array}\right)=\boldsymbol{R}'.$$

形如这样的矩阵称为行最简形矩阵. 用数学语言描述为以下形式 .

定义 9.5 称一个矩阵是**行最简形的**，如果满足

(1)矩阵是行阶梯形的；

(2)每一个非零行中的第一个非零元为 1；

(3)每行的第一个非零元是该列的唯一的非零元.

例如，

$$\begin{pmatrix}1 & 0 & 0\\ 0 & 1 & 0\\ 0 & 0 & 1\end{pmatrix},\quad\begin{pmatrix}1 & 0 & 2 & 0\\ 0 & 1 & 1 & 0\\ 0 & 0 & 0 & 1\end{pmatrix},\quad\begin{pmatrix}1 & 0 & 2 & 0 & -2\\ 0 & 1 & 0 & 0 & -3\\ 0 & 0 & 0 & 1 & 2\\ 0 & 0 & 0 & 0 & 0\end{pmatrix}$$

都是行最简形矩阵.

利用初等行变换将线性方程组的增广矩阵化为行最简形矩阵的过程，称为**高斯-若尔当消元法**.

对于以行最简形矩阵为增广矩阵的方程组，则不需要回代消元就可以直接得到一般解.

以 $\boldsymbol{R}'$ 为增广矩阵的方程组(最后的"$0=0$"省略)

$$\begin{cases} x_1 \quad + \frac{1}{3}x_3 = \frac{16}{9}, \\ x_2 + \frac{2}{3}x_3 = -\frac{1}{9}, \\ x_4 = -\frac{1}{3}. \end{cases} \tag{9.11}$$

将自由未知量 x_3 移到等式右端，并令 $x_3=k$，则直接得到一般解

$$\begin{cases} x_1 = \frac{16}{9} - \frac{1}{3}k, \\ x_2 = -\frac{1}{9} - \frac{2}{3}k, \\ x_3 = k, \\ x_4 = -\frac{1}{3}, \end{cases}$$

其中，k 为任意常数.

9.2.4　消元法求解线性方程组的矩阵表示

下面从线性方程组的增广矩阵的初等变换的角度考虑线性方程组的消元法.

不妨设线性方程组(9.1)的增广矩阵

$$\overline{\boldsymbol{A}} = \begin{pmatrix} a_{11} & a_{12} & \cdots & a_{1n} & b_1 \\ a_{21} & a_{22} & \cdots & a_{2n} & b_2 \\ \vdots & \vdots & & \vdots & \vdots \\ a_{s1} & a_{s2} & \cdots & a_{sn} & b_s \end{pmatrix},$$

经过一系列初等行变换化成行阶梯形矩阵

$$\boldsymbol{R} = \begin{pmatrix} c_{11} & c_{12} & \cdots & c_{1r} & c_{1,r+1} & \cdots & c_{1n} & d_1 \\ 0 & c_{22} & \cdots & c_{2r} & c_{2,r+1} & \cdots & c_{2n} & d_2 \\ \vdots & \vdots & & \vdots & \vdots & & \vdots & \vdots \\ 0 & 0 & \cdots & c_{rr} & c_{r,r+1} & \cdots & c_{rn} & d_r \\ 0 & 0 & 0 & 0 & 0 & \cdots & 0 & d_{r+1} \\ 0 & 0 & 0 & 0 & 0 & \cdots & 0 & 0 \\ \vdots & \vdots & \vdots & \vdots & \vdots & & \vdots & \vdots \\ 0 & 0 & 0 & 0 & 0 & \cdots & 0 & 0 \end{pmatrix},$$

其中 $c_{ii} \neq 0, i = 1,2,\cdots,r$. 则

(1)若 $d_{r+1} \neq 0$,则方程组(9.1)无解.

(2)若 $d_{r+1} = 0$,则方程组(9.1)有解. 此时,继续经过一系列初等行变换将行阶梯形矩阵 $\boldsymbol{R}$ 化成行最简形矩阵 $\boldsymbol{R}'$. 且

i)若 $r = n$,则方程组(9.1)有唯一解. 行最简形矩阵 $\boldsymbol{R}'$ 的左边 n 列(除去零行)就是单位矩阵,而最后一列就是方程组(9.1)的解.

ii)若 $r < n$,则方程组(9.1)有无穷多解. 以 $\boldsymbol{R}$ 的每个非零行的首非零元对应的变量作为非自由变量,剩下的变量作为自由变量. 在行最简形矩阵 $\boldsymbol{R}'$ 对应的线性方程组中,将自由变量移到等号右端当做任意常数,则得到方程组(9.1)的一般解.

例 9.6　解方程组

$$\begin{cases} 2x_1 - x_2 + 3x_3 = 1, \\ 4x_1 - 2x_2 + 5x_3 = 4, \\ 2x_1 - x_2 + 4x_3 = -1. \end{cases}$$

解　对它的增广矩阵作初等行变换:

$$\overline{\boldsymbol{A}} = \begin{pmatrix} 2 & -1 & 3 & 1 \\ 4 & -2 & 5 & 4 \\ 2 & -1 & 4 & -1 \end{pmatrix} \rightarrow \begin{pmatrix} 2 & -1 & 3 & 1 \\ 0 & 0 & -1 & 2 \\ 0 & 0 & 1 & -2 \end{pmatrix} \rightarrow \begin{pmatrix} 2 & -1 & 3 & 1 \\ 0 & 0 & 1 & -2 \\ 0 & 0 & 0 & 0 \end{pmatrix}$$

$$\rightarrow \begin{pmatrix} 1 & -\frac{1}{2} & 0 & \frac{7}{2} \\ 0 & 0 & 1 & -2 \\ 0 & 0 & 0 & 0 \end{pmatrix},$$

得同解方程组

$$\begin{cases} x_1 = \dfrac{7}{2} + \dfrac{1}{2}x_2, \\ x_3 = -2, \end{cases}$$

其中 x_2 是自由未知量,令 $x_2 = k$,得方程组的一般解

$$\begin{cases} x_1 = \dfrac{7}{2} + \dfrac{1}{2}k, \\ x_2 = k, \\ x_3 = -2, \end{cases}$$

其中, k 为任意常数.

例 9.7　解方程组

$$\begin{cases} 2x_1 - x_2 + 3x_3 = 1, \\ 4x_1 - 2x_2 + 5x_3 = 4, \\ 2x_1 - x_2 + 4x_3 = 0. \end{cases}$$

解　对它的增广矩阵作初等行变换，

$$\overline{\boldsymbol{A}}=\begin{pmatrix}2&-1&3&1\\4&-2&5&4\\2&-1&4&0\end{pmatrix}\rightarrow\begin{pmatrix}2&-1&3&1\\0&0&-1&2\\0&0&1&-1\end{pmatrix}\rightarrow\begin{pmatrix}2&-1&3&1\\0&0&-1&2\\0&0&0&1\end{pmatrix},$$

从最后一行(0　0　0　1)可以看出原方程组无解.

9.2.5　用初等行变换求矩阵的逆矩阵

先考虑 n 个未知量 n 个方程的线性方程组(9.12)

$$\begin{cases}a_{11}x_1+a_{12}x_2+\cdots+a_{1n}x_n=b_1,\\a_{21}x_1+a_{22}x_2+\cdots+a_{2n}x_n=b_2,\\\cdots\cdots\cdots\\a_{n1}x_1+a_{n2}x_2+\cdots+a_{nn}x_n=b_n,\end{cases}\tag{9.12}$$

其矩阵形式为

$$\boldsymbol{Ax}=\boldsymbol{b},$$

其中，$\boldsymbol{A}=(a_{ij})_{n\times n}$，$\boldsymbol{x}=(x_1,x_2,\cdots,x_n)^{\mathrm{T}}$，$\boldsymbol{b}=(b_1,b_2,\cdots,b_n)^{\mathrm{T}}$.

如果 $|\boldsymbol{A}|\neq 0$，即 $\boldsymbol{A}$ 可逆时，方程组(9.12)有唯一解 $\boldsymbol{x}=\boldsymbol{A}^{-1}\boldsymbol{b}$.

此外，增广矩阵 $\overline{\boldsymbol{A}}=(\boldsymbol{A}\vdots\boldsymbol{b})$ 可以通过初等行变换化为行最简形矩阵

$$(\boldsymbol{E}\vdots\boldsymbol{c}),$$

则 $\boldsymbol{x}=\boldsymbol{c}$ 也是方程组(9.12)的唯一解. 所以 $\boldsymbol{c}=\boldsymbol{A}^{-1}\boldsymbol{b}$.

将这个结论推广到矩阵方程

$$\boldsymbol{AX}=\boldsymbol{E},$$

其中，$\boldsymbol{A}=(a_{ij})_{n\times n}$，$\boldsymbol{E}$ 是 n 阶单位矩阵. 如果矩阵 $\overline{\boldsymbol{A}}=(\boldsymbol{A}\vdots\boldsymbol{E})$ 可以通过初等行变换化为行最简形矩阵

$$(\boldsymbol{E}\vdots\boldsymbol{B}),$$

则

$$\boldsymbol{X}=\boldsymbol{A}^{-1}\boldsymbol{E}=\boldsymbol{A}^{-1}=\boldsymbol{B}.$$

这就提供了一个求方阵逆矩阵的方法.

设 $\boldsymbol{A}$ 是 n 阶矩阵，$\boldsymbol{E}$ 是 n 阶单位矩阵，将 $n\times 2n$ 矩阵 $(\boldsymbol{A}\vdots\boldsymbol{E})$ 通过初等行变换化为行最简形矩阵. 如果左半部分 $\boldsymbol{A}$ 变成单位矩阵 $\boldsymbol{E}$，则右半部分必然变成 $\boldsymbol{A}^{-1}$.

例 9.8　设 $\boldsymbol{A}=\begin{pmatrix}2&3&1\\0&1&3\\1&2&4\end{pmatrix}$，利用初等行变换计算 $\boldsymbol{A}^{-1}$.

解　将矩阵 $\boldsymbol{A}$ 和单位矩阵 $\boldsymbol{E}$ 拼成一个 3×6 矩阵 $(\boldsymbol{A}\vdots\boldsymbol{E})$，对 $(\boldsymbol{A}\vdots\boldsymbol{E})$ 施行一系列的初等行变换：

$$(\boldsymbol{A} \vdots \boldsymbol{E}) = \left(\begin{array}{ccc:ccc} 2 & 3 & 1 & 1 & 0 & 0 \\ 0 & 1 & 3 & 0 & 1 & 0 \\ 1 & 2 & 4 & 0 & 0 & 1 \end{array}\right) \rightarrow \left(\begin{array}{ccc:ccc} 1 & 2 & 4 & 0 & 0 & 1 \\ 0 & 1 & 3 & 0 & 1 & 0 \\ 2 & 3 & 1 & 1 & 0 & 0 \end{array}\right)$$

$$\rightarrow \left(\begin{array}{ccc:ccc} 1 & 2 & 4 & 0 & 0 & 1 \\ 0 & 1 & 3 & 0 & 1 & 0 \\ 0 & -1 & -7 & 1 & 0 & -2 \end{array}\right) \rightarrow \left(\begin{array}{ccc:ccc} 1 & 2 & 4 & 0 & 0 & 1 \\ 0 & 1 & 3 & 0 & 1 & 0 \\ 0 & 0 & -4 & 1 & 1 & -2 \end{array}\right)$$

$$\rightarrow \left(\begin{array}{ccc:ccc} 1 & 2 & 4 & 0 & 0 & 1 \\ 0 & 1 & 3 & 0 & 1 & 0 \\ 0 & 0 & 1 & -\frac{1}{4} & -\frac{1}{4} & \frac{1}{2} \end{array}\right) \rightarrow \left(\begin{array}{ccc:ccc} 1 & 2 & 0 & 1 & 1 & -1 \\ 0 & 1 & 0 & \frac{3}{4} & \frac{7}{4} & -\frac{3}{2} \\ 0 & 0 & 1 & -\frac{1}{4} & -\frac{1}{4} & \frac{1}{2} \end{array}\right)$$

$$\rightarrow \left(\begin{array}{ccc:ccc} 1 & 0 & 0 & -\frac{1}{2} & -\frac{5}{2} & 2 \\ 0 & 1 & 0 & \frac{3}{4} & \frac{7}{4} & -\frac{3}{2} \\ 0 & 0 & 1 & -\frac{1}{4} & -\frac{1}{4} & \frac{1}{2} \end{array}\right).$$

可以验证,最后的矩阵中,右侧的矩阵就是 $\boldsymbol{A}$ 的逆矩阵,即

$$\boldsymbol{A}^{-1} = \begin{pmatrix} -\frac{1}{2} & -\frac{5}{2} & 2 \\ \frac{3}{4} & \frac{7}{4} & -\frac{3}{2} \\ -\frac{1}{4} & -\frac{1}{4} & \frac{1}{2} \end{pmatrix}.$$

这里,并没有事先判断矩阵 $\boldsymbol{A}$ 的可逆性. 事实上,用初等变换法求逆矩阵,不必事先知道矩阵是否可逆.

设想对行列式 $|\boldsymbol{A}|$ 施行初等行变换. 如果将这三种初等行变换($r_i \times k$, $r_i + kr_j$, $r_i \leftrightarrow r_j$)施加于行列式,则行列式的值仅仅改变非零常数倍:

(1)若 $\boldsymbol{A} \xrightarrow{r_i \times k} \boldsymbol{B}$,则 $|\boldsymbol{B}| = k|\boldsymbol{A}|$;

(2)若 $\boldsymbol{A} \xrightarrow{r_i + kr_j} \boldsymbol{B}$,则 $|\boldsymbol{B}| = |\boldsymbol{A}|$;

(3)若 $\boldsymbol{A} \xrightarrow{r_i \leftrightarrow r_j} \boldsymbol{B}$,则 $|\boldsymbol{B}| = -|\boldsymbol{A}|$.

总之初等行变换不改变行列式的非零性,因此能通过初等变换检验矩阵的可逆性:$(\boldsymbol{A} \vdots \boldsymbol{E})$化成行最简形矩阵后,如果左半部分是单位矩阵,则 $|\boldsymbol{A}| \neq 0$,即 $\boldsymbol{A}$ 可逆;否则,$\boldsymbol{A}$ 不可逆.

习　题　9

1. 下列哪些矩阵是行阶梯形的，哪些是行最简形的？

(1) $\begin{pmatrix}1&2&3&4\\0&0&0&1\end{pmatrix}$;　　(2) $\begin{pmatrix}1&2&3\\0&0&0\\0&1&2\end{pmatrix}$;

(3) $\begin{pmatrix}1&2&0&4\\0&0&1&3\\0&0&0&0\end{pmatrix}$;　　(4) $\begin{pmatrix}1&1&1&1&1\\0&0&2&3&4\\0&0&0&0&0\end{pmatrix}$;

(5) $\begin{pmatrix}0&2&3&4\\0&0&0&3\\0&0&0&1\end{pmatrix}$;　　(6) $\begin{pmatrix}1&0&-2&0&0\\0&1&2&0&0\\0&0&0&1&0\\0&0&0&0&1\end{pmatrix}$.

2. 解下列线性方程组：

(1) $\begin{cases}4x_1+x_2+3x_3=0,\\ x_1+x_3=0,\\ 6x_1+x_2+4x_3=0;\end{cases}$　　(2) $\begin{cases}x_1-2x_2-x_3+2x_4+4x_5=0,\\ 2x_1-2x_2-3x_3+2x_5=0,\\ 4x_1-2x_2-7x_3-4x_4-2x_5=0;\end{cases}$

(3) $\begin{cases}-2x_1+x_2+x_3=1,\\ x_1-2x_2+x_3=-2,\\ x_1+x_2-2x_3=4;\end{cases}$　　(4) $\begin{cases}x_1+x_2-x_3+2x_4=3,\\ 2x_1+x_2-3x_4=1,\\ -4x_1-2x_2+6x_4=-2;\end{cases}$

(5) $\begin{cases}2x_1+3x_3+x_4=4,\\ 3x_1-5x_2+4x_3+2x_4=7,\\ x_1+5x_2+2x_3=1.\end{cases}$

3. 用初等行变换求下列矩阵的逆矩阵：

(1) $\begin{pmatrix}1&2&0\\2&5&0\\0&0&1\end{pmatrix}$;　　(2) $\begin{pmatrix}1&1&-1\\-2&1&1\\1&1&1\end{pmatrix}$;

(3) $\begin{pmatrix}1&0&0&0\\1&2&0&0\\1&2&3&0\\1&2&3&4\end{pmatrix}$;　　(4) $\begin{pmatrix}2&1&0&0\\-1&1&0&0\\0&0&2&1\\0&0&3&2\end{pmatrix}$.

4. 当 a,b 取何值时，方程组

$$\begin{cases}x_1+x_2-x_3=1,\\ 2x_1+(a+2)x_2-(b+2)x_3=3,\\ -3ax_2+(a+2b)x_3=-3\end{cases}$$

有唯一解？有无穷多解？无解？

第三部分　概率论与数理统计

在客观世界中存在着两类不同的现象:确定现象和随机现象.

在一定条件下可事先预知它是否会发生,称为**确定现象**.如把一个足球踢到空中,足球会落下;在标准大气压下,把水加热到 100℃时,水会沸腾;同性电荷会相互排斥、异性电荷会相互吸引等.

还有一类现象,有不确定性,即在一定条件下可能会发生这样的结果,也可能会发生那样的结果,并且事先不能断定会发生哪种结果.例如,掷一枚硬币,虽然事先知道有两个结果:正面向上或反面向上,但在掷硬币之前是无法断定正面向上的;为了检查产品的质量,从生产流水线上抽取产品,虽然事先知道依据生产标准,产品分为一等品、二等品、次品三个等级,但在抽取之前是无法断定取到的产品必是一等品等.这类在一定条件下可能出现的结果不止一个,至于出现哪一个结果事先是无法确定的现象称为**随机现象**.

随机现象有不确定性,但人们发现只要在相同条件下进行大量的观察与实践时,随机现象的每个可能结果的发生都会呈现某种规律性.例如,多次投掷一枚质地均匀的硬币,正面和反面向上的次数大致相等;在相同条件下多次射击同一靶子的中心,弹着点在靶子上会形成某种规律性.因此随机现象在相同条件下进行大量重复试验时,会呈现规律性,这种规律性称为**统计规律性**.

概率论是研究随机现象统计规律性的一门数学学科.而数理统计是以概率论为理论基础,通过对随机现象的观察以取得数据,然后对数据进行整理、分析和推断来研究随机现象的统计规律性的一门应用学科.

第 10 章　随机事件及概率

10.1　随机事件及其运算

10.1.1　随机试验

为了要研究随机现象的统计规律，则应该安排随机试验. 这里所说的随机试验是指一种带有随机性质的试验. 试验就是对随机现象进行观察、测量或科学实验并取得数据. 若该试验还满足以下三个条件：

(1)在相同的条件下，试验可以重复地进行.

(2)试验的结果不止一种，而且事先可以确知试验的所有结果.

(3)在进行试验前不能确定出现哪一个结果.

那么就称它是一个**随机试验**，以后简称为**试验**(trail)，一般用字母 E 表示.

讨论以下例子是否为随机试验.

例 10.1　投掷一枚硬币，观察正反面朝上的情况.

它有两种可能的结果："正面朝上"或"反面朝上"，投掷之前不能预言哪一个结果出现，且这个试验可以在相同的条件下重复进行，本例是一个随机试验.

例 10.2　掷一颗骰子，观察出现的点数.

它有 6 种可能的结果："出现 1 点"，"出现 2 点"…"出现 6 点". 但在投掷之前不能预言哪一个结果出现，且这个试验可以在相同的条件下重复进行，本例是一个随机试验.

例 10.3　在一批灯泡中任意抽取一只，测试其寿命.

灯泡的寿命(以小时计) $t \geqslant 0$，但在测试之前不能确定它的寿命有多长，这一试验也可以在相同的条件下重复进行，本例是一个随机试验.

本书中以后提到的试验均指随机试验.

10.1.2　样本空间

对随机试验我们感兴趣的是试验结果. 随机试验的每一个可能的结果，称为基本事件，它是不能再分的最简单的事件. 因为随机试验的所有结果是明确的，从而所有的基本事件也是明确的，随机试验 E 的所有基本事件所组成的集合(全体)称为试验 E 的**样本空间**(sample space)，通常用字母 Ω 表示. Ω 中的元素，即基本事件，有时也称为**样本点**(sample point)，常用 ω 表示.

下面写出例 10.1～例 10.3 试验的样本空间.

例 10.4　试验 E_1 :投掷一枚硬币.

"正面 H 朝上"和"反面 T 朝上"是 E_1 的基本事件,所以样本空间 $\Omega_1 = \{H,T\}$.

例 10.5　试验 E_2 :掷一颗骰子.

令 i 表示"出现 i 点" $(i = 1,2,\cdots,6)$,是 E_2 的基本事件,所以样本空间 $\Omega_2 = \{1,2,\cdots,6\}$.

例 10.6　试验 E_3 :测试灯泡寿命.

令 t 表示"测得灯泡寿命为 t 小时",则 $0 \leqslant t < +\infty$ 是 E_3 的基本事件,所以 $\Omega_3 = \{t \mid 0 \leqslant t < +\infty\}$.

注　(1)样本空间中的元素可以是数,也可以不是数.

(2)从样本空间含有样本点的个数来区分,样本空间可以分为有限和无限两类,如 Ω_1 和 Ω_2 中样本点个数为有限个; Ω_3 中样本点个数为无限个. 样本点的个数为有限个或可列个的样本空间称为离散样本空间;样本点的个数为无限不可列个样本空间称为连续样本空间.

10.1.3　随机事件

在实际中,人们进行随机试验时常常关注满足某些条件的样本点所组成的集合. 例如,在掷一颗骰子中,如果我们关心"出现奇点数"的情况,即 $A=\{1,3,5\}$,则称 A 为一个随机事件,它是相应样本空间 $\Omega = \{1,2,\cdots,6\}$ 的一个子集.

一般地,称试验 E 的样本空间 S 的子集为 E 的**随机事件**,简称**事件**. 在每次试验中,当且仅当这一子集中的一个样本点出现时,称这一**事件发生**.

特别地,由一个样本点组成的单点集,称为**基本事件**. 例如,试验 E_1 有 2 个基本事件 $\{H\}$ 和 $\{T\}$;试验 E_2 有 6 个基本事件 $\{1\}$, $\{2\}$, $\cdots$, $\{6\}$.

样本空间 S 包含所有的样本点,它是 S 自身的子集,在每次试验中它总是发生的, S 称为必然事件. 空集 $\varnothing$ 不包含任何样本点,它也作为样本空间的子集,它在每次试验中都不发生, $\varnothing$ 称为不可能事件.

例 10.7　掷一颗骰子的样本空间为 $\Omega = \{1,2,\cdots,6\}$.

事件 $A =$ "出现 2",它由 Ω 的单个样本点"2"组成;

事件 $B =$ "出现偶数点",它由 Ω 的三个样本点"2,4,6"组成;

事件 $C =$ "出现的点数小于 7",它由 Ω 的全部样本点"1,2,3,4,5,6"组成,是必然事件 Ω ;

事件 $D=$ "出现的点数大于 6", Ω 的任一样本点都不在 D 中,所以 D 是空集,为不可能事件.

10.1.4　事件间的关系

在以下的讨论中都假定是在同一样本空间 Ω (即同一个随机现象)中进行. 事件之间的关系主要有"包含""等价(或相等)""互不相容(或互斥)"等三种关系.

1. 包含关系

如果事件 A 的发生必然导致事件 B 的发生，则称事件 B 包含事件 A（图 10-1），或称事件 A 是事件 B 的特款（子事件），记作 $A\subset B$ 或 $B\supset A$，比如在例 10.5 中，若 $A=\{2\}$，$B=\{2,4,6\}$，则 $A\subset B$.

对任一事件 A，必有 $\varnothing\subset A\subset\Omega$.

2. 相等关系

如果有 $A\subset B$ 且 $B\subset A$，则称事件 A 与事件 B 相等，记作 $A=B$. 易知，相等的两个事件 A，B，总是同时发生或同时不发生，也即 $A=B$ 等价于它们是由相同的试验结果构成的.

如在掷两颗骰子的试验中，若 $A=\{$两颗骰子点数之和为奇数$\}$，$B=\{$两颗骰子点数为一奇一偶$\}$，则显然有 $A=B$，所谓 $A=B$，就是 A，B 中含有相同的样本点.

3. 互不相容

如果 A 与 B 没有相同的样本点（图 10-2），则称 A 与 B 互不相容. 用概率论的语言说 A 与 B 互不相容就是事件 A 与事件 B 不能同时发生.

如在例 10.6 测试灯泡寿命的试验中，事件 A“寿命小于 1 万小时”与“寿命大于 2 万小时”是两个互不相容的事件，因为它们不可能同时发生.

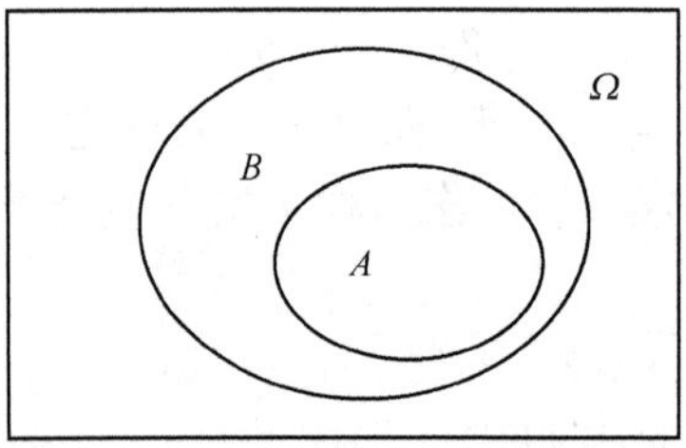

图 10-1 $A\subset B$

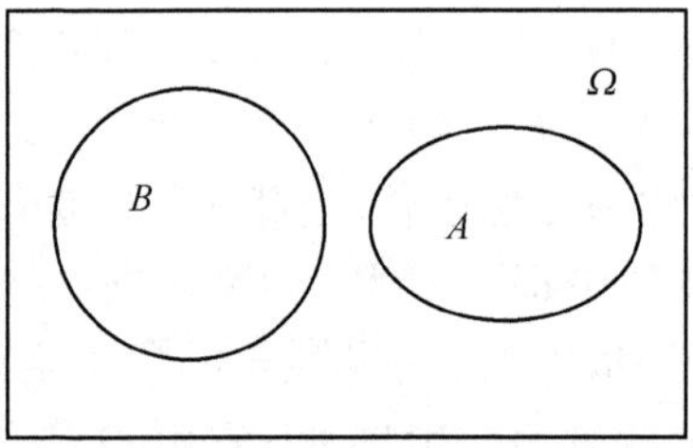

图 10-2 A 与 B 互不相容

10.1.5 事件间的运算

事件之间的基本运算关系有并、交、差和余等四种.

1. 事件的并（和）

“事件 A 与 B 中至少有一个事件发生”，这样的一个事件称为事件 A 与 B 的并（或和），记作 $A\cup B$. $A\cup B$ 是由所有包含在 A 中的或包含在 B 中的试验结果构成，它对应于图 10-3 中的阴影部分.

如在掷一颗骰子的试验中，记事件 $A=$“出现偶数点”$=\{2,4,6\}$，记事件 $B=$“出现点数不超过 3”$=\{1,2,3\}$，则 A 与 B 的并为 $A\cup B=\{1,2,3,4,6\}$.

2. 事件的交(积)

“事件 A 与 B 同时发生”这样的事件称作事件 A 与 B 的交(积)，记作 $A\cap B$ 或 AB．AB 是由既包含在 A 中又包含在 B 中的试验结果构成，它对应于图 10-4 中的阴影部分.

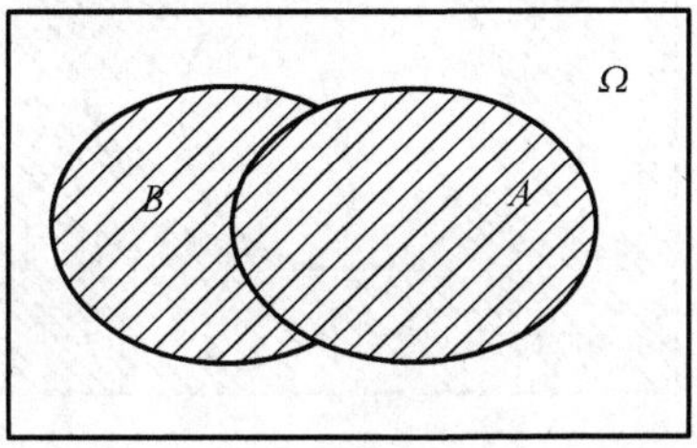

图 10-3　A 与 B 的并

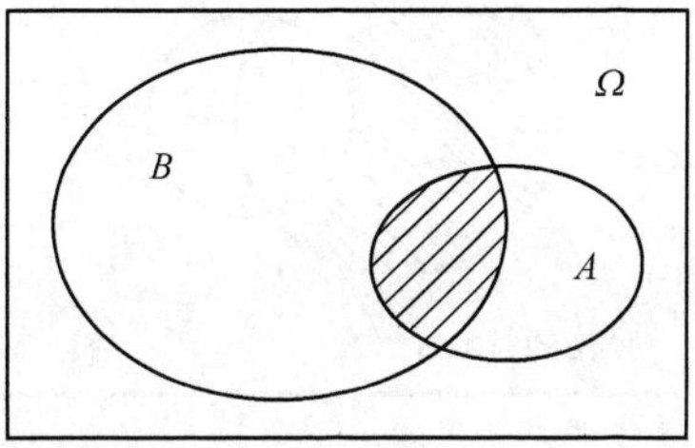

图 10-4　A 与 B 的交

如在掷一颗骰子的试验中，记事件 A“出现偶数点”$=\{2,4,6\}$，记事件 B“出现点数不超过 3”$=\{1,2,3\}$，则 A 与 B 的并为 $A\cap B=\{2\}$.

若事件 A 与 B 互不相容，则其交必为不可能事件，即 $AB=\varnothing$，反之亦然. 这表明 $AB=\varnothing$ 就意味着 A 与 B 是互不相容的事件.

事件的并与交运算可推广到有限多个或可列个事件的情况. 如有事件 A_1，A_2，…，则 $\bigcap\limits_{i=1}^{n}A_i$ 称为有限交，$\bigcap\limits_{i=1}^{\infty}A_i$ 称为可列交，$\bigcup\limits_{i=1}^{n}A_i$ 称为有限并，$\bigcup\limits_{i=1}^{\infty}A_i$ 称为可列并.

3. 事件的差

“事件 A 发生而事件 B 不发生”这样的事件称为事件 A 与 B 的差，记作 $A-B$. $A-B$ 是由所有包含在 A 中而不包含在 B 中的试验结果构成，它对应于图 10-5 中的阴影部分.

如在掷一颗骰子的试验中，记事件 $A=$“出现偶数点”$=\{2,4,6\}$，记事件 $B=$“出现点数不超过 3”$=\{1,2,3\}$，则 $C=A-B=\{4,6\}$.

由事件的差的定义可知，对于任意的事件 A，有 $A-A=\varnothing$，$A-\varnothing=A$，$A-\Omega=\varnothing$.

4. 对立事件

若 A 是一个事件，令 $\overline{A}=\Omega-A$，称 $\overline{A}$ 是 A 的对立事件或逆事件. 容易知道，

在一次试验中，若 A 发生，则 $\overline{A}$ 必不发生（反之亦然），即 A 与 $\overline{A}$ 中必然有一个发生，且仅有一个发生，即事件 A 与 $\overline{A}$ 满足条件 $A\overline{A}=\varnothing$, $A\cup\overline{A}=\Omega$.

$\overline{A}$ 由所有不包含在 A 中的试验结果构成，图 10-6 中阴影部分表示 $\overline{A}$.

比如在掷一颗骰子的试验中，$A=\{2,4,6\}$，$B=\{1,3,5\}$，则 $\overline{A}=B$，$\overline{B}=A$，所以 A，B 互为对立事件. 必然事件与不可能事件也是互为对立事件.

若 A，B 二事件是互为对立事件. 则 A，B 必互不相容，但反之不真.

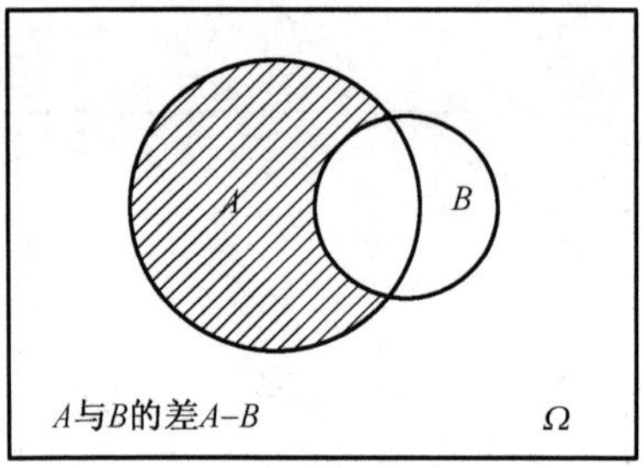

图 10-5

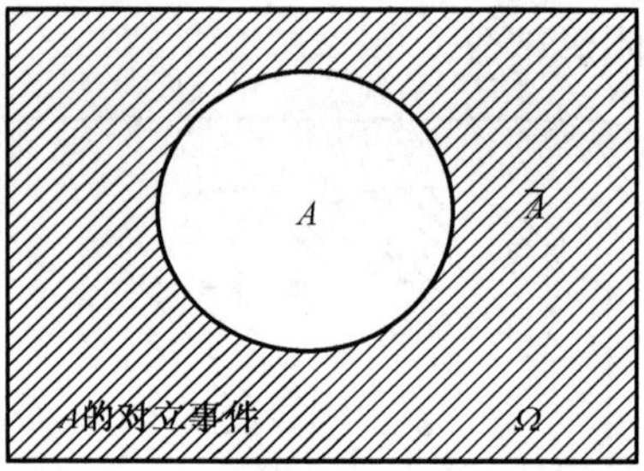

图 10-6

10.1.6 事件的运算法则

由事件关系的定义看出，它与集合的关系是一致的，因此集合的运算性质对事件的运算也都适用.

(1)**交换律**

$$A\cup B=B\cup A,\quad AB=BA.$$

(2)**结合律**

$$A\cup B\cup C=A\cup(B\cup C)=(A\cup B)\cup C,$$
$$ABC=(AB)C=A(BC).$$

(3)**分配律**

$$A(B\cup C)=AB\cup AC,$$
$$A\cup(BC)=(A\cup B)(A\cup C).$$

(4)**对偶性**(德·摩根公式)

事件并的对立等于对立的交：$\overline{A\cup B}=\overline{A}\,\overline{B}$,

事件交的对立等于对立的并：$\overline{AB}=\overline{A}\cup\overline{B}$.

例 10.8 掷一颗骰子的试验，观察出现的点数：事件 A 表示“奇数点”；B 表示“点数小于 5”；C 表示“小于 5 的偶数点”. 用集合的列举法表示下列事件：Ω，A，B，C，$A\cup B$，$A-B$，AB，AC，$C-A$，$\overline{A}\cup B$.

解 $\Omega=\{1,2,3,4,5,6\}$； $A=\{1,3,5\}$； $B=\{1,2,3,4\}$； $C=\{2,4\}$

$A\cup B=\{1,2,3,4,5\}$；　$A-B=\{5\}$；　$AB=\{1,3\}$；　$AC=\varnothing$；
$C-A=\{2,4\}$；　$\overline{A}\cup B=\{1,2,3,4,6\}$.

例 10.9　设 A，B，C 是三事件，用 A，B，C 的运算关系表示下列事件.

(1) B，C 都发生，而 A 不发生：$\overline{A}BC$.

(2) A，B，C 中至少有一个发生：$A\cup B\cup C$.

(3) A，B，C 中恰有一个发生：$A\overline{B}\,\overline{C}\cup\overline{A}B\overline{C}\cup\overline{A}\,\overline{B}C$.

(4) A，B，C 中恰有两个发生：$AB\overline{C}\cup A\overline{B}C\cup\overline{A}BC$.

(5) A，B，C 中不多于两个发生：$\overline{A}\cup\overline{B}\cup\overline{C}$.

10.2　随机事件的概率

概率的古典定义是以等可能性为基础的，但在很多实际问题中等可能性不一定成立. 为了在一般情况下仍可用数量来描述事件发生的可能性大小，先引入频率的概念.

10.2.1　频率

定义 10.1　对于随机事件 A，若在 n 次试验中出现了 n_A 次，则称

$$f_n(A)=\frac{n_A}{n}$$

为随机事件 A 在 n 次试验中出现的频率(frequency).

观察一个随机试验的各种事件，就其一次具体的试验而言，其结果带有很大的偶然性，似乎没有规律可言. 但是在大量的重复试验中，频率 $f_n(A)$ 就可能呈现一定的规律性. 就会发现某些事件发生的可能性大些，另外一些事件发生的可能性小些，而有些事件发生的可能性大致相同. 考虑以下例子.

例 10.10　历史上有不少人做过"抛硬币"试验，在同样条件下，多次抛一硬币，考察"正面朝上"的次数，其结果见表 10-1.

表 10-1　"抛硬币"试验数据表

实验者	投掷次数 n	出现正面次数 n_A	频率 $\frac{n_A}{n}$
德·摩根	2048	1061	0.518
蒲丰	4040	2048	0.5068
皮尔逊	12000	6019	0.5016
皮尔逊	24000	12012	0.5005

例 10.11 一口袋中有 6 只乒乓球，其中 4 白，2 红。每次试验任取一球，观察颜色作记录，放回袋中搅匀，再重复……见表 10-2.

表 10-2 摸球试验

取球次数 n	出现白球次数 n_A	频率 $\frac{n_A}{n}$
200	139	0.695
400	201	0.653
600	401	0.668

对例 10.10 和例 10.11 进行分析：例 10.10 中，频率在 0.5 附近摆动，当 n 增大时，逐渐稳定于$\frac{1}{2}$；例 10.11 中，频率在 0.66 附近摆动，当 n 增大时，逐渐稳定于$\frac{2}{3}$。

经验表明，虽然在 n 次试验中，事件 A 出现的次数 n_A 不确定，因而事件 A 的频率 $\frac{n_A}{n}$ 也不确定，但是当试验重复多次时，事件 A 出现的频率具有一定的稳定性. 这就是说，当试验次数充分多时，事件 A 出现的频率常在一个确定的数字附近摆动. 这种频率的稳定性，说明随机事件发生的可能性大小是事件本身固有的. 不依人们意志而改变的一种客观属性，因此可以对它进行度量. 对于随机事件 A，用 $P(A)$ 来刻画随机事件 A 发生的可能性大小，称 $P(A)$ 为事件 A 发生的**概率**(probability). 习惯上，称这一定义为概率的统计定义. 显然，$P(A)$ 即为频率稳定性中的稳定值.

对于随机现象，仅讨论它可能出现什么结果，价值不大，而在讨论可能出现各种结果的同时，指出各种结果出现的可能性的大小才有意义，概率概念的引进，使得我们可以对随机现象做定量研究.

10.2.2 概率的统计定义

定义 10.2 在不变的一组条件下，重复做 n 次试验，事件 A 发生的频率 $\frac{n_A}{n}$ 稳定地在某一常数 P 附近摆动，且一般地，n 越大，摆动幅度越小，则称常数 P 为事件 A 发生的概率，记作 $P(A)$.

数值 P ($P(A)$)就是在一次试验中对事件 A 发生的可能性大小的数量描述. 例如，在例 10.10 中用 0.5 来描述掷一枚匀称硬币“正面朝上”出现的可能性，在例 10.11 中用$\frac{2}{3}$来描述摸出的一个乒乓球是白球出现的可能性.

注　(1)事件的频率与概率有本质区别，频率有随机波动性是变数，而概率是个常数.

(2)概率的统计定义只是一种描述，它指出了事件的概率是客观存在的. 但并不能用这个定义计算 $P(A)$. 实际上，随着试验次数的增加，频率向概率靠近，因此当试验的次数 n 很大时，频率可以作为概率的近似值.

在实际中，我们不可能对每一个事件都做大量的试验，然后求得事件的频率，用以表征事件发生可能性的大小. 同时为了理论研究的需要，我们从频率的稳定性和频率的性质得到启发，给出如下表征事件发生可能性大小的概率定义.

10.2.3　概率的公理化定义及其性质

定义 10.3　设 E 是一个随机试验，Ω 为它的样本空间，以 E 中所有的随机事件组成的集合为定义域，定义一个函数 $P(A)$（其中 A 为任一随机事件），如果它满足如下条件：

(1)**非负性**　对于每一个事件 A ，有 $P(A)\geqslant 0$ ；

(2)**规范性**　对于必然事件 Ω ，有 $P(\Omega)=1$ ；

(3)**可列可加性**　对于两两互不相容的可列无穷多个事件 A_1 ，A_2 ，…，即对于 $A_iA_j=\varnothing$ ，$i\neq j,i,j=1,2,\cdots$ ，有

$$P\left(\bigcup_{i=1}^{\infty}A_i\right)=\sum_{i=1}^{\infty}P(A_i), \tag{10.1}$$

则称函数 $P(A)$ 为事件 A 的**概率**.

注　定义 10.3 称为概率的公理化定义，有关概率的公理化结构是由俄国伟大的数学家科尔莫哥洛夫(Kolmogorov)于 1933 年建立的. 这一定义概括了几种概率定义中的共同特性，并且避免了各自的局限性和含混支出. 正是由于这一结构的建立，概率论成为一门严谨的数学学科，其自身得到了蓬勃的发展.

由概率的定义，可以推得概率的一些重要性质.

性质 1　$P(\varnothing)=0$.

证明　令 $A_n=\varnothing(n=1,2,\cdots)$ ，则 $\bigcup\limits_{n=1}^{\infty}A_n=\varnothing$ ，且 $A_iA_j=\varnothing$ ，$i\neq j,i,j=1,2,\cdots$.

由概率的可列可加性得

$$P(\varnothing)=P\left(\bigcup_{n=1}^{\infty}A_n\right)=\sum_{n=1}^{\infty}P(A_n)=\sum_{n=1}^{\infty}P(\varnothing).$$

由概率的非负性可知，$P(\varnothing)\geqslant 0$ ，故由上式知 $P(\varnothing)=0$.

性质 2(有限可加性)　设 $A_1,A_2,\cdots,A_n$ 是两两互不相容的事件，则

$$P\left(\bigcup_{i=1}^{n}A_i\right)=\sum_{i=1}^{n}P(A_i). \tag{10.2}$$

式(10.2)称为概率的**有限可加性**.

证明 令 $A_{n+1}=A_{n+2}=\cdots=\varnothing$，即有 $A_iA_j=\varnothing$，$i\neq j,i,j=1,2,\cdots$. 由式(10.1)

$$P(A_1\cup A_2\cdots\cup A_n)=P\Big(\bigcup_{k=1}^{\infty}A_k\Big)=\sum_{k=1}^{\infty}P(A_k)$$

$$=\sum_{k=1}^{n}P(A_k)+0=P(A_1)+P(A_2)+\cdots+P(A_n).$$

式(10.2)得证.

性质 3 设 A,B 为两个任意的随机事件，若 $A\subset B$，则

$$P(B-A)=P(B)-P(A),\tag{10.3}$$

$$P(A)\leqslant P(B).\tag{10.4}$$

证明 由 $A\subset B$ 知 $B=A\cup(B-A)$（图 10-1），且 $A(B-A)=\varnothing$，再由概率的有限可加性(10.2)，得

$$P(B)=P(A)+P(B-A).$$

式(10.3)得证；又由概率的非负性 $P(B-A)\geqslant 0$ 知

$$P(B)\geqslant P(A).$$

式(10.4)得证.

性质 4(加法公式) 设 A,B 为任意两个随机事件，则

$$P(A\cup B)=P(A)+P(B)-P(AB).\tag{10.5}$$

证明 因 $A\cup B=A\cup(B-AB)$（图 10-3），且 $A\cap(B-AB)=\varnothing$，$AB\subset B$，故由式(10.2)和式(10.3)，得

$$P(A\cup B)=P(A)+P(B-AB)$$

$$=P(A)+P(B)-P(AB).$$

式(10.5)还能推广到多个事件的情况. 例如，设 A_1,A_2,A_3 为任意三个事件，则

$$P(A_1\cup A_2\cup A_3)=P(A_1)+P(A_2)+P(A_3)-P(A_1A_2)$$

$$-P(A_1A_3)-P(A_2A_3)+P(A_1A_2A_3)$$

性质 5(逆事件的概率) 设 A 为任意随机事件，则

$$P(\overline{A})=1-P(A).$$

证明 因 $A\cup\overline{A}=S$，且 $A\overline{A}=\varnothing$，由式(10.2)，得

$$1=P(S)=P(A\cup\overline{A})=P(A)+P(\overline{A}).$$

性质 5 得证.

例 10.12 设 A,B,C 是三个随机事件，且

$$P(A)=P(B)=P(C)=\frac{1}{4},\quad P(AB)=P(CB)=0,\quad P(AC)=\frac{1}{8},$$

求 A,B,C 中至少有一个发生的概率.

解　设 $D=\{A,B,C$ 中至少有一个发生$\}$，则 $D=A+B+C$，于是

$$\begin{aligned}P(D)&=P(A+B+C)\\&=P(A)+P(B)+P(C)-P(AB)-P(BC)-P(AC)+P(ABC).\end{aligned}$$

又因为

$$P(A)=P(B)=P(C)=\frac{1}{4},\quad P(AB)=P(CB)=0,\quad P(AC)=\frac{1}{8},$$

而由 $P(AB)=0$，有 $P(ABC)=0$，所以

$$P(D)=\frac{3}{4}-\frac{1}{8}=\frac{5}{8}.$$

10.3　条件概率

10.3.1　条件概率的定义

前面对 $P(A)$ 的讨论都是相对于某组确定的条件 S 而言的，$P(A)$ 就是在条件组 S 实现之下，事件 S 发生的概率(为简单起见，“条件组 S”通常不再提及)，除了这组基本条件“S”之外，有时我们还要提出附加的限制条件，也就是要求“在事件 B 已经发生的前提下”事件 S 发生的概率. 这就是条件概率问题. 为此，先考虑下述问题.

例 10.13　某班有 30 名学生，其中 20 名男生，10 名女生，身高 1.70m 以上的有 15 名，其中 12 名男生，3 名女生.

(1)任选一名学生，问该学生的身高在 1.70m 以上的概率是多少？

(2)任选一名学生，选出来后发现是个男生，问该同学的身高在 1.70m 以上的概率是多少？

解　易求出(1)的答案是 $\frac{15}{30}=0.5$；(2)的答案是 $\frac{12}{20}=0.6$.

这两个问题的提法是有区别的，第二个问题是一种新的提法. “是男生”本身也是一个随机事件，记作 A . 在事件 A 发生(即发生是男生)的条件下，事件 B (身高 1.70m 以上)发生的概率是多少？ 我们把这种概率称为在事件 A 发生的条件下事件 B 的条件概率，记作 $P(B|A)$ ，不同于 $P(AB)$.

注意到 $P(A)=\frac{20}{30}$ ，$P(AB)=\frac{12}{30}$ ，从而有

$$P(B|A)=\frac{12}{20}=\frac{12/30}{20/30}=\frac{P(AB)}{P(A)}.$$

这个式子的直观含义是明显的，在 A 发生的条件下 B 发生当然是 A 发生且 B 发生，即 AB 发生，但是，现在 A 发生成了前提条件，因此应该以 A 为整个样本空间，而排除 A 以外的样本点，因此 $P(B|A)$ 是 $P(AB)$ 与 $P(A)$ 之比.

在一般场合，将上述关系式作为条件概率的定义.

定义 10.4 设 A，B 是样本空间 Ω 中的两个随机事件，且 $P(A)>0$，称

$$P(B \mid A)=\frac{P(AB)}{P(A)} \tag{10.6}$$

为在事件 A 发生的条件下事件 B 发生的**条件概率**(conditional probability).

容易验证，条件概率 $P(\cdot|A)$ 符合概率定义中的三个条件，即

(1)**非负性** $P(B|A)\geqslant 0$；

(2)**规范性** $P(\Omega|A)=1$；

(3)**可列可加性** 如果事件 $B_1,B_2,\cdots$互不相容，那么

$$P\left(\bigcup_{i=1}^{\infty} B_i \mid A\right)=\sum_{i=1}^{\infty} P(B_i \mid A).$$

既然条件概率符合上述三个条件，故 10.2.3 节中对概率的一些重要性质同样适用于条件概率. 例如，对于任意事件 B_1,B_2 有

$$P(B_1 \cup B_2|A)=P(B_1|A)+P(B_2|A)-P(B_1B_2|A).$$

例 10.14 设随机事件 B 是 A 的子事件，已知 $P(A)=1/4$，$P(B)=1/6$，求 $P(B|A)$.

解 因为 $B\subset A$，所以 $P(B)=P(AB)$，因此

$$P(B \mid A)=\frac{P(AB)}{P(A)}=\frac{P(B)}{P(A)}=\frac{2}{3}.$$

例 10.15 某种动物由出生算起活到 20 岁以上的概率为 0.8，活到 25 岁以上的概率为 0.4，如果一只动物现在已经 20 岁，问它能活到 25 岁的概率为多少？

解 设 $A=\{$活到 20 岁$\}$，$B=\{$活到 25 岁$\}$，则

$$P(A)=0.8, \quad P(B)=0.4.$$

因为 $B\subset A$，所以 $P(AB)=P(B)=0.4$. 由式(10.6)，有

$$P(B \mid A)=\frac{P(AB)}{P(A)}=\frac{0.4}{0.8}=0.5.$$

10.3.2 乘法定理

在条件概率公式(10.6)的两边同乘 $P(A)$，立即可得下述定理.

定理 10.1(乘法定理) 设 $P(A)>0$，则有

$$P(AB)=P(B \mid A)P(A). \tag{10.7}$$

式(10.7)称为**乘法公式**.

乘法公式容易推广到多个事件的积事件情形.

推论 设 $A_1,A_2,\cdots,A_n$ 是 n 个事件，且 $n\geqslant 2$，$P(A_1A_2A_{n-1})>0$，则有

$$P(A_1A_2\cdots A_n)=P(A_1)P(A_2|A_1)P(A_3|A_1A_2)\cdots P(A_n|A_1\cdots A_{n-1}). \tag{10.8}$$

特别地，当 $n=3$ 时，对于三个事件 A，B，C，若 $P(AB)>0$，则有

$$P(ABC)=P(A)P(B|A)P(C|AB).$$

例 10.16　今有 3 个布袋，2 个红布袋，1 个绿布袋，在每个红布袋中装 60 个红球和 40 个绿球，在绿布袋中装了 30 个红球和 50 个绿球，现在任取 1 袋，从中任取 1 球，问是红布袋中红球的概率为多少？

解　设 $A=\{$取红袋$\}$，$B=\{$取红球$\}$. 我们要求的是 A 和 B 同时发生的概率，即 $P(AB)$. 显然 $P(A)=\dfrac{2}{3}$，$P(B|A)$ 是在取红布袋的条件下取到红球的概率，也就是在红袋里取到红球的概率应为 $\dfrac{60}{100}=\dfrac{3}{5}$，即 $P(B|A)=\dfrac{3}{5}$，由乘法公式，得到

$$P(AB)=P(A)P(B|A)=\frac{2}{3}\times\frac{3}{5}=\frac{2}{5}.$$

10.3.3　全概率公式

为了求比较复杂事件的概率，经常把它分解为若干个互不相容的简单事件之和，通过分别计算这些简单事件的概率，再应用概率的加法公式与乘法公式求得所需结果，这是概率论中颇为有用的一种方法，先看下面的例子.

例 10.17　设有产品一盒共 10 只，其中有 3 只次品，从中取两次，每次取一只，作不放回抽取，求第二次取到的是次品的概率.

解　设 $A=\{$第一次取到次品$\}$. $B=\{$第二次取到次品$\}$.

因为 $B=B\Omega=B(A\cup\overline{A})=AB\cup\overline{A}B$，又 $AB\cap\overline{A}B=\varnothing$，所以

$$P(B)=P(AB)+P(\overline{A}B)=P(A)P(B|A)+P(\overline{A})P(B|\overline{A}).$$

由于

$$P(A)=\frac{3}{10},\quad P(B|A)=\frac{2}{9},\quad P(\overline{A})=\frac{7}{10},\quad P(B|\overline{A})=\frac{3}{9}.$$

故

$$P(B)=\frac{3}{10}\times\frac{2}{9}+\frac{7}{10}\times\frac{3}{9}=\frac{3}{10}.$$

从例 10.17 可以看出，它是将复杂事件 B 分解成两个互不相容的简单事件之和，而这两个简单事件的概率利用乘法公式是能计算出来的. 最后再利用加法公式就可得到所求的结果，把这一想法一般化就得到全概率公式. 为此，首先介绍样本空间的划分定义.

定义 10.5　设 Ω 为随机试验 E 的样本空间，B_1，B_2，…，B_n 为 E 的一组事件，若

(1) $B_iB_j=\varnothing(i\neq j)$；

(2) $B_1\cup B_2\cup\cdots\cup B_n=\Omega$，

则称 B_1 , B_2 , … , B_n 为样本空间 Ω 的一个划分.

若 B_1 , B_2 , … , B_n 是 Ω 的一个划分,那么,做一次试验 E ,事件 B_1 , B_2 ,…, B_n 中必有一个且仅有一个发生.

比如试验 E 为"掷一颗骰子观察其点数",它的样本空间 $\Omega=\{1,2,3,4,5,6\}$. E 的一组事件 $B_1=\{1,2\}$, $B_2=\{3\}$, $B_3=\{4,5,6\}$ 是 Ω 的一个划分,而事件组 $C_1=\{1,2,3\}$, $C_2=\{3,4\}$, $C_3=\{5,6\}$ 不是 Ω 的一个划分;又如 A 和 $\overline{A}$ 也是 Ω 的一个划分.

定理 10.2(全概率公式) 设试验 E 的样本空间为 Ω , B_1 , B_2 , … , B_n 为 Ω 的一个划分,且 $P(B_i)>0(i=1,2,\cdots,n)$,则对 E 的任一事件 A ,有

$$P(A)=P(A|B_1)P(B_1)+P(A|B_2)P(B_2)+\cdots+P(A|B_n)P(B_n)$$
$$=\sum_{i=1}^{n}P(B_i)P(A|B_i). \tag{10.9}$$

证明 因为 $A=A\Omega=A(B_1\cup B_2\cup\cdots\cup B_n)=AB_1\cup AB_2\cup\cdots A\cup B_n$,由假设 $P(B_i)>0(i=1,2,\cdots,n)$ 且 $(AB_i)(AB_j)=\varnothing(i\neq j),i,j=1,2,\cdots,n$ 得到

$$P(A)=P(AB_1)+P(AB_2)+\cdots+P(AB_n)$$
$$=P(A|B_1)P(B_1)+P(A|B_2)P(B_2)+\cdots+P(A|B_n)P(B_n).$$

全概公式是计算概率的一个很有用的公式,它是把一些复杂的事件转化为一组简单事件之和去求概率,能否转化的关键是找到 $B_1,B_2,\cdots,B_n$ 且有 $A\subset B_1\cup B_2\cup\cdots\cup B_n$,即

$$A=AB_1\cup AB_2\cup\cdots\cup AB_n.$$

然后用一次加法公式及乘法公式即可. 如何找 $B_1,B_2,\cdots,B_n$ 要具体问题具体分析.

$B_1,B_2,\cdots,B_n$ 可看成导致 A 发生的一组原因. 如 A 是次品,必是 n 个车间生产了次品;A 是某种疾病,必是几种病因导致 A 发生;A 表示被击中,必有几种方式或几个人打中. 下面再举例说明如何运用全概公式去计算概率.

例 10.18 设有一箱同类型的产品是三家工厂所生产的. 已知其中有 $\frac{1}{2}$ 的产品是第一家工厂所生产的,其他二厂各生产 $\frac{1}{4}$,又如第一、二厂生产的有 2%是次品,第三家工厂生产的有 4%是次品. 现从此箱中任取一个产品,问拿到的是次品的概率是多少?

解 从此箱中任取一个产品,必然是这三个厂中某一个厂的产品,设

$$A=\{取到产品是次品\}$$
$$B_i=\{取到产品属于第 i 家厂\},\ i=1,2,3$$

由于 $B_iB_j=\varnothing(i\neq j)$ 且 $B_1\cup B_2\cup B_3=\Omega$,所以 B_1,B_2,B_3 是 Ω 的一个划分. 又

$$P(B_1)=\frac{1}{2},P(B_2)=\frac{1}{4},P(B_3)=\frac{1}{4},$$

$$P(A|B_1)=\frac{2}{100},\quad P(A|B_2)=\frac{2}{100},\quad P(A|B_3)=\frac{4}{100}.$$

由全概率公式得

$$\begin{aligned}P(A)&=P(B_1)P(A|B_1)+P(B_2)P(A|B_2)+P(B_3)P(A|B_3)\\&=\frac{1}{2}\times\frac{2}{100}+\frac{1}{4}\times\frac{2}{100}+\frac{1}{4}\times\frac{4}{100}=0.025.\end{aligned}$$

10.3.4　贝叶斯公式

全概率公式给了我们一个实际计算某些事件概率的公式,假设 $B_1,B_2,\cdots,B_n$ 是 Ω 的一个划分,并且已知事件 B_i 的概率 $P(B_i)$(它们是试验前的假设概率称为**先验概率**)及事件 A 在 B_i 已发生的条件下的条件概率 $P(A|B_i)(i=1,2,\cdots,n)$,则由全概率公式就可算出 $P(A)$. 现在进行一次试验,如果事件 A 确实发生了,则对于事件 B_i 的概率应给予重新估计,也就是要计算事件 B_i 在事件A 已发生的条件下的条件概率 $P(B_i|A)$(它们是试验后的假设概率称为**后验概率**). 下面的贝叶斯公式就给出了计算 $P(B_i|A)$ 的公式.

定理 10.3　设 $B_1,B_2,\cdots,B_n$ 为样本空间 Ω 的一个划分,且 $P(A)>0$,$P(B_i)>0(i=1,2,\cdots,n)$,则对任一事件 A,有

$$P(B_i|A)=\frac{P(B_i)P(A\mid B_i)}{\sum_{j=1}^{n}P(B_j)p(A\mid B_j)}(i=1,2,\cdots,n),\qquad(10.10)$$

则式(10.10)称为**贝叶斯公式**.

下面举几个贝叶斯公式的应用例子,从中也可以看出贝叶斯公式的直观解释.

例 10.19　某厂有甲乙丙三台机床进行生产,各自的次品率分别为 5%,4%,2%;它们各自的产品分别占总产量的 25%,35%,40%. 将它们的产品混在一起,若取到一个产品是次品,问它是甲机床产品的概率是多大?

解　设 B_1,B_2,B_3 分别是三个机床的产品,A 表示次品,则有

$$A\subset B_1\cup B_2\cup B_3$$

且 $B_iB_j=\varnothing(i\neq j,i,j=1,2,\cdots,n)$ 满足贝叶斯公式条件,根据题意有

$$P(B_1)=0.25,\quad P(B_2)=0.35,\quad P(B_3)=0.4,$$

$$P(A|B_1)=0.05,\quad P(A|B_2)=0.04,\quad P(A|B_3)=0.02,$$

由贝叶斯公式可得

$$P(B_1|A)=\frac{P(B_1)P(A\mid B_1)}{\sum_{j=1}^{3}p(B_j)P(A\mid B_j)}=\frac{0.25\times0.05}{0.0345}=0.3623.$$

还可求得

$$P(B_2|A)=\frac{0.35\times 0.04}{0.0345}=0.4058,\quad P(B_3|A)=\frac{0.40\times 0.02}{0.0345}=0.2319.$$

小结 例 10.18 和例 10.19 是两个典型的利用全概率公式和贝叶斯公式计算的问题，计算这类问题的关键是找到公式中的完备事件组，以及区分应用全概率公式还是应用贝叶斯公式，通过例题能得到一些应有的启示.

例 10.20 某厂有四条流水线生产同一批产品，产量分别占总产量的 15%，20%，30%和 35%，且这四条流水线的不合格率依次为 0.05，0.04，0.03，及 0.02. 现从这批产品中任取一件，求：

(1)取到不合格产品的概率是多少？

(2)取到的不合格品是第 1 条流水线产品的概率？

解 设 $A=\{$任取一件为不合格品$\}$，$B_i=\{$任取一件为第 i 条流水线产品的概率$\}$ $(i=1,2,3,4)$.

问题(1)由全概率公式得

$$\begin{aligned}P(A)&=\sum_{i=1}^{4}P(B_i)P(A\mid B_i)\\&=0.15\times 0.05+0.20\times 0.04+0.30\times 0.03+0.35\times 0.02=0.0325.\end{aligned}$$

问题(2)由贝叶斯公式得

$$P(B_1|A)=\frac{P(B_1)P(A\mid B_1)}{\sum_{j=1}^{4}P(B_j)P(A\mid B_j)}=\frac{0.15\times 0.05}{0.0325}=\frac{3}{13}\approx 0.23.$$

10.4 事件的独立性与独立试验概型

10.4.1 事件的独立性

在 10.3 节中我们知道了条件概率这个概念，在已知事件 A 发生的条件下，B 发生的可能性的条件概率为

$$P(B\mid A)=\frac{P(AB)}{P(A)},$$

并且由此得到了一般的概率乘法公式

$$P(AB)=P(B\mid A)P(A).$$

现在提出一个问题：如果事件 B 发生与否不受事件 A 是否发生的影响，那么会出现什么样的情况呢？为此，需要把“事件 B 发生与否不受事件 A 发生是否的影响”这句话表达成数学的语言，事实上，事件 B 发生与否不受事件 A 的影响，也就意味着有

$$P(B \mid A) = P(B),$$

这时乘法公式就有了更自然的形式

$$P(AB) = P(A)P(B).$$

为了更好地理解这一节我们将要引进的一个重要概念——事件的独立性,为此,先看下例.

例 10.21 有产品10只,其中3只次品,从中取二次,每次取一只,设 $A=\{$第一次取到次品$\}$ $B=\{$第二次取到次品$\}$,求 $P(B \mid A)$ 及 $P(B)$.

解 (1)不放回抽样 易知 $P(B \mid A) = \frac{2}{9}$, $P(B) = \frac{3}{10}$.

所以

$$P(B \mid A) \neq P(B).$$

这说明事件 A 的发生对事件 B 发生的概率是有影响的.

(2)放回抽样

$$P(B \mid A) = \frac{3}{10}, \quad P(B) = \frac{3}{10}.$$

所以 $P(B \mid A) = P(B)$. 这说明事件 A 的发生不影响事件 B 发生的概率.

从直观上讲,这很自然,因为是放回抽样,第一次抽到的产品实际上不影响第二次抽到的产品. 在这种场合可以说事件 A 与事件 B 的发生有某种"独立性".

如果两事件中任一事件的发生不影响另一事件的概率,则称它们是相互独立的.

由乘法公式知,当 $P(A) > 0$, $P(B) > 0$ 时

$$P(AB) = P(A)P(B \mid A) = P(B)P(A \mid B),$$

如果

$$P(B \mid A) = P(B), \quad P(A \mid B) = P(A)$$

将它们代入上式得

$$P(AB) = P(A)P(B).$$

反之亦真.

它们都表明事件 A 与事件 B 从概率的意义上来说互不影响,也就是相互独立.

定义 10.6 对任意的两个事件 A, B,若满足等式

$$P(AB) = P(A)P(B),$$

则称事件 A, B 相互独立,简称 A, B 独立.

由两个随机事件相互独立的定义,可以得到下述定理.

定理 10.4 如果事件 A 与 B 相互独立,则 A 与 $\overline{B}$, $\overline{A}$ 与 B, $\overline{A}$ 与 $\overline{B}$ 也相互独立.

证明 因为 $A = A(B \cup \overline{B}) = AB \cup A\overline{B}$,得

$$P(A)=P(AB\cup A\overline{B})=P(AB)+P(A\overline{B})=P(A)P(B)+P(A\overline{B})$$

$$P(A\overline{B})=P(A)[1-P(B)]=P(A)P(\overline{B}).$$

因此 A 与 $\overline{B}$ 相互独立. 由此可立即推出 $\overline{A}$ 与 $\overline{B}$ 相互独立. 再由 $\overline{\overline{B}}=B$，又推出 $\overline{A}$ 与 B 相互独立.

下面将事件的独立性概念推广到三个及三个以上事件的情形.

定义 10.7　设 A，B，C 是三个事件，如果满足等式

$$\begin{cases}P(AB)=P(A)P(B),\\P(BC)=P(B)P(C),\\P(AC)=P(A)P(C),\\P(ABC)=P(A)P(B)P(C),\end{cases}$$

则称 A，B，C 相互独立.

一般地，设 $A_1,A_2,\cdots,A_n$ 是 $n(n\geqslant 2)$ 个事件，如果对于其中任意 2 个，3 个，…，n 个事件的积事件的概率，都等于各事件概率之积，则称事件 $A_1,A_2,\cdots,A_n$ 相互独立.

注　(1)不要把事件的独立与互不相容混为一谈.

(2)实际应用中，对于事件的独立性，我们常常不是根据定义来判断，而是根据实际上两事件中，任一事件的发生不影响另一事件的概率来判断.

例 10.22　甲、乙两射手在同样条件下进行射击，他们击中目标的概率分别是 0.9 和 0.8. 如果两个射手同时发射，问击中目标的概率是多少?

解　设 A ={甲击中目标}，B ={乙击中目标}，C={击中目标}. 于是

$$P(A)=0.9,\quad P(B)=0.8.$$

又 $C=A\cup B$，且 A,B 相互独立，故

$$\begin{aligned}P(C)&=P(A\cup B)=P(A)+P(B)-P(AB)\\&=P(A)+P(B)-P(A)P(B)=0.9+0.8-0.9\times 0.8=0.98.\end{aligned}$$

注　若 n 个事件相互独立，必蕴涵这 n 个事件两两相互独立，但反之不真.

例 10.23　设袋中有 4 个乒乓球，1 个涂有白色，1 个涂有红色，1 个涂有蓝色，1 个涂有白、红、蓝三种颜色. 今从袋中随机的取一个球，设事件

A ={取出的球涂有白色}，　B ={取出的球涂有红色}，

C ={取出的球涂有蓝色}.

试验证事件 A，B，C 两两相互独立，但不相互独立.

证明　事件 A，B 同时发生，只能取到的球涂有白、红、蓝三种颜色的球，则

$$P(AB)=\frac{1}{4}.$$

事件 A 发生，只能是取到的球是涂白色的球或涂三种颜色的球，因而

$$P(A)=\frac{2}{4}=\frac{1}{2}.$$

同理

$$P(B)=\frac{2}{4}=\frac{1}{2}.$$

所以

$$P(AB)=P(A)P(B),$$

即事件 A，B 相互独立.

类似可证，事件 A，C 相互独立，事件 B，C 相互独立，即 A，B，C 两两相互独立.

但是 $P(ABC)=\frac{1}{4}$，而 $P(A)P(B)P(C)=\frac{1}{2}\times\frac{1}{2}\times\frac{1}{2}=\frac{1}{8}\neq\frac{1}{4}=P(ABC)$. 所以 A，B，C 并不相互独立.

10.4.2　独立试验概型

在实际问题中，我们常常要做多次试验条件完全相同(即可以看成是一个试验的多次重复)并且都是相互独立(即每次试验中的随机事件的概率不依赖于其他各次试验的结果)的试验. 我们称这种类型的试验为**重复独立试验**.

定义 10.8　在重复独立试验中，如果每次试验都只有两个可能结果，记为 A 和 $\overline{A}$，且在每次实验中 $p=P(A)$，从而 $q=1-p=P(\overline{A})$ 保持不变，则称这样的重复独立试验模型为伯努利概型，也称为 n 重**伯努利概型**. 伯努利概型又称为**独立试验序列概型**(或**二项概型**).

当然，许多随机试验的结果不止两个，但由于人们通常关心的是在试验中某个结果 A 是否发生，因而仍可以把它归结为伯努利概型. 例如，明天的天气可以有不同的情况，但如果我们感兴趣的是明天是否下雨，则明天的天气只有两个结果：下雨和不下雨；又如在灯泡的质量检验中，灯泡的寿命可以是任一非负数，但有时我们会把寿命不小于 5000 小时的灯泡当成合格品，寿命小于 5000 小时为次品，这样，它仍为伯努利概型，所以伯努利概型虽简单，但有着广泛的应用，它是概率论中最早也是最多得到研究的模型之一.

在 n 重伯努利试验中，事件 A 可能发生的次数为 $0,1,\cdots,n$，下面计算事件 A 恰好发生 k 次 $(k=0,1,\cdots,n)$ 的概率，记这一概率为 $b(k;n,p)$.

定理 10.5　对于伯努利概型，事件 A 在 n 次独立试验中恰好发生 k 次的概率为

$$b(k;n,p)=\mathrm{C}_n^k p^k q^{n-k},\quad k=0,1,\cdots,n,$$

此处 $p=P(A)$，$q=1-p$，并且 $\sum\limits_{i=0}^{n}b(k;n,p)=1$.

证明 由伯努利概型知，在指定的 k 次试验中出现 A，其余 $n-k$ 次试验中出现 $\overline{A}$ 的概率为

$$\underbrace{p \cdot p \cdots p}_{k}\underbrace{q \cdot q \cdots q}_{n-k} = p^k q^{n-k}.$$

由于事件 A 在 n 次试验中的任 k 次出现，共有 C_n^k 种情况，而这 C_n^k 种情况所对应的 C_n^k 个事件是互不相容的（因为某两种情况所对应的事件，一种是这 k 次试验出现 A，而另一种是另外 k 次试验出现 A，这两者之间至少有一次试验出现的是不同的结果，分别是 A 和 $\overline{A}$），因此由概率的有限可加性，有

$$b(k;n,p) = C_n^k p^k q^{n-k}, \quad k = 0,1,\cdots,n,$$

并且有 $\sum\limits_{i=0}^{n} b(k;n,p) = \sum\limits_{i=0}^{n} C_n^k p^k q^{n-k} = (p+q)^n = 1$.

例 10.24 某车间有 10 台各为 7.5kW 的机床，如果各台机床的使用情况相互独立，且每台机床平均每小时开动 12min. 问全部机床用电超过 45kW 的可能性有多大？

解 我们把观察某台机床是否在运行看作一次试验. 由于各台机床的使用情况相互独立，又每台机床只有两种状态：运行（记为 A）和不运行（$\overline{A}$），且 $P(A) = \frac{12}{60} = 0.2$，因此可以将本题归结为 10 重伯努利试验. 用电量超过 45kW，即同时运行的机床超过 $\frac{45}{7.5} = 6$ 台，从而所求的概率为

$$\sum_{k=7}^{10} b(k;10,0.2) = \sum_{k=7}^{10} C_{10}^k \, 0.2^k \, 0.8^{10-k} = \frac{1}{1157}.$$

习 题 10

1. 写出下列随机试验的样本空间：

(1)同时掷两枚骰子，记录两枚骰子的点数之和；

(2)10 件产品中有 3 件是次品，每次从其中取 1 件，取后不放回，直到 3 件次品都取出为止，记录所抽取的次数；

(3)在单位圆内任意取一点，记录该点的坐标；

(4)测量某一地区某一时刻的气温；

(5)设长度为 l 的棉纱上随机地有两个疵点，将棉纱分成 3 段，观察各段的长度；

(6)记录某班级（n 个人）用百分制计分时，一次数学考试的平均分数.

2. 设 A,B,C 为三个事件，试用事件式表示下列事件：

(1)A 发生，B 与 C 不发生； (2)A 与 B 都发生，C 不发生；

(3)A,B,C 都发生； (4)A,B,C 都不发生；

(5)A,B,C 不都发生； (6)A,B,C 中至少有一个发生；

(7)A,B,C 中不多于一个发生；　(8)A,B,C 中至少有两个发生.

3. 设 $\Omega=\{1,2,3,4,5,6\}$，$A=\{1,2,3\}$，$B=\{2,3,4\}$，$C=\{4,5,6\}$，试用 Ω 的子集表示出下列事件：

(1)$\overline{A}B$；(2)$\overline{A}\cup B$；(3)$\overline{B-A}$；(4)$\overline{A\overline{BC}}$；(5)$\overline{A(B\cup C)}$.

4. 设 $P(A)=0.7$，$P(A-B)=0.3$，试求 $P(\overline{AB})$.

5. 对事件 A,B 和 C，已知 $P(A)=P(B)=P(C)=\dfrac{1}{4}$，$P(AB)=P(CB)=0$，$P(AC)=\dfrac{1}{8}$，求 A,B,C 中至少有一个发生的概率.

6. 在一标准英语字典中具有 55 个由两个不相同的字母新组成的单词，若从 26 个英语字母中任取两个字母予以排列，问能排成上述单词的概率是多少？

7. 在电话号码薄中任取一个电话号码，求后面四个数全不相同的概率.(设后面 4 个数中的每一个数都是等可能性地取自 $0,1,2,\cdots,9$)

8. 在房间里有 10 人，分别佩戴着从 1 号到 10 号的纪念章，任意选 3 人记录其纪念章的号码.(1)求最小的号码为 5 的概率.(2)求最大的号码为 5 的概率.

9. 某油漆公司发出 17 桶油漆，其中白漆 10 桶、黑漆 4 桶，红漆 3 桶. 在搬运中所标笺脱落，交货人随意将这些标笺重新贴，问一个订货 4 桶白漆，3 桶黑漆和 2 桶红漆顾客，按所订的颜色如数得到订货的概率是多少？

10. 在 1500 个产品中有 400 个次品，1100 个正品，任意取 200 个.

(1)求恰有 90 个次品的概率.(2)至少有 2 个次品的概率.

11. 从 5 双不同鞋子中任取 4 只，4 只鞋子中至少有 2 只配成一双的概率是多少？

12. 将三个球随机地放入 4 个杯子中去，问杯子中球的最大个数分别是 1,2,3 的概率各为多少？

13. 50 个铆钉随机地取来用在 10 个部件，其中有三个铆钉强度太弱，每个部件用 3 只铆钉，若将三只强度太弱的铆钉都装在一个部件上，则这个部件强度就太弱，问发生一个部件强度太弱的概率是多少？

14. 已知 $P(\overline{A})=0.3$，$P(B)=0.4$，$P(A\overline{B})=0.5$，求 $P(B\mid A\cup\overline{B})$.

15. 已知 10 只晶体管中有 2 只次品，在其中取两次，每次随机地取一只，不放回抽样，求下列事件的概率.

(1)两只都是正品(记为事件 A).

(2)两只都是次品(记为事件 B).

(3)一只是正品，一只是次品(记为事件 C).

(4)第二次取出的是次品(记为事件 D).

16. 设有甲、乙两袋，甲袋中装有 n 只白球 m 只红球，乙袋中装有 N 只白球 M 只红球，今从甲袋中任取一球放入乙袋中，再从乙袋中任取一球，问取到(即从乙袋中取到)白球的概率是多少？

17. 已知男人中有 5% 是色盲患者，女人中有 0.25% 是色盲患者. 今从男女人数相等的人群中随机地挑选一人，恰好是色盲患者，问此人是男性的概率是多少？

18. 一学生接连参加同一课程的两次考试. 第一次及格的概率为 P，若第一次及格则第二次

及格的概率也为 P;若第一次不及格则第二次及格的概率为 $\frac{P}{2}$.(1)若至少有一次及格则他能取得某种资格,求他取得该资格的概率.(2)若已知他第二次已经及格,求他第一次及格的概率.

19.一建筑物内装有 5 台同类型的空调设备,调查表明,在任一时刻,每台设备被使用的概率为 0.1,问在同一时刻(1)恰有两台设备被使用的概率是多少?(2)至少有三台设备被使用的概率是多少?

第 11 章　随机变量及其分布

第 10 章的主要研究对象为随机事件，由于随机事件是集合，因此很难用高等数学的工具进行研究. 本章引入随机变量，使概率论的研究对象由随机事件转为随机变量，随机变量概念的引入是概率论发展史上的重大突破. 对于随机变量的分布函数，能够用微积分为工具进行研究，强有力的高等数学工具大大增强了研究随机现象的手段，从而使概率论的发展进入了一个新阶段.

本章主要介绍随机变量、分布函数、随机变量的分布(包括离散型和连续型)、常用的离散型和连续型分布.

11.1　随机变量与分布函数

在第 10 章看到一些随机试验，它们的结果可以用数来表示，此时样本空间 S 的元素是一个数，如例 10.5；但有些却不是，如例 10.4. 当样本空间 S 的元素不是一个数时，人们对于 S 就难以描述和研究. 本章来讨论如何引入一个法则，将随机试验的每一个结果，即将 S 的每个元素 e 与实数 x 对应起来，从而引入随机变量的概念. 先从例题开始讨论.

例 11.1　设箱中有 10 个球，其中有 2 个红球，8 个白球；从中任意抽取 2 个，观察抽球结果.

解　容易看出，抽球结果有 3 种情况：2 个白球、2 个红球或一红一白. 如果用 X 表示取得的红球数，则 X 的取值可以为 0，1，2. 此时，“2 个红球”=“X 取到值 2”，可记为$\{X=2\}$；“一红一白”记为$\{X=1\}$，“2 个白球”记为$\{X=0\}$.

从以上例子可以看出，该随机试验的每一个结果都对应着变量 X 的一个确定的取值，因此变量 X 是样本空间 Ω 上的函数：

$$X = X(\omega), \quad \omega \in \Omega. \tag{11.1}$$

这就是随机变量，下面给出其具体定义.

定义 11.1　设随机试验的样本空间为 Ω. 若对于每一个 $\omega \in \Omega$，有一个实数 $X(\omega)$ 与之对应，这样就得到一个定义在 Ω 上的实值单值函数，则称 $X(\omega)$ 为**随机变量**(random variable)，简记为 X.

一般常用大写字母 X,Y,Z 等表示随机变量，其取值常用小写字母 x,y,z 等表示.

定义了随机变量后，就可以用随机变量的取值情况来刻画随机事件. 如例 11.1

中：$\{\omega: X(\omega)=2\}=\{X=2\}$ 表示取出 2 个红球这一事件；$\{\omega: X(\omega)=1\}=\{X=1\}$ 表示取出 1 个红球、1 个白球这一事件等.

注 在同一个样本空间上可以定义不同的随机变量. 如：掷一枚骰子，我们定义了随机变量 X 表示出现的点数. 我们还可以定义其他的随机变量，例如，可以定义

$$Y=\begin{cases}1, & \text{出现偶数点},\\0, & \text{出现奇数点},\end{cases}\qquad Z=\begin{cases}1, & \text{点数为 }6,\\0, & \text{点数不为 }6,\end{cases}$$

等等.

随机变量的引入，使我们能用随机变量来描述各种随机现象，并能利用数学分析的方法对随机试验的结果进行深入广泛的研究和讨论.

仅知道随机变量 X 的取值是不够的，还要了解随机变量取值的规律，为此引入随机变量分布函数的定义.

定义 11.2 设 X 是一随机变量，x 是任意实数，函数

$$F(x)=P\{X\leqslant x\}=P\{\omega \mid X(\omega)\leqslant x\} \tag{11.2}$$

称为随机变量 X 的**分布函数**(distribution function)，记作 $X\sim F(x)$.

对于任意实数 x_1，x_2（$x_1<x_2$），有

$$\begin{aligned}P\{x_1<X\leqslant x_2\}&=P\{X\leqslant x_2\}-P\{X\leqslant x_1\}\\&=F(x_2)-F(x_1).\end{aligned} \tag{11.3}$$

因此，若已知 X 的分布函数，我们就知道 X 落在任意区间 $(x_1,x_2]$ 上的概率，在这个意义上，分布函数完整地描述了随机变量的统计规律性.

如果将 X 看成是数轴上随机点的坐标，那么分布函数 $F(x)$ 在 x 处的函数值就表示 X 落在区间 $(-\infty,x]$ 上的概率.

一个随机变量的分布函数具有如下基本性质：

(1)**单调性** $F(x)$ 是定义在整个实轴 $(-\infty,\infty]$ 上的单调非减函数，即对任意的实数 x_1,x_2（$x_1<x_2$），则 $F(x_1)\leqslant F(x_2)$；

(2)**有界性** 对任意的 x，有 $0\leqslant F(x)\leqslant 1$，且

$$F(-\infty)=\lim_{x\to-\infty}F(x)=0,\quad F(+\infty)=\lim_{x\to+\infty}F(x)=1;$$

(3)**右连续性** $F(x)$ 是 x 的右连续函数，即对任意的 x_0，有

$$\lim_{x\to x_0^+}F(x)=F(x_0),$$

即 $F(x+0)=F(x)$.

证明 (1)事实上由式(11.3)对于任意的实数 x_1,x_2（$x_1<x_2$），有

$$F(x_2)-F(x_1)=P\{x_1<X\leqslant x_2\}\geqslant 0.$$

图 11-1

(2)从几何上加以说明. 在图 11-1 中，将区间端点 x 沿数轴无限向左移动(即 $x\to-\infty$)，则“随机点 X 落在点 x 左边”

这一事件趋于不可能事件，从而其概率趋于 0，即有 $F(-\infty)=0$；又若将点 x 沿数轴无限向右移动（即 $x\to\infty$），则“随机点 X 落在点 x 左边”这一事件趋于必然事件，从而其概率趋于 1，即有 $F(\infty)=1$.

(3) 证明略.

分布函数一定具有以上三个基本性质. 反之，则可以证明：如果一个函数 $F(x)$ 满足上述三条性质，它一定可以作为某一随机变量 X 的分布函数. 通常将满足上述三条性质的函数都称为分布函数.

11.2　离散型随机变量及其分布律

11.2.1　离散型随机变量和概率分布

有些随机变量，它全部可能取到的值是有限个或可列无限多个，这种随机变量称为离散型随机变量. 例如，例 11.1 中的随机变量 X，它只能取到 0,1,2 三个值，它是一个离散型随机变量. 又如某城市的 120 急救电话台一昼夜接收到的呼唤次数也是离散型随机变量. 下面讨论离散型随机变量.

定义 11.3　设 X 是定义在样本空间 Ω 上的一个随机变量，如果 X 的所有取值是有限个或可列个，则称 X 是一个**离散型随机变量**(discrete random variable).

要掌握一个离散型随机变量 X 的统计规律，必须且只需知道 X 的所有可能取值以及取每一个可能值的概率.

定义 11.4　设离散型随机变量 X 的所有可能取值为 $\{x_k, k=1,2,\cdots\}$，且 p_k 是 X 取 x_k 的概率，即

$$P\{X=x_k\}=p(x_k),\quad k=1,2,\cdots,n,\cdots, \tag{11.4}$$

则称式(11.4)为 X 的**概率分布**(probability distribution)或**分布律**(distribution law).

有时也将 $p(x_k)$ 记为 p_k，用下列表格形式来表示，称之为 X 的概率分布表.

X	x_1	x_2	$\cdots$	x_i	$\cdots$
P	p_1	p_2	$\cdots$	p_i	$\cdots$

上表直观地表示了随机变量 X 取各个值的概率的规律，X 取各个值各占一些概率，这些概率合起来是 1. 可以想象成：概率 1 以一定的规律分布在各个可能值上，这就是式(11.4)称为分布律的缘故。

由概率的定义，离散型随机变量的概率分布 $\{p(x_k)\}$ 必然满足下列性质：

(1) **非负性**　$p(x_k)\geqslant 0$，$k=1,2,\cdots$；

(2) **正则性**　$\sum\limits_{k=1}^{\infty}p(x_k)=1$.

证明 (1)由概率的非负性知,显然有 $p(x_k) \geqslant 0$, $k = 1,2,\cdots$.

(2)由于 $\{X = x_1\} \cup \{X = x_2\} \cup \cdots$ 是必然事件,且 $\{X = x_i\} \cap \{X = x_j\} = \varnothing, i \neq j$, 故 $1 = P\left[\bigcup_{k=1}^{\infty} \{X = x_k\}\right] = \sum_{k=1}^{\infty} P\{X = x_k\}$,即 $\sum_{k=1}^{\infty} p(x_k) = 1$.

下面举例说明如何求离散型随机变量的概率分布.

例 11.2 设一汽车在开往目的地的道路上需经过四盏信号灯,每盏信号灯以 $\frac{1}{2}$ 的概率允许或禁止汽车通过. 以 X 表示汽车首次停下时,它已通过的信号灯的盏数,求 X 的概率分布(分布律)(信号灯的工作是相互独立的).

解 以 p 表示每组信号灯禁止汽车通过的概率,有 X 的概率分布为

X	0	1	2	3	4
P	p	$(1-p)p$	$(1-p)^2 p$	$(1-p)^3 p$	$(1-p)^4$

或写成 $P\{X=k\}=(1-p)^k p$, $k=0,1,2,3,4$.

以 $P = \frac{1}{2}$ 代入,得

X	0	1	2	3	4
P	0.5	0.25	0.125	0.0625	0.0625

特别地,对任意 $a \leqslant b$,有

$$P\{a \leqslant X \leqslant b\} = P\Big(\bigcup_{a \leqslant x_i \leqslant b} \{X = x_i\}\Big) = \sum_{a \leqslant x_i \leqslant b} P\{X = x_i\} = \sum_{a \leqslant x_i \leqslant b} P\{x_i\} .$$

一般地,若 I 是一个区间,则 $P\{X \in I\} = \sum_{x_i \in I} p(x_i)$.

例 11.3 设 X 的分布律为

X	-1	1	2
P	$\frac{1}{3}$	$\frac{1}{2}$	$\frac{1}{6}$

求 $P(0 \leqslant x \leqslant 2)$.

解 $P(0 \leqslant x \leqslant 2) = P(x = 1) + P(x = 2) = \frac{1}{2} + \frac{1}{6} = \frac{2}{3}$.

一般地,设离散型随机变量 X 的分布律为

$$P(X = x_k) = p_k, \quad k = 1,2,\cdots .$$

由概率的可列可加性得 X 的分布函数为

$$F(x)=P\{X\leqslant x\}=\sum_{x_k\leqslant x}P\{X=x_k\},$$

即

$$F(x)=\sum_{x_k\leqslant x}p_k .$$

这里和式是对于所有满足 $x_k\leqslant x$ 的 k 求和的.

由此可知,离散型随机变量的分布函数是一个阶梯函数,$F(x)$ 在 $x=x_k(k=1,2,\cdots)$ 处有跳跃,其跳跃值为 $p_k=P(X=x_k)$. 这是离散型随机变量的重要特征,如图 11-2 所示.

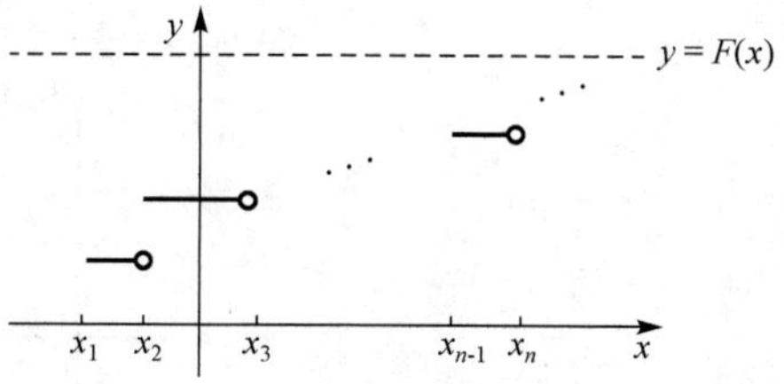

图 11-2　离散型随机变量分布函数

例 11.4　设随机变量 X 的分布律为

X	-1	2	3
p_k	$\frac{1}{4}$	$\frac{1}{2}$	$\frac{1}{4}$

求 X 的分布函数,并求 $P\{X\leqslant\frac{1}{2}\}$, $P\left\{\frac{3}{2}\leqslant X\leqslant\frac{5}{2}\right\}$, $P\{2\leqslant X\leqslant 3\}$.

解　X 仅在 $x=-1,2,3$ 三点处其概率不为 0,而 $F(x)$ 的值是 $x\leqslant X$ 的累积概率值,由概率的有限可加性,知道它是小于或等于 x 的那些 x_k 处的概率 p_k 之和,有

$$F(x)=\begin{cases}0, & x<-1,\\ P\{X=-1\}, & -1\leqslant x<2,\\ P\{X=-1\}+P\{X=2\}, & 2\leqslant x<3,\\ 1, & x\geqslant 3,\end{cases}$$

即

$$F(x)=\begin{cases}0, & x<-1,\\ \frac{1}{4}, & -1\leqslant x<2,\\ \frac{3}{4}, & 2\leqslant x<3,\\ 1, & x\geqslant 3.\end{cases}$$

$F(x)$ 的图形如 11-3 所示,它是一条阶梯形的曲线,在 $x=-1,2,3$ 处有跳跃点,跳跃值分别为 $\frac{1}{4}$, $\frac{1}{2}$, $\frac{1}{4}$. 又

$$P\left\{X \leqslant \frac{1}{2}\right\}=F\left(\frac{1}{2}\right)=\frac{1}{4},$$

$$P\left\{\frac{3}{2} \leqslant X \leqslant \frac{5}{2}\right\}=F\left(\frac{5}{2}\right)-F\left(\frac{3}{2}\right)=\frac{3}{4}-\frac{1}{4}=\frac{1}{2},$$

$$P\{2 \leqslant X \leqslant 3\}=F(3)-F(2)+P\{X=2\}=1-\frac{3}{4}+\frac{1}{2}=\frac{3}{4}.$$

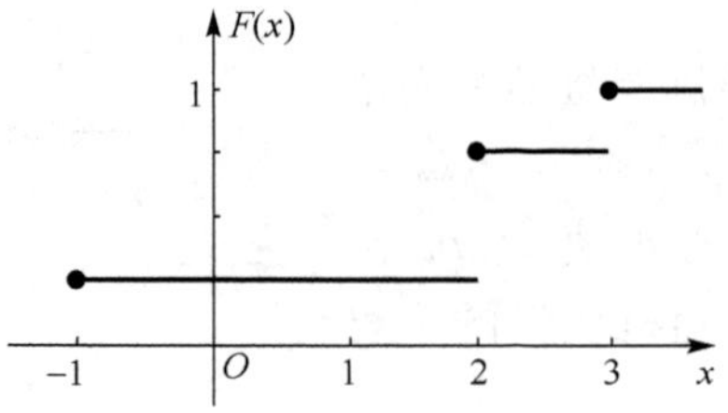

图 11-3

11.2.2 常用离散型随机变量的分布

1. 0-1 分布

定义 11.5 设随机变量 X 只能取到 0 与 1 两个值，它的分布律是

$$P\{X=1\}=p, \quad P\{X=0\}=1-p \ (0<p<1),$$

则称 X 服从参数为 p 的 **0-1 分布**(0-1 distribution)或两点分布(two-point distribution)，记为 $X \sim B(1,p)$.

两点分布是经常遇到的一种分布. 一次试验只有两种可能结果的概率分布都可用两点分布来描述. 例如，射击时考虑中靶与脱靶；人口统计考虑生男生女等. 有的随机试验的基本结果虽然不止两个，但只考虑某一事件 A 时也可用 0-1 分布表示. 例如，人们只关心产品是否合格，把寿命大于 k 小时的灯泡作为合格品，其余为不合格品.

例 11.5 设一个袋中装有 3 个红球和 7 个白球，现在从中随机抽取一球，如果每个球抽取的机会相等，并且用数“1”代表取得红球，“0”代表取得白球，则随机抽取一球所得的值是一个离散型随机变量

$$X=\begin{cases}1, & \text{取得红球},\\ 0, & \text{取得白球},\end{cases}$$

其概率分布为 $P\{X=1\}=\frac{3}{10}$，$P\{X=0\}=\frac{7}{10}$，即 X 服从两点分布.

2. 二项分布

定义 11.6 若随机变量 X 的所有可能取值为 $0,1,\cdots,n$，且它的分布为

$$p_k = P\{X = k\} = C_n^k p^k q^{n-k}, \quad k = 0,1,2,\cdots,n, \tag{11.5}$$

其中 $q=1-p, 0<p<1$，则称随机变量 X 服从参数为 n，p 的**二项分布**(binomial distribution)，记作 $X \sim B(n,p)$.

容易验证二项分布满足：

(1) $p_k \geqslant 0$，$k = 1,2,\cdots$；

(2) $\sum_{k=0}^{n} p_k = \sum_{k=0}^{n} C_n^k p^k q^{n-k} = (p+q)^n = 1$.

由于 $p_k = C_n^k p^k q^{n-k}$ 恰好是 $(p+q)^n$ 展开式中的第 $k+1$ 项，所以二项分布由此得名. 通常还记

$$b(k;n,p) = C_n^k p^k q^{n-k}, \quad k = 0,1,\cdots,n.$$

由定义不难发现，二项分布的背景是 n 重伯努利概型，用 X 表示 n 重伯努利试验中事件 A 出现的次数，则 X 服从二项分布，即 $X \sim B(n,p)$.

特别地，当 $n=1$ 时，二项分布(11.5)化为

$$P\{X = k\} = p^k (1-p)^{1-k}, \quad k = 0,1,$$

这就是 0-1 分布.

二项分布是概率论中最重要的分布之一，应用很广，举例如下.

(1)检查一人是否患某种非流行性疾病是一次伯努利试验. 各人是否生这病可认为相互独立，并可近似认为患病的概率 p 相等. 因此考察某地 n 个人是否患此病可作为 n 重伯努利试验，其中患病的人数 ξ 服从二项分布.

(2)保险公司对某种灾害（自行车被盗，火灾，…）保险，各人发生此种灾害与否可认为相互独立，并假定概率相等. 设一年间一人发生此种灾害的概率为 p，则在参加此种保险的 n 人中发生此种灾害的人数 η 服从二项分布.

(3) n 台同类机器，在一段时间内每台损坏的概率为 p，则在这段时间内损坏的机器数服从二项分布.

例 11.6　某一大学的校网球队与该校某系网球队举行对抗赛. 一般地，校队的实力比系队强，每个校队队员获胜的概率为 0.55，现由校和系双方代表商讨对抗赛的比赛方式，提出了三种方案供选择：

(1)双方各出 3 人；

(2)双方各出 5 人；

(3)双方各出 7 人.

三种方案中均以比赛中获胜人数多的一方为胜，问对系队而言，哪一种方案较为有利？

解　设系队获胜队员人数为 X，系队队员获胜概率为 0.45，一般可以认为队员间比赛的胜负结果是相互独立的，则 X 服从二项分布. 因此，系队获胜的概率分别为

(1) $P\{X \geqslant 2\} = \sum_{i=2}^{3} C_3^i\, 0.45^i\, 0.55^{3-i} \approx 0.42525$,

(2) $P\{X \geqslant 3\} = \sum_{i=3}^{5} C_5^i\, 0.45^i\, 0.55^{5-i} \approx 0.40687$,

(3) $P\{X \geqslant 4\} = \sum_{i=4}^{7} C_7^i\, 0.45^i\, 0.55^{7-i} \approx 0.39171$.

由此可知,第一种方案对系队最有利,也即对校队最不利. 这是比较容易理解的,因为参赛的队员人数越少,系队侥幸获胜的概率也越大. 显然,当双方只出一个人比赛时,则系队获胜的概率为最大(0.45).

3. 泊松分布

定义 11.7　若随机变量 X 所有可能取值为 $0,1,2,\cdots$,且其概率分布为

$$p_k = P\{X = k\} = \frac{\lambda^k}{k\,!}e^{-\lambda}, \quad k = 0,1,2,\cdots, \tag{11.6}$$

其中 $\lambda > 0$ 为参数,则称 X 服从参数为 λ 的**泊松分布**(Poisson distribution),记作 $X \sim P(\lambda)$.

容易验证 p_k 满足:

(1) $p_k \geqslant 0$, $k = 0,1,2,\cdots$;

(2) $\sum_{k=0}^{\infty} p_k = \sum_{k=0}^{\infty} \frac{\lambda^k}{k\,!}e^{-\lambda} = e^{-\lambda}\sum_{k=0}^{\infty} \frac{\lambda^k}{k\,!} = e^{-\lambda} \cdot e^{\lambda} = 1$.

泊松分布是概率论中最重要的概率分布之一. 近年来,人们发现很多随机现象都可利用泊松分布去描述,例如:在社会生活中,各种服务需求量,如一定时间内,某电话交换台接到的呼叫数,某公共汽车站来到的乘客数,某商场来到的顾客数或出售的某种货物数,…,它们都服从泊松分布,因此泊松分布在管理科学和运筹学中占很重要的地位. 在生物学中,某区域内某种微生物的个数,某生物繁殖后代的数量等也服从泊松分布. 放射性物质在一定时间内放射到指定地区的粒子数也是服从泊松分布的.

例 11.7　一家商店销售某一型号的彩色电视机. 由该商店过去的销售记录知道,该型号的彩色电视机每月的销售数可以用参数 $\lambda = 10$ 的泊松分布来描述,为了以 95%以上的把握保证不脱销,问商店在月底至少应该进该型号彩色电视机多少台?

解　设 X 表示商店每月销售该型号彩色电视机的台数,且月底的进货为 t 台,则当 $X \leqslant t$ 时就不会脱销,因而按题意要求为 $P(X \leqslant t) \geqslant 0.95$,又因为 $X \sim P(10)$,所以上式也可以表示为 $\sum_{k=0}^{t} \frac{10^k}{k!}e^{-10} \geqslant 0.95$. 由查表和计算得

$$\sum_{k=0}^{14} \frac{10^k}{k!} e^{-10} \approx 0.9166 < 0.95,$$

$$\sum_{k=0}^{15} \frac{10^k}{k!} e^{-10} \approx 0.9513 > 0.95.$$

所以,满足条件的最小 t 为 15.

由此可知,这家商店只要在月底进货至少 15 台该型号彩色电视机(假定上个月无存货,否则应扣除),就可以有 95%以上的把握保证这种电视机下个月不会脱销.

从以上的例子可以看出,这家商店采用了科学管理后,可以使每月的进货计划有的放矢,不会因为进货太多而使资金积压,影响该商店的经济效益;同样,也不会因为进货太少而影响广大居民的生活需要.

在二项分布中,要计算 $b(k;n,p) = C_n^k p^k q^{n-k}$,当 n 较大时,计算量是很大的.但是,当 n 充分大, p 充分小, np 大小适中时,有如下定理,可以简化计算.

定理 11.1(泊松定理)　设 $\lambda > 0$ 是一个常数, n 是任意正整数,设 $np_n = \lambda$,则对于任一固定的非负整数,有

$$\lim_{n\to\infty} b(k;n,p) = \frac{\lambda^k}{k!} e^{-\lambda}, \quad k = 0,1,2,\cdots. \tag{11.7}$$

证明　由 $p_n = \frac{\lambda}{n}$,有

$$\begin{aligned} b(k;n,p) &= C_n^k p_n^k (1-p_n)^{n-k} \\ &= \frac{n(n-1)(n-2)\cdots(n-k+1)}{k!} \left(\frac{\lambda}{n}\right)^k \left(1-\frac{\lambda}{n}\right)^{n-k} \\ &= \frac{\lambda^k}{k!}\left[1\cdot\left(1-\frac{1}{n}\right)\cdots\left(1-\frac{k-1}{n}\right)\right]\left(1-\frac{\lambda}{n}\right)^n \left(1-\frac{\lambda}{n}\right)^{-k}. \end{aligned}$$

对任意固定的 k ,当 $n \to \infty$ 时

$$1\cdot\left(1-\frac{1}{n}\right)\cdots\left(1-\frac{k-1}{n}\right) \to 1, \quad \left(1-\frac{\lambda}{n}\right)^n \to e^{-\lambda}, \quad \left(1-\frac{\lambda}{n}\right)^{-k} \to 1.$$

故有 $\lim\limits_{n\to\infty} b(k;n,p) = \frac{\lambda^k}{k!} e^{-\lambda}$.

上述定理称为“二项分布的泊松逼近”. 通常, p 与 n 无关. 但当 n 很大(一般 $n \geqslant 50$), p 很小(一般 $p \leqslant 0.1$),而 np 不很大时,可近似地取 $np = \lambda$,且

$$b(k;n,p) \approx \frac{\lambda^k}{k!} e^{-\lambda}. \tag{11.8}$$

式(11.8)右边的计算比较容易,有现成的分布表可查. 也就是说以 n , p 为参数的二项分布的概率值可以由参数为 $\lambda = np$ 的泊松分布的概率值近似.

例 11.8　考察通过某交叉路口的汽车流. 若在一分钟内没有汽车通过的概率为 0.2,求在 2 分钟内有多于一辆汽车通过的概率.

解 记ξ为一分钟内通过的车辆数，假设$\xi \sim P(\lambda)$．记η为两分钟内通过的车辆数，则$\eta \sim P(2\lambda)$．又$P\{\xi = 0\} = e^{-\lambda} = 0.2$，故$\lambda = \ln 5$，所求为

$$P\{\eta > 1\} = \sum_{k=2}^{\infty} P\{\eta = k\} = 1 - P(\eta = 0) - P\{\eta = 1\} = 1 - e^{-2\lambda} - 2\lambda e^{-2\lambda}$$
$$= \frac{24}{25} - \frac{2}{25}\ln 5 \approx 0.831 .$$

例 11.9 我国一航天部门组织生产某一型号运载火箭，其中需要某同一型号的原件100个，该原件的次品率为0.01，问应该一次性购进该原件至少多少个，才能以95%以上的把握不用重新去采购？

解 设X表示购进$100+a$个原件中所含次品个数，其中a为需要另外增购的备用元件个数. 又各元件是否合格显然可以认为是相互独立的，则X服从二项分布，即$X \sim B(100+a, 0.01)$．

根据题目要求，我们只需要找到最小的a使之满足不等式$P\{X \leqslant a\} \geqslant 0.95$即可. 又因为

$$P\{X \leqslant a\} = \sum_{k=0}^{a} P\{X = k\} = \sum_{k=0}^{a} C_{100+a}^{k}\, 0.01^{k}\, 0.99^{100+a-k} ,$$

其中，$100+a$较大，0.01较小，而$(100+a)\cdot 0.01 = 1 + 0.01a$大小适中，所以可以近似的用泊松分布来计算，由于在100个原件中只有一个左右的次品，可见a一定很小，因此有$1 + 0.01a \approx 1$，即X近似地服从泊阿松分布$P(1)$，所以$P\{X \leqslant a\} \approx \sum_{k=0}^{a} \frac{1}{k!} e^{-1}$.

由查表和计算得

当$a = 2$时，$P\{X \leqslant 2\} \approx 0.9197$；

当$a = 3$时，$P\{X \leqslant 3\} \approx 0.9801$．

由此可见，a至少应为3，即应一次性购进该元件至少103个才能以95%以上的把握不用重新去采购.

4. 几何分布

定义 11.8 设随机变量X的概率分布为

$$p_k = P\{X = k\} = (1-p)^{k-1} p , \quad k = 1, 2, \cdots,$$

其中$0 < p < 1$，则称X服从**几何分布**(geometric distribution)，记作$X \sim G(p)$．

容易验证几何分布满足：

(1) $p_k \geqslant 0$，$k = 1, 2, \cdots$；

(2) $\sum_{k=1}^{\infty} p_k = \sum_{k=1}^{\infty} (1-p)^{k-1} p = \frac{p}{1-(1-p)} = 1$.

例 11.10 某血库急需AB型血，需从献血者中获得，根据经验，每100个献血

者中只能获得 2 名身体合格的 AB 型血的人，今对献血者进行化验，用 X 表示在第一次找到合格的 AB 型血时，献血者已被化验的人数，求 X 的概率分布.

解　设 A_i 表示第 i 个献血者血型合格，$i=1,2,\cdots$. 由假设知，每个献血者是合格的 AB 型血的概率是 $p=\frac{2}{100}=0.02$，则

$$P\{X=k\}=P(\overline{A_1}\cdots\overline{A_{k-1}}A_k)=P(\overline{A_1})\cdots P(\overline{A_{k-1}})P(A_k)$$
$$=(1-p)^{k-1}p=0.02\times0.98^{k-1},\quad k=1,2,\cdots,$$

其中可以认为 $A_1,A_2,\cdots,A_k$ 相互独立. 由此可知，$X\sim G(0.02)$.

11.3　连续型随机变量及其分布

11.3.1　连续型随机变量和密度函数

连续型随机变量 X 所有可能取值充满一个区间，对这种类型的随机变量，不能像离散型随机变量那样，以指定它取每个值概率的方式，去给出其概率分布，而是通过给出所谓"概率密度函数"的方式. 下面介绍连续型随机变量的描述方法.

定义 11.9　设随机变量 X 的分布函数为 $F(x)$，若存在非负可积函数 $f(x)$，使得对任意实数 x，有

$$F(x)=P\{X\leqslant x\}=\int_{-\infty}^{x}f(t)\mathrm{d}t\,,\tag{11.9}$$

则称 X 为**连续型随机变量**(continuous random variable)，并称 $f(x)$ 为 X 的**概率密度函数**(probability density function)，简称为密度函数.

密度函数具有下列两个基本性质：

(1)**非负性**　$f(x)\geqslant 0$，$x\in(-\infty,+\infty)$；

(2)**正则性**　$\int_{-\infty}^{+\infty}f(x)\mathrm{d}x=1$.

证明　(1)由定义可知.

(2) $\int_{-\infty}^{+\infty}f(x)\mathrm{d}(x)=\lim\limits_{x\to+\infty}\int_{-\infty}^{x}f(t)\mathrm{d}t=\lim\limits_{x\to+\infty}F(x)=1$.

密度函数 $f(x)$ 一定具有以上两个基本性质. 反之，若函数 $f(x)$ 满足上述两个性质，一定可以作为某一连续型随机变量的密度函数.

另外，对任意的实数 x_1,x_2 ($x_1<x_2$)，

$$P\{x_1<X\leqslant x_2\}=F(x_2)-F(x_1)=\int_{-\infty}^{x_2}f(x)\mathrm{d}x-\int_{-\infty}^{x_1}f(x)\mathrm{d}x$$
$$=\int_{-\infty}^{x_2}f(x)\mathrm{d}x+\int_{x_1}^{-\infty}f(x)\mathrm{d}x=\int_{x_1}^{x_2}f(x)\mathrm{d}x.$$

这一结果的几何意义为：X 落在 $(x_1,x_2]$ 中的概率恰好等于区间 $(x_1,x_2]$ 上

由曲线 $y = f(x)$ 形成的梯形的面积(图 11-4 中阴影部分). 而 $f(x)$ 的基本性质(2)表明:整个曲线 $y = f(x)$ 以下(x 轴以上)的面积为 1.

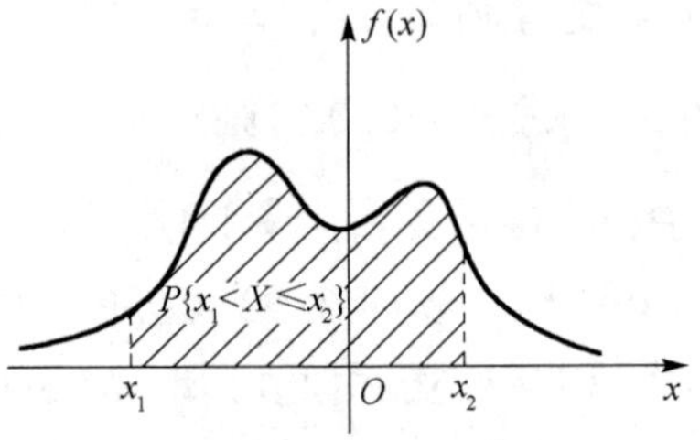

图 11-4

下面讨论连续型随机变量的一些性质.

性质 1 若 X 是连续型随机变量,则对任意实数 a,有 $P\{X = a\} = 0$.

证明 设 X 的分布函数为 $F(x)$,$\Delta x > 0$,由 $\{X = a\} \subset \{a - \Delta x < X \leqslant a\}$ 得

$$0 \leqslant P\{X = a\} \leqslant P\{a - \Delta x < X \leqslant a\} = F(a) - F(a - \Delta x).$$

在上述不等式中令 $\Delta x \to 0$,并注意到 X 为连续型随机变量,其分布函数也是连续的,即得 $P\{X = a\} = 0$.

据此,在计算连续型随机变量落在某一区间的概率时,可以不必区分该区间是开区间或闭区间或半闭区间. 例如,有

$$P\{a < X \leqslant b\} = P\{a \leqslant X \leqslant b\} = P\{a < X < b\} = P\{a \leqslant X < b\}.$$

因为连续型随机变量取任何一点的概率等于零,所以对连续型随机变量的描述不能像离散型随机变量那样一点一点地描述. 在概率论中,概率为零的事件称为零概率事件. 它与不可能事件 $\varnothing$ 还是有差别的,不可能事件 $\varnothing$ 是零概率事件,但零概率事件不全是不可能事件. 例如,对连续型随机变量而言,事件 $\{X = a\}$ 是零概率事件,但这并不意味着事件 $\{X = a\}$ 是不可能事件,因为连续型随机变量取任何一点都是有可能发生的. 同样,必然事件的概率为 1(概率的规范性),但概率为 1 时事件不全是必然事件. 在概率论中把概率为 1 的事件称为几乎必然发生的事件.

性质 2 设 $F(x)$ 和 $f(x)$ 分别是连续型随机变量 X 的分布函数和密度函数,则在 $f(x)$ 的连续点 x 上,有

$$F'(x) = f(x).$$

证明 由变上限积分的性质即知.

对于一个给定的连续型随机变量 X,如果已知其密度函数,根据定义 11.8,自然可以求得其分布函数. 虽然分布函数不能确定唯一的密度函数,但在几乎处处相等的意义下是唯一的,且在密度函数连续点处有 $F'(x) = f(x)$. 由此可以利用分布函数来计算密度函数.

例 11.11 设随机变量 X 的分布密度函数为

$$p(x)=\begin{cases}Cx, & 0\leqslant x\leqslant 1,\\ 0, & \text{其他}.\end{cases}$$

求(Ⅰ)常数 C;(Ⅱ)$P(0.3\leqslant X\leqslant 0.7)$;(Ⅲ)$P(-0.5\leqslant X\leqslant 0.5)$.

解　(Ⅰ)由 $p(x)$ 的性质,有

$$1=\int_{-\infty}^{+\infty}p(x)\mathrm{d}x=\int_0^1 Cx\mathrm{d}x=C\cdot\frac{x^2}{2}\Big|_0^1=\frac{1}{2}C,$$

所以 $C=2$.

(Ⅱ) $P\{0.3\leqslant X\leqslant 0.7\}=\int_{0.3}^{0.7}2x\mathrm{d}x=x^2\Big|_{0.3}^{0.7}=0.4.$

(Ⅲ) $P\{-0.5\leqslant X\leqslant 0.5\}=\int_{-0.5}^{0}0\mathrm{d}x+\int_0^{0.5}2x\mathrm{d}x=x^2\Big|_0^{0.5}=0.25.$

11.3.2　常用连续型随机变量的分布

1. 均匀分布

定义 11.10　设随机变量 X 的分布密度函数为

$$f(x)=\begin{cases}\dfrac{1}{b-a}, & a\leqslant x\leqslant b,\\ 0, & \text{其他}.\end{cases}$$

则称 X 服从区间 $[a,b]$ 上的**均匀分布**(uniform distribution),记为 $X\sim U[a,b]$.

容易验证均匀分布的密度函数满足:

(1) $f(x)\geqslant 0$, $x\in(-\infty,+\infty)$;

(2) $\int_{-\infty}^{+\infty}f(x)\mathrm{d}x=\int_a^b\frac{1}{b-a}\mathrm{d}x=1$.

以下我们通过积分求出均匀分布的分布函数 $F(x)$:

当 $x<a$ 时, $F(x)=\int_{-\infty}^{x}f(t)\mathrm{d}t=\int_{-\infty}^{x}0\mathrm{d}t=0$;

当 $a\leqslant x<b$ 时, $F(x)=\int_{-\infty}^{x}f(t)\mathrm{d}t=\int_{-\infty}^{0}0\mathrm{d}t+\int_a^x\frac{1}{b-a}\mathrm{d}t=\frac{x-a}{b-a}$;

当 $x\geqslant b$ 时, $F(x)=\int_{-\infty}^{x}f(t)\mathrm{d}t+\int_a^b\frac{1}{b-a}\mathrm{d}t+\int_b^x 0\mathrm{d}t=1$.

所以均匀分布的分布函数为

$$F(x)=P\{X\leqslant x\}=\begin{cases}0, & x<a,\\ \dfrac{x-a}{b-a}, & a\leqslant x<b,\\ 1, & x\geqslant b.\end{cases}$$

均匀分布的密度函数和分布函数的图形如图 11-5 和图 11-6 所示.

在区间 (a,b) 上服从均匀分布的随机变量 X，具有下述意义的等可能性，即它落在区间 (a,b) 中任意等长度的子区间内的可能性是相同的. 或者说它落在 (a,b) 的子区间内的概率只依赖于子区间的长度而与子区间的位置无关.

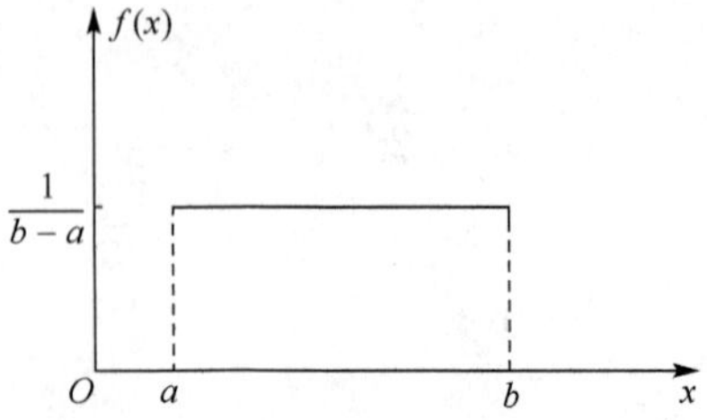

图 11-5

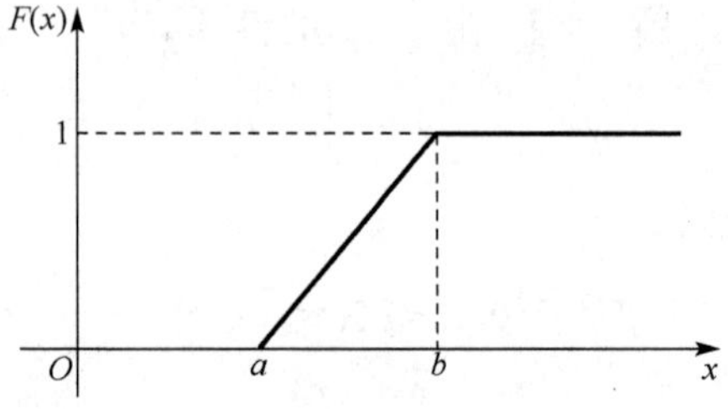

图 11-6

事实上，对于任一长度 l 的子区间 $(c,c+l)$，$a \leqslant c < c+l \leqslant b$，有

$$P\{c < X \leqslant c+l\} = \int_c^{c+l} \frac{1}{b-a}\mathrm{d}x = \frac{l}{b-a}.$$

如果在区间 (a,b) 上等可能地投点，令 X 表示落点的坐标，则 X 服从区间 (a,b) 上的均匀分布. 因此，均匀分布实际上就是直线上几何概型的随机变量描述. 这样，直线上的几何概型问题皆可利用均匀分布解决.

例 11.12 在 $[0,1]$ 中任取一点 X，求 $P\left\{X^2 - \frac{3}{4}X + \frac{1}{8} \geqslant 0\right\}$.

解 显然 $X \sim U[0,1]$，则

$$\begin{aligned} P\left\{X^2 - \frac{3}{4}X + \frac{1}{8} \geqslant 0\right\} &= P\left(\left\{X \geqslant \frac{1}{2}\right\} \cup \left\{X \leqslant \frac{1}{4}\right\}\right) \\ &= P\left\{X \geqslant \frac{1}{2}\right\} + P\left\{X \leqslant \frac{1}{4}\right\} \\ &= \int_{\frac{1}{2}}^1 \mathrm{d}x + \int_0^{\frac{1}{4}} \mathrm{d}x = \frac{3}{4}. \end{aligned}$$

2. 指数分布

定义 11.11 设随机变量 X 的密度函数为

$$f(x) = \begin{cases} \lambda \mathrm{e}^{-\lambda x}, & x \geqslant 0, \\ 0, & x < 0, \end{cases} \tag{11.10}$$

其中 $\lambda > 0$，则称 X 服从参数为 λ 的**指数分布**(exponential distribution)，记作 $X \sim E(\lambda)$.

容易验证指数分布的密度函数满足：

(1) $f(x) \geqslant 0$，$x \in (-\infty, +\infty)$；

(2) $\int_{-\infty}^{+\infty} f(x)\mathrm{d}x = \int_0^{+\infty} \lambda \mathrm{e}^{-\lambda x}\mathrm{d}x = 1$.

下面来求指数分布的分布函数 $F(x)$：

当 $x<0$ 时，$F(x)=\int_{-\infty}^{x}f(t)\mathrm{d}t=\int_{-\infty}^{x}0\mathrm{d}t=0$；

当 $x\geqslant 0$ 时，$F(x)=\int_{-\infty}^{x}f(t)\mathrm{d}t=\int_{-\infty}^{0}0\mathrm{d}t+\int_{0}^{x}\lambda\mathrm{e}^{-\lambda t}\mathrm{d}t=1-\mathrm{e}^{-\lambda x}$.

所以

$$F(x)=\begin{cases}1-\mathrm{e}^{-\lambda x}, & x\geqslant 0,\\ 0, & x<0.\end{cases}$$

指数分布的密度函数和分布函数的图形如图 11-7 和图 11-8 所示.

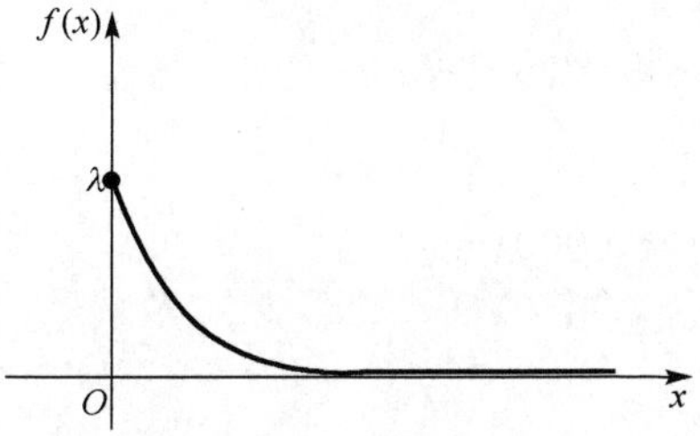

图 11-7

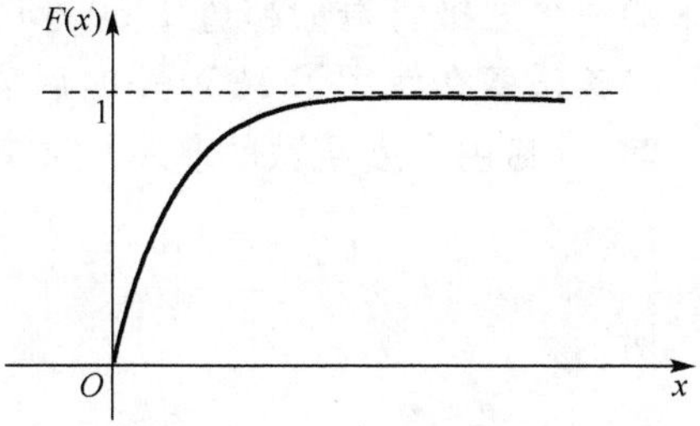

图 11-8

指数分布通常用来描述对某一事件发生的等待时间，比如，乘客在公共汽车站等车的时间，灯泡的使用寿命，电话交换台收到两次呼叫的时间间隔. 在离散型分布中，几何分布用来描述伯努利试验中，直到某事件 A 发生为止共进行的试验次数. 如果将每次试验视为经历一个单位时间，那么直到事件 A 发生为止进行的试验次数可视为直到 A 发生为止的等待时间(离散时间). 在这个意义下，指数分布可视为离散型情形的几何分布在连续型情形下的推广.

服从指数分布的随机变量 X 具有以下有趣的性质 .

性质 3　设 $X\sim E(\lambda)$ ，则对于任意 $s>0,t>0$ 有

$$P\{X>s+t\mid X>s\}=P\{X>t\}. \tag{11.11}$$

证明　设 $F(x)$ 为指数分布的分布函数，对于 $x>0$ ，有

$$P\{X>x\}=1-P\{X\leqslant x\}=1-F(x)=\mathrm{e}^{-\lambda x}.$$

所以，

$$\begin{aligned}P\{X>s+t\mid X>s\}&=\frac{P\{(X>s+t)\cap(X>s)\}}{P\{X>s\}}\\&=\frac{P\{X>s+t\}}{P\{X>s\}}=\frac{1-F(s+t)}{1-F(s)}\\&=\frac{\mathrm{e}^{-\lambda(s+t)}}{\mathrm{e}^{-\lambda s}}=\mathrm{e}^{-\lambda t}=P\{X>t\}.\end{aligned}$$

性质 3 称为**无记忆性**. 如果 X 是某一原件的寿命，那么式(11.11)表明：已知原件已使用了 s 小时，它总共能使用至少 $s+t$ 小时的条件概率，与从开始使用时算

起，它至少能使用 t 小时的概率相等. 这就是说，原件对它已使用过 s 小时没有记忆. 具有这一性质是指数分布有广泛应用的重要原因.

指数分布在可靠性理论和排队论中有广泛的应用.

例 11.13 某一设备有 4 个同类型的三极管，它们的寿命 X 的密度函数为

$$f(x)=\begin{cases}\lambda e^{-\frac{x}{5000}}, & x>0,\\ 0, & x\leqslant 0.\end{cases}$$

求：(1)参数 λ 的值；

(2)一个三极管寿命超过 1250 小时的概率；

(3)该设备在使用了 1250 小时后需要更换三极管的概率.

解 (1)由密度函数的基本性质知

$$\int_{-\infty}^{+\infty}f(x)\mathrm{d}x=\int_{0}^{+\infty}\lambda e^{-\frac{x}{5000}}\mathrm{d}x=5000\lambda=1.$$

所以

$$\lambda=\frac{1}{5000}.$$

(2)一个三极管寿命超过 1250 小时的概率 p 为

$$p=P(X>1250)=\int_{1250}^{+\infty}\frac{1}{5000}e^{-\frac{1}{5000}}\mathrm{d}x=e^{-\frac{1}{4}}\approx 0.7788.$$

(3)设 Y 表示 4 个三极管中损坏的个数，显然 $Y\sim B(4,1-p)$. 又由于至少有一个三极管损坏就需要更换，则需要更换的概率

$$p'=P(Y\geqslant 1)=\sum_{i=1}^{4}C_4^i\,(1-p)^i p^{4-i}=1-p^4\approx 0.6321.$$

3. 正态分布

正态分布是概率论与数理统计中最重要的一个分布，高斯在研究误差理论时首先用正态分布来刻画误差的分布，所以正态分布又称为高斯分布.

定义 11.12 若随机变量 X 的分布密度函数为

$$f(x)=\frac{1}{\sqrt{2\pi}\sigma}e^{-\frac{(x-\mu)^2}{2\sigma^2}},\quad -\infty<x<+\infty,$$

其中 μ,σ 为常数且 $\sigma>0$，则称 X 服从参数为 μ,σ^2 的**正态分布**(normal distribution)，记为 $X\sim N(\mu,\sigma^2)$.

容易验证正态分布的密度函数满足：

(1) $f(x)\geqslant 0$，$x\in(-\infty,+\infty)$；

(2) $\int_{-\infty}^{+\infty}f(x)\mathrm{d}x=1$.

$y=f(x)$ 是一条钟形曲线，如图 11-9 所示，它中间高两头低，左右以 $x=\mu$ 为

对称轴,当 $x=\mu$ 时有最大值 $f(\mu)=\frac{1}{\sqrt{2\pi}\sigma}$,在 $x=\mu\pm\sigma$ 处有拐点,$y=0$ 为其水平渐近线.

X 的分布函数

$$\Phi(x)=\int_{-\infty}^{x} f(t)\mathrm{d}t=\frac{1}{\sqrt{2\pi}\sigma}\int_{-\infty}^{x}\mathrm{e}^{-\frac{(t-\mu)^2}{2\sigma^2}}\mathrm{d}t,\quad x\in(-\infty,+\infty),$$

它是一条光滑上升的 S 形曲线,如图 11-10 所示.

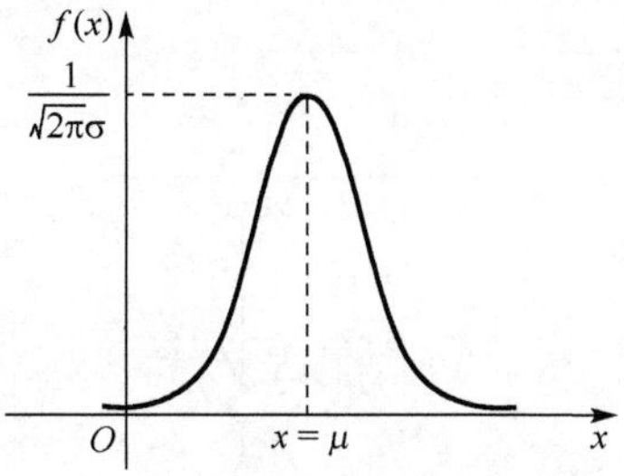

图 11-9　正态分布的密度函数

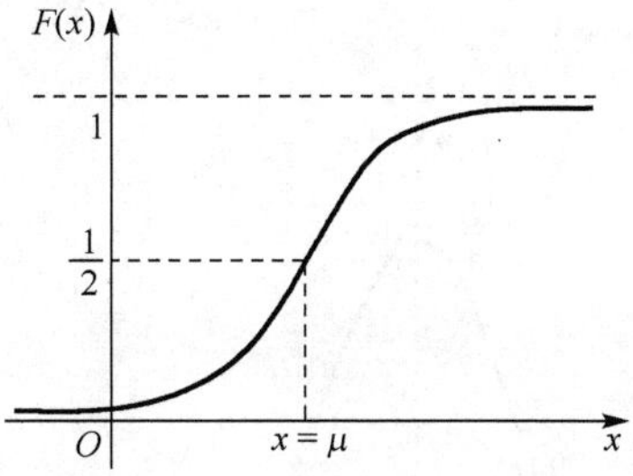

图 11-10　正态分布的分布函数

图 11-11 和图 11-12 给出了 μ 和 σ 变化时,相应正态密度曲线的变化情况.

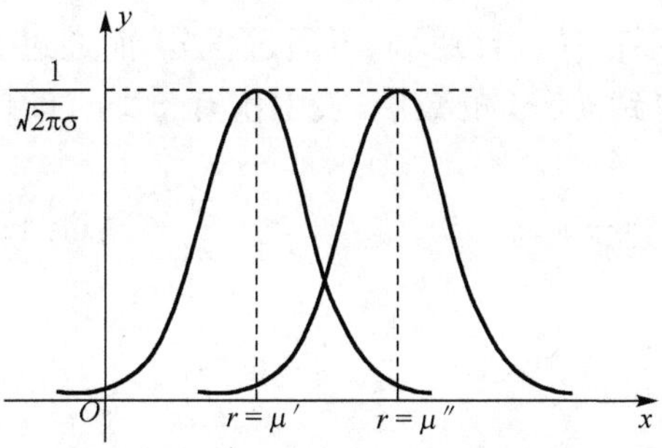

图 11-11　μ 变化时的正态密度曲线

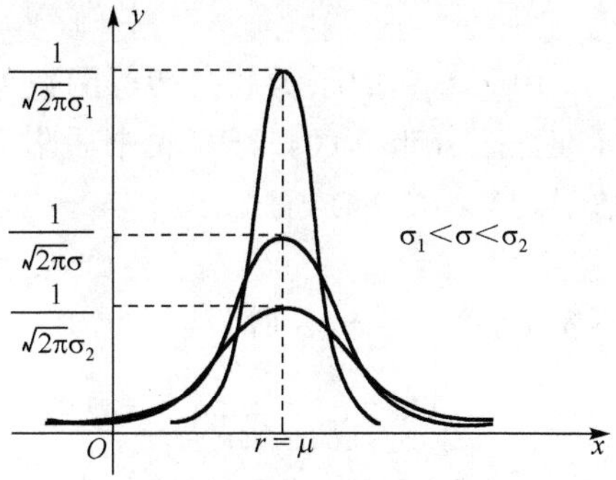

图 11-12　σ 变化时的正态密度曲线

若固定了 σ ,改变 μ 的值,则图形沿 μ 平移,而不改变其形状. 也就是正态密度曲线的位置由 μ 所确定,故称为**位置参数**.

若固定了 μ ,改变 σ 的值,则 σ 越小,曲线呈高而瘦; σ 越大,曲线呈矮而胖,也就是正态密度曲线的形状由 σ 所确定,故称 σ 为**形状参数**.

进一步的理论研究表明,一个变量如果受众多相互独立的随机因素影响,每一因素的影响都是微小的,且这些正负影响可以叠加,那么这个变量一般是一个正态变量. 可用正态变量描述的实例极多,比如:各种测量的误差;人体的身高体重;弹着点与靶心的距离;农作物的收获量;海洋波浪的高度;金属线抗拉强度;热超声电流强度;理想气体的分子速度;学生的考试成绩等都服从或近似服从正态分布.

参数 $\mu=0$, $\sigma=1$ 的正态分布称为标准正态分布,记为 $N(0,1)$,其密度函数记为(图 11-13).

$$\varphi(x)=\frac{1}{\sqrt{2\pi}}e^{-\frac{x^2}{2}},\quad x\in(-\infty,\ +\infty).$$

分布函数记为(图 11-14).

$$\Phi(x)=\int_{-\infty}^{x}\varphi(t)\mathrm{d}t=\frac{1}{\sqrt{2\pi}}\int_{-\infty}^{x}e^{-\frac{t^2}{2}}\mathrm{d}t,\quad x\in(-\infty,\ +\infty).$$

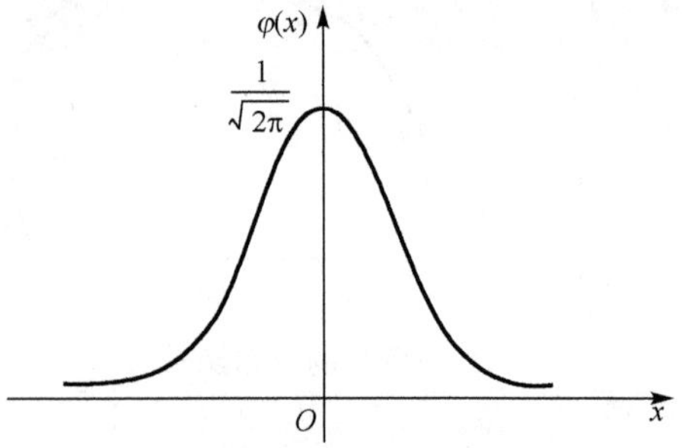

图 11-13　标准正态分布的密度函数

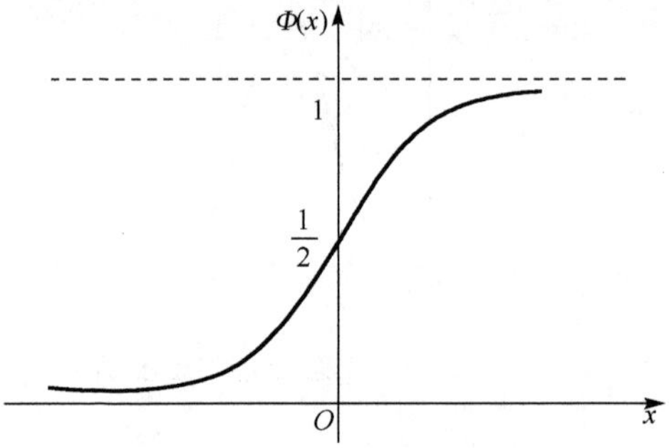

图 11-14　标准正态分布的分布函数

由于 e^{-x^2} 的原函数在初等函数范围内不存在,所以我们不通过积分,而通过查标准正态分布 $N(0,1)$表(见书后附表)来得到 $\Phi(x)$ 的数值. 表中仅有 $x>0$ 时的数值,当 $x<0$ 时,有

$$\Phi(x)=1-\Phi(-x).\tag{11.12}$$

事实上,令 $s=-t$,则

$$\Phi(x)=\frac{1}{\sqrt{2\pi}}\int_{-\infty}^{x}e^{-\frac{t^2}{2}}\mathrm{d}t=\frac{-1}{\sqrt{2\pi}}\int_{+\infty}^{-x}e^{-\frac{s^2}{2}}\mathrm{d}s=\frac{1}{\sqrt{2\pi}}\int_{-x}^{+\infty}e^{-\frac{s^2}{2}}\mathrm{d}s$$
$$=\frac{1}{\sqrt{2\pi}}\int_{-\infty}^{+\infty}e^{-\frac{s^2}{2}}\mathrm{d}s-\frac{1}{\sqrt{2\pi}}\int_{-\infty}^{-x}e^{-\frac{s^2}{2}}\mathrm{d}s=1-\Phi(-x).$$

由式(11.12)不难得到如下结论:

若 $X\sim N(0,1)$,则对任意常数 a 有

$$P(|X|\leqslant a)=2\Phi(a)-1.$$

一般地,若 $X\sim N(\mu,\sigma^2)$,我们可以通过一个线性变换可以将它化成标准正态分布.

定理 11.2　如果 $X\sim N(\mu,\sigma^2)$,则 $\xi=\dfrac{X-\mu}{\sigma}\sim N(0,1)$.

证明　$\xi=\dfrac{X-\mu}{\sigma}$ 的分布函数为

$$P\{\xi \leqslant x\} = P\left\{\frac{X-\mu}{\sigma} \leqslant x\right\} = P\{X \leqslant \mu + \sigma x\}$$
$$= \frac{1}{\sqrt{2\pi}\sigma}\int_{-\infty}^{\mu+\sigma x} e^{-\frac{(t-\mu)^2}{2\sigma^2}}\,dt,$$

令 $\frac{t-\mu}{\sigma} = u$，得

$$P\{\xi \leqslant x\} = \frac{1}{\sqrt{2\pi}}\int_{-\infty}^{x} e^{-\frac{u^2}{2}}\,du = \Phi(x).$$

由此知 $\xi = \frac{X-\mu}{\sigma} \sim N(0,1)$.

由定理 11.2 不难推出如下常用的计算公式：若 $X \sim N(\mu,\sigma^2)$，则它的分布函数 $F(x)$ 可写成

$$F(x) = P\{X \leqslant x\} = P\left\{\frac{X-\mu}{\sigma} \leqslant \frac{x-\mu}{\sigma}\right\} = \Phi\left(\frac{x-\mu}{\sigma}\right).$$

对于任意区间 $(x_1,x_2]$，有

$$P\{x_1 < X \leqslant x_2\} = P\left\{\frac{x_1-\mu}{\sigma} < \frac{X-\mu}{\sigma} \leqslant \frac{x_2-\mu}{\sigma}\right\}$$
$$= \Phi\left(\frac{x_2-\mu}{\sigma}\right) - \Phi\left(\frac{x_1-\mu}{\sigma}\right).$$

例 11.14　设随机变量 $X \sim N(2,9)$，试求 $P\{1 \leqslant X < 5\}$，$P\{|X-2| > 6\}$，$P\{X > 0\}$.

解　$P\{1\leqslant X<5\}=\Phi\left(\frac{5-2}{3}\right)-\Phi\left(\frac{1-2}{3}\right)=\Phi(1)-\Phi\left(-\frac{1}{3}\right)$

$$=\Phi(1)+\Phi\left(\frac{1}{3}\right)-1=0.8413+0.6293-1=0.4706;$$

$$P\{|X-2|>6\}=1-P\{|X-2|\leqslant 6\}=1-P\{-6\leqslant X-2\leqslant 6\}$$
$$=1-P\{-4\leqslant X\leqslant 8\}=1-\left[\Phi\left(\frac{8-2}{3}\right)-\Phi\left(\frac{-4-2}{3}\right)\right]$$
$$=1-[\Phi(2)-\Phi(-2)]=2\times[1-\Phi(2)]$$
$$=2\times(1-0.9773)=0.0454.$$

$$P\{X>0\}=1-P\{X\leqslant 0\}=1-\Phi\left(\frac{0-2}{3}\right)=1-\Phi\left(-\frac{2}{3}\right)$$
$$=\Phi\left(\frac{2}{3}\right)=0.7486.$$

习　题　11

1. 有 10 件产品，其中正品 8 件，次品两件，现从中任取两件，求取得次品数 X 的分律.

2. 一袋中有 5 只乒乓球，编号为 1，2，3，4，5，在其中同时取三只，以 X 表示取出的三只球中的最大号码，写出随机变量 X 的分布律.

3. 设在 15 只同类型零件中有 2 只是次品，在其中取三次，每次任取一只，作不放回抽样，以 X 表示取出次品的只数，(1)求 X 的分布律，(2)画出分布律的图形.

4. 一大楼装有 5 个同类型的供水设备，调查表明在任一时刻 t 每个设备使用的概率为 0.1，问在同一时刻

(1)恰有 2 个设备被使用的概率是多少？

(2)至少有 3 个设备被使用的概率是多少？

(3)至多有 3 个设备被使用的概率是多少？

(4)至少有一个设备被使用的概率是多少？

5. 甲、乙两人投篮，投中的概率各为 0.6，0.7，令各投三次. 求

(1)两人投中次数相等的概率.

(2)甲比乙投中次数多的概率.

6. C 应取何值，函数 $f(k)=C\dfrac{\lambda^k}{k!}$，$k=1,2,\cdots,\lambda>0$ 成为分布律？

7. 已知随机变量 X 的概率密度为 $f(x)=\begin{cases}ax+b, & 1<x<3,\\ 0, & \text{其他}.\end{cases}$ 又知 $P\{2<X<3\}=2P(-1<X<2)$. 试求常数 a 和 b；$P\left\{0\leqslant X\leqslant \dfrac{3}{2}\right\}$.

8. 电话交换台每分钟的呼唤次数服从参数为 4 的泊松分布，求

(1)每分钟恰有 8 次呼唤的概率

(2)每分钟的呼唤次数大于 10 的概率.

(3)每分钟呼唤次数大于 3 的概率.

9. 以 X 表示某商店从早晨开始营业起直到第一顾客到达的等待时间(以分计)，X 的分布函数是

$$F_X(x)=\begin{cases}1-\mathrm{e}^{-0.4x}, & x\geqslant 0,\\ 0 & x<0.\end{cases}$$

求下述概率：(1)$P\{$至多 3 分钟$\}$；(2)P $\{$至少 4 分钟$\}$；(3)$P\{$3 分钟至 4 分钟之间$\}$；(4)$P\{$至多 3 分钟或至少 4 分钟$\}$；(5)$P\{$恰好 2.5 分钟$\}$.

10. 已知 X 的分布律

X	-1	1	2
P	$\frac{1}{6}$	$\frac{2}{6}$	$\frac{3}{6}$

求：(1)X 的分布函数；(2) $P\left\{X<\dfrac{1}{2}\right\}$；(3) $P\left\{1<X\leqslant\dfrac{3}{2}\right\}$.

11. 设连续型随机变量 X 的概率密度为 $f(x)=\begin{cases}2x, & 0\leqslant x\leqslant 1,\\ 0, & \text{其他}.\end{cases}$ 以 Y 表示对 X 的三次独立重复试验中“$X\leqslant\dfrac{1}{2}$”出现的次数，试求概率 $P(Y=2)$.

12. 设随机变量 X 的分布函数为 $F(x)=\begin{cases}0, & x<1,\\ \ln x, & 1\leqslant x<\mathrm{e},\\ 1, & x\geqslant \mathrm{e}.\end{cases}$ 求(1) $P\{X<2\}$, $P\{0<X\leqslant 3\}$, $P\left\{2<X<\dfrac{5}{2}\right\}$;(2)求概率密度 $f(x)$.

13. 设随机变量 X 的概率密度 $f(x)$ 为

(1) $f(x)=\begin{cases}\dfrac{2}{\pi}\sqrt{1-x^2}, & -1\leqslant x\leqslant 1,\\ 0, & \text{其他}.\end{cases}$

(2) $f(x)=\begin{cases}x, & 0\leqslant x<1,\\ 2-x, & 1\leqslant x\leqslant 2,\\ 0, & \text{其他}.\end{cases}$

求 X 的分布函数 $F(x)$,并作出(2)中的 $f(x)$ 与 $F(x)$ 的图形.

14. 某种型号的电子的寿命 X(以小时计)具有以下的概率密度:

$$f(x)=\begin{cases}\dfrac{1000}{x^2}, & x>1000,\\ 0, & \text{其他}.\end{cases}$$

现有一大批此种管子(设各电子管损坏与否相互独立). 任取 5 只,问其中至少有 2 只寿命大于 1500 小时的概率是多少?

15. 设 K 在(0,5)上服从均匀分布,求方程 $4x^2+4xK+K+2=0$ 有实根的概率.

16. 设 $X\sim N(3.2^2)$,(1)求 $P\{2<X\leqslant 5\}$, $P\{-4<X\leqslant 10\}$, $P\{|X|>2\}$, $P\{X>3\}$;(2)决定 C 使得 $P\{X>C\}=P\{X\leqslant C\}$.

17. 设随机变量 X 在(0,1)上服从均匀分布. (1)求 $Y=\mathrm{e}^X$ 的分布密度;(2)求 $Y=-2\ln X$ 的概率密度.

18. 设随机变量 X 服从参数为 1 的指数分布,求 $Y=X^2$ 的概率密度.

第 12 章　随机变量的数字特征

前面讨论了随机变量的分布函数，我们看到分布函数能够完整地描述随机变量的统计特性. 但在一些实际问题中，不需要去全面考察随机变量的变化情况，而只需知道随机变量的某些特征，因而并不需要求出它的分布函数. 例如，在评定某一地区粮食产量的水平时，在许多场合只要知道该地区的平均产量；又如在研究水稻品种优劣时，时常是关心稻穗的平均稻谷粒数；再如检查一批棉花的质量时，既要注意纤维的平均长度，又需要注意纤维长度与平均长度的偏离程度，平均长度较大、偏离程度较小，质量就较好. 从上面的例子看到，与随机变量有关的某些数据，虽然不能完整地描述随机变量，但能描述随机变量在某些方面的重要特征. 这些数字特征在理论和实践上都具有重要的意义. 本章主要介绍随机变量的常用数字特征：数学期望、方差.

12.1　数学期望

12.1.1　数学期望的定义

数学期望主要反映随机变量取值的平均水平，下面看一个例子.

例 12.1　某班有 N 个人，其中考试有 n_i 个人得分为 a_i ($i = 1,2,\cdots,k$)，$\sum_{i=1}^{k} n_i = N$，求平均成绩.

解　平均成绩为 $\frac{1}{N}\sum_{i=1}^{k} a_i n_i = \sum_{i=1}^{k} a_i \frac{n_i}{N}$，若用 X 表示成绩，则当 N 很大时，$\frac{n_i}{N}$ 在一定意义下接近事件 $\{X = a_i\}$ 概率 p_i，有 $\sum_{i=1}^{k} a_i \cdot \frac{n_i}{N} \approx \sum_{i=1}^{k} a_i \cdot P\{X = a_i\}$. 称 $\sum_{i=1}^{k} a_i \cdot P\{X = a_i\}$ 为随机变量 X 的数学期望或均值.

受上述讨论的启发，引出随机变量期望的定义.

定义 12.1　若离散型随机变量 X 的可能值为 x_i ($i = 1,2,\cdots$)，其概率分布为

$$P\{X = x_i\} = p_i, \quad i = 1,2,\cdots,$$

则当 $\sum_{i=1}^{\infty} |x_i| p_i < \infty$ 时，称 $\sum_{i=1}^{\infty} x_i p_i$ 为随机变量 X 的**数学期望**(mathematical expectation)，记作 EX，即

$$EX=\sum_{i=1}^{\infty}x_ip_i\ .$$

定义 12.2　若 X 为连续型随机变量，$f(x)$ 为其密度函数，如果

$$\int_{-\infty}^{+\infty}|x|f(x)\mathrm{d}x<\infty,$$

则称 $\int_{-\infty}^{+\infty}xf(x)\mathrm{d}x$ 为随机变量 X 的数学期望，记作 $E(X)$，即

$$EX=\int_{-\infty}^{+\infty}xf(x)\mathrm{d}x.$$

数学期望简称**期望**，也称**均值**(mean value).

数学期望 EX 完全由随机变量 X 的概率分布所确定. 若 X 服从于某一分布，也称 EX 是这一分布的数学期望.

例 12.2　已知随机变量 X 的分布律

X	4	4	6
P	$\frac{1}{4}$	$\frac{1}{2}$	$\frac{1}{4}$

求数学期望 EX.

解　$EX=4\times\frac{1}{4}+4\times\frac{1}{2}+6\times\frac{1}{4}=4.5.$

例 12.3　某商店对某种家用电器的销售采用先使用后付款的方式，记使用寿命为 X(以年计)，规定：

$X\leqslant 1$，一台付款 1500 元；

$1<X\leqslant 2$，一台付款 2000 元；

$2<X\leqslant 3$，一台付款 2500 元；

$X>3$，一台付款 3000 元.

设寿命 X 服从指数分布，概率密度为

$$f(x)=\begin{cases}\frac{1}{10}\mathrm{e}^{-\frac{x}{10}}, & x>0,\\ 0, & x\leqslant 0.\end{cases}$$

试求该商店一台这种家用电器收费 Y 的数学期望.

解　先求出寿命 X 落在各个时间区间的概率. 即有

$$P\{X\leqslant 1\}=\int_0^1\frac{1}{10}\mathrm{e}^{-\frac{x}{10}}\mathrm{d}x=1-\mathrm{e}^{-0.1}=0.0952,$$

$$P\{1<X\leqslant 2\}=\int_1^2\frac{1}{10}\mathrm{e}^{-\frac{x}{10}}\mathrm{d}x=\mathrm{e}^{-0.1}-\mathrm{e}^{-0.2}=0.0861,$$

$$P\{2<X\leqslant 3\}=\int_2^3\frac{1}{10}\mathrm{e}^{-\frac{x}{10}}\mathrm{d}x=\mathrm{e}^{-0.2}-\mathrm{e}^{-0.3}=0.0779,$$

$$P\{X>3\}=\int_3^{\infty}\frac{1}{10}e^{-\frac{x}{10}}dx=e^{-0.3}=0.7408.$$

一台家用电器收费 Y 的分布律为

Y	1500	2000	2500	3000
p_k	0.0952	0.0861	0.0779	0.7408

得 $EY=2732.15$，即平均一台收费 2732.15 元.

例 12.4 设随机变量 X 服从参数为 λ 的泊松分布，即 $X\sim P(\lambda)$，求 EX.

解 X 的分布律为

$$P\{X=k\}=\frac{\lambda^k e^{-\lambda}}{k!},\quad k=0,1,2,\cdots,\quad \lambda>0.$$

X 的数学期望为

$$EX=\sum_{k=0}^{\infty}k\frac{\lambda^k e^{-\lambda}}{k!}=\lambda e^{-\lambda}\sum_{k=1}^{\infty}\frac{\lambda^{k-1}}{(k-1)!}=\lambda e^{-\lambda}\cdot e^{\lambda}=\lambda.$$

例 12.5 设 X 服从均匀分布，即 $X\sim U(a,b)$，求 X 的数学期望.

解 $EX=\int_{-\infty}^{+\infty}xf(x)dx=\int_a^b\frac{x}{b-a}dx=\frac{a+b}{2}$. 即数学期望位于区间 (a,b) 的中点.

例 12.6 设 X 服从参数为 λ 的指数分布，即 $X\sim E(\lambda)$，试求 X 的数学期望.

解
$$EX=\int_{-\infty}^{+\infty}xf(x)dx=\int_0^{\infty}x\lambda e^{-\lambda x}dx$$
$$=-\int_0^{\infty}xd(e^{-\lambda x})=-\left[xe^{-\lambda x}\Big|_0^{\infty}-\int_0^{\infty}e^{-\lambda x}dx\right]=\frac{1}{\lambda}.$$

例 12.7 设 X 服从正态分布，即 $X\sim N(\mu,\sigma^2)$，试求 X 的数学期望.

解 $EX=\int_{-\infty}^{+\infty}xf(x)dx=\int_{-\infty}^{+\infty}x\frac{1}{\sqrt{2\pi}\sigma}e^{-\frac{(x-\mu)^2}{2\sigma^2}}dx$，令 $y=\frac{x-\mu}{\sigma}$，则

$$EX=\int_{-\infty}^{+\infty}(\sigma y+\mu)\frac{1}{\sqrt{2\pi}}e^{-\frac{y^2}{2}}dy$$
$$=\sigma\int_{-\infty}^{+\infty}y\frac{1}{\sqrt{2\pi}}e^{-\frac{y^2}{2}}dy+\mu\int_{-\infty}^{+\infty}\frac{1}{\sqrt{2\pi}}e^{-\frac{y^2}{2}}dy=\mu,$$

其中前一个积分为 0，后一个积分为 1.

12.1.2 数学期望的性质

性质 1 设 X 为任意随机变量，则 X 的数学期望存在的充要条件是 $E(|X|)<+\infty$.

性质 2 设 X,Y 为任意两个数学期望存在的随机变量，且 $X\leqslant Y$，则 $EX\leqslant EY$.

性质 3　(1)设 c 为常数,则 $E(c)=c$.

(2)设 X 为任意满足 $E(|X|)<+\infty$ 的随机变量,c 为任意常数,则 $E(cX)=cE(X)$.

(3)设 X,Y 为任意两个数学期望存在的随机变量,则 $X+Y$ 的数学期望也存在,且 $E(X+Y)=EX+EY$.

(4)设 X,Y 为任意相互独立的随机变量,且 X,Y 的数学期望都存在,则 xy 的数学期望也存在,且

$$E(XY)=EXEY.$$

证明　以上性质由数学期望的定义可得,请读者自行证明.

推论 12　设 $X_1,X_2,\cdots,X_n$ 为任意 n 个数学期望存在的随机变量,则 $\sum_{i=1}^{n}X_i$ 的数学期望也存在,且 $E\left(\sum_{i=1}^{n}X_i\right)=\sum_{i=1}^{n}EX_i$.

12.2　方　　差

12.2.1　方差的定义

数学期望描述了随机变量取值的平均值,即分布的位置特征数,它总位于分布的中心,随机变量的取值总在其周围波动.方差则是度量此种波动大小最重要的特征数.下面先介绍一个例子,然后引出方差的定义.

例 12.8　有一批灯泡,知其平均寿命是 $EX=1000$ (小时).仅由这一指标还不能判定这批灯泡的质量好坏.事实上,有可能其中绝大部分灯泡的寿命都在 950～1050 小时;也有可能其中约有一半是高质量的,它们的寿命大约有 1300 小时,另一半却是质量很差,其寿命大约只有 700 小时,为要评定这批灯泡质量的好坏,还需进一步考察灯泡寿命 X 与其均值 $EX=1000$ 小时的偏离程度.若偏离程度较小,表示质量比较稳定,从这个意义上讲我们认为质量较好.前面也曾提到在检验棉花的质量时,既要注意纤维的平均长度,还需要注意纤维长度与平均长度的偏离程度.由此可见,研究随机变量与其均值的偏离程度是十分必要的.那么,用怎样的量去度量这个偏离程度呢?容易看到

$$E\{|X-EX|\}$$

能度量随机变量 X 与其均值 $E(X)$ 的偏离程度.但由于上式带有绝对值,运算不方便.为运算方便起见,通常是用量

$$E\{[X-EX]^2\}$$

来度量随机变量 X 与其均值 EX 的偏离程度.

定义 12.3　设 X 为一个随机变量,如果 $E(X-EX)^2$ 存在,则称 $E(X-EX)^2$

为 X 的**方差**(variance),记作 DX 或 $\mathrm{Var}(X)$,即 $DX=E(X-EX)^2$.方差的平方根 $\sqrt{DX}$ 称为 X 的**标准差或根方差**(satandard deviation).

若 X 为离散型随机变量,其概率分布为 $P\{X=x_i\}=p_i$, $i=1,2,\cdots$,则

$$DX=E(X-EX)^2=\sum_{i=1}^{\infty}(x_i-EX)^2p_i;$$

若 X 为连续型随机变量, $f(x)$ 为其密度函数,则

$$DX=E(X-EX)^2=\int_{-\infty}^{+\infty}(x-EX)^2f(x)\mathrm{d}x.$$

为计算方便,方差的公式可简化为

$$\begin{aligned}DX&=E(X-EX)^2=E(X^2-2XEX+(EX)^2)\\&=E(X^2)-2EX\cdot EX+(EX)^2=E(X^2)-(EX)^2.\end{aligned}$$

例 12.9　设随机变量 X 服从 0-1 分布,试求 X 的方差.

解　由题可知, $EX=p$, 又 $E(X^2)=0^2\times(1-p)+1^2\times p=p$,故

$$DX=E(X^2)-(EX)^2=p-p^2=p(1-p)=pq,$$

其中, $q\triangleq 1-p$.

例 12.10　设随机变量 X 服从参数为 λ 的泊松分布,试求 X 的方差.

解　由题可知, $EX=\lambda$, 及 $E(X^2)=\lambda(\lambda+1)$,则

$$DX=E(X^2)-(EX)^2=\lambda(\lambda+1)-\lambda^2=\lambda.$$

例 12.11　设随机变量 X 服从参数为 p 的几何分布,即 $X\sim G(p)$, 求 X 的方差.

解　X 的概率分布为

$$P(X=k)=(1-p)^{k-1}p,\quad k=1,2,\cdots,$$

由题可知, $EX=\dfrac{1}{p}$ 及 $E(X^2)=\dfrac{2-p}{p^2}$, 则

$$DX=E(X^2)-(EX)^2=\frac{2-p}{p^2}-\frac{1}{p^2}=\frac{1-p}{p^2}=\frac{q}{p^2},$$

其中, $q\triangleq 1-p$.

例 12.12　设 X 服从均匀分布,即 $X\sim U[a,b]$,求 X 的方差.

解　由题可知, $EX=\dfrac{a+b}{2}$ 及 $E(X^2)=\dfrac{a^2+ab+b^2}{3}$, 则

$$DX=E(X^2)-(EX)^2=\frac{a^2+ab+b^2}{3}-\left(\frac{a+b}{2}\right)^2=\frac{(b-a)^2}{12}.$$

12.2.2　方差的性质

下面讨论方差的几个重要性质(以下设遇到的随机变量其方差存在).

性质 1　设 c 为常数,则

$$D(c)=0,\quad D(X+c)=DX,\quad D(cX)=c^2DX.$$

证明　第一式：$D(c)=E(c-Ec)^2=E(c-c)^2=0$；

第二式：$D(X+c)=E(X+c-E(X+c))^2$

$$=E(X+c-(EX+c))^2=E(X-EX)^2=DX;$$

第三式：$D(cX)=E(cX-E(cX))^2=E(cX-cEX)^2$

$$=c^2E(X-EX)^2=c^2DX.$$

性质 2　设 X,Y 是相互独立的随机变量，则 $D(X+Y)=DX+DY$.

证明

$$\begin{aligned}D(X+Y)&=E[(X+Y)-E(X+Y)]^2\\&=E[(X-EX)+(Y-EY)]^2\\&=E[(X-EX)^2+(Y-EY)^2+2(X-EX)(Y-EY)]\\&=DX+DY+2E(X-EX)(Y-EY)\\&=DX+DY+2E[XY-YEX-XEY+EXEY]\\&=DX+DY+2[E(XY)-EX\cdot EY]=DX+DY.\end{aligned}$$

性质 2 可以推广到多个随机变量的情况，设 $X_1,X_2,\cdots,X_n$ 相互独立，则

$$D(X_1+X_2+\cdots+X_n)=DX_1+DX_2+\cdots+DX_n.$$

例 12.13　设 X 服从二项分布，即 $X\sim B(n,p)$，试求 DX.

解

$$\begin{aligned}EX&=\sum_{i=0}^{n}i\mathrm{C}_n^ip^i(1-p)^{n-i}=\sum_{i=1}^{n}np\mathrm{C}_{n-1}^{i-1}p^{i-1}(1-p)^{n-1-(i-1)}\\&=np(p+1-p)^{n-1}=np.\end{aligned}$$

$$\begin{aligned}E(X^2)&=\sum_{i=0}^{n}i^2\mathrm{C}_n^ip^i(1-p)^{n-i}=\sum_{i=1}^{n}inp\mathrm{C}_{n-1}^{i-1}p^{i-1}(1-p)^{n-1-(i-1)}\\&=np\sum_{j=0}^{n-1}(j+1)\mathrm{C}_{n-1}^{j}p^j(1-p)^{n-1-j}\\&=np\left(\sum_{j=0}^{n-1}j\mathrm{C}_{n-1}^{j}p^j(1-p)^{n-1-j}+1\right)=np[(n-1)p+1].\end{aligned}$$

故 $DX=E(X^2)-(EX)^2=np[(n-1)p+1]-(np)^2=np(1-p)$.

下面介绍一个重要的不等式——切比雪夫(Chebyshev)不等式.

定理 12.1　设随机变量 X 具有期望 $E(X)=\mu$，方差 $D(X)=\sigma^2$，则对于任给 $\varepsilon>0$，有

$$P\{|X-\mu|\geqslant\varepsilon\}\leqslant\frac{\sigma^2}{\varepsilon^2}.$$

上述不等式称为**切比雪夫不等式**.

证明　仅给出连续型随机变量情况下的证明. 设 X 是连续型随机变量，其概率密度为 $f(x)$，则有

$$\begin{aligned}P\{|X-\mu|\geqslant\varepsilon\}&=\int\limits_{|x-\mu|\geqslant\varepsilon}f(x)\mathrm{d}x\leqslant\int\limits_{|x-\mu|\geqslant\varepsilon}\frac{|x-\mu|^2}{\varepsilon^2}f(x)\mathrm{d}x\\&=\frac{1}{\varepsilon^2}\int\limits_{|x-\mu|\geqslant\varepsilon}|x-\mu|^2f(x)\mathrm{d}x\leqslant\frac{1}{\varepsilon^2}\int_{-\infty}^{+\infty}(x-\mu)^2f(x)\mathrm{d}x=\frac{\sigma^2}{\varepsilon^2},\end{aligned}$$

其中在积分区域 $\{x:|x-\mu|\geqslant\varepsilon^2\}$ 上，有不等式 $\frac{|x-\mu|^2}{\varepsilon^2}\geqslant 1$ 成立.

注 (1)由切比雪夫不等式可以看出，若 σ^2 越小，则事件

$$\{|X-EX|<\varepsilon\}$$

的概率越大，即随机变量 X 集中在期望附近的可能性越大. 由此可见方差刻画了随机变量取值的离散程度；

(2)当方差已知时，切比雪夫不等式给出了 X 与它的期望的偏差不小于 ε 的概率的估计式，如取 $\varepsilon=3\sigma$，则有

$$P\{|X-EX|\geqslant 3\sigma\}\leqslant\frac{\sigma^2}{9\sigma^2}\approx 0.111.$$

故对任给的分布，只要期望和方差 σ^2 存在，则随机变量 X 取值偏离 EX 超过 3σ 的概率小于 0.111；

(3)切比雪夫不等式也可以如下等价形式

$$P\{|X-EX|<\varepsilon\}>1-\frac{DX}{\varepsilon^2}.$$

习　题　12

1. 变量 X 的分布列为

X	-1	0	$\frac{1}{2}$	1	2
P	$\frac{1}{3}$	$\frac{1}{6}$	$\frac{1}{6}$	$\frac{1}{12}$	$\frac{1}{4}$

求 $EX, E(-X+1), E(X^2)$.

2. 设随机变量 X 的密度函数为

$$f(x)=\begin{cases}2(1-x), & 0<x<1,\\ 0, & \text{其他}.\end{cases}$$

求 EX.

3. 随机变量 X 的密度函数为

$$f(x)=\begin{cases}\mathrm{e}^{-x}, & x\geqslant 0,\\ 0, & x<0.\end{cases}$$

求 $E(2X), E(\mathrm{e}^{-2x})$.

4. 某产品的次品率为 0.1，检验员每天检验 4 次. 每次随机地抽取 10 件产品进行检验，如果发现其中的次品数多于 1，就去调整设备，以 X 表示一天中调整设备的次数，试求 $E(X)$.（设各产品是否是次品是相互独立的）

5. 有 3 只球，4 只盒子，盒子的编号为 1，2，3，4，将球逐个独立地、随机地放入 4 只盒子中去. 设 X 为在其中至少有一只球的盒子的最小号码(如 $X=3$ 表示第 1 号，第 2 号盒子是空的，第 3 号盒子至少有一只球)，求 EX.

6. 设在某一规定的时间间段里，其电气设备用于最大负荷的时间 X(以分计)是一个连续型随机变量. 其概率密度为

$$f(x)=\begin{cases}\dfrac{1}{(1500)^2}x, & 0\leqslant x\leqslant 1500,\\ \dfrac{-1}{(1500)^2}(x-3000), & 1500< x\leqslant 3000,\\ 0, & \text{其他},\end{cases}$$

求 EX.

7. 设随机变量 X 的分布为

X	2	0	2
P_k	0.4	0.3	0.3

求 EX, $E(3X^2+5)$.

8. 设随机变量 X 的概率密度为

$$f(x)=\begin{cases}e^{-x}, & x>0,\\ 0, & x\leqslant 0.\end{cases}$$

求(1)$Y=2X$;(2)$Y=e^{-2x}$的数学期望.

9. 某车间生产的圆盘直径在区间(a,b)服从均匀分布. 试求圆盘面积的数学期望.

10. 机变量 X_1, X_2 的概率密度分别为

$$f_1(x)=\begin{cases}2e^{-2x}, & x>0,\\ 0, & x\leqslant 0,\end{cases}\quad f_2(x)=\begin{cases}4e^{-4x}, & x>0,\\ 0, & x\leqslant 0.\end{cases}$$

求(1)$E(X_1+X_2)$, $E(2X_1-3X_2^2)$;(2)又设 X_1, X_2 相互独立，求 $E(X_1X_2)$.

11. 将 n 只球($1\sim n$ 号)随机地放进 n 只盒子($1\sim n$ 号)中去，一只盒子装一只球. 将一只球装入与球同号的盒子中，称为一个配对，记 X 为配对的个数，求 EX.

12. 设随机函数 X 的密度为

$$f(x)=\begin{cases}\dfrac{1}{\pi\sqrt{1-x^2}}, & |x|<1,\\ 0, & |x|\geqslant 1.\end{cases}$$

求 EX, DX.

13. 设随机变量 X 服从均匀分布，其密度函数为

$$f(x)=\begin{cases}2, & 0<x<\dfrac{1}{2},\\ 0, & \text{其他},\end{cases}$$

求 $E(2X^2)$, $D(2X^2)$.

14. 设随机变量 X 服从指数分布，其概率密度为 $f(x)=\begin{cases}\dfrac{1}{\theta}e^{-\frac{x}{\theta}}, & x>0,\\ 0, & x\leqslant 0,\end{cases}$ 其中 $\theta>0$ 是常数，求 EX, DX.

15. 卡车装运水泥，设每袋水泥重量(以千克计)服从 $N(50,2.5^2)$问最多装多少袋水泥使总重量超过 2000 的概率不大于 0.05.

第 13 章　数理统计的基本方法

前面三章讲述了概率论的基本内容，本章将讲述数理统计的基本方法. 数理统计是具有广泛应用的一个数学分支，它以概率论为理论基础，根据试验或观察得到的数据研究随机现象，对研究对象的客观规律性作出种种合理的估计和判断.

在概率论中，我们所研究的随机变量，它的概率分布或密度是已知的前提下去研究它的性质、特点和规律性. 在数理统计中，我们研究的随机变量，它的分布是未知的，或者是不完全知道的，人们是通过对所研究的随机变量进行重复独立的观察，得到许多观察值，对这些数据进行分析，从而对所研究的随机变量的分布作出种种推断.

本章介绍总体、随机样本及统计量等基本概念，并着重介绍参数的点估计和区间估计.

13.1　总体与样本

假如要研究某厂所生产的一批灯泡的平均寿命. 由于测试灯泡的寿命具有破坏性，所以只能从这批产品中抽取一部分进行寿命测试，并且根据这部分产品寿命数据对整批产品的平均寿命作一统计推断，即由部分推断整体. 为此引入总体和个体这两个概念.

13.1.1　总体与样本的定义

定义 13.1　在数理统计中，常把被考察对象的某一个（或多个）指标的全体称为**总体**(population)，也称母体；而把总体中的每一个元素称为**个体**(individual).

例如，上述的一批灯泡的全体就组成一个总体，而其中每个灯泡就是个体.

一般并不笼统研究总体，而是关心它的某一项或某几项数量指标. 例如，灯泡的寿命，导弹的命中率，学生的学习成绩等，这些都是数量指标. 所以我们常把这些数量指标称为总体. 因此，我们把上述这些灯泡寿命值的全体当作总体，这时，每个灯泡寿命值就是个体.

即使在相同的生产条件下生产灯泡，由于种种微小的偶然因素的影响，它们的寿命值也不尽相同，这说明灯泡寿命是一个随机变量，这时每只灯泡的寿命值就是随机变量的可能取值，而总体就是随机变量的所有可能取值的全体. 因而可以用随机变量 X 来描述总体，简称总体 X，X 的分布函数 $F(x)$ 称为总体 X 的分布函数. 这样就把对总体的研究转化为对表示总体的随机变量 X 的研究.

由于总体可用随机变量描述，因而研究总体就需要研究其分布. 一般地说，其分布是未知的，或分布类型已知，但其中的参数未知. 为了确定总体的分布，可以从总体中随机抽取一些个体，然后对这些个体进行观测或测试某个指标的数值. 这种随机选取一些个体进行观测或测试的过程称为随机抽样，简称抽样.

定义 13.2　从总体 X 中，随机抽取 n 个个体 $X_1,X_2,\cdots,X_n$，通常记为 $(X_1,X_2,\cdots,X_n)$，称 $(X_1,X_2,\cdots,X_n)$ 为总体 X 的一个**样本**(sample)，或称子样. 样本中所含的样品数称为**样本容量**(sample size)，一般用 n 表示.

样本中的每个 $X_i(i=1,2,\cdots,n)$ 是一个随机变量，从而可以把容量为 n 的样本 $(X_1,X_2,\cdots,X_n)$ 看成一个 n 维随机向量. 在一次抽样以后，观测到 $(X_1,X_2,\cdots,X_n)$ 的一组确定的值 $(x_1,x_2,\cdots,x_n)$ 称为容量为 n 的样本观测值，此观测值 $(x_1,x_2,\cdots,x_n)$ 可以看成随机试验的一个结果. 由于抽样是随机的，样本 $(X_1,X_2,\cdots,X_n)$ 就有两重性：

(1)在抽样之前，它们是随机的，因而是 n 维随机向量；

(2)在抽样结束之后，它们是一组确定的数，即观测值 $(x_1,x_2,\cdots,x_n)$.

实际上，从总体中抽取样本可以有各种不同的方法，为了要抽到样本能够对总体作出可靠的推断，就要求样本能很好地反映总体的特性，为此就需要对抽样方法提出一些要求. 下面介绍一种满足下面两个要求的抽样方法.

(1)代表性，总体的每一个体有同等机会被抽到，且使样本能代表总体，即要求每个 $X_i(i=1,2,\cdots,n)$ 与总体 X 有相同的分布；

(2)独立性，观测结果之间互不影响，即要求样本 $X_1,X_2,\cdots,X_n$ 是相互独立的.

定义 13.3　若总体 X 的一个样本 $(X_1,X_2,\cdots,X_n)$ 满足代表性和独立性，则称 $(X_1,X_2,\cdots,X_n)$ 为总体 X 的一个**简单随机样本**(simple random sample).

今后如不作特别说明，凡提到样本总是指简单随机样本.

13.1.2　样本函数与统计量

样本是总体的代表和反映，样本含有总体的信息，但较为分散，为了对总体进行推断，需要将分散在样本中有关总体的信息集中起来以反映总体的各种特征，这就需要对样本进行加工. 一种有效的方法是构造样本的函数，不同的样本函数反映总体的不同特征，这种样本函数便是统计量.

定义 13.4　设 $(X_1,X_2,\cdots,X_n)$ 为总体的一个样本，称

$$T=T(X_1,X_2,\cdots,X_n)$$

为**样本函数**，其中 T 为一个连续函数. 如果 T 中不包含任何未知参数，则称 T 为**统计量**(statistic).

下面列出几个常用的统计量. 设 $X_1,X_2,\cdots,X_n$ 是来自总体 X 的一个样本，$(x_1,x_2,\cdots,x_n)$ 是这一样本的观察值，定义

样本均值

$$\overline{X}=\frac{1}{n}\sum_{i=1}^{n}X_i\ ;$$

样本方差

$$S_n^2=\frac{1}{n-1}\sum_{i=1}^{n}(X_i-\overline{X})^2=\frac{1}{n-1}\left(\sum_{i=1}^{n}X_i^2-n\overline{X}^2\right)\ ;$$

样本标准差

$$S_n=\sqrt{S_n^2}=\sqrt{\frac{1}{n-1}\sum_{i=1}^{n}(X_i-\overline{X})^2}\ ;$$

修正样本方差

$$S_n^{*2}=\frac{1}{n-1}\sum(X_i-\overline{X})^2$$

样本 k 阶原点矩

$$M_k=\frac{1}{n}\sum_{i=1}^{n}X_i^k\quad(k=1,2,\cdots)\ ;$$

样本 k 阶中心矩

$$M_k'=\frac{1}{n}\sum_{i=1}^{n}(X_i-\overline{X})^k\quad(k=2,3,\cdots).$$

它们的观察值分别为

$$\overline{x}=\frac{1}{n}\sum_{i=1}^{n}x_i\ ;$$

$$s_n^2=\frac{1}{n-1}\sum_{i=1}^{n}(x_i-\overline{x})^2\ ;$$

$$s_n=\sqrt{\frac{1}{n-1}\sum_{i=1}^{n}(x_i-\overline{x})^2}\ ;$$

$$s_n^{*2}=\frac{1}{n}\sum_{i=1}^{n}(x_i-\overline{x})^2$$

$$a_k=\frac{1}{n}\sum_{i=1}^{n}x_i^k(k=1,2,\cdots)\ ;$$

$$b_k=\frac{1}{n}\sum_{i=1}^{n}(x_i-\overline{x})^k(k=2,3,\cdots).$$

这些观察值仍分别称为样本均值、样本方差、样本标准差、修正样本方差、样本 k 阶(原点)矩以及样本 k 阶中心矩.

例 13.1　用测温仪对一物体的温度测量 5 次，其结果为(℃)：1250，1265，1245，1260，1275，求统计量 $\overline{X}$，S^2 和 S 的观察值 $\overline{x}$，s_n^2 和 s_n.

解　样本均值

$$\overline{x}=\frac{1}{5}\sum_{i=1}^{5}x_i=\frac{1}{5}(1250+1265+1245+1260+1275)=1259\ (℃).$$

样本方差

$$\begin{aligned}s^2&=\frac{1}{5-1}\sum_{i=1}^{5}(x_i-\overline{x})^2\\&=\frac{1}{4}[(1250-1259)^2+(1265-1259)^2+(1245-1259)^2\\&\quad+(1260-1259)^2+(1275-1259)^2]\\&=142.5\ (℃)^2.\end{aligned}$$

样本标准差

$$s_n=\sqrt{s^2}=\sqrt{142.5}=11.94\ (℃).$$

13.1.3　抽样分布

统计量是对总体分布或数字特征进行统计推断的基础，因此求统计量的分布是数理统计的基本问题之一.

定义 13.5　称统计量的分布为**抽样分布**(sampling distribution).

关于抽样分布，我们关心两类问题：

(1)当已知总体 X 的分布类型时，对固定的样本容量 n 推导出统计量的分布，则称这种抽样分布为精确分布，它在小样本问题(n 较小)中特别有用；

(2)不对任何个别的 n 求出统计量的分布，而只求出当 $n\to\infty$ 时统计量的极限分布，则称这种抽样分布为极限分布，它在大样本问题(n 较大)中很有用.

由于正态总体(即服从正态分布的总体)在数理统计中占有特别重要的地位，下面主要推导正态总体的几个常用的精确抽样分布.

1. χ^2 分布

定义 13.6　设随机变量 $X_1,X_2,\cdots,X_n$ 是相互独立且服从于 $N(0,1)$ 的随机变量，则称随机变量

$$\chi^2=\sum_{i=1}^{n}X_i^2 \tag{13.1}$$

服从自由度为 n 的 χ^2 分布，记为 $\chi^2\sim\chi^2(n)$. 这里自由度 n 是式(13.1)中独立变量的个数.

定理 13.1　若 $X\sim\chi^2(n)$，则 X 的密度函数为

$$\chi^2(x;n)=\begin{cases}\dfrac{1}{2^{\frac{n}{2}}\Gamma\left(\dfrac{n}{2}\right)}\mathrm{e}^{-\frac{x}{2}}x^{\frac{n}{2}-1}, & x>0,\\ 0, & x\leqslant 0,\end{cases} \tag{13.2}$$

其中 $\Gamma\left(\frac{n}{2}\right)$ 是伽马函数 $\Gamma(s)=\int_0^{+\infty} x^{s-1}\mathrm{e}^{-x}\mathrm{d}x(s>0)$ 在 $a=\frac{n}{2}$ 处的值.

证明　略.

图 13-1 给出了当 $n=1,4,10,20$ 时 χ^2 分布的密度函数曲线.

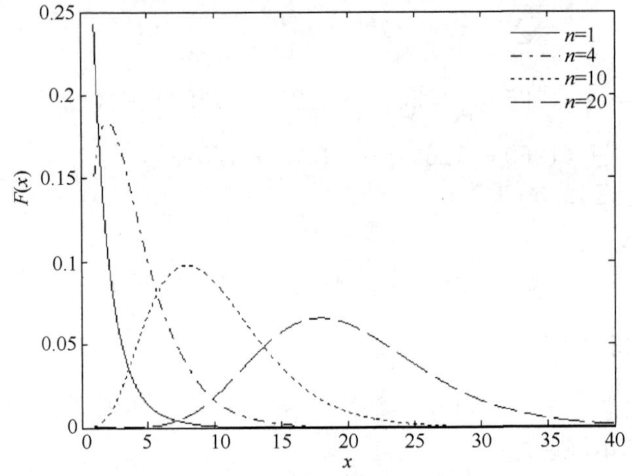

图 13-1　χ^2 分布的密度函数曲线

例 13.2　设 $X_1,X_2,\cdots,X_6$ 为来自正态总体 $N(0,1)$ 的一个 样本,求 C_1,C_2 使随机变量

$$Y=C_1\,(X_1+X_2)^2+C_2\,(X_3+X_4+X_5+X_6)^2$$

服从 χ^2 分布.

解　由于 $X_1+X_2\sim N(0,2)$,故 $\frac{X_1+X_2}{\sqrt{2}}\sim N(0,1)$,同理

$$X_3+X_4+X_5+X_6\sim N(0,4),$$

则 $\frac{X_3+X_4+X_5+X_6}{\sqrt{4}}\sim N(0,1)$,且 $\frac{X_1+X_2}{\sqrt{2}}$ 与 $\frac{X_3+X_4+X_5+X_6}{\sqrt{4}}$ 相互独立,所以

$$\left(\frac{X_1+X_2}{\sqrt{2}}\right)^2+\left(\frac{X_3+X_4+X_5+X_6}{\sqrt{4}}\right)^2\sim\chi^2(2).$$

于是 $C_1=\frac{1}{2},C_2=\frac{1}{4}$.

χ^2 分布具有下列性质.

性质 1　$E(\chi^2)=n$; $D(\chi^2)=2n$.

证明　由定义 13.6 并注意到 $X_1,X_2,\cdots,X_n$ 独立,且 $E(X_i)=0,D(X_i)=1$,可得

$$E(\chi^2)=E\left(\sum_{i=1}^n X_i^2\right)=\sum_{i=1}^n E(X_i^2)=\sum_{i=1}^n\left[D(X_i)+(E(X_i))^2\right]=n.$$

由于 $D(X_i^2)=E(X_i^4)-(E(X_i^2))^2=\int_{-\infty}^{+\infty}\frac{x^4}{\sqrt{2\pi}}e^{-\frac{x^2}{2}}dx-1=3-1=2$. 所以

$$D(\chi^2)=D\left(\sum_{i=1}^{n}X_i^2\right)=\sum_{i=1}^{n}D(X_i^2)=2n.$$

性质 2　设 $X\sim\chi^2(n)$，$Y\sim\chi^2(m)$，且 X 与 Y 相互独立，则 $X+Y\sim\chi^2(n+m)$，即 χ^2 分布具有可加性.

证明　由 χ^2 分布的定义即知本性质成立.

这个性质可以推广到多个 χ^2 变量的情形.

2. t 分布

定义 13.7　设 $X\sim N(0,1)$，$Y\sim\chi^2(n)$，且 X 与 Y 相互独立，则称随机变量

$$T=\frac{X}{\sqrt{Y/n}} \tag{13.3}$$

服从自由度为 n 的 t 分布，记为 $T\sim t(n)$. 随机变量 T 也称为 t 变量.

定理 13.2　若 $T\sim t(n)$，则它的密度函数为

$$t(x;n)=\frac{\Gamma\left(\frac{n+1}{2}\right)}{\Gamma\left(\frac{n}{2}\right)\sqrt{\pi n}}\left(1+\frac{t^2}{n}\right)^{-\frac{n+1}{2}},\quad -\infty<t<+\infty. \tag{13.4}$$

证明　略.

t 分布的密度曲线如图 13-2 所示，随着 n 的不同，密度曲线不同.

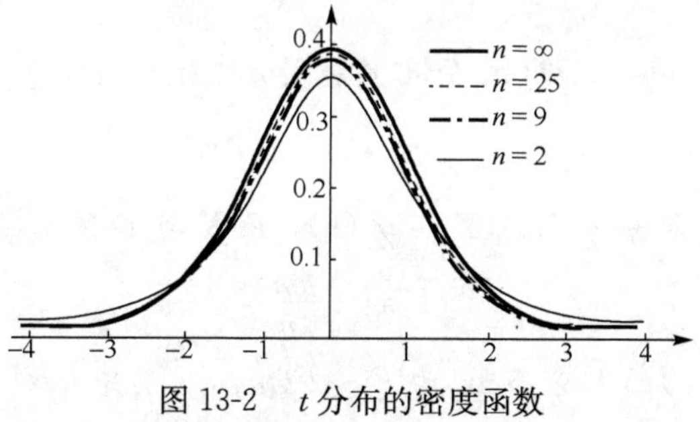

图 13-2　t 分布的密度函数

例 13.3　设 $X\sim N(\mu,\sigma^2)$，$\frac{Y}{\sigma^2}\sim\chi^2(n)$，且 X,Y 相互独立，试求 $T=\frac{X-\mu}{\sqrt{Y/n}}$ 的概率分布.

解　因为 $X\sim N(\mu,\sigma^2)$，所以 $\frac{X-\mu}{\sigma}\sim N(0,1)$ 又 $\frac{Y}{\sigma^2}\sim\chi^2(n)$，且 X,Y 相互独立，则 $\frac{X-\mu}{\sigma}$ 与 $\frac{Y}{\sigma^2}$ 相互独立. 由定义 13.6 得，$T=\frac{X-\mu}{\sqrt{Y/n}}=\frac{(X-\mu)/\sigma}{\sqrt{(Y/\sigma^2)/n}}\sim t(n)$.

例 13.4　设 X_1,X_2,X_3,X_4 来自总体 $N(0,\sigma^2)$，求统计量 $T=\dfrac{X_1+X_2}{\sqrt{X_3^2+X_4^2}}$ 的分布.

解　由于 $X_1+X_2\sim N(0,2\sigma^2)$，于是 $\dfrac{X_1+X_2}{\sqrt{2\sigma^2}}\sim N(0,1)$，又

$$\frac{X_3}{\sqrt{\sigma^2}}\text{ 与 }\frac{X_4}{\sqrt{\sigma^2}}$$

独立同分布于 $N(0,1)$，于是

$$\frac{X_3^2}{\sigma^2}+\frac{X_4^2}{\sigma^2}\sim\chi^2(2),$$

由 t 分布的定义知

$$\frac{\dfrac{X_1+X_2}{\sqrt{2\sigma^2}}}{\sqrt{\dfrac{X_3^2+X_4^2}{2\sigma^2}}}\sim t(2),$$

即 $\dfrac{X_1+X_2}{\sqrt{X_3^2+X_4^2}}\sim t(2)$.

t 分布具有下列性质.

性质 1　设 $T\sim t(n)$，则当 $n>2$ 时有

$$E(T)=0,\quad D(T)=\frac{n}{n-2}.$$

性质 2　设 $T\sim t(n)$，$\varphi_T(t)$ 是 T 的分布密度，则

$$\lim_{n\to\infty}\varphi_T(t)=\frac{1}{\sqrt{2\pi}}\mathrm{e}^{-\frac{t^2}{2}}.$$

此性质说明，当 $n\to\infty$ 时，t 分布的极限分布是标准正态分布.

3. F 分布

定义 13.8　设 $X\sim\chi^2(m),Y\sim\chi^2(n)$，且 X 与 Y 独立，则称随机变量

$$F=\frac{X/m}{Y/n}$$

服从自由度为(m,n)的 F 分布，记为 $F\sim F(m,n)$. 其中 m 称为第一自由度，n 称为第二自由度.

定理 13.3　若 $F\sim F(m,n)$，则它的密度函数为

$$f(x;m,n)=\begin{cases}\dfrac{\Gamma\left(\dfrac{m+n}{2}\right)}{\Gamma\left(\dfrac{m}{2}\right)\Gamma\left(\dfrac{n}{2}\right)}\left(\dfrac{m}{n}\right)\left(\dfrac{m}{n}x\right)^{\frac{m}{2}-1}\left(1+\dfrac{m}{n}x\right)^{-\frac{m+n}{2}}, & x>0,\\ 0, & x\leqslant 0.\end{cases}$$

证明　略.

图 13-3 给出了 F 分布的分布密度函数曲线.

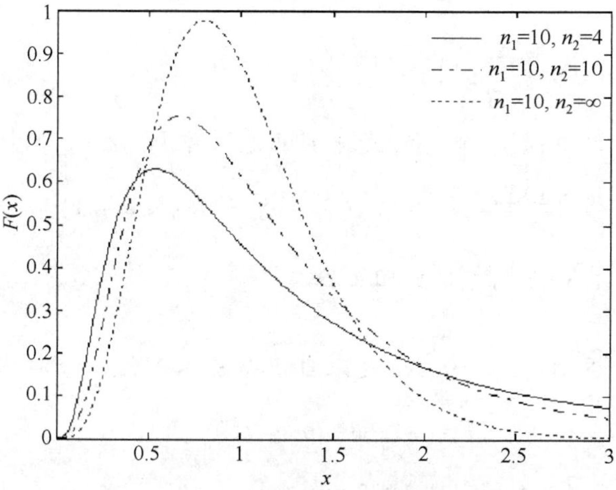

图 13-3　F 分布的分布密度函数曲线

由定义可知,若 $F \sim F(m,n)$,则

$$\frac{1}{F} \sim F(n,m).$$

例 13.5　已知 $T \sim t(n)$, 试证 $T^2 \sim F(1,n)$.

证明　因为 $T \sim t(n)$, 由定义 13.6 有 $T = \frac{X}{\sqrt{Y/n}}$,其中 $X \sim N(0,1)$,$Y \sim \chi^2(n)$ 且 X 与 Y 独立,那么 $T^2 = \frac{X^2}{Y/n}$.

由于 $X \sim \chi^2(1)$,$Y \sim \chi^2(n)$ 且 X^2 与 Y 独立,则由定义 13.7 有 $T^2 \sim F(1,n)$.

4. 正态总体样本均值和方差的分布

定理 13.4　设 $X_1,X_2,\cdots,X_n$ 是来自正态总体 $N(\mu,\sigma^2)$ 的一个样本,则样本的任一线性函数 $U = \sum_{i=1}^{n} a_i X_i$ 仍是正态变量,且 $U \sim N\left(\mu\sum_{i=1}^{n} a_i, \sigma^2\sum_{i=1}^{n} a_i^2\right)$.

特别地,取 $a_i = \frac{1}{n}$ $(i=1,2,\cdots,n)$得到样本均值 $\overline{X}$ 的概率分布为

$$\overline{X} \sim N\left(\mu, \frac{\sigma^2}{n}\right) \text{ 或 } \frac{\overline{X}-\mu}{\sigma/\sqrt{n}} \sim N(0,1). \tag{13.5}$$

证明　由概率论知,独立正态变量的线性组合仍然是正态变量,所以 U 是正态变量,而

$$EU = E\left(\sum_{i=1}^{n} a_i X_i\right) = \sum_{i=1}^{n} a_i E X_i = \mu\sum_{i=1}^{n} a_i ,$$

$$DU = D\left(\sum_{i=1}^{n} a_i X_i\right) = \sum_{i=1}^{n} a_i^2 DX_i = \sigma^2 \sum_{i=1}^{n} a_i^2.$$

故有 $U \sim N\left(\mu \sum_{i=1}^{n} a_i, \sigma^2 \sum_{i=1}^{n} a_i^2\right)$.

定理 13.5 设 $X_1, X_2, \cdots, X_n$ 是来自正态总体 $N(\mu, \sigma^2)$ 的样本，则

(1) $\dfrac{nS_n^2}{\sigma^2} = \dfrac{(n-1)S_n^{*2}}{\sigma^2} = \dfrac{1}{\sigma^2}\sum_{i=1}^{n}(x_i - \overline{X})^2 \sim \chi^2(n-1)$；

(2) $\overline{X}$ 与 S_n^2，$\overline{X}$ 与 S_n^{*2} 分别相互独立.

证明 略.

定理 13.6 设 $X_1, X_2, \cdots, X_n$ 是来自正态总体 $N(\mu, \sigma^2)$ 样本，则

$$T = \frac{\overline{X} - \mu}{S_n^*}\sqrt{n} \sim t(n-1). \tag{13.6}$$

证明 由定理 13.4 和定理 13.5 知

$$U = \frac{\overline{X} - \mu}{\sigma}\sqrt{n} \sim N(0,1), \quad V = \frac{(n-1)S_n^{*2}}{\sigma^2} \sim \chi^2(n-1),$$

并且由于 $\overline{X}$ 与 S_n^{*2} 相互独立，因此 U 与 V 相互独立，从而由 t 分布的定义得

$$T = \frac{(\overline{X} - \mu)\sqrt{n}}{S_n^{*2}} = \frac{\dfrac{\overline{X} - \mu}{\sigma/\sqrt{n}}}{\sqrt{\dfrac{(n-1)S_n^{*2}}{\sigma^2}/(n-1)}} \sim t(n-1).$$

定理 13.7 设 $X_1, \cdots, X_{n1}$ 和 $Y_1, \cdots, Y_{n2}$ 分别来自正态总体 $N(\mu_1, \sigma^2)$ 和 $N(\mu_2, \sigma^2)$ 的样本，且它们相互独立，

$$T = \frac{(\overline{X} - \overline{Y}) - (\mu_1 - \mu_2)}{\sqrt{(n_1 - 1)S_{1n_1}^{*2} + (n_2 - 1)S_{2n_2}^{*2}}}\sqrt{\frac{n_1 n_2 (n_1 + n_2 - 2)}{n_1 + n_2}} \sim t(n_1 + n_2 - 2), \tag{13.7}$$

其中

$$\overline{X} = \frac{1}{n_1}\sum_{i=1}^{n_1} X_i, \quad S_{1n_1}^{*2} = \frac{1}{n_1 - 1}\sum_{i=1}^{n_1}(X_i - \overline{X})^2,$$

$$\overline{Y} = \frac{1}{n_2}\sum_{i=1}^{n_2} Y_i, \quad S_{2n_2}^{*2} = \frac{1}{n_2 - 1}\sum_{i=1}^{n_2}(Y_i - \overline{Y})^2.$$

证明 由于 $\overline{X}$，$\overline{Y}$ 服从正态分布且相互独立，因此 $\overline{X} - \overline{Y}$ 服从正态分布，又

$$E(\overline{X} - \overline{Y}) = E\overline{X} - E\overline{Y} = \mu_1 - \mu_2, \quad D(\overline{X} - \overline{Y}) = D\overline{X} + D\overline{Y} = \frac{\sigma^2}{n_1} + \frac{\sigma^2}{n_2}.$$

所以 $\overline{X} - \overline{Y} \sim N\left(\mu_1 - \mu_2, \dfrac{\sigma^2}{n_1} + \dfrac{\sigma^2}{n_2}\right)$. 故

$$U=\frac{\overline{X}-\overline{Y}-(\mu_1-\mu_2)}{\sqrt{\frac{\sigma^2}{n_1}+\frac{\sigma^2}{n_2}}}\sim N(0,1).$$

又由定理 13.5 知

$$\frac{(n_1-1)S_{1n_1}^{*2}}{\sigma^2}\sim\chi^2(n_1-1),\quad\frac{(n_2-1)S_{2n_2}^{*2}}{\sigma^2}\sim\chi^2(n_2-1),$$

且它们相互独立. 故有 χ^2 分布的可加性知

$$V=\frac{(n_1-1)S_{1n_1}^{*2}}{\sigma^2}+\frac{(n_2-1)S_{2n_2}^{*2}}{\sigma^2}\sim\chi^2(n_1+n_2-2).$$

从而由 t 分布的定义得

$$\begin{aligned}T&=\frac{(\overline{X}-\overline{Y})-(\mu_1-\mu_2)}{\sqrt{(n_1-1)S_{1n_1}^{*2}+(n_2-1)S_{2n_2}^{*2}}}\sqrt{\frac{n_1n_2(n_1+n_2-2)}{n_1+n_2}}\\&=\frac{U}{\sqrt{\frac{V}{n_1+n_2-2}}}\sim t(n_1+n_2-2).\end{aligned}$$

值得注意的是该定理要求两个正态总体方差相等.

定理 13.8　设 $X_1,\cdots,X_{n_1}$ 和 $Y_1,\cdots,Y_{n_2}$ 分别来自正态总体 $N(\mu_1,\sigma_1^2)$ 和 $N(\mu_2,\sigma_2^2)$，且它们相互独立，则

$$F=\frac{S_{1n_1}^{*2}\sigma_2^2}{S_{2n_2}^{*2}\sigma_1^2}\sim F(n_1-1,n_2-1).\tag{13.8}$$

证明　因为 $U=\frac{(n_1-1)S_{1n_1}^{*2}}{\sigma_1^2}\sim\chi^2(n_1-1)$，$V=\frac{(n_2-1)S_{2n_2}^{*2}}{\sigma_2^2}\sim\chi^2(n_2-1)$，且它们相互独立. 故有 F 分布定义知

$$F=\frac{S_{1n_1}^{*2}\sigma_2^2}{S_{2n_2}^{*2}\sigma_1^2}=\frac{U/(n_1-1)}{V/(n_2-1)}\sim F(n_1-1,n_2-1).$$

13.2　参数的点估计

设总体 X 的分布函数的形式已知，但它的一个或多个参数未知，借助于总体 X 的一个样本来估计总体未知参数的值的问题称为参数的点估计问题.

例如，对正态总体 $X\sim N(\mu,\sigma^2)$，μ,σ^2 为未知参数，它的密度函数为

$$p(x)=\frac{1}{\sqrt{2\pi}\sigma}e^{-\frac{(x-\mu)^2}{2\sigma^2}},\quad -\infty<x<+\infty.$$

为了估计 μ，首先必须从 X 中抽取样本 $(X_1,X_2,\cdots,X_n)$，当 n 很大时，$\overline{X}=\frac{1}{n}\sum_{i=1}^{n}X_i$ 以很大的概率与 $\mu=EX$ 充分接近，因而自然把样本均值 $\overline{X}$ 作为总体均值 μ 的估计值.

一般地,设总体 X 的分布函数 $F(x;\theta)$ 的形式已知,其中 θ 为一个未知参数,又设 $(X_1,X_2,\cdots,X_n)$ 为总体 X 的一个样本. 构造一个统计量 $K=K(x_1,x_2,\cdots,x_n)$ 作为参数 θ 的估计,称统计量 K 为参数 θ 的一个**估计量**(estimator). 当 $x_1,x_2,\cdots,x_n$ 为一组样本值时,则 $\hat{K}=K(x_1,x_2,\cdots,x_n)$ 就是 θ 的一个**估计值**. θ 的估计量和估计值统称为 θ 的点估计. 因此,为了估计未知参数,必须先构造合适的统计量,最常用的构造统计量的方法有两种:矩估计法和最大似然估计法. 以下作分别介绍.

13.2.1 矩估计法

矩估计法由英国统计学家皮尔逊(K. Pearson)于 1894 年提出,它是利用样本各阶原点矩与相应的总体矩建立估计量应满足的方程,从而求出未知参数估计量的方法.

设 X 为连续型随机变量,其概率密度为 $f(x;\theta_1,\theta_2,\cdots,\theta_k)$,或 X 为离散型随机变量,其分布律为 $P\{X=x\}=p(x;\theta_1,\theta_2,\cdots,\theta_k)$,其中 $\theta_1,\theta_2,\cdots,\theta_k$ 为待估参数, $X_1,X_2,\cdots,X_n$ 是来自总体 X 的样本.

对于连续型总体 X,它的前 m 阶原点矩为

$$\alpha_m(\theta_1,\theta_2,\cdots,\theta_k)=E(X^m)=\int_{-\infty}^{+\infty}x^m f(x;\theta_1,\theta_2,\cdots,\theta_k)\mathrm{d}x.$$

若 X 为离散型的,则

$$\alpha_m(\theta_1,\theta_2,\cdots,\theta_k)=E(X^m)=\sum_{i=1}^{\infty}x_i^m p(x;\theta_1,\theta_2,\cdots,\theta_k),$$

对于样本 $(X_1,X_2,\cdots,X_n)$,其 m 阶原点矩为

$$A_m=E(X^m)=\frac{1}{n}\sum_{i=1}^{n}X_i^m.$$

现在用样本矩作为总体矩的估计,即令

$$\alpha_m(\theta_1,\theta_2,\cdots,\theta_k)=A_m=\frac{1}{n}\sum_{i=1}^{n}X_i^m,\quad m=1,2,\cdots,k,$$

解这一含 k 个未知参数 $\theta_1,\theta_2,\cdots,\theta_k$ 的方程组,记其解为

$$\hat{\theta}_i=\hat{\theta}_i(X_1,X_2,\cdots,X_n),\quad i=1,2,\cdots,k,$$

称它们为 $\theta_1,\theta_2,\cdots,\theta_k$ 的**矩估计**(moment estimator). 必要时也可利用中心矩求得未知参数的矩估计.

例 13.6 设总体 $X\sim P(\lambda)$,求对 λ 的矩估计量.

解 考虑到 $EX=\lambda$,由方程 $\overline{x}=E(X)=\lambda$ 解得 $\hat{\lambda}=\overline{x}$.

例 13.7 设总体 $X\sim U(a,b)$,求对 a,b 的矩估计量.

解 考虑到 $EX=\dfrac{1}{2}(a+b)$, $D(X)=\dfrac{1}{12}(b-a)^2$,由方程组

$$\begin{cases}\bar{x}=\dfrac{1}{2}(a+b),\\[2ex] \widetilde{S}_n^2=\dfrac{1}{12}(b-a),\end{cases}$$

解得

$$\begin{cases}\hat{a}=\bar{x}-\sqrt{3}\widetilde{S}_n,\\ \hat{b}=\bar{x}-\sqrt{3}\widetilde{S}_n,\end{cases}$$

其中

$$\bar{x}=\frac{1}{n}\sum_{i=1}^{n}x_i,\quad \widetilde{S}_n=\sqrt{\frac{1}{n}\sum_{i-1}^{n}(x_i-\bar{x})^2}.$$

13.2.2　最大似然估计法

最大似然估计法最早由高斯提出，后来由费希尔(R. A. Fisher)于 1912 年重新提出，并证明了这一方法的性质. 它的思想方法是当我们用样本的函数值估计总体参数时，使当参数取这些值时，所观测到的样本出现的概率最大. 下面先看一个例子.

例 13.8　假设袋中装有许多黑、白球，它们的数量比为 1∶3，试设计一种方法，估计任取一球为黑球的概率 P.

解　现从袋中有放回地任取 3 只球，用 X 表示其中的黑球数，则黑球数服从二项分布：

$$P(X=k)=C_3^k p^k q^{3-k},\quad k=0,1,2,3,$$

其中，$p=\dfrac{\text{黑球数}}{\text{全部球数目}}$，$q=1-p$，由假设可知，$p$ 可能取 $\dfrac{1}{4}$ 或 $\dfrac{3}{4}$.

现在根据样本中的黑球数，来估计未知参数 p，也就是说在 $\dfrac{1}{4}$ 和 $\dfrac{3}{4}$ 之间作一选择，对抽样的四种可能结果计算出相应的概率，如下

P \ X	0	1	2	3
$\dfrac{1}{4}$	$\dfrac{27}{64}$	$\dfrac{27}{64}$	$\dfrac{9}{64}$	$\dfrac{1}{64}$
$\dfrac{3}{4}$	$\dfrac{1}{64}$	$\dfrac{9}{64}$	$\dfrac{27}{64}$	$\dfrac{27}{64}$

从上表可见，如果样本中的黑球数为 0，那么具有 $X=0$ 的样本来自 $p=\dfrac{1}{4}$ 的总体的可能性$\left(\dfrac{27}{64}\right)$比来自 $p=\dfrac{3}{4}$ 的总体的可能性$\left(\dfrac{1}{64}\right)$大，这时应当估计 P 为$\dfrac{1}{4}$而

不是$\frac{3}{4}$。如果样本中的黑球数为 2,那么具有 $X=2$ 的样本来自 $p=\frac{3}{4}$的总体的可能性$\left(\frac{27}{64}\right)$比来自 $p=\frac{1}{4}$的总体的可能性$\left(\frac{9}{64}\right)$大,这时应当估计 p 为$\frac{3}{4}$而不是$\frac{1}{4}$。从而可以选择估计量:

$$\hat{p}(k)=\begin{cases}\frac{1}{4}, & k=0,1,\\ \frac{3}{4}, & k=2,3.\end{cases}$$

即是说根据样本的具体情况来选择估计量 $\hat{p}(k)$,使得出现该样本的可能性最大.

一般地,若总体 X 为连续型随机变量,设其分布密度为 $p(x;\theta_1,\theta_2,\cdots,\theta_m)$,其中 $\theta_1,\theta_2,\cdots,\theta_m$为未知参数,又设$(x_1,x_2,\cdots,x_n)$是样本的一组观察值,那么样本$(X_1,X_2,\cdots,X_n)$落在点$(x_1,x_2,\cdots,x_n)$的邻域内的概率为 $\prod\limits_{i=1}^{n}p(x_i;\theta_1,\theta_2,\cdots,\theta_m)$,它是 $\theta_1,\theta_2,\cdots,\theta_m$ 的函数. 最大似然估计的直观想法是:既然在一次试验中得到了观察值$(x_1,x_2,\cdots,x_n)$,那么应该认为样本落入该观察值$(x_1,x_2,\cdots,x_n)$的邻域内这一事件具有最大的可能性,所以应选取使这一概率达到最大的值作为参数真值的估计,则称

$$L(x_1,x_2,\cdots,x_n;\theta_1,\theta_2,\cdots,\theta_m)\triangleq L(x;\theta)=\prod_{i=1}^{n}p(x_i;\theta_1,\theta_2,\cdots,\theta_m)$$

为样本的**似然函数**(likelihood function).

若似然函数 $L(x_1,x_2,\cdots,x_n;\theta_1,\theta_2,\cdots,\theta_m)$在 $\hat{\theta}_1,\hat{\theta}_2,\cdots,\hat{\theta}_m$ 处取到最大值,则称 $\hat{\theta}_1,\hat{\theta}_2,\cdots,\hat{\theta}_m$ 分别为 $\theta_1,\theta_2,\cdots,\theta_m$ 的**最大似然估计值**(maximum likelihood function estimator),相应的统计量称为**最大似然估计量**. 我们把使 L_n 达到最大的 $\hat{\theta}_1,\hat{\theta}_2,\cdots,\hat{\theta}_m$ 分别作为 $\theta_1,\theta_2,\cdots,\theta_m$的估计量的方法称为**最大似然估计法**.

若总体 X 是离散型的,则似然函数为

$$L(x;\theta)=\prod_{i=1}^{n}P(X=x_i;\theta_1,\theta_2,\cdots,\theta_m),$$

其中,$P(X=x_i;\theta_1,\theta_2,\cdots,\theta_m)(i=1,2,\cdots)$ 为总体 X 的概率分布.

求 θ 的最大似然估计就是求似然函数 $L(x;\theta)$ 的最大值点的问题,由于 $\ln x$ 是一个递增函数,所以 $L(x;\theta)$ 与 $\ln L(x;\theta)$ 同时达到最大值. 因此若 $\ln L(x;\theta)$ 对 $\theta_i(i=1,2,\cdots,m)$ 的偏导数存在,由微积分知识,最大似然估计 $\hat{\theta}_i$ 应满足方程组

$$\frac{\partial \ln L}{\partial \theta_i}\Big|_{\theta_i=\hat{\theta}_i}=0\quad(i=1,2,\cdots,m), \tag{13.9}$$

则称式(13.9)为**似然方程组**. 解这一方程组,若 $\ln L(x;\theta)$ 的驻点唯一,又能验证它是极大值点,则它必是 $\ln L(x;\theta)$ 的最大值点,即为所求的最大似然估计. 但若驻点

不唯一，则需进一步判断哪一个为最大值点. 还需指出的是，若 $L(x;\theta)$ 对 $\theta_i(i=1,2,\cdots,m)$ 的偏导数不存在，则无法得到方程组(13.9)，这时需根据最大似然估计的定义直接求 $L(x;\theta)$ 的最大值点.

有时需要估计 $g(\theta_1,\theta_2,\cdots,\theta_m)$，如果 $\hat{\theta}_1,\hat{\theta}_2,\cdots,\hat{\theta}_m$ 分别是 $\theta_1,\theta_2,\cdots,\theta_m$ 的最大似然估计，则称 $g(\hat{\theta}_1,\hat{\theta}_2,\cdots,\hat{\theta}_m)$ 是 $g(\theta_1,\theta_2,\cdots,\theta_m)$ 的最大似然估计.

例 13.9　设 $(X_1,X_2,\cdots,X_n)$ 是来自泊松总体 $P(\lambda)$ 的样本，参数 λ 未知，求 λ 的最大似然估计量.

解　泊松总体分布律为

$$P(X=x)=\frac{\lambda^x}{x!}\mathrm{e}^{-\lambda},\quad x=0,1,2,\cdots.$$

设 $(x_1,x_2,\cdots,x_n)$ 是样本 $(X_1,X_2,\cdots,X_n)$ 的观测值，则参数 λ 的似然函数为

$$L(x_1,x_2,\cdots,x_n;\lambda)=\prod_{i=1}^{n}\frac{\lambda^{x_i}}{x_i!}\mathrm{e}^{-\lambda}=\mathrm{e}^{-n\lambda}\frac{\lambda^{\sum\limits_{i=1}^{n}x_i}}{\prod\limits_{i=1}^{n}x_i!}.$$

对数似然方程为 $\dfrac{\mathrm{d}\ln L}{\mathrm{d}\lambda}=-n+\dfrac{1}{\lambda}\sum\limits_{i=1}^{n}x_i=0$，解得 $\lambda=\bar{x}=\dfrac{1}{n}\sum\limits_{i=1}^{n}x_i$，由于 $\dfrac{\mathrm{d}^2\ln L}{\mathrm{d}\lambda^2}<0$，故似然函数在 $\bar{x}$ 处达到最大值，从而 λ 的最大似然估计为

$$\hat{\lambda}=\overline{X}=\frac{1}{n}\sum_{i=1}^{n}X_i.$$

这里用大写字母表示所涉及的样本，这是因为在最大似然估计中 $\hat{\lambda}$ 为统计量，以下做同样的处理.

例 13.10　设总体 $X\sim N(\mu,\sigma^2)$，μ,σ^2 未知，$(X_1,X_2,\cdots,X_n)$ 为抽自 X 的样本，求对 μ,σ^2 的最大似然估计量.

解　μ 和 σ^2 的似然函数为

$$L(\mu,\sigma^2)=\prod_{i=1}^{n}\frac{1}{\sqrt{2\pi}\sigma}\mathrm{e}^{\frac{(x_i-\mu)^2}{2\sigma^2}}=\frac{1}{(\sqrt{2\pi}\sigma)^n}\mathrm{e}^{\frac{1}{2a^2}\sum\limits_{i=1}^{n}(x_i-\mu)^2.},$$

似然方程为

$$\begin{cases}\dfrac{\partial\ln L}{\partial\mu}=\dfrac{1}{\sigma^2}\sum\limits_{i=1}^{n}(x_i-\mu)=0,\\[2ex]\dfrac{\partial\ln L}{\partial\sigma^2}=-\dfrac{n}{2\sigma^2}+\dfrac{1}{2\sigma^4}\sum\limits_{i=1}^{n}(x_i-\mu)^2=0.\end{cases}$$

解得

$$\mu=\bar{x}=\frac{1}{n}\sum_{i=1}^{n}x_i,\quad \sigma^2=S_n^2=\frac{1}{n}\sum_{i=1}^{n}(x_i-\bar{x})^2.$$

由于对数似然方程组有唯一解，且它一定是最大值点，于是 μ 和 σ^2 的最大似然估计为

$$\hat{\mu}=\overline{X},\quad \hat{\sigma}^2=S_n^2=\frac{1}{n}\sum_{i=1}^{n}(X_i-\overline{X})^2.$$

13.2.3 估计量评选标准

对于总体分布中的同一个参数,可以用若干个看起来都有一定合理性的方法去估计,并且可能得出不相同的估计结果.因此,自然会提出估计量优劣比较的问题.下面介绍几个常用的评价估计量的优良性准则.

1. 无偏性

设 $\hat{\theta}=\hat{\theta}(X_1,X_2,\cdots,X_n)$ 为未知参数 θ 的估计量.对于样本 $(X_1,X_2,\cdots,X_n)$ 的不同观察值,$\hat{\theta}(X_1,X_2,\cdots,X_n)$ 取不同的值.若 $E(\hat{\theta})=\theta$,则称 $\hat{\theta}$ 为 θ 的**无偏估计量**(unbiased estimator).

无偏估计的意义是:用 $\hat{\theta}(X_1,X_2,\cdots,X_n)$ 去估计未知参数 θ,有时可能偏高,有时可能偏低,但是平均来说等于未知参数.

一个估计量如果不是无偏的就称之为**有偏估计**.称 $E(\hat{\theta}-\theta)=\varepsilon$ 为估计量 $\hat{\theta}$ 的偏差,在科学技术中也称之为 $\hat{\theta}$ 的系统误差.由此,无偏估计的实际意义就在于无系统误差.

例 13.11 设 $(X_1,X_2,\cdots,X_n)$ 是抽自均值 μ 的总体的样本,考虑 μ 的如下估计量:

$$\hat{\mu}_1=X_1,\quad \hat{\mu}_2=\frac{X_1+X_2}{2},\quad \hat{\mu}_3=\frac{X_1+X_2+X_{n-1}+X_n}{2}\ (\text{假设 } n\geqslant 4)$$

因为 $EX_i=\mu$,容易验证 $E\hat{\mu}_i=\mu,i=1,2,3$,所以 $\hat{\mu}_1,\hat{\mu}_2,\hat{\mu}_3$ 都是 μ 的无偏估计,但是 $\hat{\mu}_4=2X_1,\hat{\mu}_5=\dfrac{X_1+X_2}{3}$ 都不是无偏估计.

对于任一总体 X,由于 $E\overline{X}=\mu$,所以 $\overline{X}$ 是 μ 的无偏估计,但由于 $ES_n^2=E\left[\dfrac{1}{n}\sum\limits_{i=1}^{n}(X_i-\overline{X})^2\right]=\dfrac{n-1}{n}\sigma^2$,故 S_n^2 不是总体方差 σ^2 的无偏估计,而修正的样本方差 $S_n^{*2}=\dfrac{1}{n-1}\sum\limits_{i=1}^{n}(X_i-\overline{X})^2$ 是总体方差 σ^2 的无偏估计.

若 $\hat{\theta}$ 是 θ 的估计,$g(\theta)$ 为 θ 的实函数,通常总是用 $g(\hat{\theta})$ 去估计 $g(\theta)$,但是值得注意的是,即使 $E\hat{\theta}=\theta$,也不一定有 $Eg(\hat{\theta})=Eg(\theta)$.

例 13.12 S_n^* 不是总体标准差 σ 的无偏估计.

事实上,由于 $\sigma^2=E(S_n^{*2})=DS_n^*+[ES_n^*]^2\geqslant[ES_n^*]^2$,从而 $\sigma\geqslant ES_n^*$,即 S_n^* 不是 σ 的无偏估计.

若 θ 的估计 $\hat{\theta}$ 不是无偏的,但当 $n\to\infty$ 时,$E\hat{\theta}\to\theta$,则称 $\hat{\theta}$ 是 θ 的**渐近无偏估**

计(asymptotically unbiased estimator),显然,样本方差 S_n^2 是总体方差的一个渐近无偏估计.

2. 有效性

设 $\hat{\theta}_1=\hat{\theta}_1(X_1,X_2,\cdots,X_n)$ 和 $\hat{\theta}_2=\hat{\theta}_2(X_1,X_2,\cdots,X_n)$ 是未知参数 θ 的两个无偏估计量. 若 $D(\hat{\theta}_1)<D(\hat{\theta}_2)$,则称 $\hat{\theta}_1$ 比 $\hat{\theta}_2$ **有效**(efficient).

例 13.13　设 $x_1,x_2,\cdots,x_n$ 是总体的一个样本,试证:

(1) $\hat{\mu}_1=\frac{1}{5}x_1+\frac{3}{10}x_2+\frac{1}{2}x_3$,

(2) $\hat{\mu}_2=\frac{1}{3}x_1+\frac{1}{4}x_2+\frac{5}{12}x_3$,

(3) $\hat{\mu}_3=\frac{1}{3}x_1+\frac{3}{4}x_2-\frac{1}{12}x_3$

都是总体均值 μ 的无偏估计,并比较哪一个最有效?

证明　因为 $E(x_i)=\mu(i=1,2,\cdots,n)$,所以

$$E(\hat{\mu}_1)=\frac{1}{5}E(x_1)+\frac{3}{10}E(x_2)+\frac{1}{2}E(x_3)=\left(\frac{1}{5}+\frac{3}{10}+\frac{1}{2}\right)\mu=\mu.$$

同理 $E(\hat{\mu}_2)=\mu,E(\hat{\mu}_3)=\mu$. 即 $\hat{\mu}_1$, $\hat{\mu}_2$, $\hat{\mu}_3$ 都是总体均值 μ 的无偏估计. 又因为

$$D(\hat{\mu}_1)=\frac{1}{25}D(x_1)+\frac{9}{100}D(x_2)+\frac{1}{4}D(x_3)=\frac{38}{100}D(X)=\frac{19}{50}D(X).$$

同理

$$D(\hat{\mu}_2)=\frac{50}{144}D(X)=\frac{25}{72}D(X),$$

$$D(\hat{\mu}_3)=\frac{98}{144}D(X)=\frac{49}{72}D(X).$$

由于 $D(\hat{\mu}_2)<D(\hat{\mu}_1)$,$D(\hat{\mu}_2)<D(\hat{\mu}_3)$,故 $\hat{\mu}_2$ 最有效.

3. 相合性

设 $\hat{\theta}_n=\hat{\theta}_n(X_1,X_2,\cdots,X_n)$ 是 θ 的估计量,如果对 θ 的所有可能取值 θ,当 $n\to\infty$ 时,$\hat{\theta}_n$ 依概率收敛于 θ,即对任意的 $\varepsilon>0$,有

$$\lim_{x\to\infty}P(|\hat{\theta}_n-\theta|\geqslant\varepsilon)=0 \text{ 或 } \lim_{x\to\infty}P(|\hat{\theta}_n-\theta|<\varepsilon)=1$$

成立,则称 $\hat{\theta}_n$ 为 θ 的**相合估计量**(consistency estimator),或**一致估计量**.

例 13.14　设 $x_1,x_2,\cdots,x_n$ 是取自总体 $X\sim N(\mu,\sigma^2)$ 的样本,试证

$$S^2=\frac{1}{n-1}\sum_{i=1}^{n}(x_i-\bar{x})^2$$

是 σ^2 的相合估计量.

证明 由于 $\frac{(n-1)S^2}{\sigma^2} \sim \chi^2(n-1)$，,所以有

$$E(S^2) = \sigma^2, \quad D(S^2) = \frac{\sigma^4}{(n-1)^2}2(n-1) = \frac{2\sigma^4}{n-1}.$$

根据切比雪夫不等式有

$$P(|S^2 - \sigma^2| < \varepsilon) \geqslant 1 - \frac{D(S^2)}{\varepsilon^2} = 1 - \frac{2\sigma^4}{(n-1)\varepsilon^2},$$

即得

$$\lim_{x\to\infty} P(|S^2 - \sigma^2| < \varepsilon) = 1.$$

所以 S^2 是 σ^2 的相合估计量.

13.3 参数的区间估计

对于未知参数 θ，我们给出它的点估计 $\hat{\theta}$，由于 $\hat{\theta}$ 是一个随机变量，它并不总是恰好等于 θ，而有或大、或小的误差. 这样得到的估计值，是未知参数的一个近似值. 由于并不知道未知参数的真值，难以估计这个近似值的误差大小. 区间估计是给出一个范围，并在要求的可信程度下保证这个范围包含未知参数，正好弥补了点估计的上述不足.

现今最流行的一种区间估计方法来自于原籍波兰的美国统计学家奈曼(J. Neyman)建立的估计理论.

设 θ 是总体分布中的一个未知参数，$X_1, X_2, \cdots, X_n$ 是来自该总体的样本. 对 θ 的区间估计，就是给出两个统计量 $\hat{\theta}_1 = \hat{\theta}_1(X_1, X_2, \cdots, X_n)$ 和 $\hat{\theta}_2 = \hat{\theta}_2(X_1, X_2, \cdots, X_n)$，并且恒有 $\hat{\theta}_1 \leqslant \hat{\theta}_2$，由它们为端点构成一个区间 $[\hat{\theta}_1, \hat{\theta}_2]$. 这个区间的端点及区间长度 $\hat{\theta}_2 - \hat{\theta}_1$ 都是样本的函数，因而都是随机变量，所以区间 $[\hat{\theta}_1, \hat{\theta}_2]$ 是一个随机区间. 对具体的问题，一旦得到了样本观测值 $x_1, x_2, \cdots, x_n$，便给出了一个具体的区间 $[\hat{\theta}_1(x_1, x_2, \cdots, x_n), \hat{\theta}_2(x_1, x_2, \cdots, x_n)]$，并估计这个区间将 θ 包含在内. 这里有两个很自然的要求：

(1)随机区间 $[\hat{\theta}_1, \hat{\theta}_2]$ 要以很大的概率“盖”住未知参数 θ，即 $P\{\hat{\theta}_1 \leqslant \theta \leqslant \hat{\theta}_2\}$ 要尽可能大. 因为 θ 是数轴上的一个点，随机区间 $[\hat{\theta}_1, \hat{\theta}_2]$ 包含这个点是一个随机事件，这个事件的概率，反映了区间估计的可靠程度.

(2)区间长度 $\hat{\theta}_2 - \hat{\theta}_1$ 要尽可能小，实际上区间长度反映了区间估计的精确程度，这里即是要求精确度要尽可能高，因此，也可采用某种能体现精确度要求的其他准则.

例如，估计一个人的年龄，估计他在 35 ～ 36 岁，尽管比较精确，但估计正确的

把握不敢说很大;但如果估计他在 10 ～ 90 岁,当然很可靠了,但精度太差,没有什么价值.

因此,对(1)、(2)两个要求都希望得到保证,但它们又是相互矛盾的.区间估计理论和方法的基本问题,就在于研究在已有的样本资源的限制下,如何找出更好的估计方法,以尽量提高可靠性和精确度,但终归有一定的限度.由奈曼提出并且现今仍被广泛接受的原则是:先确定一个能接受的可靠度,在这个前提下尽量使精确度提高.为此,有如下定义.

定义 13.9　设 $(X_1,X_2,\cdots,X_n)$ 是抽自总体 X 的样本,θ 是总体分布中的未知参数,$\hat{\theta}_1(X_1,X_2,\cdots,X_n)$ 和 $\hat{\theta}_2(X_1,X_2,\cdots,X_n)$ 为两个统计量,对给定的 $\alpha(0<\alpha<1)$,若

$$P\{\hat{\theta}_1\leqslant\theta\leqslant\hat{\theta}_2\}=1-\alpha,$$

则称区间 $[\hat{\theta}_1,\hat{\theta}_2]$ 为 θ 的置信度为 $1-\alpha$ 的**置信区间**(confidence interval),$\hat{\theta}_1$ 称为**置信下限**,$\hat{\theta}_2$ 称为**置信上限**.α 一般取较小的值,如 $\alpha=0.05,0.01$ 等,称 α 为**显著性水平**(significant level).

以下通过一个实例,介绍如何用区间估计法来求总体 X 的未知参数 θ 的置信区间.

例 13.15　已知某旅游胜地游客日消费额 $X\sim N(\mu,\sigma^2)$,且 μ 未知.根据以往经验 $\sigma^2=12^2$.为调查游客日平均消费额现随机抽取了 100 名游客,算得日平均消费额 $\overline{X}=80$ 元.求 μ 的置信度为 $1-\alpha=0.95$ 的置信区间.

解　先要构造一个样本的函数

$$U=\frac{\overline{X}-\mu}{\sigma/\sqrt{n}}\sim N(0,1)$$

满足两个条件:(1)含有待估参数 μ 并且没有其他任何未知参数;(2)分布已确定并且分布不依赖其他任何未知参数.

此时样本的函数 U 称为**枢轴量**.

把给定的置信度 $1-\alpha$ 看成概率 $1-\alpha$,然后将 α 平分在枢轴量 U 的密度两侧,如图13-4所示,使得

$$P\{-\mu_{\alpha/2}\leqslant U\leqslant\mu_{\alpha/2}\}=1-\alpha.$$

通过查标准正态分布表求得相应的分位点 $\mu_{\alpha/2}$.然后利用不等式变形,由枢轴量 U 落在区间 $[-\mu_{\alpha/2},\mu_{\alpha/2}]$ 内的概率转换成待估参数 μ 的置信度.

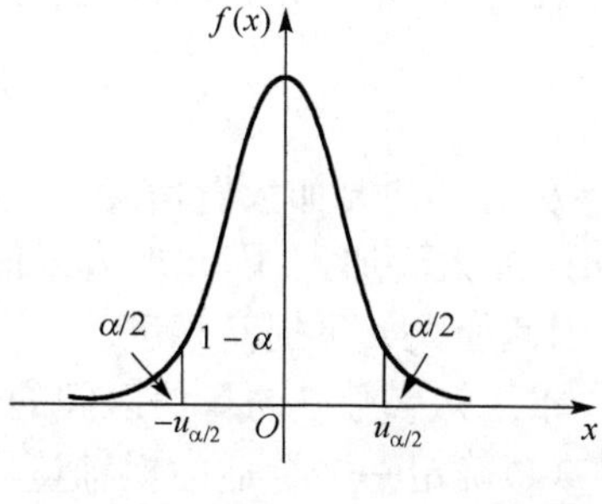

图 13-4

$$P\left\{-\mu_{\alpha/2}\leqslant\frac{\overline{X}-\mu}{\sigma/\sqrt{n}}\leqslant\mu_{\alpha/2}\right\}=1-\alpha,$$

$$P\left\{\overline{X}-\mu_{\alpha/2}\frac{\sigma}{\sqrt{n}}\leqslant\mu\leqslant\overline{X}+\mu_{\alpha/2}\frac{\sigma}{\sqrt{n}}\right\}=1-\alpha,$$

即得到置信度为 $1-\alpha$ 的置信区间

$$[\hat{\mu}_1,\hat{\mu}_2]=\left[\overline{X}-\mu_{\alpha/2}\frac{\sigma}{\sqrt{n}},\overline{X}+\mu_{\alpha/2}\frac{\sigma}{\sqrt{n}}\right].$$

本例中，$\alpha=0.05,\sigma=12,n=100,\bar{x}=80,\mu_{\alpha/2}=\mu_{0.025}=1.96$，算得

$$\hat{\mu}_1=\bar{x}-\mu_{\alpha/2}\frac{\sigma}{\sqrt{n}}=80-1.96\frac{12}{\sqrt{100}}=77.648,$$

$$\hat{\mu}_2=\bar{x}+\mu_{\alpha/2}\frac{\sigma}{\sqrt{n}}=80+1.96\frac{12}{\sqrt{100}}=82.352,$$

最后得 μ 的置信度为 0.95 的置信区间[77.648,82.352]. 也就是说游客日平均消费 μ 在 77.648 元到 82.352 元之间，有 95%的可信度.

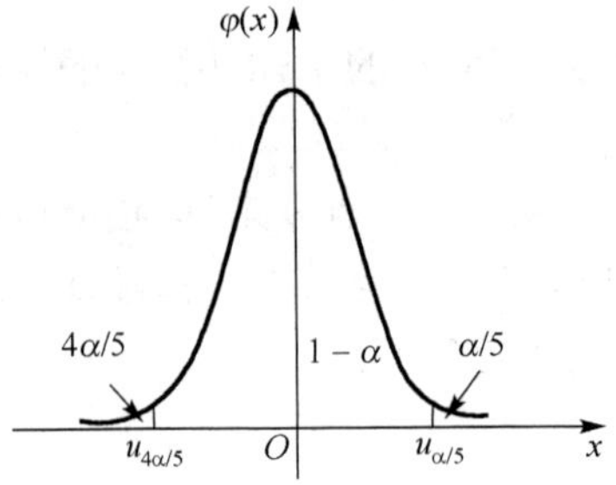

图 13-5

注　(1)置信度为 $1-\alpha$ 的置信区间不是唯一的. 对上例来说，对给定的 α，若不平分也可以的，如图 13-5 所示，则由

$$P\left\{-\mu_{4\alpha/5}\leqslant\frac{\overline{X}-\mu}{\sigma/\sqrt{n}}\leqslant\mu_{\alpha/5}\right\}=0.95$$

得 μ 的另一个置信度为 0.95 的置信区间

$$[\hat{\mu}_1,\hat{\mu}_2]=\left[\overline{X}-\mu_{\alpha/5}\frac{\sigma}{\sqrt{n}},\overline{X}+\mu_{4\alpha/5}\frac{\sigma}{\sqrt{n}}\right].$$

原则是在保证置信度的条件下尽可能提高精度，如何提高精度呢？可证明若总体 X 的密度为对称的，并且样本容量 n 为固定的条件下，此时 α 平分所得到的置信区间的精度为最高.

(2)若以 α 平分为例，得到置信区间的平均长度

$$L=E(\hat{\mu}_2-\hat{\mu}_1)=\frac{2\sigma}{\sqrt{n}}\mu_{\alpha/2}.$$

从上可知要加大置信度 $1-\alpha$ 的同时 α 会减小，使得分位点 $\mu_{\alpha/2}$ 加大了，此时 L 随 $\mu_{\alpha/2}$ 加大而加大. 因此加大置信度 $1-\alpha$，会使精度变差. 另外 L 随 n 的增加而减小，因此加大 n 可提高精度.

求未知参数 θ 的置信区间的步骤：

(1)确定一个合适的枢轴量

$$U(X_1,X_2,\cdots,X_n;\theta),$$

满足 U 仅含待估参数 θ 而没有其他未知参数，U 的分布确定并且不依赖任何未知参数；

(2)由给定的置信度 $1-\alpha$ 看成概率 $1-\alpha$，使得

$$P\{a \leqslant U \leqslant b\} = 1 - \alpha,$$

由于 U 的分布确定,可通过查表求 a,b；

(3)利用不等式变形,从概率 $P\{a \leqslant U \leqslant b\} = 1 - \alpha$ 转化为置信度

$$P\{\hat{\theta}_1 \leqslant \theta \leqslant \hat{\theta}_2\} = 1 - \alpha,$$

从而得到 θ 的置信度为 $1-\alpha$ 的置信区间 $[\hat{\theta}_1, \hat{\theta}_2]$.

1. 单正态总体的区间估计

设已知置信度 $1-\alpha$，$(X_1, X_2, \cdots, X_n)$ 为来自正态总体 $N(\mu, \sigma^2)$ 的一个样本,且样本均值和样本方差分别为 $\overline{X} = \dfrac{1}{n}\sum\limits_{i=1}^{n} X_i$，$S^2 = \dfrac{1}{n-1}\sum\limits_{i=1}^{n}(X_i - \overline{X})^2$.

1)方差 σ^2 已知,求均值 μ 的置信区间

由例 13.15 已经得到 μ 的置信度为 $1-\alpha$ 的置信区间为

$$\left[\overline{X} - \mu_{\alpha/2}\frac{\sigma}{\sqrt{n}}, \overline{X} + \mu_{\alpha/2}\frac{\sigma}{\sqrt{n}}\right].$$

2)方差 σ^2 未知,求均值 μ 的置信区间

由于方差 σ^2 未知，$U = \dfrac{\overline{X} - \mu}{\sigma/\sqrt{n}}$ 不再是枢轴量了.若用样本的均方差 S 取代 U 中的总体均方差 σ，根据 13.2 节抽样分布定理得到枢轴量

$$T = \frac{\overline{X} - \mu}{S/\sqrt{n}} \sim t(n-1)$$

在给定置信度 $1-\alpha$ 下,由

$$P\{-t_{\alpha/2}(n-1) \leqslant T \leqslant t_{\alpha/2}(n-1)\} = 1 - \alpha,$$

如图 13-6 所示,得

$$P\left\{\overline{X} - t_{\alpha/2}(n-1)\frac{S}{\sqrt{n}} \leqslant \mu \leqslant \overline{X} + t_{\alpha/2}(n-1)\frac{S}{\sqrt{n}}\right\} = 1 - \alpha,$$

于是 μ 的置信度为 $1-\alpha$ 的置信区间为

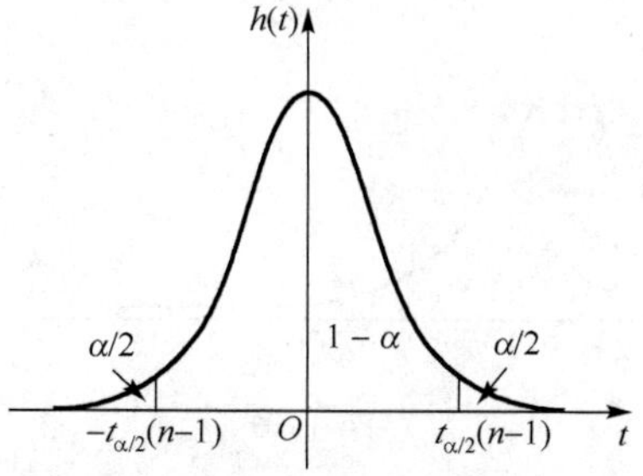

图 13-6

$$\left[\overline{X}-t_{\alpha/2}(n-1)\frac{S}{\sqrt{n}},\overline{X}+t_{\alpha/2}(n-1)\frac{S}{\sqrt{n}}\right].$$

例 13.16 有一批同种型号的合金线，为了检查这批合金线的质量，从中随机抽取了 9 根合金线，测得 9 根合金线的抗拉强度分别为

6.0 5.7 5.8 6.5 7.0 6.3 5.6 6.1 5.0

已知合金线的抗拉强度 X 服从正态分布 $N(\mu,\sigma^2)$，求 μ 的置信度为 0.95 的置信区间.

解 由于方差 σ^2 未知，此时 μ 的置信度为 $1-\alpha$ 的置信区间是

$$\left[\overline{X}-t_{\alpha/2}(n-1)\frac{S}{\sqrt{n}},\overline{X}+t_{\alpha/2}(n-1)\frac{S}{\sqrt{n}}\right],$$

将相应数据代入上式 $a=0.05$，$n-1=8$，$t_{0.025}(8)=2.3060$，$\bar{x}=6$，$s^2=0.33^2$，得到 μ 的置信度为 0.95 的置信区间[5.558，6.442].

3)均值 μ 已知，求方差 σ^2 的置信区间

取枢轴量

$$\chi^2=\frac{1}{\sigma^2}\sum_{i=1}^{n}(X_i-\mu)^2\sim\chi^2(n),$$

对给定 $\alpha(0<\alpha<1)$，由

$$P\{\chi^2_{1-\alpha/2}(n)\leqslant\chi^2\leqslant\chi^2_{\alpha/2}(n)\}=1-\alpha,$$

解得

$$P\left\{\frac{\sum_{i=1}^{n}(X_i-\mu)^2}{\chi^2_{\alpha/2}(n)}\leqslant\sigma^2\leqslant\frac{\sum_{i=1}^{n}(X_i-\mu)^2}{\chi^2_{1-\alpha/2}(n)}\right\}=1-\alpha.$$

故得方差 σ^2 的置信度为 $1-\alpha$ 的置信区间(图 13-7)

$$\left[\frac{\sum_{i=1}^{n}(X_i-\mu)^2}{\chi^2_{\alpha/2}(n)},\frac{\sum_{i=1}^{n}(X_i-\mu)^2}{\chi_{1-\alpha/2}(n)}\right].$$

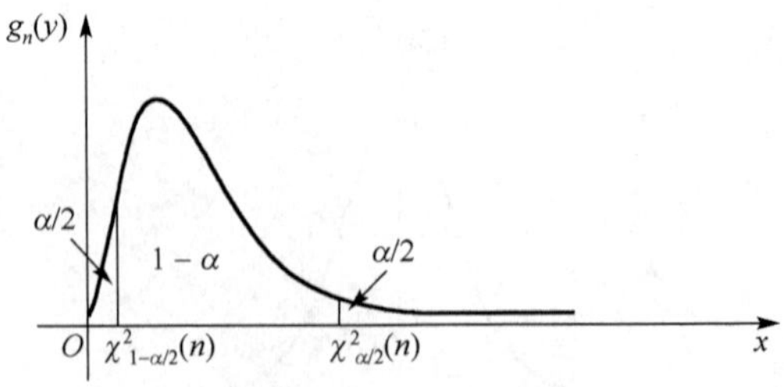

图 13-7

4)均值 μ 未知，求方差 σ^2 的置信区间

由抽样分布定理，枢轴量为

$$\chi^2 = \frac{(n-1)S^2}{\sigma^2} \sim \chi^2(n-1),$$

对给定 $\alpha(0<\alpha<1)$，由

$$P\{\chi^2_{1-\alpha/2}(n-1) \leqslant \chi^2 \leqslant \chi^2_{\alpha/2}(n-1)\} = 1-\alpha,$$

解得

$$P\left\{\frac{(n-1)S^2}{\chi^2_{\alpha/2}(n-1)} \leqslant \sigma^2 \leqslant \frac{(n-1)S^2}{\chi^2_{1-\alpha/2}(n-1)}\right\} = 1-\alpha,$$

因此得到方差 σ^2 的置信度为 $1-\alpha$ 的置信区间(图 13-8)

$$\left[\frac{(n-1)S^2}{\chi^2_{\alpha/2}(n-1)}, \frac{(n-1)S^2}{\chi^2_{1-\alpha/2}(n-1)}\right].$$

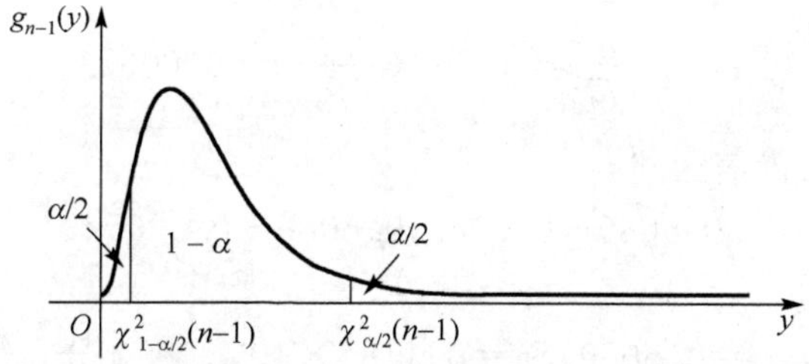

图 13-8　σ^2 的置信区间

均方差 σ 的置信度为 $1-\alpha$ 的置信区间

$$\left[\sqrt{\frac{(n-1)S^2}{\chi^2_{\alpha/2}(n-1)}}, \sqrt{\frac{(n-1)S^2}{\chi^2_{1-\alpha/2}(n-1)}}\right]$$

例 13.17　自动线包装饼干，每包重量 X 服从正态分布 $N(\mu,\sigma^2)$，μ 与 σ^2 均未知. 现从该批包装好的饼干中抽取 16 包，测得重量(单位：kg)如下：

12.15　12.12　12.01　12.28　12.09　12,16　12.03　12.01
12.06　12.13　12.07　12.11　12.08　12.01　12.03　12.06

求 μ 和 σ 的置信度为 0.95 的置信区间.

解　已知 $\alpha=0.05, n=16$，同时根据观察值算出 $\bar{x}=12.088$, $s^2=0.0712^2$.

(1)查表得 $t_{0.025}(15)=2.1315$，算得

$$\hat{\mu}_1 = \bar{x} - t_{\alpha/2}(n-1)\frac{s}{\sqrt{n}} = 12.088 - 2.1315\frac{0.0712}{\sqrt{16}} = 12.050,$$

$$\hat{\mu}_2 = \bar{x} + t_{\alpha/2}(n-1)\frac{s}{\sqrt{n}} = 12.088 + 2.1315\frac{0.0712}{\sqrt{16}} = 12.126,$$

得到 μ 的置信度为 0.95 的置信区间 [12.050, 12.126].

(2)查表得 $\chi^2_{0.975}(15)=6.262$, $\chi^2_{0.025}(15)=27.488$，算得

$$\hat{\sigma}_1^2 = \frac{(n-1)s^2}{\chi^2_{1-\alpha/2}(n-1)} = \frac{15\times 0.0712^2}{27.488} = 0.0028,$$

$$\hat{\sigma}_1^2 = \frac{(n-1)s^2}{\chi^2_{\alpha/2}(n-1)} = \frac{15 \times 0.0712^2}{6.262} = 0.0121,$$

故 σ 的置信度为 0.95 的置信区间 [0.0529, 0.1100].

例 13.18 设有一组来自正态总体 $N(\mu,\sigma^2)$ 的样本值：0.497, 0.506, 0.518, 0.524, 0.488, 0.510, 0.510, 0.515, 0.512.

(1)已知 $\sigma^2=0.01^2$，求 μ 的 95%置信区间.

(2)未知 σ^2，求 μ 的 95%置信区间.

(3)求 σ^2 的 95%置信区间.

解 (1)样本容量 $n=9$，已知 $\bar{x}=0.5089$. 查正态分布表得 $u_{0.975}=1.959964\approx 1.96$. 计算

$$u_{1-\alpha/2}.\frac{\sigma}{\sqrt{n}} = 1.96 \times \frac{0.01}{\sqrt{9}} = 0.0065.$$

于是得到 μ 的 95%置信区间

$$[0.5089-0.0065, 0.5089+0.0065],$$

即[0.5024, 0.5154].

(2)已知 $n=9$，$\bar{x}=0.5089$，$S^2=0.1184\times 10^{-3}$. 查 t 分布表得 $t_{0.975}(9-1)=2.306$. 计算

$$t_{1-\alpha/2}(n-1).\frac{S}{\sqrt{n}} = 2.306 \times \sqrt{\frac{0.1184\times 10^{-3}}{9}} = 0.0084.$$

于是得到 μ 的 95%置信区间

$$[0.5089-0.0084, 0.5089+0.0084],$$

即[0.5005, 0.5173].

(3)查 χ^2 分布表得 $\chi^2_{0.025}(9-1)=2.180$，$\chi^2_{0.975}(9-1)=17.535$. 于是得到 σ^2 的 95%置信区间

$$\left[\frac{8\times 0.1184\times 10^{-3}}{17.535}, \frac{8\times 0.1184\times 10^{3}}{2.180}\right],$$

即

$$[0.0540\times 10^{-3}, 0.4345\times 10^{-3}].$$

2. 两个正态总体的区间估计

实际中时常会碰到这样的问题，诸如已知某产品的质量指标 X 服从正态分布，由于进行工艺改革，如改变了原料的种类、更新了设备或者操作人员的技术水平发生变化等会引起总体均值和方差的变化. 为了要评估变化结果的好坏，那要对两个正态总体均值差 $\mu_1-\mu_2$ 和方差比 $\frac{\sigma_1^2}{\sigma_2^2}$ 进行估计.

设置信度 $1-\alpha$ 已给定,样本 $(X_1,X_2,\cdots,X_m)$ 和 $(Y_1,Y_2,\cdots,Y_n)$ 分别来自两个正态总体 $X\sim N(\mu_1,\sigma_1^2)$ 和 $Y\sim N(\mu_2,\sigma_2^2)$,并且它们相互独立. 又设两个样本均值为

$$\overline{X}=\frac{1}{m}\sum_{i=1}^{m}X_i,\quad \overline{Y}=\frac{1}{n}\sum_{i=1}^{n}Y_i,$$

两个样本的方差为

$$S_1^2=\frac{1}{m-1}\sum_{i=1}^{m}(X_i-\overline{X})^2,\quad S_2^2=\frac{1}{n-1}\sum_{i=1}^{n}(Y_i-\overline{Y})^2.$$

1) σ_1^2 和 σ_2^2 均已知,求均值差 $\mu_1-\mu_2$ 的置信区间

由于 $\overline{X}\sim N(\mu_1,\sigma_1^2)$,$\overline{Y}\sim N(\mu_2,\sigma_2^2)$,且它们相互独立,得

$$\overline{X}-\overline{Y}\sim N\left(\mu_1-\mu_2,\frac{\sigma_1^2}{m}+\frac{\sigma_2^2}{n}\right),$$

经标准化变换后,得枢轴量

$$U=\frac{\overline{X}-\overline{Y}-(\mu_1-\mu_2)}{\sqrt{\dfrac{\sigma_1^2}{m}+\dfrac{\sigma_2^2}{n}}}\sim N(0,1),$$

求得均值差 $\mu_1-\mu_2$ 的置信度为 $1-\alpha$ 的置信区间

$$\left[\overline{X}-\overline{Y}-\mu_{\alpha/2}\sqrt{\frac{\sigma_1^2}{m}+\frac{\sigma_2^2}{n}},\overline{X}-\overline{Y}+\mu_{\alpha/2}\sqrt{\frac{\sigma_1^2}{m}+\frac{\sigma_2^2}{n}}\right].$$

2) σ_1^2 和 σ_2^2 均未知,$\sigma_1^2=\sigma_2^2$,求均值差 $\mu_1-\mu_2$ 的置信区间

根据 13.2 节的推论,枢轴量为

$$T=\frac{\overline{X}-\overline{Y}-(\mu_1-\mu_2)}{S_W^2\sqrt{\dfrac{1}{m}+\dfrac{1}{n}}}\sim t(m+n-2),$$

其中 $S_W^2=\dfrac{(m-1)S_1^2+(n-1)S_2^2}{m+n-2}$.

求得均值差 $\mu_1-\mu_2$ 的置信度为 $1-\alpha$ 的置信区间

$$\left[\overline{X}-\overline{Y}-t_{\alpha/2}(m+n-2)S_W\sqrt{\frac{1}{m}+\frac{1}{n}},\overline{X}-\overline{Y}+t_{\alpha/2}(m+n-2)S_W\sqrt{\frac{1}{m}+\frac{1}{n}}\right].$$

例 13.19　某商业银行对其所属的甲、乙两家储蓄所进行年存款额的调查. 随机地抽取甲所的 10 户,得到 $\overline{x}_1=500$ 元,$s_1=1.044$ 元;乙所 20 户得到 $\overline{x}_2=496$ 元,$s_2=1.17$ 元. 设甲、乙两所的客户存款额服从正态分布,且可以认为它们的方差相等. 求两总体均值差 $\mu_1-\mu_2$ 的置信度为 0.95 的置信区间.

解　由题意可知两总体的方差未知但相等,故可用 2) 中的结果求均值差的置信区间. 已知 $\alpha=0.05$,$m=10$,$m+n-2=28$,查 t 分布表得 $t_{0.025}(28)=2.0484$,又算得 $S_W^2=1.169\ 2^2=1.367\ 0$,代入 2) 中的结果

$$\overline{x}_1-\overline{x}_2-t_{\alpha/2}(m+n-2)S_W\sqrt{\frac{1}{m}+\frac{1}{n}}=3.07,$$

$$\bar{x}_1-\bar{x}_2+t_{\alpha/2}(m+n-2)S_W\sqrt{\frac{1}{m}+\frac{1}{n}}=4.93,$$

最后求得两总体均值差 $\mu_1-\mu_2$ 的置信度为 0.95 的置信区间 [3.07,4.93].

本题中的置信区间的下限大于零,可认为 μ_1 比 μ_2 大.若所得的置信区间中包含零,那可认为 μ_1 与 μ_2 两者没有显著差异.

3)求方差比 $\frac{\sigma_1^2}{\sigma_2^2}$ 的置信区间

考虑 μ_1 与 μ_2 均未知,构造一个枢轴量

$$F=\frac{S_1^2/\sigma_1^2}{S_2^2/\sigma_2^2}=\frac{S_1^2\sigma_2^2}{S_2^2\sigma_1^2}\sim F(m-1,n-1).$$

当 α 给定以后,由

$$P\left(F_{1-\alpha/2}(m-1,n-1)\leqslant\frac{S_1^2\sigma_2^2}{S_2^2\sigma_1^2}\leqslant F_{\alpha/2}(m-1,n-1)\right)=1-\alpha$$

得到方差比 $\frac{\sigma_1^2}{\sigma_2^2}$ 的置信度为 $1-\alpha$ 的置信区间(图 13-9)

$$\left[\frac{1}{F_{\alpha/2}(m-1,n-1)}\frac{S_1^2}{S_2^2},\frac{1}{F_{1-\alpha/2}(m-1,n-1)}\frac{S_1^2}{S_2^2}\right].$$

注意到 $F_{\alpha/2}(m-1,n-1)=\frac{1}{F_{1-\alpha/2}(n-1,m-1)}$,从而上式可写成

$$\left[F_{1-\alpha/2}(n-1,m-1)\frac{S_1^2}{S_2^2},F_{\alpha/2}(n-1,m-1)\frac{S_1^2}{S_2^2}\right].$$

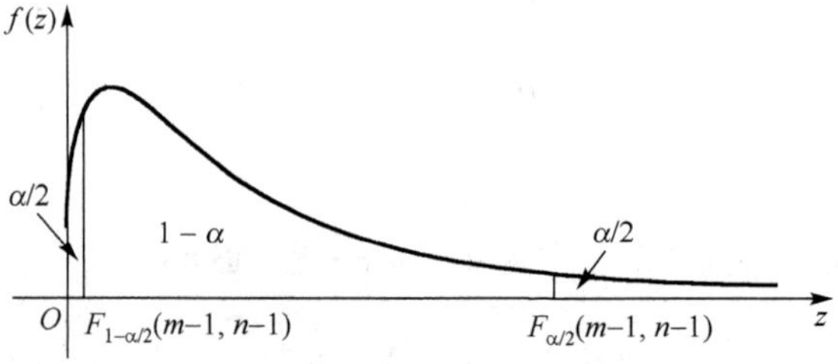

图 13-9　$\frac{\sigma_1^2}{\sigma_2^2}$ 的置信区间

例 13.20　为了测试气温对某种纤维强度的影响,在 5℃与 30℃分别作 10 次与 11 次测定,其测定值的方差分别为 $s_1^2=0.5419$ 和 $s_2^2=0.6065$.假设在 5℃下的强度 $X\sim N(\mu_1,\sigma_1^2)$ 和 30℃下的强度 $Y\sim N(\mu_2,\sigma_2^2)$,求方差比 $\frac{\sigma_1^2}{\sigma_2^2}$ 的置信度为 0.9 的置信区间.

解　由已知条件, $\alpha=0.1,m=10,n=11$, 查 F 分布表得 $F_{0.05}(9,10)=$

3.02，$F_{0.05}(10,9)=3.14$，以及 $F_{0.95}(10,9)=\dfrac{1}{F_{0.05}(9,10)}=\dfrac{1}{3.02}=0.331$．再由 $s_1^2=0.5419$，$s_2^2=0.6065$，代入上述结果有

$$F_{1-\alpha/2}(n-1,m-1)\frac{S_1^2}{S_2^2}=0.331\times\frac{0.5419}{0.6065}=0.296,$$

$$F_{\alpha/2}(n-1,m-1)\frac{S_1^2}{S_2^2}=3.14\times\frac{0.5419}{0.6065}=2.806.$$

最后得方差比 $\dfrac{\sigma_1^2}{\sigma_2^2}$ 的置信度为 0.9 的置信区间[0.296,2.806].

所求置信区间包含 1，即 $1\in[0.296,2.806]$，可认为两总体的方差没有显著差异.

习　题　13

1. 在总体 $N(52,6.3^2)$中随机抽一容量为 36 的样本，求样本均值 $\overline{X}$ 落在 50.8～53.8 的概率.

2. 在总体 $N(12,4)$中随机抽一容量为 5 的样本 X_1,X_2,X_3,X_4,X_5.

(1)求样本均值与总体平均值之差的绝对值大于 1 的概率.

(2)求概率 $P\{\max(X_1,X_2,X_3,X_4,X_5)>15\}$.

(3)求概率 $P\{\min(X_1,X_2,X_3,X_4,X_5)>10\}$.

3. 设 $X_1,X_2\cdots,X_{10}$ 为 $N(0,0.3^2)$的一个样本，求 $P\left\{\sum\limits_{i=1}^{10}X_i^2>1.44\right\}$.

4. 设 $\xi\sim t(n)$，求证 $\eta=\xi^2\sim F(1,n)$.

5. 在总体 $N(80,20^2)$中随机抽取一容量为 100 的样本，求样本均值与总体均值的绝对值大于 3 的概率是多少？

6. 求总体 $N(20,3)$的容量分别为 10,15 的两独立样本均值差的绝对值大于 0.3 的概率.

7. 设 $X_1,X_2,\cdots,X_{10}$ 为 $N(0,0.3^2)$的一个样本，求 $P\left\{\sum\limits_{i=1}^{10}X_i^2>1.44\right\}$.

8. 设 $X_1,X_2,\cdots,X_n$ 是来自泊松分布 $P(\lambda)$的一个样本，$\overline{X}$，S^2 分别为样本均值和样本方差，求 $E(\overline{X}),D(\overline{X}),E(S^2)$.

9. 设总体 $X\sim b(1,p)$，$X_1,X_2,\cdots,X_n$ 是来自 X 的样本.

(1)求 $(X_1,X_2,\cdots,X_n)$ 的分布律；

(2)求 $\sum\limits_{i=1}^{n}X_i$ 的分布律；

(3)求 $E(\overline{X}),D(\overline{X}),E(S^2)$.

10. 设总体 $X\sim N(\mu,\sigma^2)$，$X_1,\cdots,X_{10}$ 是来自 X 的样本.

(1)写出 $X_1,\cdots,X_{10}$ 的联合概率密度；(2)写出 $\overline{X}$ 的概率密度.

11. 随机地取 8 只活塞环，测得它们的直径为(单位：mm)

74.001　74.005　74.003　74.001　74.000　73.998　74.006　74.002

求总体均值 μ 及方差 σ^2 的矩估计，并求样本方差 S^2.

12. 设总体 ξ 的密度函数如下(式中 θ 为未知参数)，$\xi_1,\cdots,\xi_n$ 为其样本，试求参数 θ 的矩估计量和极大似然估计量. $f(x)=\begin{cases}\theta e^{-\theta x}, & x>0,\\ 0, & x\leqslant 0.\end{cases}\theta>0.$

13. (1)设总体 $X\sim N(\mu,\sigma^2)$，样本值 $x_1,\cdots x_n$，求 μ,σ^2 的极大似然估计值. (2)设 $X_1,\cdots X_n$ 是从正态总体 $N(\mu,\sigma^2)$ 中抽出的样本，要求估计 μ 和 σ^2.

14. 设总体 ξ 服从几何分布，$P(\xi=k)=p(1-p)^{k-1}$，$k=1,2,\cdots$；$\xi_1,\cdots,\xi_n$ 为其样本，试求 p 的矩估计量和极大似然估计量.

15. 设 X_1,X_2,X_3,X_4 为来自总体 $N(0,1)$ 的样本，$X=a(X_1-2X_2)^2+b(X_3+3X_4)^2$，当 a,b 为何值时，$X^2\sim\chi^2(n)$，且自由度 n 是多少?

16. 设 $X_1,X_1,\cdots,X_n$ 是来自参数为 λ 的泊松分布总体的一个样本，试求 λ 的极大似然估计量及矩估计量.

17. 从一大批电子管中随机抽取 100 只，抽取的电子管的平均寿命为 1000 小时. 设电子管寿命服从正态分布，已知均方差 σ=40 小时. 以置信度 0.95 求出整批电子管平均寿命 μ 的置信区间.

18. 灯泡厂从某天生产的一批灯泡中随机抽取 10 只进行寿命试验，测得数据如下(单位：小时)

1050，　1100，　1080，　1120，　1200，

1040，　1130，　1300，　1200，　1250，

设灯泡寿命服从从正态分布，试求出该天生产的整批灯泡寿命的置信区间(α=0.05).

参考文献

陈吉象,戴瑛. 1999. 大学文科数学. 天津:天津大学出版社.

陈希孺. 2009. 概率论与数理统计. 合肥:中国科学技术大学出版社.

高玉斌. 2005. 线性代数(文科). 北京:国防工业出版社.

华东师范大学数学系. 2011. 大学文科数学. 上海:华东师范大学出版社.

华宜积,谭永基,徐惠平. 2006. 文科高等数学. 2 版. 上海:复旦大学出版社.

居余马. 2002. 线性代数. 北京:清华大学出版社.

沈恒范. 2003. 概率论与数理统计教程. 北京:高等教育出版社.

盛骤,范大茵. 2006. 大学文科数学. 北京:高等教育出版社.

盛骤,谢式千,潘承毅. 2010. 概率论与数理统计. 4 版. 北京:高等教育出版社.

同济大学数学系. 2007. 工程数学:线性代数. 5 版. 北京:高等教育出版社.

同济大学数学系. 2007. 高等数学. 6 版. 北京:高等教育出版社.

汪国柄. 2005. 大学文科数学. 北京:清华大学出版社.

魏宗舒. 2008. 概率论与数理统计教程. 北京:高等教育出版社.

吴赣昌. 2012. 大学文科数学. 3 版. 北京:中国人民大学出版社.

袁荫棠. 1990. 概率论与数理统计. 北京:中国人民大学出版社.

张从军,时洪波,鲍远圣,等. 2006. 线性代数. 上海:复旦大学出版社.

Lay D C. 2005. 线性代数及其应用. 3 版. 刘深泉,等,译. 北京:机械工业出版社.

Leon S J. 2007. 线性代数. 7 版. 张文博,等,译. 北京:机械工业出版社.

附　　表

附表1　泊松分布表($P\{X=k\}=\dfrac{\lambda^k}{k!}e^{-\lambda}$)

k \ λ	0.1	0.2	0.3	0.4	0.5	0.6	0.7	0.8	0.9
0	0.90484	0.81873	0.74082	0.67032	0.60653	0.54881	0.49659	0.44933	0.40657
1	0.09048	0.16375	0.22225	0.26813	0.30327	0.32929	0.34761	0.35946	0.36591
2	0.00452	0.01638	0.03334	0.05363	0.07582	0.09879	0.12166	0.14379	0.16466
3	0.00015	0.00109	0.00333	0.00715	0.01264	0.01976	0.02839	0.03834	0.04940
4		0.00006	0.00025	0.00072	0.00158	0.00296	0.00497	0.00767	0.01112
5			0.00002	0.00006	0.00016	0.00036	0.00070	0.00123	0.00200
6					0.00001	0.00004	0.00008	0.00016	0.00030
7							0.00001	0.00002	0.00004

k \ λ	1.0	2.0	3.0	4.0	5.0	6.0	7.0	8.0	9.0
0	0.36788	0.13534	0.04979	0.01832	0.00674	0.00248	0.00091	0.00034	0.00012
1	0.36788	0.27067	0.14936	0.07326	0.03369	0.01487	0.00638	0.00268	0.00111
2	0.18394	0.27067	0.22404	0.14653	0.08422	0.04462	0.02234	0.01074	0.00500
3	0.06131	0.18045	0.22404	0.19537	0.14037	0.08924	0.05213	0.02863	0.01499
4	0.01533	0.09022	0.16803	0.19537	0.17547	0.13385	0.09123	0.05725	0.03374
5	0.00307	0.03609	0.10082	0.15629	0.17547	0.16062	0.12772	0.09160	0.06073
6	0.00051	0.01203	0.05041	0.10420	0.14622	0.16062	0.14900	0.12214	0.09109
7	0.00007	0.00344	0.02160	0.05954	0.10445	0.13768	0.14900	0.13959	0.11712
8	0.00001	0.00086	0.00810	0.02977	0.06528	0.10326	0.13038	0.13959	0.13176
9		0.00019	0.00270	0.01323	0.03627	0.06884	0.10141	0.12408	0.13176
10		0.00004	0.00081	0.00529	0.01813	0.04130	0.07098	0.09926	0.11858
11		0.00001	0.00022	0.00193	0.00824	0.02253	0.04517	0.07219	0.09702
12			0.00006	0.00064	0.00343	0.01126	0.02635	0.04813	0.07277
13			0.00001	0.00020	0.00132	0.00520	0.01419	0.02962	0.05038
14				0.00006	0.00047	0.00223	0.00709	0.01692	0.03238
15				0.00002	0.00016	0.00089	0.00331	0.00903	0.01943
16					0.00005	0.00033	0.00145	0.00451	0.01093
17					0.00001	0.00012	0.00060	0.00212	0.00579
18						0.00004	0.00023	0.00094	0.00289
19						0.00001	0.00009	0.00040	0.00137
20							0.00003	0.00016	0.00062
21							0.00001	0.00006	0.00026
22								0.00002	0.00011

附表 2　标准正态分布表($\Phi(u)=\int_{-\infty}^{u}\frac{1}{\sqrt{2\pi}}\mathrm{e}^{-\frac{t^2}{2}}\mathrm{d}t$)

u	0.00	0.01	0.02	0.03	0.04	0.05	0.06	0.07	0.08	0.09
0.0	0.5000	0.5040	0.5080	0.5120	0.5160	0.5199	0.5239	0.5279	0.5319	0.5359
0.1	0.5398	0.5438	0.5478	0.5517	0.5557	0.5596	0.5636	0.5675	0.5714	0.5753
0.2	0.5793	0.5832	0.5871	0.5910	0.5948	0.5987	0.6026	0.6064	0.6103	0.6141
0.3	0.6179	0.6217	0.6255	0.6293	0.6331	0.6368	0.6406	0.6443	0.6480	0.6517
0.4	0.6554	0.6591	0.6628	0.6664	0.6700	0.6736	0.6772	0.6808	0.6844	0.6879
0.5	0.6915	0.6950	0.6985	0.7019	0.7054	0.7088	0.7123	0.7157	0.7190	0.7224
0.6	0.7257	0.7291	0.7324	0.7357	0.7389	0.7422	0.7454	0.7486	0.7517	0.7549
0.7	0.7580	0.7611	0.7642	0.7673	0.7704	0.7734	0.7764	0.7794	0.7823	0.7852
0.8	0.7881	0.7910	0.7939	0.7967	0.7995	0.8023	0.8051	0.8079	0.8106	0.8133
0.9	0.8159	0.8186	0.8212	0.8238	0.8264	0.8289	0.8315	0.8340	0.8365	0.8389
1.0	0.8413	0.8438	0.8461	0.8485	0.8508	0.8531	0.8554	0.8577	0.8599	0.8621
1.1	0.8643	0.8665	0.8686	0.8708	0.8729	0.8749	0.8770	0.8790	0.8810	0.8830
1.2	0.8849	0.8869	0.8888	0.8907	0.8925	0.8944	0.8962	0.8980	0.8997	0.9015
1.3	0.9032	0.9049	0.9066	0.9082	0.9099	0.9115	0.9131	0.9147	0.9162	0.9177
1.4	0.9192	0.9207	0.9222	0.9236	0.9251	0.9265	0.9279	0.9292	0.9306	0.9319
1.5	0.9332	0.9345	0.9357	0.9370	0.9382	0.9394	0.9406	0.9418	0.9429	0.9441
1.6	0.9452	0.9463	0.9474	0.9484	0.9495	0.9505	0.9515	0.9525	0.9535	0.9545
1.7	0.9554	0.9564	0.9573	0.9582	0.9591	0.9599	0.9608	0.9616	0.9625	0.9633
1.8	0.9641	0.9649	0.9656	0.9664	0.9671	0.9678	0.9686	0.9693	0.9699	0.9706
1.9	0.9713	0.9719	0.9726	0.9732	0.9738	0.9744	0.9750	0.9756	0.9761	0.9767
2.0	0.9773	0.9778	0.9783	0.9788	0.9793	0.9798	0.9803	0.9808	0.9812	0.9817
2.1	0.9821	0.9826	0.9830	0.9834	0.9838	0.9842	0.9846	0.9850	0.9854	0.9857
2.2	0.9861	0.9864	0.9868	0.9871	0.9875	0.9878	0.9881	0.9884	0.9887	0.9890
2.3	0.9893	0.9896	0.9898	0.9901	0.9904	0.9906	0.9909	0.9911	0.9913	0.9916
2.4	0.9918	0.9920	0.9922	0.9925	0.9927	0.9929	0.9931	0.9932	0.9934	0.9936
2.5	0.9938	0.9940	0.9941	0.9943	0.9945	0.9946	0.9948	0.9949	0.9951	0.9952
2.6	0.9953	0.9955	0.9956	0.9957	0.9959	0.9960	0.9961	0.9962	0.9963	0.9964
2.7	0.9965	0.9966	0.9967	0.9968	0.9969	0.9970	0.9971	0.9972	0.9973	0.9974
2.8	0.9974	0.9975	0.9976	0.9977	0.9977	0.9978	0.9979	0.9979	0.9980	0.9981
2.9	0.9981	0.9982	0.9983	0.9983	0.9984	0.9984	0.9985	0.9985	0.9986	0.9986
3.0	0.9987	0.9987	0.9987	0.9988	0.9988	0.9989	0.9989	0.9989	0.9990	0.9990
3.1	0.9990	0.9991	0.9991	0.9991	0.9992	0.9992	0.9992	0.9992	0.9993	0.9993
3.2	0.9993	0.9993	0.9994	0.9994	0.9994	0.9994	0.9994	0.9995	0.9995	0.9995
3.3	0.9995	0.9995	0.9996	0.9996	0.9996	0.9996	0.9996	0.9996	0.9996	0.9997
3.4	0.9997	0.9997	0.9997	0.9997	0.9997	0.9997	0.9997	0.9997	0.9997	0.9998

注:本表对于 u 给出正态分布函数 $\Phi(u)$ 的数值,例:对于 $u=1.3$,$\Phi(u)=0.9082$

附表 3　t 分布表（$P\{t(n) > t_\alpha(n)\} = \alpha$）

自由度 n \ α	0.10	0.05	0.025	0.01	自由度 n \ α	0.10	0.05	0.025	0.01
1	3.078	6.314	12.706	31.821	26	1.315	1.706	2.056	2.479
2	1.886	2.920	4.303	6.965	27	1.314	1.703	2.052	2.473
3	1.638	2.353	3.182	4.541	28	1.313	1.701	2.048	2.467
4	1.533	2.132	2.776	3.747	29	1.311	1.699	2.045	2.462
5	1.476	2.015	2.571	3.365	30	1.310	1.697	2.042	2.457
6	1.440	1.943	2.447	3.143	31	1.310	1.696	2.040	2.453
7	1.415	1.895	2.365	2.998	32	1.309	1.694	2.037	2.449
8	1.397	1.860	2.306	2.897	33	1.308	1.692	2.035	2.445
9	1.383	1.833	2.262	2.821	34	1.307	1.691	2.032	2.441
10	1.372	1.813	2.228	2.764	35	1.306	1.690	2.030	2.438
11	1.363	1.796	2.201	2.718	36	1.306	1.688	2.028	2.435
12	1.356	1.782	2.179	2.681	37	1.305	1.687	2.026	2.431
13	1.350	1.771	2.160	2.650	38	1.304	1.686	2.024	2.429
14	1.345	1.761	2.145	2.625	39	1.304	1.685	2.023	2.426
15	1.341	1.753	2.131	2.603	40	1.303	1.684	2.021	2.423
16	1.337	1.746	2.120	2.584	41	1.303	1.683	2.020	2.421
17	1.333	1.740	2.110	2.567	42	1.302	1.682	2.018	2.419
18	1.330	1.734	2.101	2.552	43	1.302	1.681	2.017	2.416
19	1.328	1.729	2.093	2.540	44	1.301	1.680	2.015	2.414
20	1.325	1.725	2.086	2.528	45	1.301	1.679	2.014	2.412
21	1.323	1.721	2.080	2.518	50	1.676	2.009	2.403	2.678
22	1.321	1.717	2.074	2.508	60	1.671	2.000	2.390	2.660
23	1.320	1.714	2.069	2.500	70	1.667	1.994	2.381	2.648
24	1.318	1.711	2.064	2.492	80	1.664	1.990	2.374	2.639
25	1.316	1.708	2.060	2.485	90	1.662	1.987	2.368	2.632

附表 4　χ^2 分布表（$P\{\chi^2(n) > \chi^2_\alpha(n)\} = \alpha$）

n \ α	0.995	0.99	0.975	0.95	0.90	0.1	0.05	0.025	0.01	0.005
1	—	—	0.001	0.004	0.016	2.706	3.841	5.024	6.635	7.879
2	0.010	0.020	0.051	0.103	0.211	4.605	5.991	7.378	9.210	10.597
3	0.072	0.115	0.216	0.352	0.584	6.251	7.815	9.348	11.345	12.838
4	0.207	0.297	0.484	0.711	1.064	7.779	9.488	11.143	13.277	14.860
5	0.412	0.554	0.831	1.145	1.610	9.236	11.070	12.833	15.086	16.750
6	0.676	0.872	1.237	1.635	2.204	10.645	12.592	14.449	16.812	18.548
7	0.989	1.239	1.690	2.167	2.833	12.017	14.067	16.013	18.475	20.278
8	1.344	1.646	2.180	2.733	3.490	13.362	15.507	17.535	20.090	21.955
9	1.735	2.088	2.700	3.325	4.168	14.684	16.919	19.023	21.666	23.589
10	2.156	2.558	3.247	3.940	4.865	15.987	18.307	20.483	23.209	25.188
11	2.603	3.053	3.816	4.575	5.578	17.275	19.675	21.920	24.725	26.757
12	3.074	3.571	4.404	5.226	6.304	18.549	21.026	23.337	26.217	28.300
13	3.565	4.107	5.009	5.892	7.042	19.812	22.362	24.736	27.688	29.819
14	4.075	4.660	5.629	6.571	7.790	21.064	23.685	26.119	29.141	31.319
15	4.601	5.229	6.262	7.261	8.547	22.307	24.996	27.488	30.578	32.801
16	5.142	5.812	6.908	7.962	9.312	23.542	26.296	28.845	32.000	34.267
17	5.697	6.408	7.564	8.672	10.085	24.769	27.587	30.191	33.409	35.718
18	6.265	7.015	8.231	9.390	10.865	25.989	28.869	31.526	34.805	37.156
19	6.844	7.633	8.907	10.117	11.651	27.204	30.144	32.852	36.191	38.582
20	7.434	8.260	9.591	10.851	12.443	28.412	31.410	34.170	37.566	39.997
21	8.034	8.897	10.283	11.591	13.240	29.615	32.671	35.479	38.932	41.401
22	8.643	9.542	10.982	12.338	14.041	30.813	33.924	36.781	40.289	42.796
23	9.260	10.196	11.689	13.091	14.848	32.007	35.172	38.076	41.638	44.181
24	9.886	10.856	12.401	13.848	15.659	33.196	36.415	39.364	42.980	45.559
25	10.520	11.524	13.120	14.611	16.473	34.382	37.652	40.646	44.314	46.928
26	11.160	12.198	13.844	15.379	17.292	35.563	38.885	41.923	45.642	48.290
27	11.808	12.879	14.573	16.151	18.114	36.741	40.113	43.195	46.963	49.645
28	12.461	13.565	15.308	16.928	18.939	37.916	41.337	44.461	48.278	50.993
29	13.121	14.256	16.047	17.708	19.768	39.087	42.557	45.722	49.588	52.336
30	13.787	14.953	16.791	18.493	20.599	40.256	43.773	46.979	50.892	53.672
31	14.458	15.655	17.539	19.281	21.434	41.422	44.985	48.232	52.191	55.003
32	15.134	16.362	18.291	20.072	22.271	42.585	46.194	49.480	53.486	56.328
33	15.815	17.074	19.047	20.867	23.110	43.745	47.400	50.725	54.776	57.648
34	16.501	17.789	19.806	21.664	23.952	44.903	48.602	51.966	56.061	58.964
35	17.192	18.509	20.569	22.465	24.797	46.059	49.802	53.203	57.342	60.275
36	17.887	19.233	21.336	23.269	25.643	47.212	50.998	54.437	58.619	61.581
37	18.586	19.960	22.106	24.075	26.492	48.363	52.192	55.668	59.893	62.883
38	19.289	20.691	22.878	24.884	27.343	49.513	53.384	56.896	61.162	64.181
39	19.996	21.426	23.654	25.695	28.196	50.660	54.572	58.120	62.428	65.476
40	20.707	22.164	24.433	26.509	29.051	51.805	55.758	59.342	63.691	66.766

附表 5　F 分布表($P\{F(n_1,n_2)>F_\alpha(n_1,n_2)\}=\alpha$)

$\alpha=0.05$

n_2 \ n_1	1	2	3	4	5	6	7	8	9	10	…
1	161.5	199.5	215.7	224.6	230.2	234.0	236.8	238.9	240.5	241.9	…
2	18.51	19.00	19.16	19.25	19.30	19.33	19.35	19.37	19.38	19.40	…
3	10.13	9.55	9.28	9.12	9.01	8.94	8.89	8.85	8.81	8.79	…
4	7.71	6.94	6.59	6.39	6.26	6.16	6.09	6.04	6.00	5.96	…
5	6.61	5.79	5.41	5.19	5.05	4.95	4.88	4.82	4.77	4.74	…
6	5.99	5.14	4.76	4.53	4.39	4.28	4.21	4.15	4.10	4.06	…
7	5.59	4.74	4.35	4.12	3.97	3.87	3.79	3.73	3.68	3.64	…
8	5.32	4.46	4.07	3.84	3.69	3.58	3.50	3.44	3.39	3.35	…
9	5.12	4.26	3.86	3.63	3.48	3.37	3.29	3.23	3.18	3.14	…
10	4.96	4.10	3.71	3.48	3.33	3.22	3.14	3.07	3.02	2.98	…
…	…	…	…	…	…	…	…	…	…	…	…

$\alpha=0.01$

n_2 \ n_1	1	2	3	4	5	6	7	8	9	10	…
1	4052	5000	5403	5625	5764	5859	5928	5981	6022	6056	…
2	98.50	99.00	99.17	99.25	99.30	99.33	99.36	99.37	99.39	99.40	…
3	34.12	30.82	29.46	28.71	28.24	27.91	27.67	27.49	27.35	27.23	…
4	21.20	18.00	16.69	15.98	15.52	15.21	14.98	14.80	14.66	14.55	…
5	16.26	13.27	12.06	11.39	10.97	10.67	10.46	10.29	10.16	10.05	…
6	13.75	10.92	9.78	9.15	8.75	8.47	8.26	8.10	7.98	7.87	…
7	12.25	9.55	8.45	7.85	7.46	7.19	6.99	6.84	6.72	6.62	…
8	11.26	8.65	7.59	7.01	6.63	6.37	6.18	6.03	5.91	5.81	…
9	10.56	8.02	6.99	6.42	6.06	5.80	5.61	5.47	5.35	5.26	…
10	10.04	7.56	6.55	5.99	5.64	5.39	5.20	5.06	4.94	4.85	…
…	…	…	…	…	…	…	…	…	…	…	…